Terahertz Technology and its Application Explorations in Agriculture

太赫兹技术及其

农业应用研究探索

李 斌 等 编著

中国农业科学技术出版社

图书在版编目（CIP）数据

太赫兹技术及其农业应用研究探索 / 李斌等编著. --北京：中国农业
科学技术出版社，2021. 9

ISBN 978-7-5116-5185-3

Ⅰ.①太… Ⅱ.①李… Ⅲ.①电磁辐射—应用—农业—研究 Ⅳ.①S124

中国版本图书馆 CIP 数据核字（2021）第 025856 号

责任编辑	史咏竹
责任校对	贾海霞
责任印制	姜义伟　　王思文

出　版　者	中国农业科学技术出版社
	北京市中关村南大街12号　　邮编：100081
电　　　话	（010）82105169（编辑室）　（010）82109702（发行部）
	（010）82109709（读者服务部）
传　　　真	（010）82106626
网　　　址	http://www.castp.cn
经　销　者	各地新华书店
印　刷　者	北京建宏印刷有限公司
开　　　本	185 mm×260 mm　1/16
印　　　张	21.75
字　　　数	482千字
版　　　次	2021年9月第1版　　2021年9月第1次印刷
定　　　价	132.00元

《太赫兹技术及其农业应用研究探索》

编著委员会

主 编 著：李 斌

编著人员：田 震　谭志勇　安宏波　李 超　王 莹

　　　　　郭 亚　白军朋　张淑娟　董 创　沈 印

　　　　　林 森　张怀波　霍帅楠　王明伟　卫 勇

　　　　　吕 芃　叶大鹏　龙 园　步正延　李向荣

作者简介

李斌，男，博士，研究员，国家农业信息化工程技术研究中心科技发展部主任，兼任该中心农业太赫兹光谱技术及应用研究方向负责人。2009年9月至2010年9月受国家留学基金管理委员会资助，公派留学至美国俄克拉荷马州立大学学习太赫兹理论及应用技术，归国后带领团队面向太赫兹技术重大国际科学前沿和农畜产品质量安全重大产业科技需求，积极探索太赫兹前沿技术的基础创新、技术突破和应用落地，先后开展了太赫兹关键技术研究、重金属污染检测、农兽药残留检测、种子品质检测、病虫害早期检测和作物冠层水分胁迫观测等工作，取得了较好的研究结果，并致力于太赫兹便携式检测仪器的研发工作。近年来，先后主持国家重点研发计划（课题）、国家自然科学基金、北京市自然科学基金、北京市留学人员项目等18项；以第一/通讯作者发表论文50篇；获得国家专利授权34项，其中发明专利16项、实用新型专利18项；取得软件著作权登记25项；制定标准2项；取得省部级科技奖3项。

目　录

第一章 太赫兹技术概述

第一节 太赫兹技术及独特性质

一、电磁波谱简介

电磁波作为人类认识世界的工具，扩展了人们认识世界的能力，也极大地方便了人们的生活。电磁波谱按照波长来划分，可大致分为：①无线电波——波长从0.3m到几千米左右，波长较长，衍射比较强，传输信息量大，一般的电视和无线电广播使用该波段；②微波——波长从0.001~0.3m，此波段多用在雷达或其他通信系统中；③红外线——波长（7.8×10^{-7}）~ 0.001m，此波段有着广泛的应用，如物体加热（热效应）、红外线探测（传播距离远）、红外线夜视（只要有温度的物体都发射红外线）等；④可见光——波长（3.8~78）$\times 10^{-8}$m，是人们所能感光的极狭窄的一个波段，人类能够直接感受而察觉，在多领域有着重要的应用；⑤紫外线——波长（6×10^{-10}）~（3×10^{-7}）m。波长比较短，能量高，对有机物损害比较大，紫外光的化学效应最强，可用于杀菌；另外还具有荧光效应，能使荧光物质发光，可用于防伪等；⑥伦琴射线（X射线）——波长（6×10^{-12}）~（2×10^{-9}）m。X射线是原子的内层电子由一个能态跃迁至另一个能态时或电子在原子核电场内减速时所发出的，在医学成像、安全检测、工业探伤等领域有重要应用；⑦γ射线——波长（1×10^{-14}）~（1×10^{-10}）m的电磁波。这种不可见的电磁波是从原子核内发出来的，放射性物质或原子核反应中常有这种辐射伴随着发出。γ射线有很强的穿透力，工业上可用来探伤或流水线的自动控制。

通过以上内容可以了解到，人眼借助于可见光可以欣赏五彩缤纷的世界，利用红外光谱技术可以了解分子的振动和转动等情况，利用X射线技术可以得到物质的内部结构信息，等等。但是，电磁波谱中在很长一段时间一直存在着一个科学研究的空隙（Terahertz Gap），这就是接下来要讲述的太赫兹（THz）波。太赫兹波在整个电磁波谱中的位置如图1-1所示。

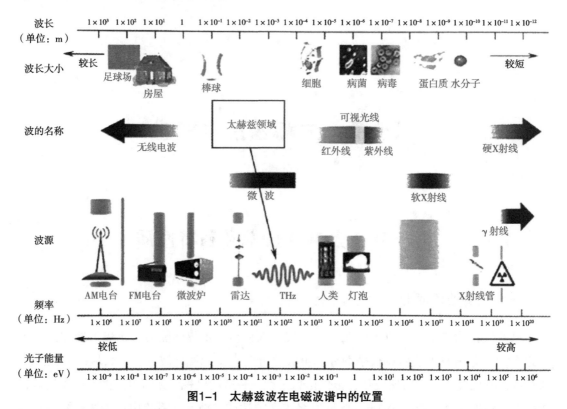

图1-1 太赫兹波在电磁波谱中的位置

（资料来源：步正延，基于太赫兹成像技术的作物叶片水分检测方法研究，2019）

二、太赫兹波谱技术

太赫兹（Terahertz）波（或称THz辐射、T-射线、亚毫米波，通常简称为THz）指的是频率在0.1～10THz（1THz=1×10^{12}Hz）、波长范围在30～3mm的电磁辐射。其中1THz对应于波数为33.3cm^{-1}，能量为4.1meV。从频率上看，该波段位于微波和红外线之间，属于远红外波段；从能量上看，该波段在电子和光子之间。在电磁波谱上，太赫兹波两侧的微波和红外技术已经比较成熟，但太赫兹技术基本上还是一个"空白"，主要是因为：一般情况下，THz辐射的强度比较低，信号往往会被噪声所湮没，再加上很长一段时间里一直没有合适的THz辐射源和探测方法，导致这一波段的发展缓慢，科学家对于该波段的了解也非常有限。

近十几年来，超快激光技术的迅速发展，为太赫兹脉冲的产生提供了稳定、可靠的激发光源，使太赫兹辐射机理研究、检测技术和应用探索得到了蓬勃发展。物质的THz响应光谱（包括透射光谱和反射光谱）包含着非常丰富的物理和化学信息，研究物质在这一波段的THz波谱响应，对于物质结构的探索和分析、THz波段的现实应用等，具有十分重要的价值。

近年来，鉴于太赫兹波独特位置、性质及可能的潜在用途，美国、日本，欧洲、澳洲等许多国家和地区的政府、企业、大学和研究机构纷纷投入太赫兹的研发、应用热潮之中，加强太赫兹技术的探索应用研究：美国政府早在2004年将太赫兹技术评为"改变未来世界的十大技术"，排在第四位；日本于2005年1月8日将太赫兹技术列为"国家支柱十大重点战略目标"，排在了第一位；中国政府于2005年11月专门召开了"香山科技会议"，邀请国内外多位太赫兹研究领域专家专门讨论我国太赫兹事业的发展方向，并制定了中国太赫兹技术的发展战略规划；2016年7月，国务院印发《"十三五"国家科技创新规划》首次将太赫兹写入"发展新一代信息技术"规划；2020年7月24日，科技部发布《国家重点研发计划"变革性技术关键科学问题"重点专项2020年度定向项目申报指南》（国科发资〔2020〕202号），重点支持相关重要科学前沿或我国科学家取得原创突破，应用前景明确，有望产出具有变革性影响技术原型，对经济社会发展产生重大影响的前瞻性、原创性的基础研究和前沿交叉研究，其中明确将太赫兹应用基础研究列为专题研究，即"太赫兹医学影像及诊断系统中的关键数学问题及应用"。近年来，国家自然科学基金委员会对太赫兹方向研究也给予了很大资助，以2018年为例，太赫兹相关项目共获批53项，资助经费达5 384万元。

三、太赫兹波谱性质

太赫兹波作为一种新的、具有很多独特优点的辐射源，根据已有的研究对它的认识，将其性质大致归纳如下。

（1）低能特性：太赫兹光子的能量为4.1meV，处于毫电子伏特，是X射线能量的百万分之一，不会因为电离而对样品造成伤害，在农业领域可以安全开展基于动植物本体生理、生态和生境、以及农畜产品质量无损检测等研究。

（2）惧水特性：大多数极性分子如水分子等对太赫兹辐射有强烈的吸收，一般的农业动植物个体都含有一定的水分，可以通过分析农业生物个体/群体的吸收程度来研究物质组成或者进行含水质量监测。

（3）相干特性：传统的傅里叶变换技术只能测量出电场的强度信息，而太赫兹相干测量技术可以同时测量电场振幅和相位信息，这样就可以提取样品的折射率、吸收系数等光学参数，进而对样品进行理化分析，一般可用于研究农业中各种物料理化信息，用于组分分析。

（4）指纹光谱：许多生物大分子，例如氨基酸、生物肽、毒品和炸药分子的振动和转动能级间的间距正好处于太赫兹频率范围。研究生物大分子的太赫兹指纹光谱，可以为太赫兹光谱技术在分析和研究生物大分子的物理化学性质、反恐、缉毒等提供相关理论依据。

（5）穿透特性：太赫兹辐射对一些物质，例如塑料等材料都是透明的。太赫兹波具有能够轻易穿透各种非透明、非极性材料的特性，可以与X射线技术形成互补，用于透过种壳进行种子内部特征进行研究等。

太赫兹波的其他性质有待于通过实验展开进一步的研究和认识。

第二节　太赫兹产生与探测基础理论

一、基于光导天线的太赫兹脉冲产生和探测理论

光导天线（PC）是一种常用的太赫兹辐射探测器和检测器，它具有偶极子天线结构。带状天线是在PC基板上制备的，如砷化镓（GaAs）上放置带有欧姆接触的金或金—铬—镍合金，同时，在天线的中心位置要有一个间隙。图1-2给出了包含尺寸的PC天线结构的示意图。对于太赫兹偶极子型天线，PC中心间隙（D）为5～10μm，天线宽（W）为10～20μm，天线长度（L）为30～50μm。PC间隙带有偏置直流电压，并被飞秒激光脉冲照射。如图1-2所示，共平面传输线被设计的足够长（如10mm）以防止在线路终端发生反射。在PC间隙励磁作用下，PC基板上产生了光激发载体，并在偏置电场下产生加速。这些光激发载流子在衬底中可形成具有载流子寿命衰减时间的超短电流脉冲。

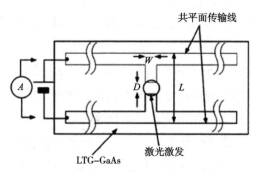

图1-2　PC天线结构示意

（资料来源：Ali Rostami，Terahertz Technology-Fundametals and Applications，2011）

这种瞬态电流$J(t)$产生超短的电磁脉冲辐射（即太赫兹辐射），其中太赫兹场振幅与光电流的时间导数成正比。

$$E_{THz} \propto \frac{\partial J(t)}{\partial t}$$

光电流的峰值与平均光电流$\bar{J}$成正比，除以电流脉冲的占空比T_{int}/τ_c，其中，T_{int}是泵浦激光脉冲间隔，τ_c是光载流子的寿命。$\bar{G}$是PC间隙的时间平均光电导，δ是对泵浦光的吸收深度，V_b是偏置电压，$\bar{\sigma}$是平均时间电导率，$\bar{n}_e$是平均光载流子密度，hv是泵浦激光的光能，μ是载流子的迁移率，P_{in}是平均泵浦激光功率，R是PC基板的反射，D是PC间隙的尺

寸，于是太赫兹磁场的峰值可以描述为：

$$E_{\mathrm{THz}}^{\mathrm{peak}} \propto \Delta J \cong \overline{J}\,\frac{T_{\mathrm{int}}}{\tau_c} = \overline{G}V_b\frac{T_{\mathrm{int}}}{\tau_c} = \overline{\sigma}\,\frac{W\delta}{D}V_b\frac{T_{\mathrm{int}}}{\tau_c}$$

$$= e\mu\overline{n}_e\frac{W\delta}{D}V_b\frac{T_{\mathrm{int}}}{\tau_c} = e\mu\tau_c\,\frac{(1-R)}{h\nu}\frac{P_{in}}{DW\delta}\frac{W\delta}{D}V_b\frac{T_{\mathrm{int}}}{\tau_c}$$

$$= e\mu T_{\mathrm{int}}\,\frac{(1-R)}{h\nu}\frac{P_{in}}{D}\frac{P_b}{D}$$

显然，由上式可知，PC天线的发射效率正比于载流子迁移率，但是与载流子寿命的关联并不强。此外，虽然高电阻率衬底需要获得更高的应用偏置电压，但是高载流子迁移率和高应用偏置电压导致更高的效率。假设动量松弛时间τ_{m}比光泵浦激光器的脉冲宽度短得多τ_{L}和载流子寿命τ_{c}（$\tau_{\mathrm{m}}\ll\tau_{\mathrm{L}}\ll\tau_{\mathrm{c}}$），载流子迁移率可被认为是常量，载流子数$N(t)$可用泵浦激光的强度分布$I(t)$的时间积分来近似。因此，PC发射器的THz波形可以定义为：

$$E_{\mathrm{THz}}^{\mathrm{PC}}(t) \propto \frac{\partial J(t)}{\partial t} \propto \frac{\partial N(t)}{\partial t} \propto I(t)$$

通过泵浦激光强度分布的傅里叶变换，太赫兹场的光谱分布定义为：

$$E_{\mathrm{THz}}^{\mathrm{PC}}(\omega) \propto I(\omega)$$

研究表明，PC天线的带宽既不受载流子寿命慢的限制，也不受载流子动量弛豫时间的限制。然而，激光脉冲宽度是增强PC天线产生和检测THz辐射宽带动力学的主要参数。因此，通过使用非常短的激光脉冲，PC天线的带宽可以扩展到10THz以上。如图1-3所示，尺寸为$L=30\mu m$，$D=5\mu m$和$W=10\mu m$的PC天线的快速傅里叶变换（FFT）振幅谱。该振幅谱由20f_s激光脉冲激发。THz辐射产生于两个不同的样品：12μm厚的ZnTe晶体和0.1mm厚的GaSe晶体是以45°角面向泵浦光束的，以实现光泵浦脉冲和25THz处太赫兹脉冲之间的相位匹配，从而提高效率，并在25THz处形成光谱峰值。两个样品在30THz以上的光谱分布显示了PC天线探测器的超宽带特性。

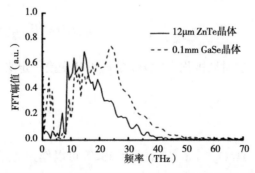

图1-3　PC偶极子天线FFT光谱用于ZnTe晶体和GaSe晶体产生的THz辐射

（资料来源：Ali Rostami，Terahertz Technology-Fundametals and Applications，2011）

二、基于其他方法的太赫兹脉冲产生和探测理论

除PC天线外，其他方法如非线性介质中的光学整流、半导体量子结构中的电荷振荡、极性光学声子的相干激励、半导体表面损耗场驱动的浪涌电流、在偏置高TC桥中的超电流调制和非线性传输线（NLTL）等也能够生成THz脉冲。图1-4所示原理性地展示了这些机制。

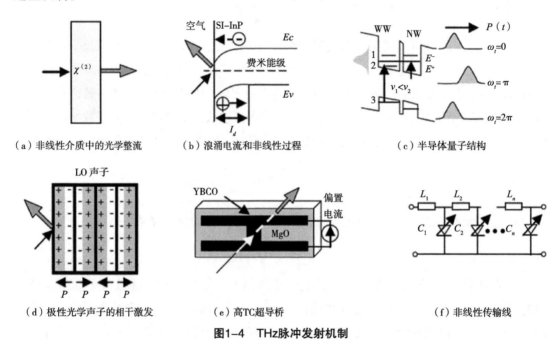

（a）非线性介质中的光学整流　　（b）浪涌电流和非线性过程　　（c）半导体量子结构

（d）极性光学声子的相干激发　　（e）高TC超导桥　　（f）非线性传输线

图1-4　THz脉冲发射机制

（资料来源：Ali Rostami，Terahertz Technology-Fundametals and Applications，2011）

光学整流过程与短光脉冲宽频谱中的差分频率产生有关。如图1-4（a）所示，这一过程可通过二阶非线性过程产生THz脉冲。在此机制中，一系列可见或近红外短脉冲聚焦于二阶非线性材料，这些材料可以是介电晶体、半导体或有机材料。因此，入射场$E(\omega)$创建的非线性极化$P(\omega)$可以描述为：

$$P(\omega) = \varepsilon_0 \chi^{(2)} \left(\omega = \omega_1 - \omega_2 \right) E(\omega_1) E^*(\omega_2)$$

发射的THz场可以通过时域极化［$P(\omega)$的傅里叶变换］定义为：

$$E_{\mathrm{THz}}(t) \propto \frac{\partial^2 P(t)}{\partial t^2}$$

各种材料如ZnTe、$LiTaO_3$、Inp、Gaas、GaSe等可以作为通过光学整流产生THz脉冲的主体材料。与PC天线相比，较低的发射功率和更宽的频谱是光学整流的主要优势，后

者的好处是能够极快速地产生THz脉冲。考虑到相位匹配的条件，这一过程的辐射效率可以进一步增强。

图1-4（b）所描述的第二种方法是表面损耗场效应引发THz脉冲发射，在大多数宽带间隙半导体中都可以观察到这种现象。晶体内部的施主和受主被表面状态捕获，往往形成电荷耗尽区，从而形成一个内置的表面电场。图1-4（b）绘制了p型半导体的能带图，电子—空穴对的产生由于光子吸收的能量大于半导体带隙，而且由于内置的静电场，电子移动到表面，空穴移动到晶圆片上。

一种被称为"浪涌电流"的光电流形成和一种偶极子层的建立，该偶极子层发射太赫兹脉冲，原理如下式：

$$E(r,t) = \frac{l_e}{4\pi\varepsilon_0 c^2 r} \frac{\partial J(t)}{\partial t} \sin\theta \propto \frac{\partial J(t)}{\partial t}$$

式中，$J(t)$是偶极子中的电流；l_e为偶极子的有效长度；ε_0为真空介电常数；c为真空中的光速；θ为与偶极子方向的夹角。

单个量子阱（SQW）或非对称双耦合量子阱（DCQW）中的激子电荷振荡可产生THz辐射的发射，如图1-4（c）所示。这种结构在约10K温度下工作。应用外部电场使宽阱和窄阱的基态电子能级对齐，从而将它们分解为成键态和反键态，分裂能量与载流子通过中间势垒的隧穿概率成正比。当这些状态被宽带短光脉冲相干激发时，由于这两个能级之间的量子拍而产生的电荷振荡的拍频为$\Delta E/h$（$\Delta E = E^- - E^+$）。这种电荷振荡会产生与时间相关的极化$P(t)$，从而产生具有辐射电场$E(t) \sim \partial^2 P(t)/ct^2$的偶极子发射。在SQW中类似的过程可能会导致THz发射。然而，在这种情况下，电场中轻空穴和重空穴激子之间的跃迁是THz辐射产生的机制。

在半导体和半金属等不同介质中，具有飞秒光脉冲的纵向光学（LO）声子的相干激发可在考虑的结构中产生相干声子，形成的极化振荡导致THz辐射，过程如图1-4（d）所示。LO声子的激发是通过表面损耗场的超快去极化来实现的，这种超快去极化与载流子在宽带隙半导体（如砷化镓）中光注入引起的表面畅区域内的超快极化变化有关。

图1-4（e）展示了通过高TC超导桥生成THz的另一个过程，其机理是基于半导体PC开关的逆过程，在逆过程中，辐射是通过光短路开关产生的。通过将器件冷却到跃迁温度以下并施加偏置电流，超导电流通过电桥。飞秒光脉冲照射电桥会使库珀对瞬间断裂并转化为准粒子。由于散射现象，这些准粒子失去漂移速度，并在很短的时间内重组为库珀对，然后再到达下一个重复的光脉冲。因此，超电流迅速减少并快速恢复（约1ps）。

非线性传输线（NLTL）系统是一个全电子系统，由周期性加载反向偏置肖特基变容二极管的传输线组成，其中二极管用于产生和检测电磁瞬变，如图1-4（f）所示。由于肖特基变容二极管的存在，沿着传输线移动的波经历了与电压相关的传播速度，而该二极管就像电压可变电容器一样。电压相关的传播速度导致激波（类似于阶跃函数）的形成，该激波可用作超快信号源和二极管采样桥的频闪发生器。NLTL的输出耦合到宽带蝴蝶结天线作为具有频率无关的远场辐射模式和天线阻抗的发射机。接收机通常是一种连接到NLTL门控采样电路的蝴蝶结天线接口。

图1-5显示了基于EO晶体线性EO效应（泡克尔效应）的THz脉冲相干检测。在THz脉冲存在的情况下，对EO晶体的折射率进行了修正，线性偏振光学探针束通过其相位延迟经历了这种折射率的修正。THz脉冲的场强与相位延迟成正比。渥拉斯顿棱镜偏振器将探头的相位延迟转换为强度调制，并使用一对以平衡模式连接的硅p-i-n光电二极管来检测光强调制。将p-i-n光电二极管的差分信号输入锁相放大器，通过测量锁相放大器的输出信号作为探测光束时延的函数，可以获得THz脉冲波形。

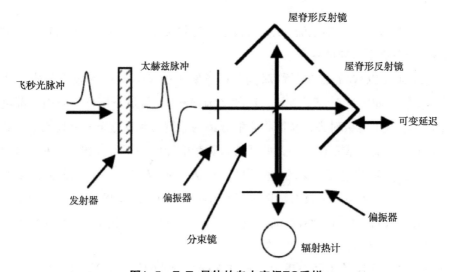

图1-5　ZnTe晶体的自由空间EO采样

（资料来源：Ali Rostami，Terahertz Technology-Fundametals and Applications，2011）

傅里叶变换干涉法、双源THz光电子干涉法和自相关型干涉法是另一类方法，属于基于干涉测量的THz脉冲检测方法。

图1-6显示了一个THz辐射源和一个傅里叶变换干涉仪，它通常采用迈克尔逊和马丁—普立特（M-P）模式，带有液氦—致冷辐射热计，其中THz辐射源被认为更像普通热源而不是单周期电脉冲发射器。这种配置能够在宽光谱范围内获得THz功率信息。但是，相位信息将在此技术中丢失。

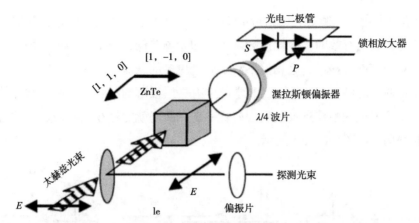

图1-6　马丁-普立特（M-P）型傅里叶变换干涉仪的光学装置

（资料来源：Ali Rostami，Terahertz Technology-Fundametals and Applications，2011）

三、基于半导体微腔的太赫兹产生和探测理论

图1-7为微腔THz波产生区域的结构示意图和相关能带图。该方法是利用短激光脉冲激励无偏半导体表面。该结构由182.6nm厚的无掺杂GaAs层和50nm厚的硅掺杂GaAs层组成，整个结构形成一个单波长腔。未掺杂GaAs层中的激光脉冲产生的浪涌电流形成了THz波辐射，其中在仅有裸n型GaAs基板状态下内置静态电场。

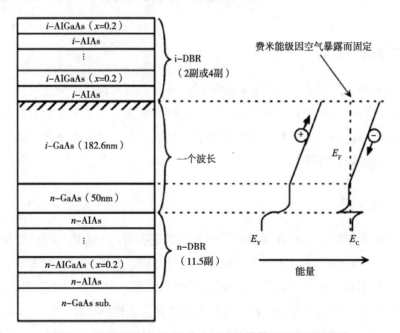

图1-7　微腔装置的THz波产生区域的横截面示意和能量带

（资料来源：Ali Rostami，Terahertz Technology-Fundametals and Applications，2011）

图1-8给出了在热平衡处表面附近n-GaAs和半导体微腔的电位分布，其中图1-8（a）部分显示了光吸收是有效的，但耗损区域较厚和光场较低，为了获得更高场，需要更薄的场域。图1-8（b）部分显示了高场但不利于激励更多的载流子。因此，电场强度和光载流子之间存在权衡的问题。相反地，当光学腔中有一层很薄的吸收层，激励脉冲就会像前面提到的那样在往返过程中被有效吸收，如此一来，我们就能够在仅有内建电位时实现一个相当高的静态场，如图1-8（c）所示。

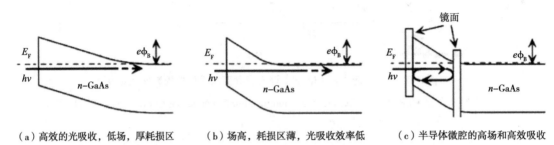

（a）高效的光吸收，低场，厚耗损区　　（b）场高，耗损区薄，光吸收效率低　　（c）半导体微腔的高场和高效吸收

图1-8　在热平衡条件下，n-GaAs和半导体微腔在表面附近的电位分布

（资料来源：Ali Rostami，Terahertz Technology-Fundametals and Applications，2011）

第三节　太赫兹关键器件及光谱/成像系统

一、太赫兹辐射源

太赫兹研究涉及多种多样的太赫兹辐射源，从大分类来说，可分为自然界天然存在的热辐射源和经过研究得到的人工辐射源，而人工辐射源又分为基于光学方法的辐射源、基于电子学方法的辐射源，以及基于光电方法的辐射源。本节主要介绍基于光学方法的辐射源和基于光电方法的辐射源。

（一）热辐射源

在太赫兹研究早期，太赫兹辐射的唯一来源就是热辐射，包括具有良好发射率的特定热固体或放电产生的热等离子体。在太赫兹波段具有高发射率的热辐射源非常重要。在固态热源中，只有碳晶灯在太赫兹波段具有足够的发射率，但也仅限于3THz以上，这可以利用等离子体源来互补，与固态源相比其具有可在高温工作的优势。

（二）人工辐射源

1. 基于光学方法的太赫兹辐射源

基于光学方法的太赫兹辐射源主要包括太赫兹气体激光器、太赫兹半导体激光器、量子级联激光器和光学参量振荡器。

太赫兹气体激光器包括电激励气体激光器、光激励气体激光器。密封于激光腔纯净气体的辉光放电可以产生太赫兹频率的激光。产生太赫兹激光的气体介质包括H_2O、D_2O、NH_3、OCS、H_2S、SO_2、DCN、HCN等。电激励激光器的结构相对简单，在受控核聚变研究的等离子体诊断中会应用该类激光器。光激励气体激光器基于具有恒定电子偶极距分子的旋转跃迁。利用泵浦激光将分子激发到一个振动能态，可以实现在激发振动能态的特定旋转能级间产生粒子数反转，从而构成一个四能级系统。由于分子的振动转动能级很丰富，因此可以实现十分丰富的太赫兹发射谱线（表1-1）。

表1-1　典型太赫兹气体激光器的输出波长

气体	激光波长（μm）	激光频率（THz）
甲醇	42.16	7.09
	70.51	4.25
	96.52	3.11
	118.83	2.52
二氯甲烷	109.30	2.74
	117.73	2.55
	134.00	2.24
	158.51	1.89
	184.31	1.63
	214.58	1.40
	236.59	1.27
	287.67	1.04
氯甲烷	334.00	0.90
	349.00	0.96

太赫兹半导体激光器主要包括锗激光器和光激励硅激光器。利用直接带隙跃迁产生太赫兹很难实现。但是在外磁场造成的朗道能级之间用光学泵浦杂质能级，以及外加的单轴压力会导致失配晶格的内建应变可以产生太赫兹辐射。

量子级联激光器（图1-9）是基于电子在半导体量子阱中导带子带间跃迁和声子辅助共振隧穿原理辐射电磁波的。不同于传统p-n结型半导体激光器的电子—空穴复合受激辐射机制，量子级联激光器受激辐射过程只有电子参与，激射波长的选择可通过有源区的势阱和势垒的能带裁剪实现。目前已有发射频率在1.2~4.9THz的量子级联激光器，且频率低频极限可以通过加载磁场延伸至0.8THz。需要低温环境运转时量子级联激光器大规模应用的主要障碍之一。

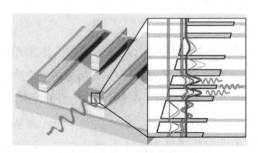

图1-9 量子级联激光器示意

光学参量振荡器利用的是非线性材料中的三波混频过程，利用光学参量振荡产生太赫兹辐射主要利用铌酸锂晶体，产生的太赫兹辐射和泵浦光方向有一个夹角，可以利用倾斜晶体或温度对太赫兹辐射进行调谐。

2. 基于光电方法的太赫兹辐射源

基于光电方法的太赫兹辐射源通常由飞秒激光激发，利用光电导效应、光学整流、半导体表面电场发射、光致丹倍效应发射以及光电离空气产生。

光电天线产生太赫兹辐射方法出现于20世纪80年代初。光电天线辐射太赫兹波的机理：在光电半导体材料表面淀积金属制成偶极天线并在其上加直流偏置电压。飞秒脉冲激光辐照半导体材料表面，聚焦在共面带状线正极线的内侧，使其表面激发光生载流子。在THz发射芯片的传输线之间加偏置直流电压，光生载流子在外加偏置直流电压作用下，产生加速运动效应而辐射太赫兹波。即用光子能量大于半导体禁带宽度的超短脉冲激光照射半导体材料（$hv \geqslant Eg$），使半导体中产生电子—空穴对，在外加偏置电场下产生载流子的瞬态输运。因飞秒激光周期性光脉冲的激发，导致共面线间隙之间的电导率发生亚皮秒量级（10~13s）的脉冲式变化，这种随时间变化的瞬态光电流的变化，便会辐射太赫兹电磁辐射波。太赫兹波光导开关辐射的能量，主要来自在光导电极线上所加的偏置电压，即储存在天线结构中的静电势能，通过调节外加电场电压而改变太赫兹波能量。图1-10是辐射太赫兹脉冲的光电导发射器结构示意。

光学整流产生太赫兹辐射脉冲的方法由张希成等人最先提出。光整流效应是一种非线性效应，是电光效应的逆过程，它是利用超短激光脉冲（脉宽在亚皮秒量级）和非线性介质（如电光晶体ZnTe等）相互作用而产

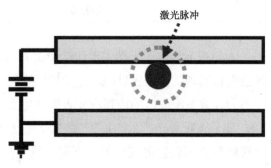

图1-10 光电导发射天线示意

生低频电极化场，此电极化场辐射出太赫兹电磁波。激光脉冲的特征和非线性介质的性质决定了太赫兹波的振幅强度和频率分布。和光电导相比，飞秒的激光脉冲在这里也是必需的，但是与光束作为触发的光电导材料不同，光整流发射的太赫兹光束的能量是直接来源于激光脉冲的能量的。图1-11是利用光学整流辐射太赫兹脉冲的示意。

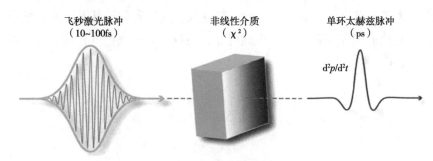

飞秒激光脉冲
（10~100fs）

非线性介质
（χ²）

单环太赫兹脉冲
（ps）

$\mathrm{d}^2p/\mathrm{d}^2t$

图1-11　光学整流辐射太赫兹脉冲示意

（资料来源：Shen，1971）

利用飞秒激光激发半导体表面可以获得太赫兹波辐射（图1-12）。某些半导体存在表面态，表面态费米能级和半导体内部费米能级不一致，导致能带在半导体表面处弯曲，并产生表面电场。由于表面电场的存在，半导体表面电子密度比半导体内部低。当飞秒激光激发半导体表面时，激发产生的光生载流子将处于失衡状态，光生电子和空穴在表面电场中发生分离并产生偶极子振荡，进而辐射太赫兹脉冲。

不仅可以利用表面电场发射太赫兹波，而且存在另一种光致丹倍效应可以发射太赫兹波。在某些半导体中，表面光生电子和空穴由于扩散速度不同引起电荷分离，该效应称为光致丹倍效应。当飞秒激光脉冲激发半导体，其光子能量高于半导体禁带宽度时，产生光生电子和空穴。由于电子的迁移率高于空穴，电子向半导体内扩散的速度高于空穴扩散的速度。这样也会在半导体表面产生电荷分离，从而形成瞬态的光致丹倍电场，进而在远场辐射出太赫兹波。图1-13是利用光致丹倍效应辐射太赫兹脉冲的示意。

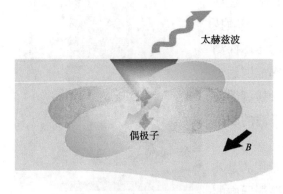

太赫兹波

偶极子

B

图1-12　半导体表面发射太赫兹波示意

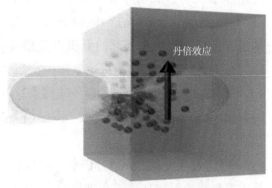

丹倍效应

图1-13　光致丹倍效应发射太赫兹波示意

太赫兹辐射可以在多种介质中产生，包括半导体、非线性晶体、聚合物和金属表面，甚至可以利用空气电离产生太赫兹辐射，而且利用飞秒激光与空气等离子体相互作用产生的太赫兹电场很强，是强场太赫兹源的主要产生手段之一（图1-14）。在该现象被发现的初期，光学四波混频理论被用来解释太赫兹波产生的机制。但是空气的非线性系数难以产生如此大的太赫兹波电场，实际产生的太赫兹波场强远远大于基于四波混频得到的理论值，因而使得对此的研究不断深入。直到现在，飞秒激光电离空气产生THz波辐射的理论仍在进一步完善中。

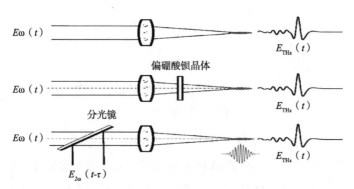

图1-14　光电离空气产生太赫兹波示意

二、太赫兹探测器

由于太赫兹辐射源的很低的发射功率与相对较高的热背景的耦合，需要高灵敏度的探测手段探测太赫兹信号。太赫兹辐射波的探测器主要类型如下。

（1）辐射量热计和热电探测器（图1-15），热电子辐射热计则是近年来利用声子和电子散射冷却机制发展起来的一种高灵敏度探测器，其响应时间很快。应用超导已经研制成功非常灵敏的热辐射测量仪。超导SIS（Superconductor-Insulator-Superconductor）混频技术是20世纪80年代初兴起的低噪声检测技术。SIS探测器以光子辅助隧穿机制为理论基础，探测频率范围约为0.1～1.2THz，需要在液氦温度下工作。这两种探测器使用方便，但只能做平方率检测，不能获得相干波的相位信息。

（2）在需要高的光谱分辨率的探测中，常用的是外差式探测器（图1-16）。在这样的系统中，探测器中的

图1-15　辐射量热计和热电探测器

振荡器以感兴趣的THz频率振动，并与接收到的信号混合。频率下转换的信号就被放大和测量。在室温环境中，半导体结构是可以使用的。

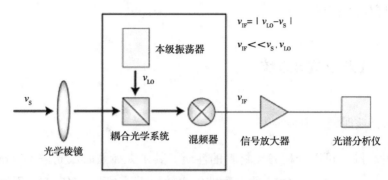

$$v_{IF} = |v_{LO} - v_S|$$

$$v_{IF} << v_S, v_{LO}$$

图1-16　外差式太赫兹探测器示意

（3）光电导偶极天线及其阵列。这里使用一种与光电导发射天线相同的装置。但与在电极上加上偏置电压不同，而是连接一个电流计测量由THz电场驱动的电流。由于该电流极为微小，经常在测量前端加上电流放大器之后连入锁相放大器进行测量，以得到瞬态电流的大小。光电导偶极探测天线如图1-17所示。使用这种方法已经得到了高达60THz的宽波段THz测量结果。

（4）用飞秒激光取样的电光晶体。此类探测器具有极宽的频谱响应和非常高的测量信噪比，同光电导偶极天线一样，均属于相位相干测量器，因此可被用在太赫兹时域光谱系统中（图1-18）。电光效应可以看作光整流过程的逆过程，它们具有相似的相位匹配条件。在该探测过程中，太赫兹电场首先使得电光晶体具有了双折射的性质，即改变了晶体的折射率椭球。此时，探测用线偏振的飞秒激光和太赫兹波共线的通过电光晶体，飞秒激光的偏振受晶体作用发生偏转，变为椭圆偏振光。测量探测用飞秒激光的椭偏度即能获得太赫兹的电场强度。由于探测光和太赫兹波都是脉冲形式，而探测光的脉冲宽度又远小于太赫兹波的脉冲振荡周期，改变探测光和太赫兹波之间的时间关系，就可以利用探测光的偏振变化将太赫兹电场的时间波形描述出来。

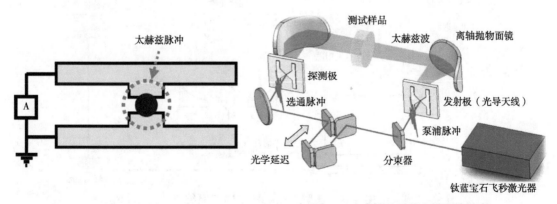

图1-17　光电导偶极探测天线　　　　**图1-18　太赫兹时域光谱系统示意**

　　除此之外，利用电离空气也可以实现太赫兹波的探测，由于没有声子吸收的影响，飞秒激光电离空气探测太赫兹波可以获得十分干净的强场太赫兹频谱，目前利用该方法已实现太赫兹量级谱宽的探测。

三、太赫兹光谱/成像系统

（一）太赫兹时域光谱系统

　　利用太赫兹脉冲可以分析各类材料的性质，其中太赫兹时域光谱（Terahertz Time-domain Spectroscopy，THz-TDS）是一种非常有效的测量手段。THz-TDS系统可分为透射式和反射式，用它既可以做透射探测，也可以做反射探测。根据不同的样品、不同的测试要求可以采用不同的探测装置。

　　典型的THz-TDS系统如图1-19所示，它主要由飞秒激光器、太赫兹辐射产生装置及其探测装置，以及时间延迟控制系统组成。其主要工作原理是：由钛宝石飞秒激光器发射出飞秒激光（Fs pulse），经分束镜（CBS）分为两束。一束为泵浦光（光束Ⅰ），它经过可变延迟线，入射到光电导天线装置砷化镓（GaAs）晶体上，产生THz波脉冲，然后THz波再经过两组离轴抛物面镜（PM1和PM2），最终将携带样品信息的THz波聚焦到光电检测转置碲化锌晶体（ZnTe）探测器上。另一束为探测光（光束Ⅱ），它经过多次反射后，由硅片（Si）将其反射到ZnTe晶体上，使THz波与探测光最终共聚于ZnTe电光探测晶体之上。通过电光取样探测出太赫兹脉冲的整个时域波形信号，经锁相放大器传至计算机中，获取采集数据。

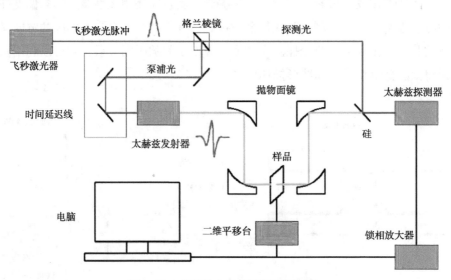

图1-19　典型的太赫兹时域光谱系统

　　待测样品的光学常数是用来表征样品宏观光学性质的物理量，一般包括实折射率和消光系数。由T. D. Dorney和L. D. Duvillaret等（2008）提出的利用太赫兹时域光谱技术提取材料光学常数的模型在现阶段的THz-TDS研究中有较多的应用。该模型要求：系统中的太赫兹时域光谱系统的响应函数是不随时间改变的，所测的样品结构均匀，前后两平面抛光且保持平行。模型介绍如下。

　　一般情况下，复折射率$\tilde{n}=n-j\kappa$用来描述样品的宏观光学性质。其中n为实折射率，描述样品的色散情况；κ为消光系数，其常被转化为吸收系数，用来描述样品的吸收特性。消光系数与吸收系数之间有如下关系：

$$\alpha = 2\omega\kappa / c$$

　　电磁波入射到物质表面时，在第一个端面边界上电磁波的振幅变化可由反射系数和透射系数来决定，由菲涅尔公式可以得出其数值关系：

$$r_{12p} = \frac{\tilde{n}_2 \cos\varphi_1 - \tilde{n}_1 \cos\varphi_2}{\tilde{n}_2 \cos\varphi_1 + \tilde{n}_1 \cos\varphi_2}$$

$$t_{12p} = \frac{2\tilde{n}_1 \cos\varphi_1}{\tilde{n}_2 \cos\varphi_1 + \tilde{n}_1 \cos\varphi_2}$$

$$r_{12s} = \frac{\tilde{n}_1 \cos\varphi_1 - \tilde{n}_2 \cos\varphi_2}{\tilde{n}_1 \cos\varphi_1 + \tilde{n}_2 \cos\varphi_2}$$

$$t_{12s} = \frac{2\tilde{n}_1 \cos\varphi_1}{\tilde{n}_1 \cos\varphi_1 + \tilde{n}_2 \cos\varphi_2}$$

　　下标p和s分别代表p波和s波，它们分别对应太赫兹电磁波的偏振方向平行于入射面和垂直于入射面的情况，φ_1为入射角，φ_2为出射角。同理，在第二个界面上会有如下关系：

$$r_{23p} = \frac{\tilde{n}_3 \cos\varphi_2 - \tilde{n}_2 \cos\varphi_3}{\tilde{n}_3 \cos\varphi_2 + \tilde{n}_2 \cos\varphi_3}$$

$$t_{23p} = \frac{2\tilde{n}_2 \cos\varphi_2}{\tilde{n}_3 \cos\varphi_2 + \tilde{n}_2 \cos\varphi_3}$$

$$r_{23s} = \frac{\tilde{n}_2 \cos\varphi_2 - \tilde{n}_3 \cos\varphi_3}{\tilde{n}_2 \cos\varphi_2 + \tilde{n}_3 \cos\varphi_3}$$

$$t_{23s} = \frac{2\tilde{n}_2 \cos\varphi_2}{\tilde{n}_2 \cos\varphi_2 + \tilde{n}_3 \cos\varphi_3}$$

　　φ_2和φ_3对于φ_1的关系可由斯涅尔公式得知：

$$\tilde{n}_1 \sin\varphi_1 = \tilde{n}_2 \sin\varphi_2 = \tilde{n}_3 \sin\varphi_3$$

一般φ_2和φ_3不是实数，不能简单地对应角度。考虑到太赫兹波在介质中传播时的色散和损耗等，复折射率、实折射率、消光系数、反射系数、透射系数等均为频率的函数。当太赫兹波在介质中传播L距离后，产生的相位差可表示为：

$$\delta(\omega, L) = \frac{2\pi}{\lambda} \tilde{n}(\omega) L = \tilde{n}(\omega) \omega L / c$$

于是，传输因子可表示为：

$$p(\omega, L) = \exp\left[\frac{-j\tilde{n}(\omega)\omega L}{c}\right]$$

其中c代表太赫兹波在真空中的传播速度。由于太赫兹辐射的原始信号多是在时域获得的，一般应将太赫兹时间波形变换到频域获得相位信息和振幅信息，然后解出材料的光学常数，如图1-20所示。

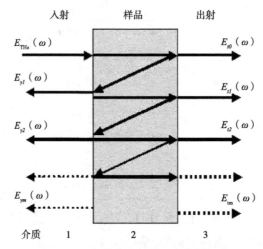

图1-20　太赫兹波在样品中传播示意

某一频率的平面电磁波$E_{THz}(\omega)$为入射的电磁波，$E_{tm}(\omega)$为经反射后第m个透射出去的部分，$E_{rm}(\omega)$为第m个反射波。

未放样品时，太赫兹波从样品架到探测器传播距离x后，有：

$$E_{ref}(\omega) = E_{THz}(\omega) p_{air}(\omega, x)$$

如果测量时样品有所倾斜，这时由于太赫兹波在样品中与在空气中直接传播时不同，太赫兹波在样品中会因折射而存在偏折。产生附加光程差如图1-21所示。其中样品的厚度为d，太赫兹波在样品中传输的距离为L，由图中的几何关系知它们之间有如下的关系：$L=d/\cos\varphi_2$。b为参考信号与直接透过的太赫兹波在样品中产生的附加光程差，计算得：$b=L\cos(\varphi_1-\varphi_2)$，其中$\varphi_1$和$\varphi_2$分别为入射角和折射角。

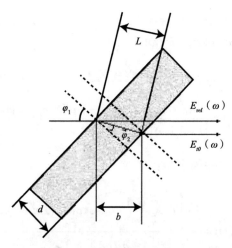

图1-21　样品斜置时参考信号与样品信号之间光程差关系示意

这时太赫兹波直接穿过样品后的波在形式上可表示为：

$$E_{t0}(\omega) = E_{\mathrm{THz}}(\omega) t_{12\mathrm{p}} t_{23\mathrm{p}} p_{\mathrm{air}}(\omega, x-b) p_{\mathrm{sam}}(\omega, L)$$

$$E_{t1}(\omega) = E_{\mathrm{THz}}(\omega) t_{12\mathrm{p}} t_{23\mathrm{p}} r_{23\mathrm{p}}^2 p_{\mathrm{air}}(\omega, x-b) p_{\mathrm{sam}}^3(\omega, L)$$

$$E_{t2}(\omega) = E_{\mathrm{THz}}(\omega) t_{12\mathrm{p}} t_{23\mathrm{p}} r_{23\mathrm{p}}^4 p_{\mathrm{air}}(\omega, x-b) p_{\mathrm{sam}}^5(\omega, L)$$

$$E_{tm}(\omega) = E_{\mathrm{THz}}(\omega) t_{12\mathrm{p}} t_{23\mathrm{p}} r_{23\mathrm{p}}^{2m} p_{\mathrm{air}}(\omega, x-b) p_{\mathrm{sam}}^{(2m+1)}(\omega, L)$$

其中$r_{21p}=r_{23p}$，介质1和介质3为同一介质。到第m个回波时，实际穿过样品后的太赫兹波可表示为：

$$E_{\mathrm{total}}(\omega) = E_{\mathrm{THz}}(\omega) t_{12\mathrm{p}} t_{23\mathrm{p}} p_{\mathrm{air}}(\omega, x-b) p_{\mathrm{sam}}(\omega, L) \times \left\{ \sum_{ech=0}^{m} [r_{23\mathrm{p}}^2 p_{\mathrm{sam}}^2(\omega, L)]^M \right\}$$

其中M代表回波的个数，令

$$FP(\omega) = \sum_{M=0}^{m} [r_{23\mathrm{p}}^2 p_{\mathrm{sam}}^2(\omega, L)]^M$$

这时$FP(\omega)$为等比数列，根据等比数列的求和公式，$FP(\omega)$可以计算为：

$$FP(\omega) = \frac{1 - \left[r_{23\mathrm{p}}^2 p_{\mathrm{sam}}^2(\omega, L) \right]^{m+1}}{1 - r_{23\mathrm{p}}^2 p_{\mathrm{sam}}^2(\omega, L)}$$

式中，m=0，1，2……代入反射系数和透射系数，可得样品在太赫兹波段的复透射系数：

$$H(\omega) = \frac{E_{\text{total}}(\omega)}{E_{\text{ref}}(\omega)} = \frac{4\tilde{n}_1(\omega)\tilde{n}_2(\omega)\cos\varphi_1\cos\varphi_2}{[\tilde{n}_1(\omega)\cos\varphi_2 + \tilde{n}_2(\omega)\cos\varphi_1]^2} \times \left(\exp\left\{\frac{-j[L\tilde{n}_2(\omega) - b\tilde{n}_1(\omega)]\omega}{c}\right\}\right) FP(\omega)$$

垂直入射时，有$\cos\varphi_1 = \cos\varphi_2 = 1$，并且空气的折射率$\tilde{n}_1(\omega) = 1$，方程简化为：

$$H(\omega) = \frac{4\tilde{n}_2(\omega)}{[1+\tilde{n}_2(\omega)]^2} \times \left(\exp\left\{\frac{-j[d\tilde{n}_2(\omega) - d]\omega}{c}\right\}\right) FP(\omega)$$

其中d为样品的厚度，F-P因子为：

$$FP(\omega) = \frac{1 - \left[\dfrac{1-\tilde{n}_2(\omega)}{1+\tilde{n}_2(\omega)}\right]^{2m+2} \exp[-j(2m+2)\tilde{n}_2(\omega)\omega d]}{1 - \left[\dfrac{1-\tilde{n}_2(\omega)}{1+\tilde{n}_2(\omega)}\right]^2 \exp[-2j\tilde{n}_2(\omega)\omega d]}$$

在已知复透射函数$H(\omega)$的辐角和幅值的情况下，只是复折射率的方程，可以解出实折射率n和消光系数k的值。

一般情况下，应该根据实验数据和样品的情况考虑相应的近似，以便进一步简化运算过程。厚样品情况下，由于反射波的光程比较大，选用合适的取样窗口可以只包含一个太赫兹脉冲波形，忽略所有回波。可取$m=0$，F-P因子为1，复透射函数简化为：

$$H(\omega) = \frac{4\tilde{n}_2(\omega)}{[1+\tilde{n}_2(\omega)]^2} \exp\left\{-j\omega\left[\frac{d\tilde{n}_2(\omega) - d}{c}\right]\right\}$$

将样品的复折射率$\tilde{n}_2(\omega) = n_2(\omega) - j\kappa_2(\omega)$代入上式，并将复透射函数表示成模和辐角的形式$H(\omega) = \rho(\omega)\exp[-j\Phi(\omega)]$，经过化简得：

$$\rho(\omega) = 4[n_2^2(\omega) + \kappa_2^2(\omega)]^{1/2} \times \frac{1}{[n_2^2(\omega) + 1]^2 + \kappa_2^2(\omega)} \exp[-\kappa_2(\omega)d\omega/c]$$

$$\Phi(\omega) = \frac{[n_2(\omega) - 1]\omega d}{c} + \arctan\left\{\frac{\kappa_2(\omega)}{n_2(\omega)[n_2(\omega) + 1] + \kappa_2^2(\omega)}\right\}$$

弱吸收的情况下，$\kappa_2(\omega)/n_2(\omega) \ll 1$，有近似解析解的形式：

$$n_2(\omega) = \frac{\Phi(\omega)c}{\omega d} + 1$$

$$\kappa_2(\omega) = \frac{-\ln\left\{\rho(\omega)\dfrac{[n_2(\omega) + 1]^2}{4n_2(\omega)}\right\}c}{\omega d}$$

再根据消光系数与吸收系数之间有如下关系：

$$\alpha = 2\omega\kappa/c$$

可得：

$$n(\omega) = \varphi(\omega) \cdot \frac{c}{\omega d} + 1$$

$$\alpha(\omega) = \frac{2}{d} \cdot \ln\left\{ \frac{4n(\omega)}{T(\omega) \cdot \left[n(\omega) + 1\right]^2} \right\}$$

式中，$\alpha(\omega)$即为样品在THz波段的折射率和吸收系数。

如果不考虑边界处的能量损失，吸收系数可以用公式$\alpha(\omega) = 1/d \cdot \ln[I_r(\omega)/I_s(\omega)]$求得。其中，$I_r(\omega)$和$I_s(\omega)$分别为参考信号和样品信号傅里叶变换以后的强度。在进行样品的太赫兹光谱特性分析时，一般采用折射率和吸收系数进行研究。

（二）太赫兹成像系统

太赫兹辐射作为一种光源，与其他辐射（如可见光、X射线、中近远红外、超声波等）一样，可以作为物体成像的信号源，进行成像研究。太赫兹成像系统是在太赫兹时域光谱系统基础上，加上步进制电机进行待测样品的X-Y方向移动，由点扫描向面扫描进行拓展而实现的。基本原理是：利用太赫兹成像系统把成像样品的透射谱或反射谱所记录的信息（包括振幅信息和相位信息的二维信息）进行处理和分析，得到样品的太赫兹图像。太赫兹成像系统的基本构成与太赫兹时域光谱相比，多了图像处理装置和扫描控制装置。利用反射扫描或透射扫描都可以成像，这主要取决于成像样品及成像系统的性质。根据不同的需要，应用不同的成像方法。

太赫兹成像系统主要分为太赫兹脉冲成像和连续太赫兹成像系统。目前太赫兹脉冲扫描成像系统已趋于成熟，主要是在太赫兹光谱系统中将固定的样品架更换为二维电控平移台。经过延迟系统的泵浦光照射到电光晶体上产生太赫兹光，然后用电光晶体探测太赫兹光，利用锁相放大器记录太赫兹波形，通过移动平移台上的样品架，测量样品每一点的太赫兹时域脉冲波形，将所得的太赫兹光谱按扫描次序排列到一幅图像中，即可得样品的太赫兹图像，如图1-22所示，利用时域波形数据，进行傅里叶变换，可以重构样品的密度分布、厚度分布和折射率。可见，太赫兹脉冲扫描成像图像蕴含的信息量大，可以构建成一个高维矢量场图像，研究这种高维矢量场图像理论和方法是太赫兹图像分析的必然要求。

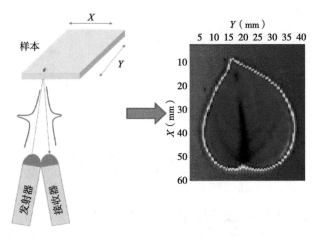

图1-22 太赫兹成像采集原理示意

尽管THz脉冲成像获得样品的信息最多，但是时间—维扫描和空间二维扫描需要大量时间，泵浦—探测成像部分也导致系统很复杂。为了缩短成像时间，张希成等（2000）提出了电光采样的方法进行太赫兹脉冲实时成像，如图1-23所示。在该系统中，探测光不再聚焦而是扩束后与太赫兹光波一起照射探测晶体，太赫兹电场的二维信息直接加载到探测光的横模分布上，利用两个正交的偏振片将探测光的偏振信息转化为强度信息，从而利用CCD直接获取太赫兹电场的二维分布。

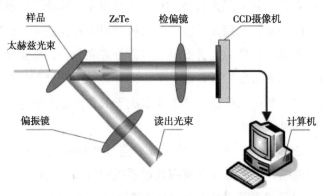

图1-23 太赫兹脉冲实时成像系统

与太赫兹脉冲成像系统不同，连续太赫兹成像系统实质上是一种电场强度成像，省去了泵浦—探测成像装置，系统简单，成像速度快，连续波太赫兹源需要提供比脉冲源更高的辐射强度，其太赫兹单元与太赫兹脉冲成像系统相似，但不需要探测光。但是当太赫兹产生源的频率一定且只有一个探测器时，成像系统只产生强度数据，不提供任何时域、频域或深度信息。连续波成像系统对大尺寸样品成像时，仍然需要逐点扫描，记录太赫兹波透过或经样品反射后的强度信息，成像分辨率由聚焦光斑决定。成像系统的一个重要的参数分辨率，与频率成正比，故高频太赫兹波的成像分辨率高些，但目前很难做高频单频的连续波源，因此成为连续太赫兹成像的瓶颈。

四、市场主流太赫兹技术产品

近年来，太赫兹关键器件得到不断突破，集成度越来越高，产品化程度渐成熟，成本也在不断降低。本节在对太赫兹产品市场调研基础上，代表性的太赫兹时域光谱及成像系统产品如图1-24所示。

ADVANTEST-TAS7500SP

TeraMetrix T-Ray 5000

TeraView THz system

TeraSense imaging system

大恒CIP-TDS system

Menlo TERA K15

图1-24 市场上代表性的太赫兹光谱及成像系统

目前市面上相对成熟的太赫兹技术产品，主要涉及太赫兹时域光谱系统、太赫兹辐射源、太赫兹相机、太赫兹矢网系统、太赫兹雷达、太赫兹天线、太赫兹功率计等，相关主要的品牌、型号等信息如表1-2至表1-8所示。

表1-2 太赫兹时域光谱技术参数

品牌	型号	主要用途
Menlo	TERA K15	科学研究
	TERA Smart	科学研究 工业应用
	TERA ASOPS	科学研究 工业应用
Toptica	TeraFlash pro	科学研究 工业应用

（续表）

品牌	型号	主要用途
Toptica	TeraFlash smart	科学研究 工业应用
	TeraSpeed	科学研究 工业应用
Advantest	TAS7500TS & TAS7400TS	科学研究 工业应用
	TAS7500	科学研究 工业应用
	TAS7500	科学研究 工业应用
	TS9000 MTA	半导体模具厚度检测
	TS9000 TDR	IC缺陷检测
Luna	T-Gauge	工业应用
	T-Ray 5000	科学研究 工业应用
TeraView	TeraPulse Lx	科学研究
	TeraCota 2000	工业应用
	EOTPR3000 & EOTPR4000 & EOTPR5000	工业应用
Hubner	T-COGNITION	信件检测
	T-SPECTRALYZER	科学研究
PNP	Tera Evaluator	晶圆电特性检测
	Tera Evaluator	科学研究 工业应用
TeTechs	TeraGauge 5000	塑料厚度检测
Rainbow	TeraSys-ULTRA	科学研究 工业应用
	TeraSys12	科学研究 工业应用
	TeraSys-AiO	科学研究
	Tera Tune	科学研究
das-Nano	ONYX	石墨烯和2D材料表征
	NOYUS	涂层测量
	IRYS	汽车涂层检测
Batop	TDS10XX	科学研究

（续表）

品牌	型号	主要用途
TeraVil	T-SPEC	科学研究
	T-FIBER	科学研究
	TRS-16	科学研究
大恒光电	CIP-ABCD	科学研究
	CIP-ABPD	科学研究
	CIP-TDS	科学研究 工业应用
	CIP-FICO	科学研究 工业应用
	CIP-LNTDS	科学研究
华讯方舟	CCT-1800	工业应用
莱仪特	LET 3.0	工业应用
青源峰达	QT-TS2000	科学研究

表1-3　太赫兹辐射源技术参数

品牌	型号	频率	功率	工作原理
TeraSense	IMPATT-100	100GHz	80mW ~ 1.8W	雪崩二极管
	IMPATT-140	140GHz	30 ~ 180mW	
	IMPATT-180	180GHz	10mW	
	IMPATT-200M	200GHz	50 ~ 200mW	
	IMPATT-300M	300GHz	10 ~ 40mW	
LongWave	EasyQCL-1000	1.9 ~ 5THz	20mW	QCL
上海技物所	LN-QCL	2.5 ~ 4.8THz	0.5 ~ 3.0mW	QCL
Lytid	MC1010	2.5THz	1mW	QCL
	TeraSchottky	300GHz/600GHz	30mW/2.5mW	固态源
VDI	TX	40GHz ~ 3.2THz	30μW ~ 1W	固态源
Edinburgh Instruments	FIRL-100	7.5 ~ 0.25THz	150mW	气体激光器

表1-4 太赫兹相机技术参数

品牌	型号	光谱响应	工作原理
i2S	TZcam	0.3～5THz	非晶硅
INO	RXCAM-THz-384	4.25～0.094THz	氧化钒
TeraSense	TERA-4096	50～700GHz	CMOS
	TeraFAST-256-HS-100	100GHz	CMOS

表1-5 太赫兹矢网系统技术参数

品牌	工作频率
VDI	扩频至1 500GHz
OML	扩频至500GHz
Rohde & Schwarz	扩频至750GHz
Keysight	扩频至1.5THz

表1-6 太赫兹雷达技术参数

品牌	型号	工作频率	输出功率
ELVA-1	300GHzFMCW	285～300GHz	0.5～1.0mW

表1-7 太赫兹天线技术参数

品牌	工作频率	增益	天线类型
Anteral	至500GHz	高至67dBi	卡塞格伦
	至600GHz	>40dBi	透镜天线
	至500GHz	26dBi	喇叭天线
CMI	至500GHz	22dBi	喇叭天线

表1-8 太赫兹功率计技术参数

品牌	工作频率	功率测量范围	工作原理
VDI	75GHz～3THz	200mW	热电偶
TK	30GHz～10THz	500mW	高莱
Gentec-EO	0.1～30THz	3W	热释电
Ophir	0.1～30THz	3W	热释电

第四节 典型的样品制备与太赫兹数据测量方法

一、典型的样品制备方法

对于太赫兹光谱测量来说，样品的制备方法对后续采集样品的光谱特征和图像特征有很大影响。当样品的形态不同时，制作样品的方法有较大差别。

（一）粉末样品的制备

样品为粉末时，一般采用压片法。由于粉末状样品的自我成型效果不好，一般使用聚乙烯与样品按一定比例混合，并在一定压力下进行压片，形成合适的直径和厚度，用于实验，并且粉末的颗粒不能过大，对大颗粒粉末需要对其研磨直到其直径小于0.1mm。选择聚乙烯的原因是聚乙烯对太赫兹吸收少，且在太赫兹波段基本透明，有利于压片成型，方便检测。压片时应注意样品的厚度和浓度要适当，且样品要保持均匀平整，压力不宜过大。笔者团队开展12种喹诺酮类抗生素特征吸收峰测量时样品制备的样品架使用等情况如图1-25所示。

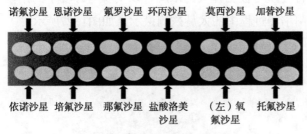

（a）制备的喹诺酮类抗生素压片　　　　　　（b）样品架

图1-25　固体压片制备与测量样品架

（二）液体样品的制备

样品为液体时，一般将一定厚度的液体放入样品池中，对其采集太赫兹波谱。卢承振等（2015）测量不同形态水的太赫兹光谱时，将厚度为0.5mm的样品放在规格为45mm×45mm的石英样品池中采集光谱。李健等（2015）采用双样品池对比法来测定溶液的太赫兹光谱。石英和聚四氟乙烯材料对于太赫兹波呈现较微弱的吸收，所以实验研究中，样品池一般采用石英或者聚四氟乙烯材料制作。笔者团队开展低浓度诺氟沙星含量测量时样品制备的样品池使用等情况如图1-26所示。

 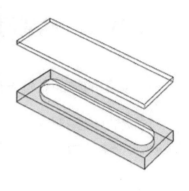

（a）制备的诺氟沙星酒精溶液　　　　　　　　　　（b）石英样品池

图1-26　液体样品制备与测量样品池

（三）气体样品的制备

样品为气体时，为了形成参考和样品对比测量，一般采用双气室结构或者进行按照时序顺次测量。赵辉等（2014）使用差分吸收检测系统对剧毒挥发性1,3-二硝基苯痕量气体采集太赫兹时域光谱，其中检测系统中一组为标准空气，另一组为待测样气，通过对两组数据的差分处理再结合光谱特性获得被测样气的浓度，以实现对环境中二硝基苯气体的检测。笔者团队对植物叶片病菌培养过程中的太赫兹测量示意如图1-27所示。

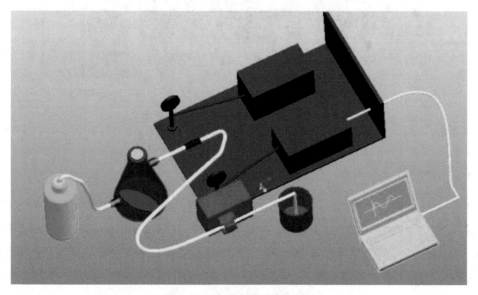

图1-27　气体样品测量示意

二、太赫兹光谱测量与解析方法

（一）太赫兹时域/频域光谱测量

太赫兹时域光谱仪通过扫描样品获得时域波形，然后对其进行傅里叶变换，得到太赫兹波频谱。获得的频谱信息包含了其他无关信息和噪声等影响因素，需要对频谱数据进行预处理，包括平滑数据，减少噪声，提高信噪比，对其频谱数据进行分析和处理，即可得到被测样品吸收系数、折射率等物理特征信息，可用于后续的定性定量分析和建模研究。

1. 太赫兹时域/频域光谱测量

太赫兹时域光谱仪采集样品在时间轴上的波形，如图1-28所示，是运用本单位农业太赫兹光谱与成像实验室的THz仪器（Menlo Systems，TERAK15，Germany）在室温下，连续冲入氮气，采集到的一个典型的参考波形。时域波形需要经过傅里叶变换得到频域曲线，进而分析样品的频谱结构和变化特征，如图1-29所示，是参考波形经傅里叶变换后得到的频域波形。对频域谱进行平滑去噪等光谱预处理方式，提取频域谱中的特征频段下的光谱信息，然后根据样品在不同频段下的不同频谱特征，对样品进行特征分析和识别检测，包括对样品组分的定性分析、定量检测、杂质含量检测和异物鉴别等。图1-30是对一个植物叶片进行太赫兹二维逐点扫描后，获取0.8THz单频下的成像图，后续可运用图像处理技术进行叶脉等信息的有效提取。

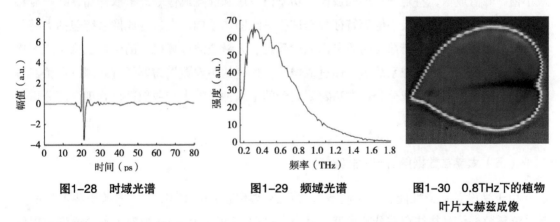

图1-28 时域光谱   图1-29 频域光谱   图1-30 0.8THz下的植物叶片太赫兹成像

2. 太赫兹吸收系数谱计算

为进一步研究样品在太赫兹波段的光谱吸收特征，可根据样品的频域强度，计算出样品在特定频域范围内的吸收系数，从而获得样品在单位厚度下的吸光度。极性分子、生物大分子等物质在太赫兹波段具有不同的光谱特征吸收指纹特性，根据被测样品的特征吸收峰可以有效地判别被测样品的组分。如图1-31所示，为作者在运用实验室条件测量的葡萄糖分子在太赫兹波段的吸收系数谱，可以看到，葡萄糖分子在太赫兹波段具有明显的吸收峰。

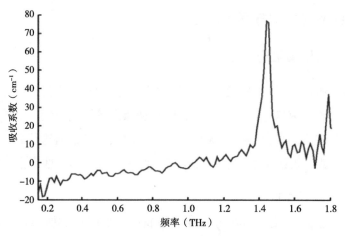

图1-31　葡萄糖固体粉末的吸收系数曲线

（资料来源：李斌，基于太赫兹光谱技术的D-无水葡萄糖定性定量分析研究，2017）

（二）太赫兹成像信息获取

太赫兹成像系统相比于太赫兹时域光谱系统，增加了图像处理装置和扫描控制装置，通过提取太赫兹的反射或透射信息，获得物体的三维数据信息，然后对物体的三维信息集合实现重构。现阶段，对样品太赫兹信息重构的方法主要有飞行时间成像，时域最大值、最小值、峰值成像，特定频率振幅成像，功率谱成像和脉宽成像等。提取样品在某一点特定频率、时域最大值、最小值等特征数据进行三维图像重构。太赫兹成像系统包括太赫兹逐点扫描成像系统、太赫兹实时焦平面成像系统、太赫兹波计算机辅助层析成像系统、连续波成像系统、近场成像系统等。通过成像系统得到的图像数据需要经过处理，逯美红等（2006）利用空间图样成分分析方法对采集到的玉米种子的太赫兹像进行处理，区分识别了不同样品的太赫兹图像。

（三）太赫兹数据解析与优化建模

由于受设备本身性能、样品制备参数及测试环境等方面的影响，实验采集的样品太赫兹光谱数据信息往往存在分辨率低、噪声高抖动漂移等问题，需要对太赫兹光谱数据信息进行优化以提高数据的信噪比和可靠性。马帅等（2015）利用S-G滤波器对太赫兹光谱测试过程中产生噪声等问题进行滤波处理，降低数据噪声；对于光谱数据点不同的问题，选取相同频段的光谱数据，采用三次样条插值的方法得到相同数据点数。涂闪等（2015）采集到棉花种子的太赫兹光谱数据点数较少，为了使FFT变换后曲线更光滑，先对原始数据进行了补零处理。徐利民等（2013）运用空域滤波、高斯平滑、频域滤波和边缘检测等图像降噪和图像增强技术对太赫兹图像进行处理，有效克服成像系统的噪声、激光功率抖动等影响。雷萌等（2015）利用一种局部信息模糊聚类的图像算法对太赫兹成像进行图像分割，充分利用局部空间信息和局部灰度信息，可以较好地描述模糊性，从而克服太赫兹图像边缘模糊、随机噪声、条纹噪声等干扰，得到了轮廓完整、精度较高的样品太赫兹图像。在此基础上，可利用模式识别、人工智能等算法进行数学建模和分析研究。

三、本研究团队太赫兹实验室主要设备介绍

（一）太赫兹时域光谱测量系统

本研究团队使用的是德国Menlo Systems GmbH公司所生产的透射式太赫兹时域光谱装置（Terahertz Time-domain Spectroscopy System，THz-TDS），如图1-32所示，产品型号为TERAK15，太赫兹发生器与探测器最大中心波长为1 500nm，重复频率80~250MHz。实验中具体参数设置如下：中心波长810nm、脉宽100fs、输出功率480mW，重复频率80MHz。其中，该设备光纤耦合结构式是针对1.5μm附近的激光驱动脉冲设计而成，可放在光谱仪机壳之外便于灵活应用，在提供了灵活的透射和反射式光路结构同时，保证了高性能太赫兹输出，为获得高速宽带时域太赫兹光谱提供了一套完整的解决方案。

图1-32　Menlo Systems GmbH公司的太赫兹时域光谱系统

（二）太赫兹光谱二维成像系统

本研究团队所用的太赫兹光谱二维成像系统主要包括透射式太赫兹时域光谱系统、二维扫描平移台、密封罩、光学平台以及计算机。该装置在时域光谱系统基础上，增加由X、Y两个方向的平移台，每个平移台的终端均放置一个步进电机，其传动原理通过滚珠丝杆副实现传动，用以控制平移台的移动。平移台的扫描方式主要分为单向扫描与双向扫描两种，其中，单向扫描方式扫描时间较长，但扫描精度较高，而双向扫描方式则相反，扫描时间较短，扫描精度较低。扫描过程是当样品完成一次X方向的扫描时，Y方向移动一个步长，然后继续扫描X方向，依次类推，直至样品扫描完毕。为了保证太赫兹脉冲能够垂直透射过样品，二维扫描平移台需与THz-TDS装置垂直放置，如图1-33所示。

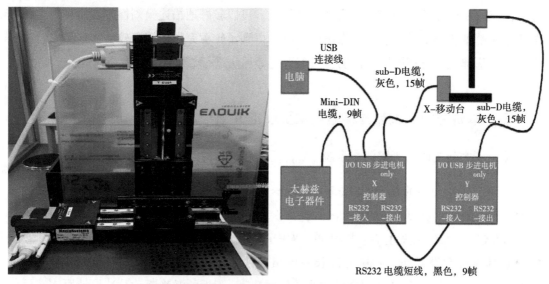

图1-33 二维扫描平移台实物及原理

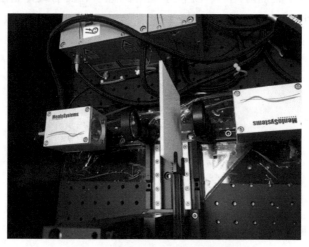

图1-34 太赫兹光谱二维成像系统俯视

注：白色极为样品固定板。

（三）温湿度环境传感器

为了采集有效的数据，需要对环境参数进行实时采集和监控。本团队采用温湿度环境传感器是北京市农林科学院所研制提供的专门用于实时监测包括空气温度、空气湿度等多个环境参数的智能仪器（温室娃娃）。如图1-35所示，该传感器主要由主机、显示屏、传感器头、串口转以太网模块以及GSM/GPRS无线模块等几部分组成。其工作原理是将所测量值存入存储器中，并通过与计算机通信，从而对测量值进行传入和输出。该仪器主要具备以下特点。

（1）采用高精度传感器，测量准确快速。

（2）大容量数据存储，可存储高达60 000组数据。

（3）性能稳定，可实时监测环境情况并记录时间。

（4）采用USB接口与计算机进行数据通信，方便数据储存。

（5）工作环境：温度-20～70℃，相对湿度0～100%，适用于不同环境情况下的使用。

（四）密封罩

为了保持测试环境内参数可控，设计采用此密封罩进行密封，该密封罩由密封塑性材料组成，如图1-36所示，除了底部外，顶部与四周均采用密封设计。实验时，将其罩在TDS-THz装置中的光路系统部分上方，并向该密封罩内持续输入高纯度氮气，以消除空气中的水蒸气对实验结果的干扰。此外，密封罩顶部的小盖口的设计，避免在样品换取过程中，需要先移开密封罩才能换取样品的烦琐步骤，可直接通过小盖口实现样品的换取，简化了操作流程，并且减少了密封罩内氮气的流失。

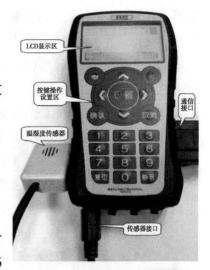

图1-35　温度湿度传感器

图1-36　密封罩

（五）计算机

计算机是日本富士通公司的产品，型号为USD-D3164，能够安装配套的LabVIEW软件和MATLAB软件，且能够运行所编写的软件程序。通过LabVIEW程序完成数据采集与存储，通过MATLAB程序完成数据处理、数据分析、图像处理和最终的数据建模。

（六）光学平台

光学平台，又称光学面包板，光学桌面，一般需进行隔振等措施，有主动式和被动式两大类。本团队所使用的平台是北京卓立汉光公司的精密光学平台，主要用于固定TDS-THz系统光学元器件，避免外界环境和干扰相对实验过程的影响，并且消除平台上任意两个以上部件之间的相对位移。

（七）太赫兹成像检测系统的软件

团队使用的太赫兹成像检测系统数据采集软件为基于LabVIEW系统的光谱采集操作

软件。LabView是一款图形化编程语言（G语言），不同于其他计算机语言的基于文本语言产生代码，其采用图形符号和数据流等编程方式，在简化程序的同时，极大地缩减了开发时间。此外，LabView结构程序简单易懂，而且功能强大，提供了很多功能性控件，可方便直接创建和使用。

本节基于LabView系统的光谱及图像数据采集软件操作界面如图1-37所示，主要包括初始化模块、参数设置模块、延迟线模块、区域设置模块、扫描设置模块、模式设置模块以及成像显示模块七大模块。通过该软件，可以设置样品扫描的起始位置与终止位置，调试样品的扫描区域，选择样品扫描的方式，显示扫描样品所成的图像，并对扫描的样品光谱信息数据进行保存。

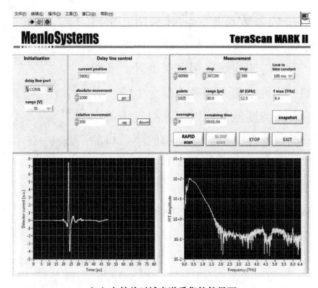

（a）太赫兹时域光谱采集软件界面

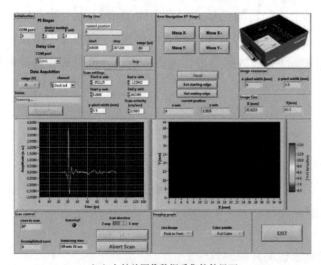

（b）太赫兹图像数据采集软件界面

图1-37　基于LabVIEW系统的光谱及图像数据采集软件操作界面

（八）太赫兹实验测试数据仪器设备使用方法

根据本实验室的太赫兹设备及测试环境要求，总结待测样品上单点的太赫兹光谱扫描操作如下。

（1）实验开始前，打开门后右侧开关、然后按下电动遮光窗帘遥控开始按钮，使布帘环绕太赫兹仪器测量室至光线封闭，形成太赫兹测量暗室环境。

（2）调试光学测量台上样品放置架高度至合适位置，保持水平中心位置在155cm处，放置样品。

（3）检查氮气罐气压情况，一般需大于5压力。打开氮气罐，连续冲入氮气，等湿度降到7%以下。

（4）打开太赫兹实验电脑及仪器。检测仪器打开方式：使用钥匙打开总开关（ON），再打开界面右上角"Swith on"，等待1min左右，待指示灯变成黄色，再打开"Laser on"。

（5）打开电脑桌面自带软件：K15 TeraScan Mark Ⅱ 1.31 vi。点击初始化，当"Current position"为0时，点击GO，当"Current position"为1 000时，设置"Lock-in time constant"与检测仪器中扫描时间相符合。点击快扫，检查时域谱是否正常，如正常，再点击"slow scan"扫描。

（6）仔细观察扫描过程，以免机器死机，扫描结束后，按照软件要求保存数据。

（7）在测试样品过程中，保持轻拿轻放，以免样品破碎；更换样品时，要尽可能快速，减少外界气体进入。如发现湿度过高，需等降到7%以下再开展下一次测量实验。

（8）所有测试完成后，检查每一次数据保存是否完整，然后关闭软件和装置，顺序与打开相反，关闭氮气冲入。

太赫兹时域光谱成像系统的数据采集流程如图1-38所示。样品的太赫兹时域光谱和二维成像扫描结果如图1-39所示。

图像扫描操作步骤如下。

（1）打开扫描图像软件。

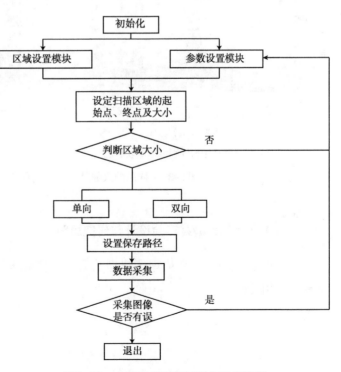

图1-38　太赫兹光谱数据采集工作流程

点击初始化，当状态栏中显示空白时，即初始化完成。点击实时脉冲，观察时域谱，通过调节扫描时间降低散射现象，调节好后，点击实时脉冲，再点击停止。通过调节"向X−移动""向Y−移动""向X+移动""向Y+移动"按钮控制电机丝杠，设置样品初始和终止位置。扫描方向选择双向，节省时间。

（2）点击扫描（会显示该图像的扫描时间），进行扫描操作，扫描完成后，保存并检查数据完整性，然后关闭软件和装置，顺序与打开相反，关闭氮气冲入。

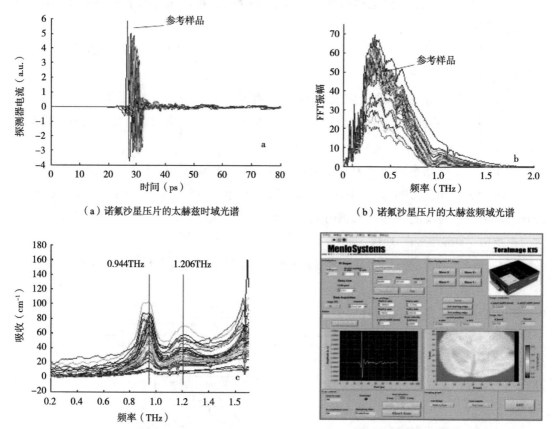

（a）诺氟沙星压片的太赫兹时域光谱　　　　　　（b）诺氟沙星压片的太赫兹频域光谱

（c）诺氟沙星压片的太赫兹吸收系数谱　　　　　　（d）绿萝叶片的太赫兹二维扫描图像

图1−39　样品的太赫兹时域光谱和二维成像扫描结果

（九）典型的太赫兹实验设计与研究思路

在研究过程中，作者梳理了典型的太赫兹实验设计与研究思路（图1−40），以备初学者开展相关研究参考。

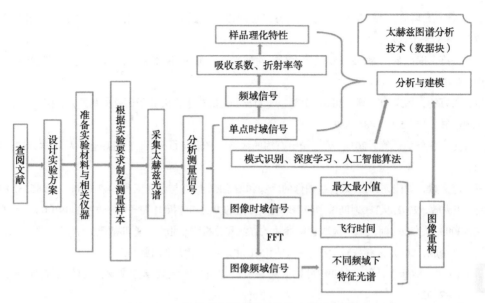

图1-40　典型的太赫兹实验设计与研究思路

第五节　小　结

　　本章首先对太赫兹技术及其独特性质的总体进行了概述，对太赫兹产生和探测的基础理论以及关键器件方法进行了详细的介绍；其次，对时域光谱/成像系统进行了系统介绍；再次，通过调研，将目前市场上主流太赫兹技术产品进行了归纳和分析；最后，对典型的样品制备和太赫兹数据测量方法，以及本团队太赫兹实验室主要设备仪器、测试方法及研究思路进行了介绍，从而从整体上进行太赫兹技术的概述，可为从事太赫兹研究行业人员提供参考。

参考文献

雷萌，黄志坚，马芳郑，2015. 一种基于局部信息模糊聚类的太赫兹图像分割算法[J]. 制造业自动化，37
　　（6）：118-120.

李健，焦丽娟，李逸楠，2015. 太赫兹时域光谱系统在分析氟氯氰菊酯正己烷溶液中的应用[J]. 纳米技术
　　与精密工程，13（2）：128-133.

卢承振，刘维，孙萍，等，2015. 不同水的太赫兹时域光谱[J]. 激光与光电子学进展，52（4）：1-8.

逯美红，沈京玲，郭景伦，等，2006. 太赫兹成像技术对玉米种子的鉴定和识别[J]. 光学技术，32（3）：
　　361-366.

马帅，沈韬，王瑞琦，等，2015. 基于深层信念网络的太赫兹光谱识别[J]. 光谱学与光谱分析，35（12）：3 325-3 329.

涂闪，张文涛，熊显名，等，2015. 基于太赫兹时域光谱系统的转基因棉花种子主成分特性分析[J]. 光子学报，44（4）：176-181.

汪一帆，尉万聪，周凤娟，等，2010. 太赫兹（THz）光谱在生物大分子研究中的应用[J]. 生物化学与生物物理进展，37（5）：484-489.

夏燚，杜勇，张慧丽，等，2014. 滑石粉中石棉的太赫兹光谱定量分析[J]. 日用化学品科学，37（2）：31-33.

徐利民，范文慧，刘佳，2013. 太赫兹图像的降噪和增强[J]. 红外与激光工程，42（10）：2 865-2 870.

徐新龙，王秀敏，2002. 从THz时间波形中提取材料参数的方法和分析[J]. 量子电子学报，19（6）：563-563.

徐新龙，2003. 从THz时间波形中提取材料参数的方法和分析[D]. 北京：首都师范大学.

许景周，张希成，2007. 太赫兹科学技术和应用[M]. 北京：北京大学出版社.

杨昆，赵国忠，梁承森，等，2009. 脉冲太赫兹波成像与连续波太赫兹成像特性的比较[J]. 中国激光（11）：87-92.

张存林，2008. 太赫兹波谱与成像[M]. 北京：科学出版社.

张存林，牧凯军，2010. 太赫兹波谱与成像[J]. 中国激光杂志社，47（1）：1-14.

赵辉，王高，马铁华，2014. 基于THz光谱技术的1,3-二硝基苯挥发气体检测方法研究[J]. 光谱学与光谱分析，32（4）：902-905.

Bawuah P，Silfsten P，Ervasti T，et al.，2014. Non-contact weight measurement of flat-faced pharmaceutical tablets using terahertz transmission pulse delay measurements[J]. International Journal of Pharmaceutics，476（1/2）：16-22.

Charron D M，Ajito K，Kim J Y，et al.，2013. Chemical mapping of pharmaceutical cocrystals using terahertz spectroscopic imaging[J]. Analytical Chemistry，85（4）：1 980-1 984.

D H Auston，K P Cheung，J A Valdmanis，et al.，1984. Cherenkov Radiation from Femtosecond Optical Pulses in Electro-Optic Media[J]. Physical Review Letters，53（16）：1 555-1 558.

Dai J，Xie X，Zhang X C，2006. Detection of Broadband Terahertz Waves with a Laser-Induced Plasma in Gases[J]. Physical Review Letters，97（10）：103 903.

Dieleman P，Klapwijk T M，Gao J R，et al.，2002. Analysis of Nb superconductor-insulator-superconductor tunnel junctions with Al striplines for THz radiation detection[J]. IEEE Transactions on Applied Superconductivity，7（2）：2 566-2 569.

Ge M，Liu G F，Ma S H，et al.，2009. Polymorphic forms of furosemide characterized by THz time domain spectroscopy[J]. Terahertz Spectra of Polymorphic Forms of Furosemide，30（10）：2 265-2 268.

Gerecht E，Musante C F，1999. NbN hot electron bolometric mixers-a new technology for low-noise THz receivers[J]. IEEE Transactions on Microwave Theory Techniques，47（12）：1 789-1 792.

Grischkowsky D R，Søren Keiding，Exter M V，et al.，1990. Far-infrared time-domain spectroscopy with terahertz beams of dielectrics and semiconductors[J]. Journal of the Optical Society of America B，7（10）：2 006-2 015.

Jiang Z，Zhang X C，2000. Measurement of spatio-temporal terahertz field distribution by using chirped pulse technology[J]. IEEE Journal of Quantum Electronics, 36 (10): 1 214-1 222.

Khurgin, Jacob B, 1994. Optical rectification and terahertz emission in semiconductors excited above the band gap[J]. Proceedings of SPIE-The International Society for Optical Engineering, 11 (12): 2 492.

Kono S, Tani M, Gu P, et al., 2000. Detection of up to 20 THz with a low-temperature-grown GaAs photoconductive antenna gated with 15 fs light pulses[J]. Applied Physics Letters, 77 (25): 4 104-4 106.

Mourou, Gerard, 1981. Picosecond microwave pulse generation[J]. Applied Physics Letters, 38 (6): 470-472.

Peiponen K E, Silfsten P, Pajander J, et al., 2013. Broadening of a THz pulse as a measure of the porosity of pharmaceutical tablets[J]. International Journal of Pharmaceutics, 447 (1/2): 7-11.

Qin J Y, Ying Y B, Xie L J, 2013. The detection of agricultural products and food using terahertz spectroscopy: a review[J]. Applied Spectroscopy Reviews, 48: 439-457.

Rüdeger Köhler, Tredicucci A, Beltram F, et al., 2002. Terahertz semiconductor-heterostructure laser[J]. Cheminform, 417 (6 885): 156-159.

Sakai K, 2005. Terahertz Optoelectronics[M]. Berlin: Springer-Verlag.

Sakurada T, Kadoya Y, Yamanishi M, 2002. THz electromagnetic wave radiation from bulk semiconductor microcavities excited by short laser pulses[J]. Jpn. J. Appl. Phys, 41: L256-L259.

Smith P R, Auston D H, Nuss M C, 1988. Subpicosecond photoconducting dipole antennas[J]. IEEE J. Quantum Electron, 24: 255-260.

Tani M, Herrmann M, Sakai K, 2002. Generation and detection of terahertz pulsed radiation with photoconductive antennas and its application to imaging[J]. Meas. Sci. Technol, 13: 1 739-1 745.

Tani M, Matsuura S, Sakai K, et al., 1997. Emission characteristics of photoconductive antennas based on low-temperature-grown GaAs and semi-insulating GaAs[J]. Appl. Opt, 36: 7 853-7 859.

Xie X, Dai J, Zhang X C, 2006. Coherent Control of THz Wave Generation in Ambient Air[J]. Physical Review Letters, 96 (7): 075 005.

Zeitler J A, Taday P F, Newnham D A, et al., 2007. Terahertz pulsed spectroscopy and imaging in the pharmaceutical setting, a review[J]. Journal of Pharmacy and Pharmacology, 59 (2): 209-223.

第二章 全球太赫兹研究文献计量分析与农业领域应用研究进展

作为近年来新发展起来的国际前沿技术，太赫兹技术在物理、化学、通信、生物学，农业食品安全检测、工业无损检测、生物化学、医学和生物成像等领域已进行了广泛的科学研究。为了总结该技术在各领域的研究趋势，需要通过系统性的分析。在本章中，我们对太赫兹领域的高水平期刊文献进行了概述，然后分别从太赫兹源、太赫兹检测器、太赫兹光谱学和成像以及太赫兹应用方面进行了分析（图2-1）。这项工作的重点是通过共词和共引网络分析自动提取趋势，并通过比较来了解太赫兹基础研究和太赫兹应用研究这两个密切相关但又不同的方面。

第一节 基于Web of Science的全球太赫兹研究文献计量分析

太赫兹（THz）是电磁辐射，其频率介于光谱的微波和红外区域之间。频率为0.1~10THz，波长为0.03~3mm。太赫兹技术的发展曾经由于缺乏硬件而受到阻碍，但是20世纪80年代，飞秒激光器的发明促进了太赫兹研究和应用的发展。由于太赫兹的高穿透性，低能量和指纹特性，使其在安全检测、超材料、生物医学、半导体、食品、农业、医药等领域得到了广泛的应用研究探索。太赫兹是一个崭新的研究领域，很多研究人员撰写了综述或评论文章，但这些一般会偏向研究人员熟悉的领域，缺乏一定的客观性和普遍性，为了帮助研究人员客观地了解和掌握太赫兹领域的最新研究动态并找到其关键应用，本节通过数据分析与挖掘来进行总结研究。

科学计量学是研究科学活动的一门科学，将数理统计、计算技术等数学方法应用于科学活动和科学过程中进行定量分析，发现科学活动的规律性。科学计量学在研究科技知识生产力、评价社会科技能力、国家和地区科技竞争力和科研绩效等方面得到了有效应用。

为探索科学技术与社会经济之间的相互作用规律以及科学技术建立、组织、制度、合作等科学研究领域的生产关系提供了有力的定量手段和定量支持。科学计量学的研究可分为四类：一是将变量数据拟合成经验和概率分布；二是编制科学或学科地理分布图；三是对科学活动进行绩效研究、影响研究和评价研究；四是对各种定量指标的研究。有了这些方法，许多领域都在借用这些方法和工具来帮助他们的领域理解，如智能农业的学科分析，食品安全或非常具体的子领域，如夜光（NTL）。然而，该方法还没有应用到发展迅速的太赫兹领域。因此，利用科学计量学对太赫兹进行研究和应用具有重要的探索意义。在本工作中，将科学计量学文献分析和测量方法应用于太赫兹文献。通过分析和理解太赫兹研究的热点和发展趋势，从最初的知识创造的角度，结合定量指标的研究，借助共词和协同引用，作者做了太赫兹科学领域或学科地理分布图，这将为相关研究机构和政府机构提供信息掌握的研究趋势。

太赫兹的研究领域主要分为太赫兹技术基础原理研究和太赫兹应用研究。基础原理研究主要分为太赫兹产生与检测、太赫兹光谱与成像系统研究；应用研究大致可以分为两大类：太赫兹传感和通信。通过了解和掌握太赫兹光谱和物质的作用及其检测机制，太赫兹应用研究细分为生物学、医学与制药、半导体等工业应用、安全检测、信息与通信技术、地球与空间科学、农业食品安全及基础科学应用。

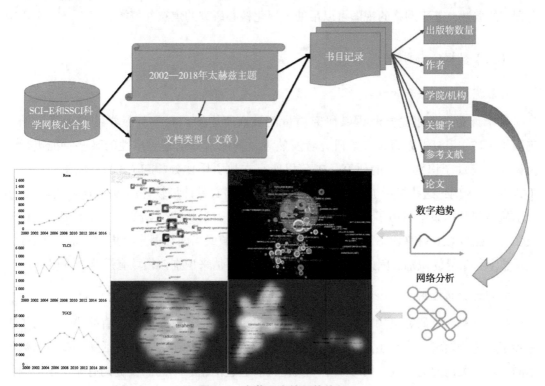

图2-1　本节研究的总体构架

（资料来源：Bin Li，A scientometric analysis of global terahertz research by Web of Science Data，2020）

一、数据采集和数据分析方法

（一）数据采集

基于SCI引文核心数据库，从太赫兹文献生成的科学地图中可以挖掘更多隐藏在学科活动背后的信息。在本节中，文献数据集是从著名的科学数据库Web of Science（WoS）中检索的，尤其是科学引文索引（Science Citation Index，SCI）和社会科学引文索引（Social Science Citation Index，SSCI）作为目标数据索引。这两个数据库提供的文章比谷歌学者或必应学术等搜索引擎少，但这些索引中的论文质量更高。研究期刊论文数据集将通过检索标准获得。通过以下搜索标准获得了太赫兹科学和技术及其应用的数据集。

数据库：Web of Science核心收藏

主题："Terahertz"和"THz"

时间跨度：2002—2018年

提炼：文件类型文章

在此条件下，共获得11 585条记录。这些书目数据集包含较为完整的元数据信息，包括作者、研究机构、期刊、引文计数和引文。利用所提供的信息，可以提取基本的书目信息，并基于共现网络创建关键词词图、研究机构图和共聚类图，基本信息可以快速提供研究领域的概述，基于网络的视图可以帮助可视化核心研究的焦点并聚类。

（二）数据分析方法

1. 数据分析方法和软件

科学计量学的理论贡献因其研究质量而被众所周知。科学计量学的定量指标如影响因子（IF）和H指数为大多数研究者所熟悉，其他指标则是对属性的某些特征进行快速概述，有助于识别重要的研究。本节以所有本地引用评分（TLCS）和全局引用评分（TGCS）为例：这些指标被Garfield博士开发的著名文献计量软件HistCite所使用。TLCS表示从当前数据集中引用了该论文或作者，而TGCS表示从整个WoS数据库引用了该论文或作者。比较TLCS和TGCS，TLCS表示来自当前领域或当前数据集收集的识别，而TGCS表示整个科学界的识别。因此，这有助于通过这些评估来识别该领域有影响力的研究。

2. 网络分析应用

作者、期刊、研究机构和国家在文献中提供了研究活动基本要素的直接描述。为了进一步了解这个领域，我们还需要了解太赫兹领域中每个具体研究方向的活跃主题。与数值不同，基于关键词的共现在网络中呈现关键词。通过网络，不同的关键词有非常不同的关键词频率，我们可以了解整个研究趋势的研究焦点。基于共词网络，分析软件可以帮助将概念可视化为密度图。这些数字由VoSviewer软件生成的。VoSviewer和CiteSpace是本研究中用于构建和查看文献计量图的文献计量分析软件。它们支持文献的共引和共引分析，可用于绘制各知识领域的科学交互，直接建立基于Web of science文件的合著者网络、共词网络和共引参考文献网络。VoSviewer为共词或共引引用网络提供静态可视化，CiteSpace允许用户有意地布局网络结构。

数值方法因其计算简便、效率高而受到广泛的欢迎。然而，缺点也很明显。用数值方法给出的排名并不表示对象之间的关系，无论是期刊、作者还是论文。为了解决这一问题，许多基于网络的方法被提出，并有很长的历史。例如，在科学计量领域最著名的方法可能是共词网络分析。共词网络分析可以通过对书目文献的处理，收集所有共词关系来构建联合词网络。通过最小生成树或寻路器网络等方法可以得到重要的子网络或关键簇。因此，可以得到主簇。

与共词网络类似，其他网络，如基于参考的网络、合著者网络和书目耦合网络，都可以从结构化数据集中获得。本研究的分析就应用了这些基于网络的方法。

二、基本的文献计量分析

（一）年产量

每年出版的出版物可以揭示该领域研究活动的程度。此外，在本地引用频次（TLCS）、总体引用频次（TGCS）[①]和记录数（Recs）的信息中，可以分析出版物的出版质量，了解出版物是否在该领域或整个科学界发挥重要作用（图2-2，表2-1）。

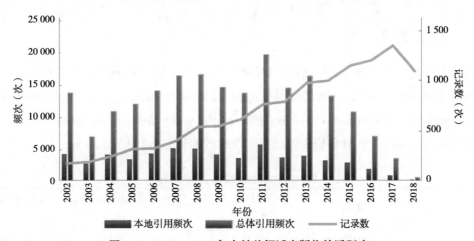

图2-2　2002—2018年太赫兹领域出版物的活跃度

（资料来源：Bin Li，A scientometric analysis of global terahertz research by Web of Science Data，2020）

---

① 　TLCS是指仅被本领域研究引用；TGCS是指被本领域或本领域以外的研究引用。

表2-1　太赫兹领域的出版物及活跃度

时间	作者	文献名称	总体引用频次（次）	本地引用频次（次）
2007年	Tonouchi M	Cutting-edge terahertz technology	2 918	—
2002年	Kohler R等	Terahertz semiconductor-heterostructure laser	1 873	706
	Ferguson B等	Materials for terahertz science and technology	1 709	864
	Siegel PH	Terahertz technology	1 706	—
2006年	Chen HT等	Active terahertz metamaterial devices	1 254	427
2005年	Federici JF等	THz imaging and sensing for security applications-explosives，weapons and drugs	707	338
	Wang KL等	Metal wires for terahertz wave guiding	680	310
2004年	Tao H等	A metamaterial absorber for the terahertz regime：Design，fabrication and characterization	674	—
2012年	Yan HG等	Tunable infrared plasmonic devices using graphene/insulator stacks	620	—
	Siegel PH	Terahertz technology in biology and medicine	617	302
2011年	Jepsen PU，Cooke DG，Koch M	Terahertz spectroscopy and imaging-Modern techniques and applications	607	341

近五年来，研究也十分活跃，论文量也集中增加。据中国社交媒体报道，在SCI-Index数据库上发表了600多篇关于"太赫兹光谱与成像"这一唯一主题的论文，相关论文数量也在不断增加。

（二）活跃的期刊

期刊是所有话题和学术活动的主要场所。根据记录数（Recs），可以快速定位太赫兹领域的主要贡献者期刊。前5名分别是*Applied Physics Letters*、*Optics Express*、*IEEE Transactions on Terahertz Science and Technology*、*Journal of Infrared Millimeter and Terahertz Waves*和*Optics Letters*。在赫兹研究领域排名前15的期刊如表2-2所示。

表2-2　太赫兹领域的活跃期刊

期刊	记录数（次）	本地引用频次（次）	总体引用频次（次）
Applied Physics Letters	973	2 929	26 889
Optics Express	882	10 133	22 746
IEEE Transactions on Terahertz Science and Technology	438	2 148	5 358

（续表）

期刊	记录数（次）	本地引用频次（次）	总体引用频次（次）
Journal of Infrared Millimeter and Terahertz Waves	395	1 838	4 156
Optics Letters	382	4 686	10 092
Journal of Applied Physics	328	584	6 341
Physical Review B	284	0	7 298
Scientific Reports	212	0	1 979
Optics Communications	205	1 011	2 224
Applied Optics	185	1 225	2 490
Acta Physica Sinica	157	179	600
Spectroscopy and Spectral Analysis	147	144	239
Electronics Letters	131	731	1 839
IEEE Journal of Selected Topics In Quantum Electronics	131	780	2 538
Journal of The Optical Society of America B-Optical Physics	127	1 348	2 956

资料来源：Bin Li，A scientometric analysis of global terahertz research by Web of Science Data，2020。

　　然而，发表的数量并不一定意味着影响。根据本地引用频次的顺序，在太赫兹域中找到重要的出版物。前7名分别是*Optics Express*、*Optics Letters*、*Applied Physics Letters*、*Nature Photonics*、*IEEE Transactions on Terahertz Science and Technology*、*Journal of Infrared Millimeter and Terahertz Waves*、*Nature*。前15位的重要期刊见表2-3。

表2-3　太赫兹研究的重要期刊

期刊	记录数（次）	本地引用频次（次）	总体引用频次（次）
Optics Express	882	10 133	22 746
Optics Letters	382	4 686	10 092
Applied Physics Letters	973	2 929	26 889
Nature Photonics	37	2 684	6 077
IEEE Transactions on Terahertz Science and Technology	438	2 148	5 358
Journal of Infrared Millimeter and Terahertz Waves	395	1 838	4 156
Nature	9	1 782	4 871
Journal of The Optical Society of America B-Optical Physics	127	1 348	2 956
Applied Optics	185	1 225	2 490
Nature Materials	9	1 137	2 869
Optics Communications	205	1 011	2 224

（续表）

期刊	记录数 （次）	本地引用频次 （次）	总体引用频次 （次）
Chemical Physics Letters	57	987	2 008
Nano Letters	70	873	2 910
IEEE Journal of Selected Topics In Quantum Electronics	131	780	2 538
Electronics Letters	131	731	1 839

资料来源：Bin Li，A scientometric analysis of global terahertz research by Web of Science Data，2020。

近五年的活跃期刊如表2-4所示。几本新期刊出现在了前列。可以看出，*Journal of Physics D-Applied Physics*、*Physics of Plasmas*、*Optik*等期刊比*Electronics Letters*、*IEEE Journal of Selected Topics in Quantum Electronics*、*Journal of the Optical Society of America B-Optical Physics*等经典期刊更活跃。它们可能成为这一研究领域的新力量。

表2-4　2014—2018年活跃期刊

期刊	记录数 （次）	本地引用频次 （次）	总体引用频次 （次）
Optics Express	388	1 343	2 835
Applied Physics Letters	311	0	2 917
IEEE Transactions on Terahertz Science and Technology	307	747	1 838
Journal of Infrared Millimeter and Terahertz Waves	244	681	1 273
Scientific Reports	198	0	1 525
Optics Letters	163	731	1 527
Optics Communications	117	220	543
Physical Review B	104	0	686
Journal of Applied Physics	94	0	501
Applied Optics	93	203	451
Spectroscopy and Spectral Analysis	81	44	71
Journal of Physics D-Applied Physics	79	0	539
Physics of Plasmas	74	0	290
Acta Physica Sinica	65	0	103
Optik	58	55	128
ACS Photonics	56	137	408
Chinese Physics B	56	0	125
IEEE Photonics Technology Letters	54	193	371

（续表）

期刊	记录数（次）	本地引用频次（次）	总体引用频次（次）
AIP Advances	53	0	145
Physical Review Letters	52	0	835

资料来源：Bin Li，A scientometric analysis of global terahertz research by Web of Science Data，2020。

　　研究的趋势在不断变化。如表2-5所示，列出了太赫兹领域重要期刊。重要期刊在过去五年中也发生了变化。应用*Applied Physics Letters*、*Nature*、*Journal of the Optical Society of America B-Optical Physic*s、*Nature Materials*、*Chemical Physics Letters*、*IEEE Journal of Selected Topics in Quantum Electronics*和*Electronics Letters*在领域重要期刊列表已经变得不那么重要，这可能意味着近年来研究变得越来越具体，专注于非常具体的应用程序或详细的研究问题。

表2-5　2014—2018年重要期刊

期刊	记录数（次）	本地引用频次（次）	总体引用频次（次）
Optics Express	388	1 343	2 835
Applied Physics Letters	311	0	2 917
IEEE Transactions on Terahertz Science and Technology	307	747	1 838
Journal of Infrared Millimeter and Terahertz Waves	244	681	1 273
Scientific Reports	198	0	1 525
Optics Letters	163	731	1 527
Optics Communications	117	220	543
Physical Review B	104	0	686
Journal of Applied Physics	94	0	501
Applied Optics	93	203	451
Spectroscopy and Spectral Analysis	81	44	71
Journal of Physics D-Applied Physics	79	0	539
Physics of Plasmas	74	0	290
Acta Physica Sinica	65	0	103
Optik	58	55	128
ACS Photonics	56	137	408
Chinese Physics B	56	0	125

（续表）

期刊	记录数 （次）	本地引用频次 （次）	总体引用频次 （次）
IEEE Photonics Technology Letters	54	193	371
AIP Advances	53	0	145
Physical Review Letters	52	0	835

资料来源：Bin Li，A scientometric analysis of global terahertz research by Web of Science Data，2020。

（三）重要的作者

作者是了解该领域发展的重要线索。表2-6收集了太赫兹领域的大量作者。这些作者有3个排名，包括记录数、本地引用频次和总体引用频次。Yao JQ、Linfield EH、Davies AG、Zhang Y、Koch M and Zhang XC是在太赫兹领域发表了大量研究文章的研究者，但Zhang XC、Linfield EH、Davies AG、Tonouchi M、Jepsen PU、Koch M具有最高的领域影响。

表2-6　由记录数、本地引用频次和总体引用频次排序的太赫兹领域作者排名

作者	记录数 （次）	本地引用频次（次）	总体引用频次（次）	作者	记录数 （次）	本地引用频次（次）	总体引用频次（次）	作者	记录数 （次）	本地引用频次（次）	总体引用频次（次）
Yao JQ	167	240	721	Zhang XC	109	2 422	6 900	Zhang XC	109	2 422	6 900
Linfield EH	146	2 339	6 475	Linfield EH	146	2 339	6 475	Linfield EH	146	2 339	6 475
Davies AG	133	2 011	5 707	Davies AG	133	2 011	5 707	Davies AG	133	2 011	5 707
Zhang Y	133	437	1 354	Tonouchi M	96	1 770	4 127	Padilla WJ	27	993	4 758
Koch M	119	1 566	3 555	Jepsen PU	69	1 638	3 494	Averitt RD	41	996	4 325
Zhang XC	109	2 422	6 900	Koch M	119	1 566	3 555	Beere HE	101	1 299	4 310
Beere HE	101	1 299	4 310	Beere HE	101	1 299	4 310	Tonouchi M	96	1 770	4 127
Ritchie DA	101	1 198	4 067	Tredicucci A	49	1 199	3 793	Ritchie DA	101	1 198	4 067
Tonouchi M	96	1 770	4 127	Ritchie DA	101	1 198	4 067	Hu Q	59	1 127	3 810
Zhang CL	96	326	1 007	Hu Q	59	1 127	3 810	Tredicucci A	49	1 199	3 793
Wang L	90	215	917	Hebling J	44	1 077	2 638	Koch M	119	1 566	3 555
Xu DG	84	103	372	Ferguson B	7	1 019	2 089	Jepsen PU	69	1 638	3 494
Cao JC	82	176	1 033	Roskos HG	58	1 010	2 740	Knap W	76	798	3 432
Kawase K	80	675	1 773	Averitt RD	41	996	4 325	Siegel PH	18	560	3 227
Faist J	79	648	2 498	Padilla WJ	27	993	4 758	Reno JL	70	949	3 115

（续表）

作者	记录数（次）	本地引用频次（次）	总体引用频次（次）	作者	记录数（次）	本地引用频次（次）	总体引用频次（次）	作者	记录数（次）	本地引用频次（次）	总体引用频次（次）
Ito H	77	745	2 154	Reno JL	70	949	3 115	Kumar S	48	923	3 024
Knap W	76	798	3 432	Kumar S	48	923	3 024	Taylor AJ	34	864	2 756
Tani M	76	773	1 881	Fischer BM	39	910	1 942	Roskos HG	58	1 010	2 740
Hangyo M	74	602	2 103	Wallace VP	28	897	2 211	Hebling J	44	1 077	2 638
Zhang J	73	133	779	Kohler R	12	879	2 366	Faist J	79	648	2 498

资料来源：Bin Li，A scientometric analysis of global terahertz research by Web of Science Data，2020。

由表2-6可以看出，前15位作者得到了2 000多个本地引用频次，对应的总体引用频次得到了6 000多个。关注太赫兹领域研究问题的人比较集中。然而，从本地引用频次中可以看出，作者Ferguson B的记录数只有7篇，即只有7篇论文，但获得了1 019篇本地引用频次，这表明该研究者的工作在太赫兹领域是非常有影响力的。

本地引用频次和总体引用频次也收集了2014—2018年的前10位作者（表2-7）。注意，在这段时间内，记录数没有用作排名指标，因为时间跨度只有5年。本地引用频次和总体引用频次在短期排名中更具代表性。

表2-7　2014—2018年本地引用频次和总体引用频次排名的重要作者

作者	记录数（次）	本地引用频次（次）	总体引用频次（次）	作者	记录数（次）	本地引用频次（次）	总体引用频次（次）
Vitiello MS	34	58	642	Akyildiz IF	13	210	438
Hauri CP	25	141	629	Jornet JM	16	180	416
Zeitler JA	27	87	484	Han C	12	170	336
Zhao K	36	133	481	Hauri CP	25	141	629
Linfield EH	60	95	472	Ducournau G	21	139	345
Davies AG	59	94	470	Rana S	17	136	201
Vicario C	14	125	454	Zhao K	36	133	481
Akyildiz IF	13	210	438	Nagatsuma T	22	131	311
Johnston MB	12	36	430	Habib MS	8	126	167
Bonn M	14	16	427	Hasanuzzaman GKM	8	125	173

资料来源：Bin Li，A scientometric analysis of global terahertz research by Web of Science Data，2020。

从表中2014—2018年的重要作者中，我们可以发现本地引用频次和总体引用频次高的作者来自不同的国家。重要作家也有变化，例如，只有Linfield EH和Davies AG仍在前10

名，这意味着这些重要作家在当前或最近几年仍在发挥重要作用。

（四）该领域的国家

在太赫兹领域，各国在影响研究趋势方面也发挥着重要作用。因此，太赫兹领域中的活动国家是通过记录数、本地引用频次和总体引用频次值降序收集的。

在太赫兹领域，美国在本地引用频次和总体引用频次方面处于领先地位，记录数排名第二，这意味着它是一个研究中心。日本的本地引用频次排名第二，德国的总体引用频次排名第二，日本的总体引用频次排名第三，德国的本地引用频次排名第三，中国的记录数排名第一，但本地引用频次和总体引用频次排名第四（表2-8）。这表明我国太赫兹研究领域正处于快速发展阶段。

表2-8　由记录数，本地引用频次和总体引用频次排名的太赫兹研究前10的国家

国家	记录数（次）	本地引用频次（次）	总体引用频次（次）	国家	记录数（次）	本地引用频次（次）	总体引用频次（次）	国家	记录数（次）	本地引用频次（次）	总体引用频次（次）
中国	3 182	6 636	24 872	美国	2 461	19 327	72 611	美国	2 461	19 327	72 611
美国	2 461	19 327	72 611	日本	1 681	9 372	31 509	德国	1 237	8 601	31 691
日本	1 681	9 372	31 509	德国	1 237	8 601	31 691	日本	1 681	9 372	31 509
德国	1 237	8 601	31 691	中国	3 182	6 636	24 872	中国	3 182	6 636	24 872
英国	960	6 415	23 078	英国	960	6 415	23 078	英国	960	6 415	23 078
俄罗斯	698	1 472	8 266	法国	664	2 839	12 939	法国	664	2 839	12 939
法国	664	2 839	12 939	俄罗斯	298	2 730	7 446	俄罗斯	698	1 472	8 266
韩国	513	2 182	6 692	韩国	513	2 182	6 692	澳大利亚	298	2 730	7 446
加拿大	344	1 844	6 439	意大利	318	1 915	7 281	瑞士	269	1 892	7 363
意大利	318	1 915	7 281	瑞士	269	1 892	7 363	意大利	318	1 915	7 281

资料来源：Bin Li，A scientometric analysis of global terahertz research by Web of Science Data，2020。

（五）重要机构

近300个研究机构在太赫兹领域发表了20多篇论文。将研究机构按照当前搜索集中的论文数量降序排列，前20名如表2-9所示。排名前五的机构分别是中国科学院、日本大阪大学、俄罗斯科学院、天津大学和首都师范大学。中国科学院拥有最多的研究论文，大阪大学和俄罗斯科学院的论文数量差不多，而天津大学、首都师范大学、电子科技大学、日本东北大学和剑桥大学的论文数量相似[1]。因此，列出的机构可能具有最高的合作能力。

---

[1]　每次该学院出现在合著地址列表中时都会被计算。

像法国科学院研究中心和麻省理工学院这样的独立机构可能会有重要的影响。

表2-9　记录数、本地引用频次、总体引用频次排名太赫兹研究领域前20位研究机构

机构	记录数(次)	本地引用频次(次)	总体引用频次(次)	机构	记录数(次)	本地引用频次(次)	总体引用频次(次)	机构	记录数(次)	本地引用频次(次)	总体引用频次(次)
中国科学院	651	1 298	5 242	日本大阪大学	328	3 424	9 593	剑桥大学	232	3 102	9 846
日本大阪大学	328	3 424	9 593	剑桥大学	232	3 102	9 846	日本大阪大学	328	3 424	9 593
俄罗斯科学院	327	738	4 635	伦斯堪理工学院	164	2 874	9 171	伦斯堪理工学院	164	2 874	9 171
天津大学	263	484	1 634	麻省理工学院	163	2 268	7 666	麻省理工学院	163	2 268	7 666
首都师范大学	254	767	2 232	阿德莱德大学	88	1 905	4 149	日本东北大学	245	1 620	5 279
中国科技大学	248	421	1 999	日本东北大学	245	1 620	5 279	中国科学院	651	1 298	5 242
日本东北大学	245	1 620	5 279	利兹大学	188	1 547	4 564	俄罗斯科学院	327	738	4 635
剑桥大学	232	3 102	9 846	Tera View 有限公司	57	1 445	3 634	利兹大学	188	1 547	4 564
利兹大学	188	1 547	4 564	中国科学院	651	1 298	5 242	桑迪亚国家试验室	90	1 138	4 199
日本理化研究所	182	1 082	3 407	丹麦技术大学	103	1 272	3 032	阿德莱德大学	88	1 905	4 149
伦斯堪理工学院	164	2 874	9 171	马尔堡大学	89	1 252	2 900	超级比萨师范学校	71	1 165	4 088
麻省理工学院	163	2 268	7 666	超级比萨师范学校	71	1 165	4 088	洛斯阿拉莫斯国家试验室	74	1 025	3 847
华中科技大学	158	342	1 226	桑迪亚国家试验室	90	1 138	4 199	加州理工学院	113	948	3 688
日本东京大学	150	603	2 823	加利福尼亚大学圣巴巴拉分校	84	1 107	3 651	加利福尼亚大学圣巴巴拉分校	84	1 107	3 651
上海交通大学	121	172	1 088	日本理化研究所	182	1 082	3 407	TeraView Ltd	57	1 445	3 634
法国国家科学研究中心	115	810	3 589	洛斯阿拉莫斯国家试验室	74	1 025	3 847	法国国家科学研究中心	115	810	3 589
加州理工学院	113	948	3 688	匈牙利佩奇大学	44	967	2 292	日本理化研究所	182	1 082	3 407

（续表）

机构	记录数（次）	本地引用频次（次）	总体引用频次（次）	机构	记录数（次）	本地引用频次（次）	总体引用频次（次）	机构	记录数（次）	本地引用频次（次）	总体引用频次（次）
南京大学	113	245	1 308	莱斯大学	76	957	2 791	俄克拉何马州立大学	105	895	3 207
筑波大学	110	570	2 309	加州理工学院	113	948	3 688	蒙彼利埃大学	95	721	3 206
中央人民广播电台	107	325	1 956	弗莱堡大学	35	920	2 458	丹麦技术大学	103	1 272	3 032

资料来源：Bin Li，A scientometric analysis of global terahertz research by Web of Science Data，2020。

太赫兹研究文献中记录数、本地引用频次和总体引用频次的排名如图2-3和图2-4所示。如果按照当前数据集的被引次数对论文进行排序，可以找到太赫兹领域的重要研究机构。排名前五的是大阪大学、剑桥大学、伦斯勒理工学院、麻省理工学院和阿德莱德大学。

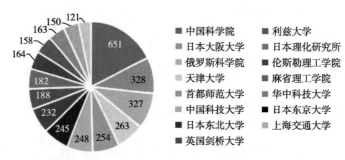

图2-3 太赫兹研究领域的多产研究机构的记录数（单位：次）

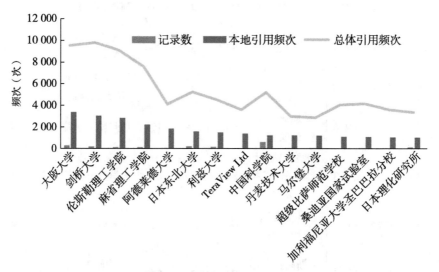

图2-4 太赫兹领域的重要机构

需要指出的是，我们的分析存在局限性。首先，我们没有在分析中排除自引，因为现有的工具不支持该分析功能。此外，一个组织机构有许多子组织的情况并没有很好地分开。例如，中国科学院由100多个研究所组成，但在分析中，它们被视为一个机构，因为目前的工具不支持识别出一个学术部门的子组织。这应在今后的工作中加以考虑。

三、共词分析和共引网络分析

（一）共词网络和密度映射分析

利用太赫兹研究文献的关键词列表，我们将领域知识可视化。同时利用共词网络生成密度映射，如图2-5所示。通过可视化，我们可以从知识层面看到太赫兹源的发展方向和热点。然后，使用不同的分类重新解释太赫兹的研究。就无线通信而言，研究可分为脉冲式和连续式两种。从工作原理上看，本研究可分为光学方法产生太赫兹源（高频）、电子方法（固态电子器件，低频带，其他方法）。

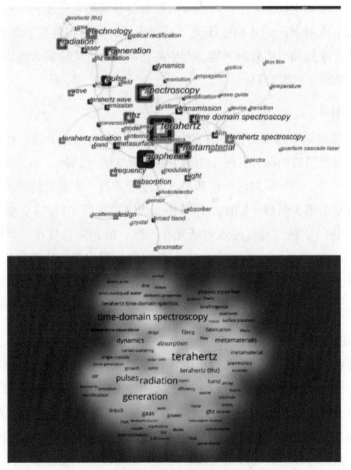

图2-5　THz研究的共词网络和密度映射分析

辐射、脉冲、产生/探测、时域光谱、吸收、超材料、动力学等相关关键词在共词网络和密度映射中出现。它们代表了领域研究的一般知识。知识水平分析讨论如下。

1. 太赫兹源

太赫兹的产生源大致可分为两类，一类是基于超短光脉冲转换为周期太赫兹脉冲的宽带源，另一类是光谱较窄的连续波源。生成THz的方法主要有以下几种：①光学方法。对于太赫兹辐射的光学产生，主要有两大类。第一种方法是利用电场载流子加速或光增模效应在光导开关或半导体中产生超快光电流，第二种方法是由非线性光学效应如光学整流（仅限于飞秒激光激发）、差频、光学参量振荡或环境空气等离子体等产生太赫兹波。②太赫兹量子级联激光器（THz QCL）。对于太赫兹QCL方法，通过量子阱子带之间的电子弛豫发射太赫兹波，有半导体型太赫兹源和强大的连续波太赫兹源。第一套太赫兹QCL是在1994年开发的，其激光频率约为70THz。THz QCL具有速度快、成本低、可移植性好的特点。③固态电子设备。这些设备现在已经进入了THz的低频端。UTC-PD（单向载波光电二极管）使用一种光化技术来生产高质量的亚太赫兹固态电子器件，这是更有前景的器件。④其他来源。太赫兹研究小组也研究了其他来源，如共振隧穿二极管（RTDs），太赫兹等离子体波合成器和布洛赫振荡器。产生高功率太赫兹光束的大型设备，比如自由电子激光器，对基础科学也很重要。

2. 太赫兹探测器

太赫兹探测器也是该领域的重要研究内容。主要有3种检测方法。热探测方法是基于探测太赫兹辐射吸收引起的温升，相干探测方法是基于光学门控，半导体探测方法是基于直接探测太赫兹光子。相关研究内容包括高灵敏度探测器、太赫兹探测阵列和太赫兹动态器件，如超导动态电感探测器（KID）/超导相变边缘探测器（TES）。能在室温下工作的太赫兹探测器是热门话题。其他技术包括光导天线、电光采样技术、肖特基势垒二极管（SBDs）和超导—绝缘体—超导体结（SIS）等被广泛用作常规的太赫兹探测器。还包括单行载流子光电二极管和THz单光子探测器，它们是使用单电子晶体管开发的。

3. 太赫兹应用技术

（1）太赫兹时域光谱学（THz-TDS）：是一种较新的太赫兹技术，是一种相干探测技术，主要由飞秒激光器、太赫兹辐射产生装置及其探测装置和时延控制器组成。它利用样品的太赫兹传输或反射谱信息，得到太赫兹脉冲的振幅信息和相位信息，通过傅里叶变换直接得到样品的吸收系数和折射率等光学参数。具有带宽宽、信噪比高、检测灵敏度高、常温运行稳定等优点，可广泛应用于多种样品的检测。THz-TDS模型可以分为透射模型和反射模型，这两种模型既可以用于透射检测，也可以用于反射检测。

（2）太赫兹成像技术：自1995年美国Hu和Nuss首次建立世界上第一台太赫兹成像设备以来，许多科学家开展了电光采样成像、层析成像、太赫兹单脉冲时域和近场成像等研究工作。典型的透射太赫兹成像系统包括飞秒激光器、光延迟站、光门控太赫兹发射器、太赫兹光束准直和聚焦光学、图像样本、光门控太赫兹接收机、电流前置放大器和数字信号处理器。太赫兹成像的基本原理是利用太赫兹成像系统对成像样品的透射谱或反射谱记录的信息进行处理和分析，得到样品的太赫兹成像。基于太赫兹辐射的独特特性，加上在合理时间内成像的能力，可以预见将有大量应用，如生物医学诊断和用于水分监测和包装的包装食品，集成电路的故障检测等。

（3）太赫兹通信：德国研究人员首次发现太赫兹波可以用来传输音频信号。这导致了新型高速、短程无线通信网络的建立。"太赫兹通信"时代意味着有效数据速率超过1Tbit/s（通常为光载波）和太赫兹载波通信。使用太赫兹频率进行通信更具吸引力的原因有很多，如频带和通信带宽的用途。太赫兹通信的潜在应用主要依赖于该频率范围内有效的连续波辐射源、相干探测器和调节器的实用性。太赫兹在通信中的缺点是大气中的水蒸气对太赫兹辐射有很强的吸收作用，现有的太赫兹辐射源效率很低，可用功率较小，这些都限制了太赫兹在通信领域的发展和应用。

（二）太赫兹研究领域的共引参考网络和参考文献

共引文献及其密度图见图2-6。图中的每个节点代表本研究在我们数据收集中引用的一个参考文献。节点大小与论文的被引次数相对应，节点越大，对该领域的影响越大。

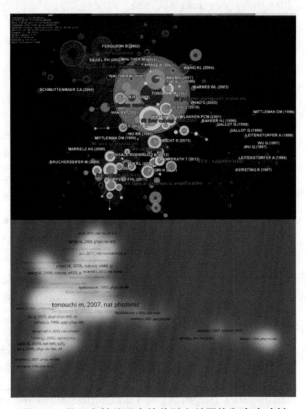

图2-6　用于太赫兹研究的共引文献网络和密度映射

我们还收集了图2-6对应的标签和对应的参考文献，并进一步了解领域的热点文献，如表2-10和表2-11所示。在表2-10中，我们使用潜在语义指数（LSI）、对数似然比（LLR）和互信息（MI）自动提取具有代表性的关键词。它们是基于社区检测方法工作在原来的共同被引参考网络。

表2-10　图2-6中对应的簇及参考文献

簇标识号	潜在语义索引	对比的然数	交互信息
0	terahertz; absorption coefficient	graphene（40.21，1.0×10^{-4}）；terahertz time-domain spectroscopy（thz-tds）（34.1，1.0×10^{-4}）	explosive（1.23）；crystallographic etching（1.23）
1	terahertz; subwavelength structure	graphene（129.95，1.0×10^{-4}）；broadband（30.12，1.0×10^{-4}）	random stacking（0.5）；nano-photonics（0.5）
2	terahertz; polarization splitter	metasurface（40.36，1.0×10^{-4}）；polarization conversion（27.81，1.0×10^{-4}）	liver cancer detection（0.99）；noise floor（0.99）
3	thz radiation; emission efficiency	coherent electromagnetic radiation（29.65，1.0×10^{-4}）；t-ray imaging（25.88，1.0×10^{-4}）	ti：sapphire laser（0.1）；large aperture（0.1）
4	terahertz waves; high-speed optical techniques	light polarisation（23.58，1.0×10^{-4}）；multiwave mixing（23.58，1.0×10^{-4}）	optical parametric amplification（0.23）；high resolution（0.23）
5	semiconductor; carrier mobility	birefringence（20.22，1.0×10^{-4}）；super-cell structure（17.31，1.0×10^{-4}）	polymer composite materials（0.28）；near-field scanning optical microscopy（0.28）
6	spectroscopy; device design	thin films（65.13，1.0×10^{-4}）；thz time-domain spectroscopy（44.47，1.0×10^{-4}）	wire grid polarizer（0.23）；dispersion relation（0.23）
7	metamaterials; electro-optic modulators	metamaterials（43.52，1.0×10^{-4}）；metamaterial（14.72，0.001）	plasma waves（0.75）；asynchronous optical sampling（0.75）
8	quantum cascade lasers; gallium arsenide	quantum cascade lasers（51.37，1.0×10^{-4}）；quantum-cascade laser（27.37，1.0×10^{-4}）	perpendicular magnetization（0.51）；semiconductor superlattices（0.51）
9	terahertz spectroscopy; cw spectroscopy	ultrashort pulse（10.68，0.005）；single cycle pulse（10.68，0.005）	nickelates（0.32）；optical frequency comb（0.32）

资料来源：Bin Li，A scientometric analysis of global terahertz research by Web of Science Data，2020。

通过集群的标签，域热点引用得到了简要描述，但是引用并不清楚，因此我们在表2-11中列出了每个集群中最重要的3个引用。顶部的引用与使用搜索条件收集的文档不同。它们是从联合引用的参考聚类中选择的，该聚类包含的论文比原始数据集要多。因为每篇论文都会引用20篇以上的论文。有代表性的被引文献来自这些被引文献，因此其中很多是综述论文。

表2-11　集群中的代表性文献作者信息

簇标识号	作者	发表年	交互信息
#0	Ferguson B	2002	explosive（1.23）；crystallographic etching（1.23）
	Kawase K	2003	
	Siegel PH	2002	
#1	Ju L	2011	random stacking（0.5）；nano-photonics（0.5）
	Sensale-rodriguez B	2012	
	Vicarelli L	2012	
#2	Federici J	2010	liver cancer detection（0.99）；noise floor（0.99）
	Kleine-ostmann T	2011	
	Song HJ	2011	
#3	Sarukura N	1998	ti：sapphire laser（0.1）；large aperture（0.1）
	Leitenstorfer A	1999	
	Huber R	2000	
#4	Hirori H	2011	optical parametric amplification（0.23）；high resolution（0.23）
	Kim KY	2008	
	Yeh KL	2007	
#5	Chan WL	2007	polymer composite materials（0.28）；near-field scanning optical microscopy（0.28）
	Wang KL	2004	
	Zhao G	2002	
#6	Mittleman DM	1999	wire grid polarizer（0.23）；dispersion relation（0.23）
	Markelz AG	2000	
	Brucherseifer M	2000	
#7	Tonouchi M	2007	plasma waves（0.75）；asynchronous optical sampling（0.75）
	Chen HT	2006	
	Chen HT	2009	
#8	Kohler R	2002	perpendicular magnetization（0.51）；semiconductor superlattices（0.51）
	Williams BS	2007	
	Fathololoumi S	2012	

簇标识号	作者	发表年	交互信息
#9	Jepsen PU	2011	nickelates（0.32）;
	Ulbricht R	2011	optical frequency comb（0.32）

资料来源：Bin Li，A scientometric analysis of global terahertz research by Web of Science Data，2020。

（三）通过对文献的分析，我们可以发现以下学科是相关的，因此太赫兹研究被用于以下研究领域

1. 生物学、医学和药学

使用太赫兹光谱来研究生物分子始于2000年。肿瘤的医学和生物学可视化是当前应用研究的热点。太赫兹成像在医学领域和太赫兹在生物医学中的应用，包括特殊神经元和血液化学监测，太赫兹在皮肤烧伤或皮肤癌的早期诊断、口腔疾病诊断、体内DNA鉴定等领域均被研究者报道。付伟龄教授和他的团队利用太赫兹光谱技术实现了对各种临床病原体的快速检测，检测时间为10s，用于临床医学应用。在短短几年里，各种不同种类的生物分子的太赫兹光谱被报道，比如核苷酸、糖、DNA、蛋白质和氨基酸。研究表明，它们对太赫兹波有敏感的光谱响应，并在太赫兹波段有自己的特征吸收。特征吸收主要来自分子的集体振动模式。近20种蛋白质氨基酸及其手性对映体、外环化合物的太赫兹光谱已经得到，人们已经可以利用氨基酸的太赫兹光谱来区分它们。在获得生物分子太赫兹实验光谱的同时，研究人员也在寻求对太赫兹实验光谱的理论解释机制，包括光谱特征吸收峰的归属、相应的分子振动跃迁模式以及分子间的相互作用等。用密度泛函理论、ab-initio理论、半经验算法等量子化学计算方法计算了分子在太赫兹波段的振动吸收谱。结果与实验结果相互印证，这提供了实验有效光谱范围之外的光谱预测。

然而，目前该领域的研究仍存在一些困难。在生物材料的研究中，目前的研究大部分是针对固体生物材料，其目的是克服生物材料对水的吸附，生物分子的活性反映在水环境中。水溶液生物分子学习过程动力学研究是一个具有挑战性的重要研究课题。在理论计算方面，单分子理论模型有很大的局限性，不能很好地反映固态太赫兹光谱的形成机理。理想的固态材料理论模拟应该考虑晶体结构和温度的影响。

2. 信息、传感技术和通信应用、其他工业应用和军事应用

2016年8月，国务院发布了《国家科技创新"十三五"规划》，太赫兹通信技术及相应硅基太赫兹技术的开发与应用被列为重点开发突破技术之一。大容量通信网络、太赫兹多路数据传输测试、超高带宽无线网络通信和太赫兹无线技术为无线通信开辟了新的领域，其数据传输速率是现有技术的10倍。

对于太赫兹时域光谱和频域光谱的传感，分析技术方法适用于各种材料、研究领域，

包括生物、制药、医学、工业无损评价、材料科学、环境监测、安全、天文学和基础科学。例如，DNA芯片、皮肤癌诊断、大规模集成电路测试、爆炸物检测等。

电磁波谱中的太赫兹波段没有得到广泛应用，主要原因是缺乏制作收发器技术，太赫兹电磁波在地球大气中的衰减非常严重。THz传感器相对于红外和可见光传感器最大的优点是可以突破可见光和红外传感器的最大噪声限制。在过去的几十年中，太赫兹传感器比以往任何时候都更加实用，因为它们突破了制造太赫兹传感器的许多技术瓶颈。首先，太赫兹探测器和混频器技术已经迅速发展，包括肖特基可调谐混频器，超导体—绝缘体—超导体隧道结混频器和超导测辐射热。其次，太赫兹固态源技术和肖特基变容器倍频技术也取得了惊人的进展。最后，太赫兹源在毫米波和近红外波段的辅助技术也取得了很大进展。

目前，太赫兹波的产生和检测技术发展迅速，太赫兹光谱和成像技术正逐步从实验室研究转向安全成像检测、航空航天、爆炸分子检测等诸多领域的实际应用。太赫兹技术在造纸工业过程监控、不透明塑料管的远程测量、半导体材料缺陷检测、化学气体成分分析等方面都有良好的工业应用前景。

太赫兹雷达在军事应用中有广泛的应用场景。从技术上讲，与红外雷达相比，太赫兹雷达具有更广阔的视场和更好的搜索能力，并具有良好的烟沙穿透能力。它们可以用来探测敌人的隐藏武器，伪装埋伏和军用装备在烟尘中可以实现全天候工作。与普通微波和毫米波雷达相比，太赫兹雷达的波长更短，带宽更宽，具有信息承载能力强、检测精度高、角度分辨率高等优点。因此，在战场侦察、目标识别、跟踪等方面具有优势，具有广阔的应用前景。太赫兹雷达体积小、重量轻、机动性强，适合于近距离火控系统，可作为火控雷达和精密跟踪雷达使用。另外，多径效应和地杂波会对防空火炮系统的低角跟踪产生不利影响。在这种情况下，太赫兹雷达的窄波束和高分辨率显示出很大的优势。太赫兹雷达还可以用作制导雷达和导弹导引头，太赫兹雷达可以获得更高的测量精度和分辨率，适合用于制导雷达，但由于距离较近，通常只能用作末端制导。加上它的重量和体积优势，它也适用于导弹搜索器。这是太赫兹雷达最有前途的应用之一。一个例子就是94GHz的空对地导弹导引头。此外，太赫兹雷达可以用作战场监视雷达。太赫兹雷达具有较高的角度分辨率用于地面测绘和目标监视，可以获得更清晰的雷达成像，可用于战场监视雷达。最后，太赫兹雷达可以用作低角度跟踪雷达，由于太赫兹波多径效应和地杂波干扰较小，可以使用微波雷达和太赫兹雷达进行检测和跟踪。其中，微波雷达用于远程探测和跟踪，太赫兹雷达用于低角度跟踪。此外，太赫兹雷达可用于空间测量大气温度、水汽、臭氧剖面、云高度和对流层风。

3.地球与空间科学、农业科学与食品安全

地球观测系统微波肢体探测器（EOS-MLS）成功安装在美国宇航局的Aura卫星上，

该探测器包括一个外差辐射计、一个国际天文设施、阿塔卡马大毫米阵列（ALMA），它将探测到30～950GHz通过大气窗口的电磁波，这种监测可以帮助探测不可见的暗宇宙。

农业食品产业对人类的生活起着至关重要的作用，农业食品直接关系到人们的健康和社会发展。太赫兹技术在农产品行业的潜力已被证明在农业生物分子材料检测、农产品质量与安全检测、作物生理观测和农业环境污染检测等几个方面存在巨大潜力和广泛应用前景。随着超高速激光电路硬件的快速发展，太赫兹技术以其独特的光电学特性在农产品质量、农田环境和农植物等农业领域得到了长足发展，并取得了一定的研究进展。因此，深入研究太赫兹波与待测物质的相互作用机制是理解和应用太赫兹技术的前提。然而，在这一领域的应用仍存在一些挑战。农业生物组织一般具有含水特性，而太赫兹波对水分的敏感性较强，因此对检测环境要求很高，必须保持环境干燥、清洁。要实现高精度、快速的无损测量农业应用，仍需要进一步的研究工作。

4. 2014—2018年的动态

除上述外，文献耦合网络的收集也考虑到最近的学术动态。如图2-7所示，它以不同的方式展示了最近的活动，以5 756条记录中2014—2018年的论文为节点，以相似的参考文献为关系。因此，这一数字是对近期动态的一个近距离观察。

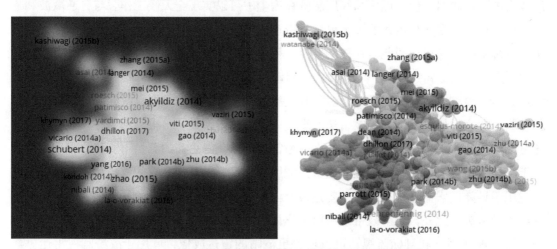

图2-7　2014—2018年THz研究文献耦合网络和密度测绘

图2-7中，颜色密度对应于以名称和年份命名的论文的被引次数。从绿色到黄色，引文数量增加。此外，这些簇在网络视图中被识别出来，如图2-7所示为绿色、黄色、浅蓝色、深蓝色、紫色、红色、橙色和粉色8种颜色。绿簇包括量子级联激光器的研究。簇包括太赫兹光电探测器的研究。红簇包括太赫兹拉曼光谱学的研究。浅蓝色星团包括在光声光谱学方面的工作。深蓝星团包括有关太赫兹高谐波产生的课题。橙簇包括太赫兹功率转

换效率的研究。紫簇包括在通信太赫兹波段的工作。粉色星团包括电磁波产生的研究。

从太赫兹仪器本身来看，加大基础研究和关键技术突破，采用低成本的感光元件（CMOS）和新材料可以降低成本，提高性能；从太赫兹应用的角度来看，通过加强应用探索，通过寻找"杀手级应用"实现大规模应用，也可以降低成本。

高功率太赫兹辐射源和高灵敏度太赫兹器件的研究和制备重点是开发太赫兹器件新材料、新技术的功能和高功率、低成本、便携，从而实现在室温下工作的太赫兹辐射源。这一趋势要求太赫兹的各种新型应用，并开拓更多的潜在用途，促进从实验室到商用的过渡，所以太赫兹新材料的研究也将得到更大的重视。可以预见的是，随着更深更广的新材料、新技术渗透太赫兹领域，研究和发展将集中在功能和小型化、智能化、一体化的方向上。太赫兹科技的推广将发挥商业研究的作用，扩大其应用范围。如果太赫兹技术应用程序开发变得更加容易，那么在新的应用程序场景中也会不断地体现价值，太赫兹科技的发展必将带来更多的机遇。

四、结　论

本研究采用文献计量方法进行太赫兹领域高水平文献的分析和挖掘，可以得出如下结论。

（1）文献出版呈上升趋势，其中2011年的TGCS最多，这意味着影响力最大的期刊都是在这一年出版的。

（2）最活跃的期刊包括*Applied Physics Letters and Optics Express*和*Optics Letters*；然而，在领域识别方面，*Optics Express*、*Optics Letters*和*Applied Physics Letters*是最受认可的期刊。

（3）许多作者活跃在这个新兴领域，Zhang XC，Linfield EH，Davies AG是领域公认的研究人员。这3位作者在全科学界也有很高的影响力。

（4）世界各国都在积极开展这一领域的工作，中国发表的论文数量最多，但美国的本地引用频次和总体引用频次最高，其次是日本（本地引用频次第二高，总体引用频次第三高），德国（本地引用频次第三高总体引用频次第二高）。

（5）这一领域的代表性机构如大阪大学和剑桥大学分别拥有最大的本地引用频次和总体引用频次。中国科学院是该领域发表论文数量最多的代表机构。

（6）本研究利用共词网络和共引参考网络对不同研究方向的文献进行分析。研究方向包括太赫兹源、太赫兹探测器/传感器、太赫兹光谱和成像。从共引参考网络出发，从学科或应用层面进行研究，包括生物、医学和药学，半导体及其他工业应用，地球和空间科学，基础科学，农业和食品安全，传感和通信应用。

长期以来，太赫兹技术应用的障碍之一是设备复杂、昂贵，信息采集、分析和处理技术需要进一步投入实际应用。总的来说，太赫兹技术的研究还处于起步阶段，特别是在生物医学应用方面，还存在很大的困难。其与物质的相互作用机理有待进一步研究。目前太赫兹设备的成本正在逐步降低，设备正朝着低成本、小型化的方向发展。市场上出现了小型太赫兹装置，为太赫兹技术在农业领域应用装备研发奠定了基础。

第二节　太赫兹技术在农业领域中的应用研究进展

太赫兹波在电磁波谱中位于中红外波与微波之间，具有探测分子间或分子内部弱相互作用的独特性质，是当前研究的热点之一。近年来，随着太赫兹波产生和探测技术的快速发展，太赫兹光谱及成像技术在多个领域正逐步从实验室研究转向实际应用，包括安全成像检测、航空航天、爆炸物分子检测等，同时农业领域专家学者也积极开展了太赫兹技术的农业应用研究，取得了较好的研究进展。该节结合太赫兹技术特性，聚焦农业领域，探讨了太赫兹光谱和成像技术在该领域中的应用研究进展，具体包括农业生物大分子检测、农产品质量安全检测、植物生理检测和环境监测等多个方面，进而揭示太赫兹技术这一新兴科技在农业领域的研究潜力和应用前景。

一、生物大分子检测方面应用研究

太赫兹辐射是一种新型的远红外相干辐射源，近年来，结合太赫兹光谱的独特性能，运用太赫兹设备对蛋白质、糖类、DNA等生物大分子检测的探索研究得到了广泛的应用，特别是在生物分子的结构和动力学特性等方面存在较大的应用潜力。蛋白质属于大分子物质，主要单位是氨基酸，对氨基酸分子进行太赫兹光谱测定，主要方法是采用氨基酸粉末与聚乙烯混合压片后进行太赫兹光谱测量，得到氨基酸分子的指纹谱库。氨基酸是组成蛋白质的构件分子，参与蛋白质组成的常见氨基酸有20种，其结构通式为$R-C_\alpha$（H）$(NH_3^+)-COO^-$，R代表可变的侧链，该侧链对蛋白质体系的介电和电子学特征起着重要作用。氨基酸振动光谱的研究对深入了解蛋白质结构细节和功能提供重要的借鉴和帮助。THz-TDS光谱对分子结构和构象的微小差别非常敏感。马晓菁等（2008）总结了各种氨基酸对应的太赫兹光谱特征峰（表2-12），填补了氨基酸在太赫兹远红外区域的光谱空白，为分子识别以及进一步对生物大分子结构的研究奠定了基础。

表2-12　不同种类氨基酸的太赫兹特征峰

种类	测量范围（THz）	特征吸收峰（THz）	种类	测量范围（THz）	特征吸收峰（THz）
甘氨酸	0.5～3.0	2.4，2.7	丙氨酸	0.3～2.7	2.23，2.57
丝氨酸	0.1～3.0	2.0，2.9		0.2～2.0	1.435，1.842
半胱氨酸	0.1～3.0	随频率上升	色氨酸	0.1～2.0	1.43，1.80
谷氨酰酸	0.2～2.8	1.67，2.14，2.31，2.46		0.2～1.6	1.465
苯丙氨酸	0.2～1.6	1.1THz处有所上升	组氨酸	0.2～2.8	0.88，1.64，2.23
	0.1～2.0	0.96，1.92		0.2～2.8	0.90，1.64，2.25，2.38
酪氨酸	0.2～1.6	0.976	精氨酸	0.2～2.8	0.99，1.47，2.60
	0.2～2.8	0.97，1.90，2.08，2.66	天冬氨酸	0.5～2.4	1.642～1.758，2.266

资料来源：马晓菁，多种糖混合物的太赫兹时域光谱定性及定量分析研究，2007。

孙怡雯等（2015）利用太赫兹时域光谱系统测量了不同血凝素蛋白及其与特异性抗体、无关抗体对照组反应的透射光谱，并利用主成分分析方法计算血凝素与光谱数据相关性为-0.896 5，不同浓度HA蛋白太赫兹吸收光谱和主成分分析得分如图2-8所示。Arikawa等（2008）利用太赫兹光谱技术测量了不同二糖分子的水合状态，研究表明太赫兹光谱技术能测量水合作用随时间的变化过程，液体中水分子状态的改变和溶液中的很多物理现象有关，可以详细描述溶液中多种物理化学变化。李斌等（2017）利用太赫兹技术对D-葡萄糖进行定性定量分析，D-葡萄糖在太赫兹频域段具有明显的特征吸收峰，根据多元线性回归方法建立D-葡萄糖含量的预测模型，预测相关系数为0.992 7。陈华等利用太赫兹光谱的这一特点，对盐酸胍诱导叶绿素a和叶绿素b变性进行了研究，实验结果表明：太赫兹光谱不仅能够鉴别变性前后的叶绿素分子，而且探测到了新的实验现象。在盐酸胍作用下，两种分子的THz吸收谱中都出现一个位于1.7THz处的峰。通过测量几种氨基酸和盐酸胍相互作用的样品后，观察到了相同位置的峰，进而验证了这个峰是由于叶绿素的C=O键和盐酸胍的N-H键相互作用形成氢键引起的。胡颖等应用THz光谱技术研究了5种植物油和两种动物脂肪的THz光谱，得到了这些材料在0.2～1.6THz频率范围的折射率和吸收系数。结果表明：不同种类的油脂具有不同的折射率，其中植物油的折射率随频率的增加而略有降低，其值在1.46～1.66，吸收系数在0.2～1.2THz随频率的增加而增大。动物脂肪的折射率随频率变化基本不变，并且随温度升高而增大，其值在1.4～1.52，吸收系数在0.2～1.2THz随频率的增加而增大。肽是由氨基酸通过肽键共价连接而成的，各肽链都有自己特定的氨基酸序列，它包括相同或不同氨基酸残基的连结，每一肽键具有由N-H和C=O极性产生的偶极距。肽链中无论N端还是C端都是极化的，具有一定的电偶极矩，易受电磁场的作用。王卫宁等利用THz-TDS光谱研究室温下还原型谷胱甘肽分子在0.2~2.4THz的光谱特性，观察到0.85THz、1.20THz、1.52THz、1.64THz和2.34THz处特征光谱吸收，并进行了理论计算和模拟分析，计算获得的吸收峰位与实验所得的结果符合较好。

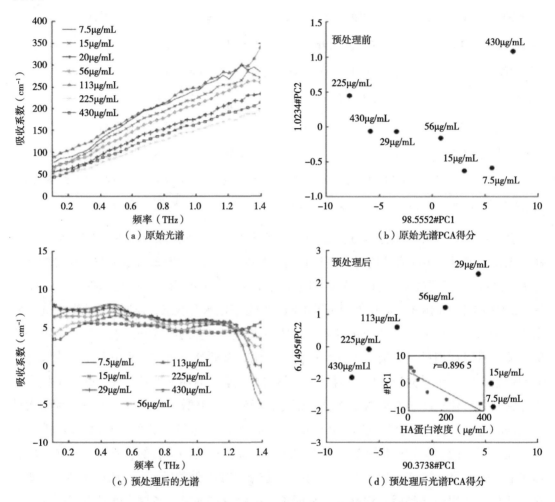

图2-8 不同浓度HA蛋白THz吸收光谱和主成分分析得分

（资料来源：孙怡雯，血凝素蛋白及抗体相互作用的太赫兹光谱主成分分析，2015）

二、农产品质量检测方面应用研究

在农产品质量与安全领域，学者们也开展了太赫兹光谱技术的应用研究。核桃是一种高营养价值的食品，对于虫蛀、霉变的核桃，营养成分发生了较大变化，戚淑叶等（2012）利用太赫兹光谱技术检测核桃的霉变变质情况，通过对虫蛀、霉变、正常核桃壳、核桃仁标样采集太赫兹时域谱图，从化学指标分析得出虫蛀或霉变的核桃壳与正常核桃壳的太赫兹波谱存在差异，为今后剔除变质核桃、实现无损分级提供依据；沈晓晨等（2017）利用太赫兹光谱技术鉴别转基因与非转基因棉花种子，转基因与非转基因对太赫兹光谱有不同的响应，能用来有效鉴别转基因与非转基因棉种；葛宏义等（2014）通过对霉变、虫蛀、发芽及正常小麦采集太赫兹时域光谱，再利用傅里叶变换及计算获得太赫兹吸收系数和折射率，通过吸收系数和折射率，以及特征谱的不同进行判别分析，为储粮品质检测和分析提供新的方法，样品的折射率和吸收系数如图2-9所示。廉飞宇等（2012）利用太赫兹光谱测量大豆油及熟大豆油在0～3.0THz波段范围内的时域光谱，并对其折射率和吸收系数进行分析，它们的折射率和吸收系数都有明显差异，熟油的平均折射率为1.7，植物油的平均折射率为1.6，熟油的吸收特性曲线变化明显，且存在明显的特征峰，植物油的吸收特性曲线变化平稳，无明显特征峰，该研究成果可以快速准确地区分植物油和熟油；Jansen等（2010）利用太赫兹图像信息检测巧克力中的掺杂物，通过扫描巧克力，可以清楚地看到在巧克力中的玻璃碎片，通过太赫兹光谱技术能区分巧克力中的掺杂物，例如坚果等其他成分；Redo-Sanchez等（2011）利用太赫兹光谱检测食品中抗生素的残留，11种抗生素中有8种抗生素有指纹光谱，有两种抗生素和动物饲料，鸡蛋粉，奶粉混合后能被检测出来，说明太赫兹光谱在检测食品中抗生素残留方面有一定潜力。

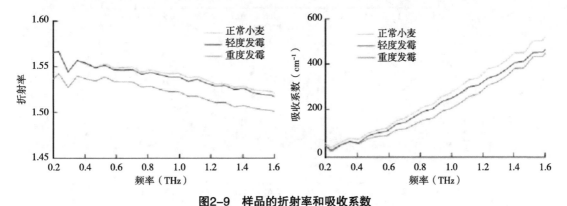

图2-9　样品的折射率和吸收系数

（资料来源：葛宏义，小麦品质的太赫兹波段光学与光谱特性研究，2014）

Ogawa等应用低频THz光谱的吸收特性，研究农产品的水分含量和冷冻度，建立了农产品的水分含量和冷冻度监测系统。Yasui等采用THz-TDS方法精确测量脱水农产品（速溶咖啡）的含水量，咖啡粉末置于玻璃瓶中，由于玻璃基本不吸收太赫兹光谱，低散射咖啡粉末也几乎不衰减太赫兹光谱，因此可以精确测量瓶内水分含量，检测限达到1.0mg/cm^3。Gorenflo等应用0.2～2THz范围的太赫兹光谱，检测油中的水分和灰尘，实现发现极性油种利用THz-TDS可以检测油中含水量，而在无机油里面水滴的散射效应非常明显。

水在太赫兹波段有强烈的吸收峰，卢承振等利用太赫兹光谱对不同水进行鉴别，采集去离子水、农夫山泉、康师傅、屈臣氏、自来水的太赫兹时域光谱图，进行频域变换、数值分析，对比分析吸收系数和折射率的变化，得出去离子水最纯净，自来水杂质较多，并且通过曲线特征区分了不同的水质。Chua等应用太赫兹光谱检测小麦粉中的水分含量，采用不同水分含量（干燥、12%、14%、18%）的小麦粉引起的太赫兹光谱的衰减建立预测模型，可以测量样品的水分含量，由于散射和样品取向的影响，太赫兹光谱无法预测单颗麦粒的水分含量。李向军等（2015）研究反射式时域光谱的水太赫兹光学参数误差，得出多次测量引入的随机误差在0.1～1.1THz范围内基本不变，而接近0.1THz和1.1THz处引入的随机误差变大，误差主要是由于THz-TDS仪器的测量灵敏度下降及高阻Si片厚度和Si折射率引起的，水的平均折射率和吸收率以及其标准差如图2-10所示。刘欢等（2014）利用太赫兹光谱对水分的敏感性测量饼干中的水分，对测得的折射率和吸收谱与饼干中水分含量建立线性关系及模型，研究表明利用太赫兹技术测量饼干中水分具有一定可行性。

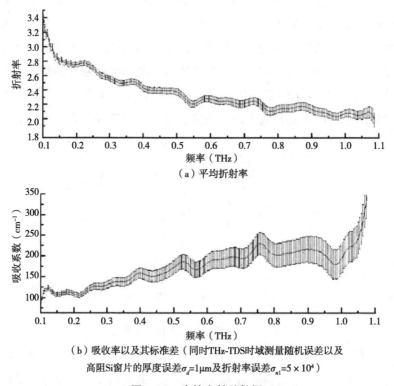

（a）平均折射率

（b）吸收率以及其标准差（同时THz-TDS时域测量随机误差以及高阻Si窗片的厚度误差σ_d=1μm及折射率误差σ_{n1}=5×10⁴）

图2-10　水的太赫兹数据

（资料来源：李向军，基于反射式太赫兹时域谱的水太赫兹光学参数测量与误差分析，2015）

太赫兹对单一物质检测灵敏，当物质中混合了杂质，混合物的太赫兹光谱图会发生明显的变化，Haddad等（2014）分别检测了乳糖、果糖、柠檬酸以及三者混合物的太赫兹光谱图，分别检测3种纯物质时，三者的太赫兹吸收峰明显，乳糖有4个吸收峰，分别是0.53THz、1.19THz、1.37THz和1.81THz，果糖有3个吸收峰，分别是1.3THz、1.73THz和2.13THz，柠檬酸有3个吸收峰，分别是1.29THz、1.7THz和2.4THz，三者混合物的吸收峰发生了变化，并不仅仅是三者吸收峰的单独叠加，利用这一特征，可以检测出纯净的样品中是否含有掺杂物。

Ogawa等（2006）建立了基于太赫兹光谱的番茄内部品质检测系统，研究内部受损番茄和正常番茄的THz光谱差异。采用THz-TDS方法，测量番茄表皮的折射率，得出1THz时的折射率约为1.8。同时采用THz-TDS方法，测量糖分溶液的吸收系数，结果表明糖分浓度和THz吸收系数成反比关系。图2-11为番茄品质THz光谱检测系统及糖度模型。

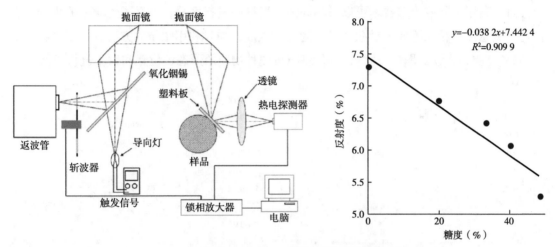

图2-11　番茄品质THz光谱检测系统及糖度模型

（资料来源：Ogawa，Feasibility on the quality evaluation of agricultural products with terahertz electromagnetic wave，2006）

另外，利用太赫兹光谱对肌肉和脂肪穿透能力的差异，可以对肉制品进行检测。Mickan等采用太赫兹透射成像，分析猪肉、鸡肉、牛肉等脂肪组织情况，与近红外脉冲成像相比，图像对比度有较大增强。Kim等采集生物组织的太赫兹图像，由于水与脂肪吸收特性不同，获得了较好的图像对比度，可以清晰地分辨出动物脂肪、肌肉、肌腱、骨头、内脏等的图像，并计算出各自的吸收系数。

三、土壤大气检测方面的应用研究

农田环境（土壤、大气）中的重金属、水分、有机物等物质含量与我们的生活密切相关，太赫兹技术在检测土壤大气质量方面也有了较多研究发展。夏佳欣等（2011）利用太赫兹光谱技术测量土壤的含水量，在土壤含水量为0～10%范围内，样品对太赫兹吸收较少，信噪比较高，光谱测量结果与称重法测量结果相比误差小于1%，整体测量误差范围小于3%，相比于中子法和TDR法，由于太赫兹波相对于高频电磁波对水更敏感，波长更短，太赫兹测量精度更高，其中黄土样品的实验曲线如图2-12所示；李斌等（2011）利用太赫兹光谱技术检测土壤中重金属含量，配制了含铅、铬、锌、镍4种重金属的土壤样品，采集样品的太赫兹光谱曲线，对光谱曲线进行平滑、标准化等预处理过程，利用偏最小二乘法和遗传算法分别对样品进行建模，研究表明太赫兹光谱技术在预测土壤中重金属含量方面具有一定的可行性；赵春喜（2010）对土壤中的有机污染物滴滴涕、七氯、吡虫啉等进行太赫兹光谱检测，含有机污染物样品泥土与聚乙烯混合后3种样品在0.2～1.8THz范围内都有明显的吸收峰，太赫兹光谱可以用来检测土壤中有机污染物；Dworak等（2011）利用太赫兹光谱技术可以对不同的土壤样品进行区分，测量了土壤中的水分、有机物、磁悬浮颗粒在不同太赫兹频段下的反射强度，同时利用图像的方法分析了藏在土壤中的3种物质，太赫兹图像技术可以清楚地对这3种物质的形态、位置和大小进行成像。

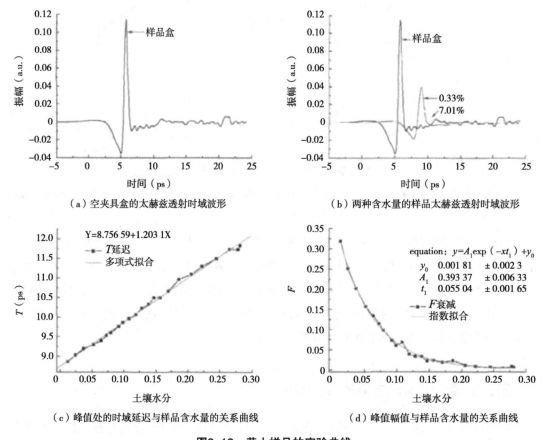

（a）空夹具盒的太赫兹透射时域波形　　　　（b）两种含水量的样品太赫兹透射时域波形

（c）峰值处的时域延迟与样品含水量的关系曲线　　（d）峰值幅值与样品含水量的关系曲线

图2-12　黄土样品的实验曲线

（资料来源：Dworak，Application of terahertz radiation to soil measurements：initial Results，2011）

胡颖等（2006）采集了大气中一氧化碳的太赫兹光谱图，结果发现，一氧化碳在0.2～2.5THz范围内呈现多个吸收峰，在1.5THz附近处的吸收峰最强，利用太赫兹光谱仪测得的吸收峰位置与$_{12}C_{16}O$的理论模拟结果一致，进一步证明一氧化碳的组成是$_{12}C_{16}O$，一氧化碳在不同压力下的傅里叶变换频谱如图2-13所示。

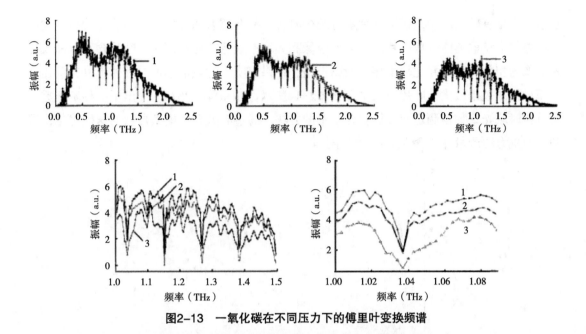

图2-13 一氧化碳在不同压力下的傅里叶变换频谱

（资料来源：胡颖，一氧化碳的太赫兹时域光谱研究，2006）

四、植物生理检测方面的应用研究

水分含量是植物体的一项重要生理指标，准确检测出植物各个生长阶段的水分含量，对于合理指导灌溉，提高灌溉效率具有重要意义。太赫兹技术对水分敏感，其惧水特性在农业应用中会很有帮助：可利用这一特性进行农作物的含水量检测研究。Castro-Camus等（2013）研究了拟南芥叶片中的水分动态变化，通过太赫兹光谱测量叶片中的水分含量，发现叶片中水分含量与光照、水分灌溉、脱落酸治疗有密切关系，在不同含水量的基质中生长，当停止水分供给以后，叶片中水分流失速度不一样，在光照和黑暗条件下，叶片中水分含量不一样，当喷洒脱落酸以后，由于气孔变化导致叶片中水分含量变化；Santesteban等（2015）利用太赫兹技术测量葡萄藤中水分含量，通过3组不同的实验检测葡萄藤中的水分含量，当灌溉条件不同时，葡萄藤的水分含量变化很明显，改变光照条件时，葡萄藤中水分含量随之变化，为验证太赫兹反射信号强度在一定程度上和光合作用以及植物韧皮部运输养分有关，截断葡萄藤的筛管，太赫兹反射强度随之发生较大变化；Jördens等（2009）研究了一种电磁模型在太赫兹波段测量叶片的电导率，利用该模型可以准确测量咖啡叶片中的水含量，若能确定其他固体植物材料参数，该模型也能适用其他植物叶片的水分含量检测中；Breitenstein等（2011）将太赫兹技术应用于叶片水分检测中，验证了太赫兹技术检测叶片水分含量的可行性，测量咖啡叶片在脱水和重新水合过程中的太赫兹光谱变化，并测量了失水时间长短的太赫兹光谱曲线，研究表明太赫兹光谱透过率与水分含量有较大的关系，当叶片水分减少时，太赫兹透射率增加。龙园等（2017）利用太赫兹技术获取离体绿萝叶片的时域谱成像和频域谱成像，初步探讨了叶片含水量和太赫兹成像的相关关系，并比较了相关回归模型，结果表明，时域最小值与叶片水分含量建立的模型预测效果最优，叶片吸收系数如图2-14所示；Gent等（2013）提出了一种基于透射太赫兹时域光谱数据测定叶片体积含水量的方法。通过有效介质模型参数的迭代优化，得到了与重力法测量叶片含水量相似的结果。

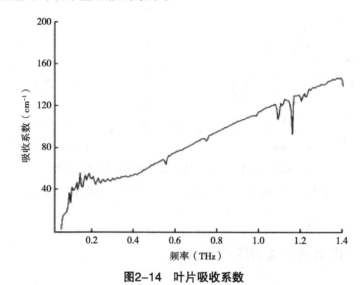

图2-14　叶片吸收系数

（资料来源：龙园，基于太赫兹技术的植物叶片水分检测初步研究，2017）

植物叶绿体类囊体膜中含有叶绿素a、叶绿素b和β-胡萝卜素等色素，这些色素的含量均会影响植物光合作用。而太赫兹光谱对这些生物分子的集体振动模变化非常敏感，在研究生物大分子构象柔性及构型变化上已得到初步运用。张帅等（2017）探究了叶绿素a和β-胡萝卜素的太赫兹光谱和可见光谱以及它们在光胁迫下的变化情况。结果表明，在光胁迫下叶绿素a和β-胡萝卜素的透射光谱和吸收光谱均在光照15min时变化最大，说明此时的集体振动模变化最大。此外在光胁迫下，叶绿素a在可见区的吸收强度下降，表明叶绿素a分子发生了降解。蒋玲等（2015）研究了马尾松松针叶绿素和市售叶绿素a和叶绿素b标准样的太赫兹光谱。结果发现其均在2.86THz频段出现包络吸收峰，然后利用密度泛函理论验证了叶绿素a在2.86THz频段的包络吸收峰是由于叶绿素分子内的卟啉环和叶绿醇的振动和转动。由于理论计算与实验采用的叶绿素晶体结构存在差异，使得计算的叶绿素b分子虽然在2.86THz频段有吸收峰，但未呈现包络吸收特性，该研究对太赫兹光谱后续用于植物体内叶绿素等分子在线观测与有效鉴别提供了可行手段，测试和仿真的叶绿素a标准样和叶绿素b标准样的太赫兹光谱如图2-15所示。

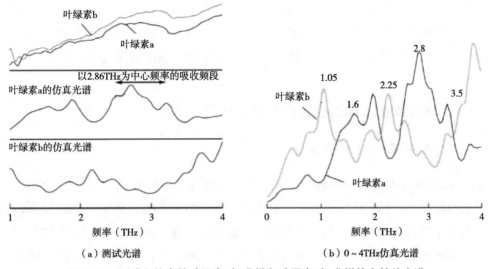

图2-15　测试和仿真的叶绿素a标准样和叶绿素b标准样的太赫兹光谱

第三节　太赫兹波潜在应用机理认识及研究发展趋势

我们知道，每一种分子都有特定的振动和转动能级，对应其特征谱。通常，分子内电子跃迁所需的能量处于电子伏特量级，该量级恰好对应于可见光和紫外线频段。红外光谱光子能量主要与分子内原子间的振动相关，分子内单个原子的弯曲振动或伸缩模式恰好与近红外和中红外频段相对应。不同原子基团的特征吸收在该频段振动中可以体现，但是其对整个分子的构型、构象的变化不够敏感。对于太赫兹波来讲，它位于毫米波与红外波段之间，属于远红外区域，该频段对应的振动光谱主要是基于分子空间结构以及分子间相互作用，分子内及分子间的振动模式也都包含其中。在太赫兹波段物质的振动频率与分子集体运动相关，分子的扭曲振动和结构变型就是其典型表现。从能量的角度看，分子之间弱的相互作用（如氢键、范德华力）、大分子的骨架振动（构型弯曲）、晶体中晶格的低频振动吸收及大量生物分子的振动和转动能级所对应的频率正好位于太赫兹频带范围之内。

根据当前对太赫兹波性质的认知，太赫兹技术具有瞬态性、宽带性、相干性、低能性等一系列独特性质，这也使得太赫兹具有多种应用潜力。例如，大多数极性分子如水分子、氨分子等对太赫兹辐射有强烈的吸收，可以通过分析它们的特征谱研究物质成分或者进行产品质量控制，许多极性大分子的振动能级和转动能级正好处于太赫兹频段，使太赫兹光谱技术在分析和研究大分子方面有广阔的应用前景。太赫兹辐射可以穿透布料、纸页、硬纸板、木头、砖瓦、塑料和陶瓷。它也可以穿透云雾，但是无法透过金属和水。太赫兹相干电磁辐射具有较低的光子能量，在进行样品探测时，不会产生有害的光致电离，相比X射线探测，它是一种有效的无损探测方法。太赫兹辐射具有独特的特性，为不同领域提供了各种应用和机遇。这里，我们简要介绍其中的一些潜在应用的机理认识。

一、太赫兹波各领域潜在应用的机理认识

（一）太空中潜在应用机理认识

范围从1mm到100m（地球环境背景下14~140K）的星际尘埃云光谱，使天文学家关注太赫兹探测技术。虽然星际尘埃云发射出许多单独的光谱线，但只有少数光谱线被识别出来。为了消除谱线杂波和大气吸收的影响，需要对太赫兹波段进行高分辨率的映射，绘制高分辨率的太赫兹波段图。观察星系的光谱能量分布表明，自大爆炸以来，大约一半的总发光度和98%的发射光子都落在亚毫米和远红外波段。亚毫米探测器使我们能够真正探测早期宇宙、恒星形成区域和许多其他丰富的分子，如水、氧、一氧化碳和氮。这种类型的探测需要两个特点：高分辨率（大孔径）和高光谱分辨率（1~100MHz）。对于较低和较高太赫兹波段，分别需要外差探测器和直接探测器。

在背景温度从几十到几百K的行星大气中，发现了很多非常丰富的星际辐射光谱。对平流层和上层对流层气体的热辐射线进行监测，可以研究诸如臭氧破坏、全球变暖等重要的大气现象。高分辨率外差接收机揭示了这些气体在300~2 500GHz的亚毫米波长的光谱特征。由于水和氧是平流层下部太赫兹辐射的最强吸收器，大气化学探测需要更长的毫米波。

对小行星、卫星和彗星的观测是太赫兹探测器的另一个应用，它使我们对太阳系的演化有了深刻的了解。假设首次探测适合地外生命形式的大气条件（温度、压力、成分）的行星将通过亚毫米波远程探测和太赫兹光谱进行确定，这并非没有道理。

（二）光谱分析潜在应用机理认识

光谱学应用是太赫兹技术的一个重要方面，它是由分子的旋转和振动激发的发射或吸收的强度决定的。太赫兹光谱利用被测样品对太赫兹辐射的特征吸收来分析其成分、结构及其相互作用。太赫兹光谱的高信噪比和单个太赫兹脉冲的宽频带特性，使得太赫兹光谱能够对被测样品的组成及结构的细微变化做出分析和鉴定。

快速扫描和气体识别系统，例如亚毫米快速扫描光谱技术（FASSST）和光脉冲太赫兹时域光谱设备，是太赫兹光谱学的最新应用领域。图2-16为FASSST系统框图，该系统使用电压可调后向波振荡器（BWO）作为主要辐射源，使用快速扫描和光学校准方法而不是更传统的相位或频率锁定技术。

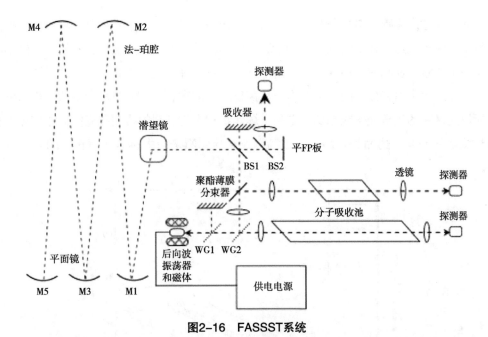

图2-16　FASSST系统

（资料来源：Ali Rostami，Terahertz Technology-Fundametals and Applications，2011）

为了开发不同方法来直接实时监测复杂分子动力学，有人提出，通过精确测量低频振动光谱，可以获得多肽链和DNA协同运动的原子水平图。这些振动预计发生在太赫兹频率范围内。通过介电共振（声子吸收）检测DNA特征是另一个有趣的结果，由于太赫兹光谱学仪器能够有效地测量和快速识别不同的光谱特征，这一结果已经成为现实。DNA传输是在很宽的频谱范围内定义良好的共振（从几GHz到几THz），如图2-17所示为鲱鱼和鲑鱼的DNA传输。

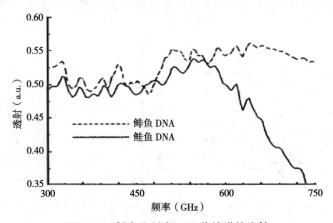

图2-17　鲱鱼和鲑鱼DNA传输谱的比较

（资料来源：Ali Rostami，Terahertz Technology-Fundametals and Applications，2011）

此外，太赫兹辐射具有独特的性质，使其成为在制药和安全应用中的一项有趣技术。许多材料对太赫兹辐射是半透明的。材料的这种特性允许太赫兹辐射穿透许多日常物理屏障，例如具有适度衰减的典型服装和包装材料。图2-18给出了一个常见服装材料的太赫兹光谱的例子。由于太赫兹辐射的低光子能量和非电离特性，使得太赫兹波能够使用光谱学和成像技术用于非侵入性和非破坏性检查。由于这些规范，许多化学物质，药物和爆炸性材料在该频率范围内表现出特征性的光谱响应。从药物的角度来看，脉冲技术产生的平均功率不会引起所研究材料的化学变化或相变。毒品、爆炸物和生物制剂的检测和成像；非破坏性和非侵入性测试和检验，药品和食品质量控制以及医疗诊断是与太赫兹光谱相关的其他应用。

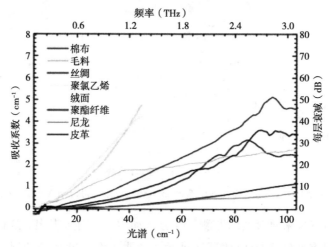

图2-18　常见服装材料的太赫兹吸收光谱

（资料来源：Ali Rostami，Terahertz Technology-Fundametals and Applications，2011）

最近，提出了研制太赫兹区域材料目录的设想。从图2-19可以看出，塑胶炸药，阿司匹林和安非他明等多种物质在太赫兹范围内具有明显的吸收和反射特性。随着吸收光谱（即指纹图谱）可用性的提高，潜在应用的范围可能进一步扩大。

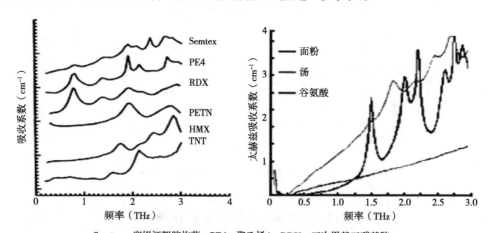

Semtex—塞姆汀塑胶炸药，PE4—聚乙烯4，RDX—三次甲基三硝基胺，
PETN—季戊四醇四硝酸酯，HMX—环四亚甲基四硝胺，TNT—三硝基甲苯

图2-19　不同爆炸物（左）和其他物质（右）的太赫兹频域测量的吸收谱（Teraview公司）

（资料来源：Ali Rostam，Terahertz Technology-Fundametals and Applications，2011）

（三）通信中潜在应用机理认识

尽管大气对太赫兹辐射几乎是不透明的，但是已经提出了一些用于太赫兹通信的近距离系统。在安全通信中使用太赫兹载波具有天线尺寸小和信息带宽大的特点。较低的散射和对气溶胶和云的更大穿透使得太赫兹信号比红外和光学波长更适合平流层（空对空链路）的通信。如图2-20所示，由于采用了光学键控技术和通过光混频器阵列产生太赫兹功率，离散信道的带宽和数量都增加了，跟踪和扫描的能力也已经增加到太赫兹通信系统。在该通信系统中，航空公司的数据速率可实现每秒数十吉比特。

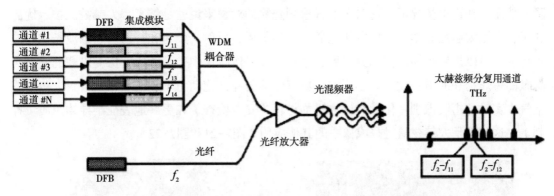

（a）1.5μm光纤技术和太赫兹发电通过光混合，用于双工太赫兹发射机光源

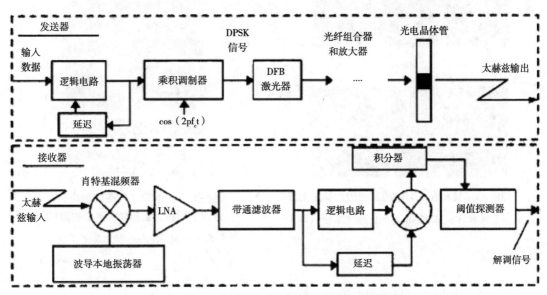

（b）基于该技术的吉比特数据速率发送/接收模块

图2-20　太赫兹通信系统示意

（资料来源：Ali Rostami，Terahertz Technology-Fundametals and Applications，2011）

（四）太赫兹成像潜在应用机理认识

在过去的几年中，电磁频谱的太赫兹频率成像取得了迅速的发展。太赫兹在成像领域得到关注主要是由于以下几个原因：一方面，太赫兹辐射不是电离的，它只是触发分子的振动态和旋转态，而不会改变电子态。因此，太赫兹辐射本质上比X射线更安全。另一方面，太赫兹辐射能够穿透各种各样的非导电材料。许多材料如塑料、包装材料（如纸板，织物和人/动物组织）对于太赫兹辐射是透明的，并且这些材料在宽带辐射通过时会留下光谱指纹。与可见光谱的波长相比，更大的波长也能显著抑制瑞利散射。关于不同材料的透射，吸收和反射方面有大量的数据。在一般情况下，透射率随着频率的增加而下降。然而，在许多情况下，这对于远程检测隐藏的对象来说就足够了。太赫兹波技术优势在于，利用太赫兹光学，可以方便地通过空间传播、反射、聚焦和折射。它的波长比微波短得多，可以提供足够的空间分辨率，这在许多成像应用中是足够的。探测隐藏的武器、隐藏的爆炸物和地雷、改进医学成像、更有效地研究细胞动力学和基因、在信封、包裹或空气中实时"指纹识别"化学和生物恐怖材料（安全检查）和更好地表征半导体（质量控制），这些都是太赫兹辐射在成像中的其他应用（图2-21和图2-22）。

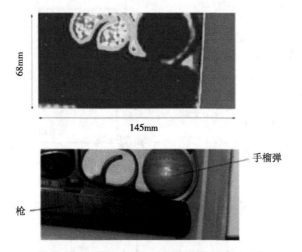

图2-21　隐藏在纸盒中的武器的太赫兹图像

（资料来源：M.Koch，布伦瑞克工业大学）

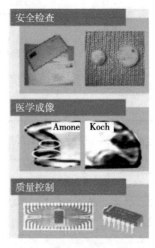

图2-22　太赫兹成像在安全检查，医疗诊断和工业质量控制中的应用

（资料来源：M.Koch，布伦瑞克工业大学）

（五）医学潜在应用机理认识

近年来，癌症一直是医学科学研究的一个重要方面并因为新颖的检测方法已经引起了人们广泛的关注。乳腺癌是仅次于肺癌的第二大常见癌症类型，也是癌症导致死亡的第五大常见原因。乳腺癌的早期发现可以在早期进行治疗，并能显著降低死亡率。目前最流

行的筛选方法有：自我筛查及临床乳腺检查、乳腺X射线摄影、乳腺磁共振成像（MRI）和超声检查。在技术筛选方法中，乳房X射线摄影使用X射线，由于波长较短，具有良好的空间分辨率，但电离程度高，存在辐射危害。磁共振成像不使用电离辐射，但是它需要超导体，因此需要低温，而且体积庞大，成本昂贵。超声检查成本低，但分辨率差，信噪比低。近年来，微波（高达300GHz）和THZ（0.3～10THz）频率的电磁波作为早期检测癌症的有力工具受到了广泛关注，因为它们提供了成像的介电对比度，而且都是非电离的。

比较这两个频率范围，可以看出太赫兹由于其较短的波长（探测分辨率受衍射限制），在成像中可以提供更好的空间分辨率。此外，由于组织的生物分子成分的振动和旋转跃迁能量在太赫兹频率范围内（例如DNA和蛋白质），因此可以收集丰富的光谱信息作为生物组织的指纹。由于水能强烈吸收太赫兹波，因此太赫兹成像在体内的应用主要集中在皮肤、牙科和乳腺癌。利用太赫兹波进行体外成像和光谱研究适用于多种材料。例如，图2-23为食管癌的光学图像（彩色）和太赫兹图像（黑白图像），其中圆圈标记转移。

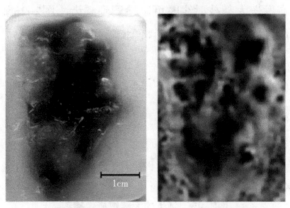

图2-23　食管癌的光学图像（左）和太赫兹图像（右）

（资料来源：M.Koch，布伦瑞克工业大学）

在太赫兹成像中，组织的结构和化学成分会吸水机理。太赫兹成像在诊断牙齿、皮肤、乳房和实体器官的不同缺陷方面提出了新的特点，这些特点是其他成像方法所不具备的。

通过反射模式成像确定基细胞肿瘤的程度和深度是太赫兹的应用之一，这种能力如图2-24所示，很难确定这种局部侵袭性肿瘤的程度或深度［图2-24（a）部分］。然而，利用光导源和探测器获得的宽带反射太赫兹信号可以诊断表面细节［图2-24（b）部分］和肿瘤深度［图2-24（c）部分］。所获得的图像与标准病理结果一致，由于苏木精和伊红染色，组织出现彩色，以识别病理特征。

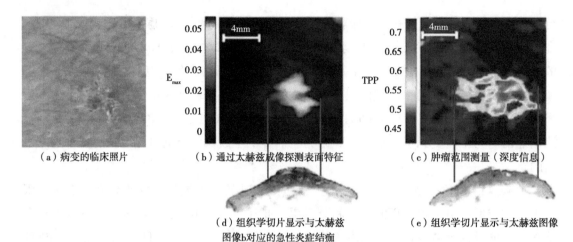

（a）病变的临床照片　　　（b）通过太赫兹成像探测表面特征　　　（c）肿瘤范围测量（深度信息）

（d）组织学切片显示与太赫兹　　　　（e）组织学切片显示与太赫兹图像
图像b对应的急性炎症结痂

图2-24　基底细胞癌的体内测量

（资料来源：M. Koch，布伦瑞克工业大学）

除了成像特征和皮肤亚表面之外，还可以检测在X射线图像和骨骼三维成像中不明显的龋齿。可以通过太赫兹信号的吸收测量来检测牙齿腐烂或蛀牙（龋齿）。由于龋齿只是牙齿中的空洞，因此在发送太赫兹射线时可以检测到龋齿（图2-25）。牙本质和牙釉质，或仅牙本质的存在也可以通过测量牙齿表面折射率的差异来识别。

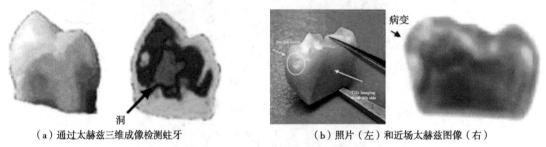

（a）通过太赫兹三维成像检测蛀牙　　　　　　（b）照片（左）和近场太赫兹图像（右）

图2-25　龋齿的太赫兹成像检测

（资料来源：M. Koch，布伦瑞克工业大学）

（六）物理学潜在应用机理认识

通过分析太赫兹光谱，在该区域发现了几个特征，例如分子的旋转激发态，所有库仑束缚体系中的里德伯格跃迁和固体中的激子。另外，由于超快光学技术的进步，可以在太赫兹光谱中实现对亚波长电磁场的最高程度的控制和表征。太赫兹是不用干涉仪就能相干地测量磁场的最高频段。

安德森局域化是迄今为止在微波频率上看到的随机介质中有趣的光学物理现象之一。在可见光或近红外中观察这种效应很难明确指出这种效应不仅仅是由于电介质中的残余吸收造成的。然而，由于较高的介电对比度和几乎为零的吸收，在太赫兹频率下很容易观察到这种局域化。这在随机激光器的发展中具有广阔的应用前景。研究太赫兹区域中的多重散射波和波扩散现象的可能性在诸如医学光学和地球物理等应用领域也有一定的应用价值。

除了太赫兹在物理学中的应用，在太赫兹领域还有一些潜在的机遇。人工构造电磁超材料可以在微波频率下表现出负介电常数和负磁导率，这使得它们区别于构成材料。据报道，这些材料在较高频率下表现出较大的损耗，显然希望将这些材料的应用范围扩展到更高的光谱范围，而太赫兹区域是最需要的区域。

太赫兹技术可用于测量和研究磁场近场和远场之间的关系以及其间的过渡区域。因此，可以更好地理解近场电磁测量。

高强度飞秒激光产生的等离子体可以作为强太赫兹辐射的一个来源，可能的太赫兹脉冲能量接近mJ级超短脉冲的一小部分。

（七）化学与生物学潜在应用机理认识

控制化学和生物学中的化学反应过程是一个巨大的挑战，为了精确地控制化学反应过程，需要将插入分子系统的能量转换成特定的模式。在处理分子相互作用的意义上，化学和生物学两者都是共通的，需要提示这可能是有用的。然而，化学是研究小分子和重复聚合物，而生物学被认为处理复杂的大分子、细胞和组织。如图2-26所示，一般生物分子的运动存在两个极端：第一个极端是位于氨基酸中特定官能团的振动模式，这些模式发生在几飞秒到几十飞秒的时间尺度上并且处于红外光谱区域；第二个极端是三次结构动力学，它发生在纳秒到几毫秒的时间尺度上。低频分子内模和分子间模，比如位于这两个极端之间的二级结构模式，发生在几皮秒到几十皮秒的时间尺度上，并且属于太赫兹光谱区域。

就生物系统而言，众所周知，这些系统由大分子的定时络合物组成。生物复合物（如单细胞）的局部结构，例如单个细胞随时间而变化，这取决于细胞周期的状态，并且存在一些测量这些化学变化的方法。太赫兹区域适合用来描述复杂分子相互作用的变化，因为它对系统集体模式的变化很敏感。

生物分子的一个重要特征是它们与水的关系。例如，蛋白质分子必须在水环境中才能发挥作用。由于水在空气/水、水/固体和水/膜界面具有不同的特性，如密度、pH值、取向顺序、氢键等，因此，与体积液态水相比，太赫兹区域的光谱应呈现出与这些生物系统不同的特征。

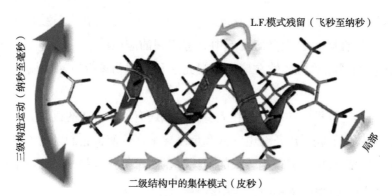

图2-26　具有相关动态时间尺度的一般生物分子示意

（资料来源：M. Koch，布伦瑞克工业大学）

　　大振幅太赫兹场（大至0.1～1MV/cm）可用于控制化学和生物学中的电子转移反应。高振幅场可以改变转移速率，因此高度影响光化学电子转移产率。太赫兹可以影响化学相互作用的能量和动态特性，因为它的振幅可以与驱动电子转移反应的电化学电位差相当。此外，具有大振幅的太赫兹场可以应用于驱动和控制所选择电子的方向和错误转移方向的电子，如图2-27所示。

　　太赫兹光谱区还可探测光分子的旋转动力学，较重分子的低频弯曲和扭转模式以及分子簇的集体分子间模式。无机和有机晶体的声子模式落在太赫兹光谱区域，可以探测平衡测量以及动态过程。细胞中分子复合物的太赫兹光谱将为蛋白质间相互作用的无标记测量提供重要窗口，该特征在细胞成像中可能是有趣的。获得像AFM针尖那样几十纳米的探测选择区域是细胞成像领域的重要技术挑战之一。太赫兹辐射还有其他机会，如化学和生物系统中的非线性光谱和电子自旋共振（ESR）光谱研究。

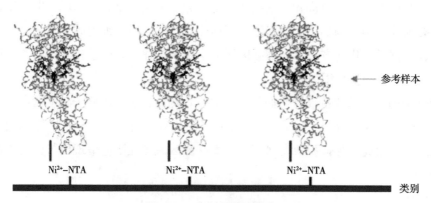

图2-27　定向细菌反应中心

（资料来源：M. Koch，布伦瑞克工业大学）

（八）农业潜在应用机理认识

农业是利用动植物的生长发育规律，通过人工培育来获得产品的产业。广义农业包括种植业、林业、畜牧业、渔业和副业5种产业形式；狭义农业是指种植业，包括生产粮食作物、经济作物、饲料作物和绿肥等农作物的生产活动。农业的劳动对象是有生命的动植物，获得的产品是动植物本身，涵盖农产品从原料、加工、生产到销售等各个环节，在此过程中，太赫兹波与农产品可能的相互作用会直接或间接带来未来潜在应用。太赫兹光谱作为一种新型的检测手段，其对生物分子、水、非极性物质等独特的相互作用关系，有可能使该技术在农业检测领域取得突破。

以水分为例，水分对太赫兹波的吸收特性在一定程度上限制了太赫兹技术的应用场合，但这种惧水特性在农业应用中会很有帮助：可利用这一特性进行农作物、农产品的含水量检测研究。太赫兹波是非电离的，相对于X射线，它对人体组织没有伤害，使用安全性得到保障。多种极性分子间相互作用对太赫兹能量的吸收具有唯一性，可利用这一指纹特性进行物料（固体、液体和气体）的表征和识别。近年来，相关学者先后开展了农作物冠层水分含量观测、病虫害早期预警，以及重金属、农药残留、抗生素、微生物毒素等微量有害物质检测，掺假、转基因和外源异物的鉴别以及农产品内部营养成分含量预测等方面研究，太赫兹技术在农产品质量安全检测、农作物生长特性检测、果品表皮损伤检测、坚果内部虫害检测以及生物材料特性检测等方面具有较好的研究潜力。

二、太赫兹研究发展趋势及前沿资助方向

当前，太赫兹波科学技术已经引起国际学术界的广泛关注，被誉为21世纪影响人类未来的十大科学技术之一，世界发达国家更是投入了大量的人力物力进行研究。在世纪之交短短数年间，国际上关于太赫兹波的研究机构大量涌现，并取得了很多研究成果。

在美国，包括伦斯勒理工学院，常青藤大学和美国麻省理工学院（MIT）在内的数十所大学都在进行太赫兹的研究工作，美国的许多国家重点实验室如LLNL、LBNL、SLAC、JPL、BNL、NRL、ALS、ORAL等都在开展太赫兹的研究工作。美国国家基金会（NSF）、国家航天局（NASA）、国防部（DARPA）和国家卫生学会（NZH）从20世纪90年代中期开始，对太赫兹研究项目持续进行了较大规模的资金支持。英国的Rutherford国家实验室、剑桥大学、里兹大学、Strathclyde大学等十几所大学以及德国的BESSY、Karl sruhe、Cohn、Hamburg等大学都在积极开展太赫兹的研究工作。除了各国自己支持的研究项目以外，欧洲国家还利用欧盟的资金组织了跨国家的多学科参与的大型合作研究项目，如Teravision公司（发展小型化器件、THz辐射成像在生物医学和其他领域的应用）。THz-Bridge公司（nlz辐射与生物系统相互作用的研究）等。日本于2005年1月8日公布了日

本国十年科技战略规划，提出十项重大关键技术，将太赫兹列为首位。日本的东京大学、京都大学、大阪大学、东北大学、福井大学以及日本理化学研究所等许多机构都在进行太赫兹科学技术的研究。韩国汉城大学、浦项科技大学，新加坡国立大学，以及我国台湾地区的台湾大学、"清华大学"等都在积极开展太赫兹波的研究工作。我国科技部、自然科学基金委员会和中国科学院给予了高度的关注。在我国，从2001年开始，中国科学院上海微系统与信息技术研究所、首都师范大学、天津大学、上海交通大学、浙江大学等十余个研究所和高等院校相继开展了太赫兹波的科学研究工作。

太赫兹技术在发展早期就获得了美国军方关注，美国国防高级研究计划局（DARPA）在21世纪初就开展了有关太赫兹的研究项目。

（一）DARPA的太赫兹研究项目

自1999年起，DARPA就陆续安排了"太赫兹成像焦平面阵列技术"（TIFT，2003年）、亚毫米波焦平面成像技术（SWIFT，2004年）、高频集成真空电子学（HiFIVE，2007年）、太赫兹电子学（THz Electronics，2008年）、"具有压倒性能力的真空电子高功率放大器"（HAVOC，2016年）等研究计划，以此发展太赫兹基础器件。此外，DARPA还在2012年推出视频合成孔径雷达（ViSAR）计划，2014年推出成像雷达先进扫描技术（ASTIR）计划，发展太赫兹雷达应用技术。在2017年6月DARPA微系统技术办公室启动的"电子复兴计划"中，面向大学的"联合大学微电子学计划"设立了6个研究中心，其中一中心为太赫兹与感知融合技术研究中心，主要研究射频到太赫兹通信、分布式计算、认知计算、先进集成电路架构等技术。

（二）DARPA在太赫兹领域的研究趋势

通过梳理2000—2020财年DARPA的研发预算可以看出，目前DARPA在太赫兹领域的研究已经处于基本完成基础原理、基础器件探索，开始向应用基础技术发展阶段。从研究内容来看，DARPA早期开展的太赫兹应用技术研究主要是为了摸清应用所需要的基础技术，而自2004财年开展的太赫兹电子学研究，曾历经两度改名，一直持续到2015财年，主要进行太赫兹源、探测器、成像原理等基础技术的探索。从研究成果来看，多个面向太赫兹器件的项目（SWIF、HiFIVE等）基本完成了基础器件的研究，获得了较好的成果，目前，DARPA在太赫兹器件领域的研究聚焦于大功率真空放大器。当前DARPA在太赫兹应用技术领域的研究还主要聚焦于概念验证、性能指标分析的阶段。整体上，DARPA在太赫兹领域处于基本完成基础技术探索研究，开始再一次进入应用研究阶段，如ASTIR项目（表2-13）。

表2-13　近20年来DARPA在太赫兹领域的研究情况

项目名称	资助时间	主要研究内容	主要成就
太赫兹技术	2002财年	研究用于0.3~10THz的紧凑型固态太赫兹传输和近距离探测系统，支持环境传感、上层大气成像、隐蔽卫星通信、化学和生物传感	开发了半导体量子阱源，半导体量子阱探测器，太赫兹、短波长探测演示系统
电磁能量	2004财年	利用电磁能量主动探查生物气溶胶，实现极快速、远距离探测生物体	开发传感器性能模型，用于评估探测生物气溶胶方法的性能
轻便灵巧雷达，集成传感器结构（ISIS）（2005财年改名）	2004—2005财年	开发天线技术，增强传感器和通信系统的可移动性。开发太赫兹频率天线，替代大的吉赫兹频率天线	开发太赫兹源和信号处理技术，制造便携式传感器
光学相干成像雷达，太赫兹焦平面成像技术（TIFT）（2009财年改名）	2004—2009财年	开发新的相干雷达，采样率达到吉赫兹，在小的、低功率、降低热负载器件中实现极快速成像；演示在太赫兹频带（>0.557THz）工作的大型多元素（>4万像素）焦平面阵列探测器。系统有效工作在大于25m的距离，并具有小于2cm的高空间分辨率，达到衍射极限。图像接收器将产生二维图像，每个像素输出的是太赫兹辐射的相对强度	开发衍射受限、视频帧率的太赫兹（至少0.557THz）成像器组件和集成技术；演示平均功率高于10mW、插座效率为1%的紧凑太赫兹源，用于主动照明、外差、零差探测的本地振荡器；演示太赫兹接收器，噪声等效功率低于$1pW/Hz^{1/2}$，获取图像时间小于30ms，预探测带宽大于50GHz，系统级噪声等效δ温度达到或优于1K
亚毫米波成像焦平面阵列技术（SWIFT）	2005—2008财年	开发新型低功率、视频帧率、在亚毫米波段实现衍射受限成像的传感器	采用新电子学和频率转换方法研发了紧凑、高效、高功率太赫兹源；开发灵敏的、大型接收器阵列，先进的集成、后端信号处理技术；开发和演示亚毫米波焦平面成像器
紧凑真空电子射频技术（HiFIVE）	2008—2013财年	制造220GHz、50W输出功率、带宽5GHz的真空管放大器	完成高性能阴极原型研发，演示超过1 000h的无性能降低能力；完成高功率放大器原型器件的制造和测试；演示220GHz固态驱动放大器激励电路；通过试验和仿真验证高功率放大器设计

项目名称	资助时间	主要研究内容	主要成就
太赫兹电子学由TIFT项目改名而来	2010—2015财年	开发关键半导体器件和集成技术，用于在中心频率超过1THz的紧凑、高性能微电子器件和电路中工作，支持太赫兹频段成像、雷达、通信、光谱等应用。太赫兹电子学项目有两个主要研究方向：一是晶体管电子学，研发用于在太赫兹频段工作的接收器和激励器的晶体管材料与处理技术；二是高功率放大器，研发太赫兹高功率放大紧凑模块	演示全球首个太赫兹单片微波集成电路放大器，在1.0THz产生10dB增益；演示1.03THz振荡电路；演示首个1THz真空电子行波管放大器；演示太赫兹频率的外差探测和传感
太赫兹光子学	2011—2012财年	开发在室温、太赫兹频工作段的连续波激光源，采用的技术包括量子级联激光器、量子点激光器，用于便携式红外对抗、主动成像	研制太赫兹室温激光器
军用医疗成像	2012财年	开发医用成像技术，支持军事任务和作战	验证在太赫兹光谱仪中使用轨道角动量技术，验证光子轨道角动量—分子相互作用理论
成像雷达先进扫描技术（ASTIR）	2016—2017财年	构建新的成像雷达架构，生成更加稳定、低成本的传感器，无须平台或目标移动。该系统将集成DARPA其他项目开发的毫米波/太赫兹电子组件，实现发射/接收功能，实现当前传感器无法做到的广域监视和视频帧率目标监视	完成传感器概念设计和处理技术需求分析；构建波束定向系统原型，进行性能和可行性测试；分析支持具体军事应用的系统性能指标
具有颠覆性能力的真空电子高效率放大器（HAVOC）	2016—2019财年	开发在75GHz以上工作的宽带和敏捷波形高功率真空放大器，提供强大的电子攻击能力	开展先进制造技术，例如，选择激光熔融（SLS）和其他增材制造技术研究，用于波束—波互动电路和其他管器件制造；探索新的磁材料和磁铁配置，实现紧凑集成波束聚焦和传输；宽带、高功率微波真空电子放大器设计；评估电子束传输的阴极、真空窗口、磁场结构，鉴别满足超过需求的技术或组件

资料来源：周智伟，太赫兹技术发展综述，2020。

第四节 面向太赫兹数据的人工智能处理算法简述

在批量样本的太赫兹数据采集、分析过程过程中，数据量积累比较大，如何通过人工智能算法的快速、高效分析、挖掘，建立有效的数学计算模型，显得尤为重要。本节对数据处理各环节中常用的数学算法进行简述。

一、数据预处理方法

由于样本自身状态、测量环境、仪器状态及人为操作差异等因素会导致采集得到的光谱数据存在大量的噪声和干扰信息。在进行光谱数据分析时，噪声和干扰信息会对模型产生影响。因此，去除光谱噪声和干扰信息，减轻其对模型的影响，需要对光谱进行预处理，从而最大限度突出光谱数据中的有用信息，提高光谱数据的信噪比。常用的光谱预处理的方法如下。

（一）平滑算法

噪声叠加在光谱信号上，表现为光谱曲线的平滑度受到了影响，而通过平滑算法去除噪声的影响是常用的方法。移动平均法和卷积平滑是两种较为常用的平滑算法。

（二）变量标准化

变量标准化SNV，校正假定每一条光谱各波长点的吸光度值满足一定的分布（如正态分布），且在假设的基础上，按照如下计算公式计算得到SNV预处理的光谱：

$$x_{SVN} = \frac{x - \overline{x}}{\sqrt{\dfrac{\sum\limits_{j=1}^{p}(x_j - \overline{x})}{p-1}}}$$

式中，x为样本的原始光谱；j为该样本所有波长点的光谱平均值，$j=1$，$2\cdots$；p为样本光谱波长点数。SNV是对原光谱数据进行标准正态化处理，从而得到均值为0，标准差为1的预处理光谱。SNV一般用于消除固体颗粒大小、表面散射及光程变化所带来的光谱误差。

（三）去趋势算法

去趋势算法是消除漫反射光谱的基线漂移的有效方法。在光谱采集过程中，会产生基线偏移的情况，而去趋势算法采用多项式拟合对光谱x_i拟合出一条趋势线d_i，从x_i中减掉d_i即为去除趋势之后的光谱。去趋势算法预处理可去除背景趋势，从而突出光谱曲线峰谷。通常去趋势算法用于SNV预处理光谱之后的光谱预处理，二者一般结合使用。

（四）导数处理

在光谱中，噪声一般表现为高频信号，而导数参数的选择可能导致噪声被放大，从而降低信噪比。导数预处理在光谱分析中的主要作用在于校正光谱基线、消除其他背景的干扰、提高光谱分辨率。对光谱进行导数预处理，需要选择合适的导数参数。

（五）小波变换（WT）

小波变换是一种有效的信号及图像处理的一种方法。在光谱分析中，小波变换被主要用于光谱数据压缩、平滑去噪。WT应用于平滑去噪的主要思路是对光谱曲线的分解和重构：首先将原始光谱采用WT进行分解，得到主要包含噪声信息的高频小波系数和主要包含特征信息的低频小波系数，通过选择合适的阈值确定方法确定阈值，WT改变高频系数中不符合阈值范围的值，然后基于处理后的高频系数和未被处理的低频系数进行重构即可得到去噪后的光谱信号。

二、特征提取方法

仪器获取得到的光谱数据信息量大，每一条光谱曲线可看作是高维的向量信息，而多条光谱曲线构成了一个高维的向量空间。在后续的定性定量分析中，采用原始光谱将使模型变得非常复杂，这就需要提取特征波长，以减少模型的输入信息量，减少建模过程中冗余波长的干扰。

（一）主成分分析法

PCA是一种线性降维方法，主要思想就是重构，也就是希望尽可能保留数据信息。它使投影后方差最大的方向对数据进行投影。最后会归结或一个求取特征值和特征向量的问题，他的特点就是简单容易操作。PCA目标就是寻找一个线性变化，在保证原始数据信息损失尽可能少的情况下降低数据的维数。

（二）连续投影算法

连续投影算法是一种基于变量投影比较的特征波长选择方法SPA利用通过比较波长在其他波长上的投影，选择投影向量最大的波长为待选波长，然后基于校正模型从待选波长集合中选择最终的特征波长。选择的校正模型不同，最终选择的特征波长存在差异。

（三）x–载荷系数法

载荷系数法是偏最小二乘算法建模过程中得到，每个隐含变量下均可得到各个波长点所对应的载荷系数，载荷系数绝对值的大小说明该波长所建模型预测性能影响的大小，因此，可以根据某个隐含变量下各波长对应的载荷系数绝对值的大小来提取特征波长。

（四）回归系数法

回归系数是在偏最小二乘法建模过程中得到的，相关系数法是将光谱阵中每个波长对应的反射率向量与待测浓度向量进行相关计算，得到波长相关系数图。每个波长点多对应回归系数的值反映了该波长在建模中的重要性。因此可根据波长对应的回归系数的绝对值来提取重要波长。

（五）独立组分分析法

该方法的目的是将观察到的数据进行某种线性分解，使其分解成统计独立的成分。从统计分析的角度看，ICA和PCA同属多变量数据分析方法，但ICA处理得到的各个分量不仅去除了相关性，还是相互统计独立的，而且是非高斯分布。因此，ICA能更加全面揭示数据间的本质结构。

三、定性定量方法

光谱数据中包含着丰富的信息，用来反映物质的组成、性质、结构等。然而我们通常无法直接对这些信息作出分析，来建立与物质目标特性之间的定性或定量关系模型。因此对原始光谱或图像进行数据挖掘和特征提取（降维）后，需要借助建模算法建立定性或定量关系模型。通常用到的定性和定量方法分别如下。

（一）定性方法

1. 最小二乘支持向量机

最小二乘支持向量机是一种新兴的统计学习算法。支持向量机（SVM）是一种适用于解决小样本、非线性及高维数据问题的方法。支持向量机算法一方面通过把数据映射到高维空间，解决了原始空间中数据线性不可分问题；另外，通过构造最优分类超平面对数据进行分类。支持向量机通过解决一个二次规划问题，获得全局最优。

2. K最近邻分类算法

K最近邻分类算法（KNN）的核心思想是如果一个样品在特征空间中的k个最相似的样本中的大多数属于某一个类别，则该样本也属于这个类别，并具有这个类别上样本的特性。由于KNN算法主要靠周围有限的邻近的样本，而不是靠判别类域的方法来确定所属类别的，因此对于类域的交叉或重叠较多的待分样本集来说，KNN方法较其他方法更为适合。

3. 线性判别分析

线性判别分析的原理是将高维的数据投影到维度更低的空间，再按照原始类别将投影的数据构建不同的分区。分在同一个分区的数据点，也就是类别相间的点在低维空间中相对接近。

4. 朴素贝叶斯分类

朴素贝叶斯分类是基于贝叶斯统计的一种简单分类方法，其基本思想是，对于给定的特征属性相互独立的待分类项，求解在该分类项出现的条件下各个类别出现的概率，将该分类项归属为出现概率最高的类别中。朴素贝叶斯分类首先需要先对训练集样本进行分析，知道每个特征属性在不同的类别下出现概率，然后基于未知的待分类别的特征，计算各个类别出现的概率，从而实现分类。

（二）定量方法（表2-14）

1. 偏最小二乘法

偏最小二乘法（PLS）是光谱数据分析中最常用的一种多元统计数据分析方法PLS算法将原始数据通过线性转换为相互正交，互不相关的新变量，即隐含变量在很多论文中也称为主因子或主成分，PLS的前几个隐含变量能解释绝大多数的变量，从而包含主要信息，因此PLS也用于提取特征信息。

2. 多元线性回归

多元线性回归（MLR）是近红外光谱建模中，最为基础的算法，也是适用范围最广的算法。实际上，多元线性回归算法是在一元线性回归的基础之上进行延伸扩展得到的。一元线性回归中自变量只有一个，但是在多元线性回归中自变量的个数可以是两个或以上。

3. BP神经网络算法

BP神经网络算法（BPNN）是目前人工神经网络中研究最深入、应用最为广泛的一种模型，每一神经元用一个节点表示，网络由输入层、隐层和输出层节点组成。隐层可以是一层，也可是多层，前层至后层节点之间通过权系数相联结。BP神经网络学习时，输入信号从输入层经隐层传向输出层（正向传播），若输出层得到期望的输出，则学习算法结束：否则，转至反向传播。反向传播就是将误差信号（样本输出与网络输出之差）按原联结通路反向计算，由梯度下降法调整各层神经元的权值，使误差信号减小。

4. 径向基函数神经网络

径向基函数神经网络（RBFNN）是包含有输入层、隐含层和输出层的三层前馈神经网络。RBFNN以其训练速度快、泛化能力强、可任意逼近等优点得到了广泛的应用。

RBFNN主要特点是使用径向基函数作为激活函数，从而具有较多的优点。常用的RBF函数有高斯函数、多二次函数、逆二次函数等。针对RBFNN的学习和训练，在基本算法的基础上，提出了多种不同的改进算法，研究人员可根据自己的需要选择合适的学习算法。RBFNN可用于判别分析和回归分析。

5. 极限学习机

极限学习机（ELM）在运行时只需要设定一个参数值即隐含层节点数，且只需要求输出权值得到全局最优解，学习速度快、泛化能力强且能产生唯一最优解。ELM算法可同时用于判别分析和回归分析，且在应用时需要确定隐含层的节点数，目前以不断的尝试来确定为主。

表2-14　光谱数据分析中所用算法对比

算法名称	优点	缺点
偏最小二乘法（PLS）	建立回归模型的同时可以进行主成分分析焦化数据。预测性能较好。在近红外光谱检测中较为常用	仅在少数情况下，使用具有优势（例如自变量离差信息利用率较高）
主成分分析（PCA）	有助于信息的提取和用于聚类分析，能够有效地降低误差和消除噪音	当样本中的部分有用变量的相关性很小时，容易遗漏掉这些变量，降低预测模型的可靠性
BP神经网络算法（BPNN）	具有很强非线性映射能力和自学习能力	学习速度慢，可能会陷入局部最优化，容易出现"过拟合"现象
支持向量机算法（SVM）	具有优秀的泛化能力，适合小样本学习方法。具有较好的"鲁棒性"	对大规模训练样本难以实施，解决多分类问题存在困难
K最近邻分类算法（KNN）	适合于属性较多或者数据量很大的问题。不需要提前设计分类器对训练样本进行分类，在解决多分类问题上表现较好	训练集数目较大，而且对估计参数没有限制时，花费时间较长，对于观测集的增长速度有较高要求
线性判别分析法（LDA）	属于有监督学习降维	不适合对非高斯分布样本进行降维，可能会过度拟合数据
连续投影算法（SPA）	建立模型所需变量个数较少，可以有效将变量之间的共线性降到最低	会损失部分样本精度信息

四、模型效果评估方法

定性模型可以通过判别精度、混淆矩阵、接收者操作特征曲线等来进行评价。

定量模型的性能主要是采用样本测量值和预测值之间的相关系数和均方根误差判定。预测集样本的相关系数和预测均方根误差是模型的主要评价标准，建模集和交互验证集样本的相关系数以及建模均方根误差和交互验证均方根误差是辅助评价标准。

第五节　小　结

本章突破人为检索文献进行分析的不足，采用大数据知识图谱分析方法对基于Web of Science的全球太赫兹研究文献进行计量分析，得出太赫兹研究热点、难点等问题，为未来太赫兹研究方向提供参考；然后聚焦农业领域的应用研究，分别从生物大分子、农产品质量安全、土壤大气检测和生物植物生理等方面进行综述，指出农业领域当前的研究进展；随后对应用研究机理认识、发展趋势和近20年来美国DARPA在太赫兹领域的研究情况进行分析，指出前沿导向；最后面向太赫兹数据的人工智能处理处理算法进行了简述，为快速推动应用研究提供技术支撑。

参考文献

陈华，汪力，2009. 盐酸胍诱导叶绿素变性的THz时域光谱研究[J]. 光谱学与光谱分析，29（10）：2 619-2 621.

葛宏义，蒋玉英，廉飞宇，等，2014. 小麦品质的太赫兹波段光学与光谱特性研究[J]. 光谱学与光谱分析，34（11）：2 897-2 900.

胡颖，王晓红，郭澜涛，等，2006. 一氧化碳的太赫兹时域光谱研究[J]. 光谱学与光谱分析（6）：34-37.

蒋玲，虞江萍，徐雨田，等，2015. 叶绿素的太赫兹光谱特性[J]. 南京林业大学学报（自然科学版），39（6）：181-184.

李斌，龙园，刘海顺，等，2017. 基于太赫兹光谱技术的D-无水葡萄糖定性定量分析研究[J]. 光谱学与光谱分析，37（7）：2 165-2 170.

李斌，2011. 基于太赫兹光谱的土壤主要重金属检测机理研究[D]. 北京：中国农业大学.

李向军，杨晓杰，刘建军，2015. 基于反射式太赫兹时域谱的水太赫兹光学参数测量与误差分析[J]. 光电子·激光（1）：135-140.

廉飞宇，秦建平，牛波，等，2012. 一种利用太赫兹波谱检测地沟油的新方法[J]. 农业工程（6）：37-40.

刘飞，2011. 基于光谱和多光谱成像技术的油菜生命信息快速无损检测机理和方法研究[D]. 杭州：浙江大学.

刘欢，韩东海，2014. 基于太赫兹时域光谱技术的饼干水分定量分析[J]. 食品安全质量检测学报（3）：725-729.

刘军，吴梦婷，谭正林，等，2017. 近红外光谱无损检测技术中数据的分析方法概述[J]. 武汉工程大学学报，39（5）：496-502.

龙园，赵春江，李斌，2017. 基于太赫兹技术的植物叶片水分检测初步研究[J]. 光谱学与光谱分析，37（10）：3 027-3 031.

马晓菁，赵红卫，刘桂锋，等，2009. 多种糖混合物的太赫兹时域光谱定性及定量分析研究[J]. 光谱学与光谱分析（11）：7-10.

马晓菁，赵红卫，代斌，等，2008. THz时域光谱在蛋白质研究中的应用进展[J]. 光谱学与光谱分析，28（10）：2 237-2 242.

戚淑叶，张振伟，赵昆，等，2012. 太赫兹时域光谱无损检测核桃品质的研究[J]. 光谱学与光谱分析，32（12）：3 390-3 393.

沈晓晨，李斌，李霞，等，2017. 基于太赫兹时域光谱的转基因与非转基因棉花种子鉴别[J]. 农业工程学报，33（S1）：288-292.

孙怡雯，钟俊兰，左剑，等，2015. 血凝素蛋白及抗体相互作用的太赫兹光谱主成分分析[J]. 物理学报（16）：448-454.

王雪美，2008. 氨基酸的太赫兹光谱及其振动模式研究[D]. 北京：首都师范大学.

吴梦婷，2018. 基于近红外光谱技术数据分析方法[D]. 武汉：武汉工程大学.

夏佳欣，范成发，王可嘉，等，2011. 基于太赫兹透射谱的土壤含水量测量[J]. 激光与光电子学进展（2）：97-102.

杨燕，2012. 基于高光谱成像技术的水稻稻瘟病诊断关键技术研究[D]. 杭州：浙江大学.

余心杰，2015. 农产品无损检测中的模式识别问题研究[D]. 杭州：浙江大学.

虞佳佳，2012. 基于高光谱成像技术的番茄灰霉病早期快速无损检测机理和方法研究[D]. 杭州：浙江大学.

张初，2016. 基于光谱与光谱成像技术的油菜病害检测机理与方法研究[D]. 杭州：浙江大学.

张帅，曲元刚，廉玉姬，2017. 光照引起的叶绿素a和β-胡萝卜素在太赫兹和可见区的光谱变化研究[J]. 中国科学：生命科学，47（2）：230-235.

赵春喜，2010. 土壤中有机污染物的太赫兹时域光谱检测分析[J]. 科技信息（8）：498.

赵艳茹，2018. 核盘菌侵染油菜早期光谱诊断方法研究[D]. 杭州：浙江大学.

周智伟，2020. 太赫兹技术发展综述（下）[J]. 军民两用技术与产品（2）：44-47.

A G Markelz，A Roitberg，E J Heilweil，2000. Pulsed terahertz spectroscopy of DNA，bovine serum albumin and collagen between 0.1 and 2.0 THz[J]. Chemical Physics Letters，320（1-2）：42-48.

A Leitenstorfer，S Hunsche，J Shah，et al.，1999. "Detectors and sources for ultrabroadband electro-optic sampling：Experiment and theory[J]. Appl. Phys. Lett.，74（11）：1 516-1 518.

A N Z Rashed，A A Mohamed，H A Sharshar，et al.，2017. Optical Cross Connect Performance Enhancement in Optical Ring Metro Network for Extended Number of Users and Different Bit Rates Employment[J].（in English），Wireless Personal Communications，94（3）：927-947.

A Schiavi，A Prato，2017. Evidences of non-linear short-term stress relaxation in polymers[J]. Polym. Test.，59：220-229.

A Schiffrin，et al.，2013. Optical-field-induced current in dielectrics[J]. Nature，493（7 430）：70-74.

Arikawa T，Nagai M，Tanaka K，2008. Characterizing hydration state in solution using terahertz time-domain attenuated total reflection spectroscopy[J]. Chemical Physics Letters, 457: 12-17.

B Ferguson, X C Zhang, 2002. Materials for terahertz science and technology[J]. Nature Materials, 1（1）: 26-33.

B Fischer, M Hoffmann, H Helm, et al., 2005. Chemical recognition in terahertz time-domain spectroscopy and imaging[J]. Semiconductor Science and Technology, 20（7）: S246-S253.

B S Williams, 2007. Terahertz quantum-cascade lasers[J]. Nature Photonics, 1（9）: 517-525.

Breitenstein B, Scheller M, Shakfa M K, et al., 2011. Introducing terahertz technology into plant biology: A novel method to monitor changes in leaf water status[J]. Journal of Applied Botany and Food Quality, 84: 158-161.

C La-o-vorakiat et al., 2016. Phonon Mode Transformation Across the Orthohombic-Tetragonal Phase Transition in a Lead Iodide Perovskite $CH_3NH_3PbI_3$: A Terahertz Time-Domain Spectroscopy Approach[J]. Journal of Physical Chemistry Letters, 7（1）: 1-6.

Cantor A, Cheo P, Foster M, et al., 1981. Application of submillimeter wave lasers to high voltage cable inspection[J]. IEEE Journal of Quantum Electronics, 17（4）: 477-489.

D C Wang, Y H Gu, Y D Gong, et al., 2015. An ultrathin terahertz quarter-wave plate using planar babinet-inverted metasurface[J]. Opt. Express, 23（9）: 11 114-11 122.

D M Mittleman, M Gupta, R Neelamani, et al., 1999. Recent advances in terahertz imaging[J]. Applied Physics B-Lasers and Optics, 68（6）: 1 085-1 094.

D Pankin, I Kolesnikov, A Vasileva, et al., 2018. Raman fingerprints for unambiguous identification of organotin compounds[J]. Spectrochimica Acta Part a-Molecular and Biomolecular Spectroscopy, 204: 158-163.

Dworak V, Augustin S, Gebbers R, 2011. Application of terahertz radiation to soil measurements: initial results[J]. Sensors, 11: 9 973-9 988.

E P J Parrott, J A Zeitler, 2015. Terahertz Time-Domain and Low-Frequency Raman Spectroscopy of Organic Materials[J]. Appl. Spectrosc., 69（1）: 1-25.

F Junginger, et al., 2010. Single-cycle multiterahertz transients with peak fields above 10 MV/cm[J]. Optics Letters, 35（15）: 2 645-2 647.

G J Wilmink, J E Grundt, 2011. Invited Review Article: Current State of Research on Biological Effects of Terahertz Radiation[J]. Journal of Infrared Millimeter and Terahertz Waves, 32（10）: 1 074-1 122.

G Scalari, et al., 2012. Ultrastrong Coupling of the Cyclotron Transition of a 2D Electron Gas to a THz Metamaterial[J]. Science, 335（6 074）: 1 323-1 326.

G Zhao, R N Schouten, N van der Valk, et al., 2002. Design and performance of a THz emission and detection setup based on a semi-insulating GaAs emitter[J]. Review of Scientific Instruments, 73（4）: 1 715-1 719.

Gente R, Born N, Voß N, et al., 2013. Determination of leaf water content from terahertz time-domain spectroscopic data[J]. Journal of Infrared Millimeter & Terahertz Waves, 34（3-4）: 316-323.

H G Yan, et al., 2012. Tunable infrared plasmonic devices using graphene/insulator stacks[J]. Nature Nanotechnology, 7（5）: 330-334.

H Han, H Park, M Cho, 2002. Terahertz pulse propagation in a plastic photonic crystal fiber[J]. Applied

Physics Letters, 80 (15): 2 634-2 636.

H Ito, F Nakajima, T Furuta, et al., 2003. Photonic terahertz-wave generation using antenna-integrated uni-travelling-carrier photodiode[J]. Electronics Letters, 39 (25): 1 828-1 829.

H J Song, T Nagatsuma, 2011. Present and Future of Terahertz Communications[J]. Ieee Transactions on Terahertz Science and Technology, 1 (1): 256-263.

H R Fan, Q R Meng, T C Xiao, et al., 2018. Partial characterization and antioxidant activities of polysaccharides sequentially extracted from Dendrobium officinale[J]. Journal of Food Measurement and Characterization, 12 (2): 1 054-1 064.

H T Chen, W J Padilla, J M O Zide, et al., 2006. Active terahertz metamaterial devices[J]. Nature, 444 (7 119): 597-600.

H T Chen, W J Padilla, M J Cich, et al., 2009. A metamaterial solid-state terahertz phase modulator[J]. Nature Photonics, 3 (3): 148-151.

H Tao, N I Landy, C M Bingham, et al., 2008. A metamaterial absorber for the terahertz regime: Design, fabrication and characterization[J]. Optics Express, 16 (10): 7 181-7 188.

Haddad J E, De Miollis F, Sleiman J B, et al., 2014. Chemometrics applied to quantitative analysis of ternary mixtures by terahertz spectroscopy[J]. Analytical Chemistry, 86: 4 927-4 933.

I F Akyildiz, J M Jornet, C Han, 2014. Terahertz band: Next frontier for wireless communications[J]. Physical Communication, 12: 16-32.

J F Federici, et al., 2005. THz imaging and sensing for security applications-explosives, weapons and drugs[J]. Semicond. Sci. Technol., 20 (7): S266-S280.

J Hebling, G Almasi, I Z Kozma, et al., 2002. Velocity matching by pulse front tilting for large-area THz-pulse generation[J]. Optics Express, 10 (21): 1 161-1 166.

J M Dai, J Q Zhang, W L Zhang, et al., 2004. Terahertz time-domain spectroscopy characterization of the far-infrared absorption and index of refraction of high-resistivity, float-zone silicon[J]. Journal of the Optical Society of America B-Optical Physics, 21 (7): 1 379-1 386.

Jansen C, Wietzke S, Peters O, et al., 2010. Terahertz imaging: applications and perspectives[J]. Applied Optics, 49 (19): 48-56.

Jördens C, Scheller M, Selmar B, et al., 2009. Evaluation of leaf water status by means of permittivity at terahertz frequencies[J]. Journal of Biological Physics, 35: 255-264.

K B Cooper, R J Dengler, N Llombart, et al., 2011. THz Imaging Radar for Standoff Personnel Screening[J]. Ieee Transactions on Terahertz Science and Technology, 1 (1): 169-182.

K Hu, et al., 2017. A scientometric visualization analysis for night-time light remote sensing research from 1991 to 2016[J]. Remote. Sens-Basel., 9 (8): 802.

K Hu, et al., 2018. A domain keyword analysis approach extending Term Frequency-Keyword Active Index with Google Word2Vec model[J]. Scim, 114 (3): 1 031-1 068.

K Hu, et al., 2018. Identifying the "Ghost City" of domain topics in a keyword semantic space combining citations[J]. Scim, 114 (3): 1 141-1 157.

K Kawase, J Shikata, H Ito, 2002. Terahertz wave parametric source[J]. Journal of Physics D-Applied

Physics, 35（3）：R1-R14.

K Kawase, Y Ogawa, Y Watanabe, et al., 2003. Non-destructive terahertz imaging of illicit drugs using spectral fingerprints[J]. Opt. Express, 11（20）：2 549-2 554.

K L Wang, D M Mittleman, 2004. Metal wires for terahertz wave guiding[J]. Nature, 432（7 015）：376-379.

K Suizu, K Miyamoto, T Yamashita, et al., 2007. High-power terahertz-wave generation using DAST crystal and detection using mid-infrared powermeter[J]. Optics Letters, 32（19）：2 885-2 887.

K Y Kim, A J Taylor, J H Glownia, et al., 2008. Coherent control of terahertz supercontinuum generation in ultrafast laser-gas interactions[J]. Nature Photonics, 2（10）：605-609.

K Zhao, et al., 2015. Boosting Power Conversion Efficiencies of Quantum-Dot-Sensitized Solar Cells Beyond 8% by Recombination Control[J]. JACS, 137（16）：5 602-5 609.

Kim S M, Hatami F, Kurian A W, et al., 2005. Imaging with a terahertz quantum cascade laser for biomedical applications[J]. Proc. of SPIE, 6 010：60 100I.1-60 100I.9.

L J Liang, et al., 2015. Anomalous Terahertz Reflection and Scattering by Flexible and Conformal Coding Metamaterials[J]. Advanced Optical Materials, 3（10）：1 374-1 380.

L Ju, et al., 2011. Graphene plasmonics for tunable terahertz metamaterials[J]. Nature Nanotechnology, 6（10）：630-634.

L Ozyuzer, et al., 2007. Emission of coherent THz radiation from superconductors[J]. Science, 318（5 854）：1 291-1 293.

L S Bilbro, R V Aguilar, G Logvenov, et al., 2011. Temporal correlations of superconductivity above the transition temperature in La2-xSrxCuO4 probed by terahertz spectroscopy[J]. Nature Physics, 7（4）：298-302.

L S Shi, H D Wang, 2017. The complexity of problems in wirelesscommunication[J]. Telecommunication Systems, 65（3）：419-427.

L Vicarelli, et al., 2012. Graphene field-effect transistors as room-temperature terahertz detectors[J]. Nature Materials, 11（10）：865-871.

L Vit, et al., 2015. Black Phosphorus Terahertz Photodetectors[J]. Adv. Mater., 27（37）：5 567-5 572.

M A Brun, F Formanek, A Yasuda, et al., 2010. Terahertz imaging applied to cancer diagnosis[J]. Physics in Medicine and Biology, 55（16）：4 615-4 623.

M Brucherseifer, M Nagel, P H Bolivar, et al., 2010. Label-free probing of the binding state of DNA by time-domain terahertz sensing[J]. Applied Physics Letters, 77（24）：4 049-4 051.

M C Beard, G M Turner, C A Schmuttenmaer, 2002. Terahertz spectroscopy[J]. Journal of Physical Chemistry B, 106（29）：7 146-7 159.

M D Thomson, V Blank, H G Roskos, 2010. Terahertz white-light pulses from an air plasma photo-induced by incommensurate two-color optical fields[J]. Optics Express, 18（22）：23 173-23 182.

M Karakus, S A Jensen, F D' Angelo, et al., 2015. Phonon-Electron Scattering Limits Free Charge Mobility in Methylammonium Lead Iodide Perovskites[J]. Journal of Physical Chemistry Letters, 6（24）：4 991-4 996.

M Kress, T Loffler, S Eden, et al., 2004. Terahertz-pulse generation by photoionization of air with laser pulses composed of both fundamental and second-harmonic waves[J]. Optics Letters, 29（10）：1 120-1 122.

M Razeghi, et al., 2015. Quantum cascade lasers: from tool to product[J]. Opt. Express, 23（7）: 8 462-8 475.

M Rosch, G Scalari, M Beck, et al., 2015. Octave-spanning semiconductor laser[J]. Nature Photonics, 9（1）: 42-47.

M S Vitiello, et al., 2012. Room-Temperature Terahertz Detectors Based on Semiconductor Nanowire Field-Effect Transistors[J]. Nano Letters, 12（1）: 96-101.

M Suzuki, M Tonouchi, 2005. Fe-implanted InGaAs terahertz emitters for 1.56 mu m wavelength excitation[J]. Applied Physics Letters, 86: 5.

M Tonouchi, 2007. Cutting-edge terahertz technology[J]. Nature Photonics, 1（2）: 97-105.

M Walther, P Plochocka, B Fischer, et al., 2002. Collective vibrational modes in biological molecules investigated by terahertz time-domain spectroscopy[J]. Biopolymers, 67（4-5）: 310-313.

Mickan S P, Lee K S, Lu T M, et al., 2002. Double modulated differential THz-TDS for thin film dielectric characterization[J]. Microelectronics Journal, 33（12）: 1 033-1 042.

N H Shen, et al., 2011. Optically Implemented Broadband Blueshift Switch in the Terahertz Regime[J]. Physical Review Letters, 106: 3.

N Sarukura, H Ohtake, S Izumida, et al., 1998. High average-power THz radiation from femtosecond laser-irradiated InAs in a magnetic field and its elliptical polarization characteristics[J]. J. Appl. Phys., 84（1）: 654-656.

N V Vvedenskii, A I Korytin, V A Kostin, et al., 2014. Two-Color Laser-Plasma Generation of Terahertz Radiation Using a Frequency-Tunable Half Harmonic of a Femtosecond Pulse[J]. Phys. Rev. Lett., 112: 5.

N Zhu, et al., 2018. Deep learning for smart agriculture: Concepts, tools, applications, and opportunities[J]. Int. J. Agr. Biol. Eng., 11（4）: 32-44.

O Schubert, et al., 2014. Sub-cycle control of terahertz high-harmonic generation by dynamical Bloch oscillations[J]. Nature Photonics, 8（2）: 119-123.

Ogawa Y, Kondo N, Ninomiya K, et al., 2006. Feasibility on the quality evaluation of agricultural products with terahertz electromagnetic wave[C]. 2006 ASABE Annual international Meeting, No. 063050: 1-12.

P Gu, M Tani, S Kono, et al., 2002. Study of terahertz radiation from InAs and InSb[J]. Journal of Applied Physics, 91（9）5 533-5 537.

P H Siegel, 2002. Terahertz technology[J]. IEEE Transactions on Microwave Theory and Techniques, 50（3）: 910-928.

P H Siegel, 2004. Terahertz technology in biology and medicine[J]. IEEE Transactions on Microwave Theory and Techniques, 52（10）: 2 438-2 447.

P H Siegel, 2007. THz instruments for space[J]. IEEE Transactions on Antennas and Propagation, 55（11）: 2 957-2 965.

P Patimisco, G Scamarcio, F K Tittel, et al., 2014. "Quartz-Enhanced Photoacoustic Spectroscopy: A Review[J]. Sensors, 14（4）: 6 165-6 206.

P Ponnavaikko, S K Wilson, M Stojanovic, et al., 2017. Delay-Constrained Energy Optimization in High-Latency Sensor Networks[J]. IEEE Sens. J., 17（13）: 4 287-4 298.

P U Jepsen, B M Fischer, 2005. Dynamic range in terahertz time-domain transmission and reflection spectroscopy[J]. Optics Letters, 30 (1): 29-31.

P U Jepsen, D G Cooke, M Koch, 2011. Terahertz spectroscopy and imaging-Modern techniques and applications[J]. Laser & Photonics Reviews, 5 (1): 124-166.

Q R Meng, H R Fan, F Chen, et al, 2018. Preparation and characterization of Dendrobium officinale powders through superfine grinding[J]. Journal of the Science of Food and Agriculture, 98 (5): 1 906-1 913.

Q Y Lu, N Bandyopadhyay, S Slivken, et al., 2014. Continuous operation of a monolithic semiconductor terahertz source at room temperature[J]. Appl. Phys. Lett., 104: 22.

R H Jacobsen, D M Mittleman, M C Nuss, 1996. Chemical recognition of gases and gas mixtures with terahertz waves[J]. Optics letters, 21 (24): 2 011-2 013.

R Appleby, H B Wallace, 2007. Standoff detection of weapons and contraband in the 100 GHz to 1 THz region[J]. ITAP, 55 (11): 2 944-2 956.

R Huber, A Brodschelm, F Tauser, et al., 2000. Generation and field-resolved detection of femtosecond electromagnetic pulses tunable up to 41 THz[J]. Applied Physics Letters, 76 (22): 3 191-3 193.

R. Kohler, et al., 2002. Terahertz semiconductor-heterostructure laser[J]. Nature, 417 (6 885): 156-159.

R N Han, E Afshari, 2013. A CMOS High-Power Broadband 260-GHz Radiator Array for Spectroscopy[J]. Ieee Journal of Solid-State Circuits, 48 (12): 3 090-3 104.

R Ulbricht, E Hendry, J Shan, et al., 2011. Carrier dynamics in semiconductors studied with time-resolved terahertz spectroscopy[J]. Reviews of Modern Physics, 83 (2): 543-586.

Redo-Sanchez A, Salvatella G, Galceran R, et al., 2011. Assessment of terahertz spectroscopy to detect antibiotic residues in food and feed matrices[J]. Analyst, 136 (8): 1 733-1 738.

S Barbieri, et al., 2010. Phase-locking of a 2.7-THz quantum cascade laser to a mode-locked erbium-doped fibre laser[J]. Nature Photonics, 4 (9): 636-640.

S C Jia, L Zhang, 2017. Modelling unmanned aerial vehicles base station in ground-to-air cooperative networks[J]. Iet Communications, 11 (8): 1 187-1 194.

S Fathololoumi, et al., 2012. Terahertz quantum cascade lasers operating up to similar to 200 K with optimized oscillator strength and improved injection tunneling[J]. Optics Express, 20 (4): 3 866-3 876.

S H Yang, M R Hashemi, C W Berry, et al., 2014. 7.5% Optical-to-Terahertz Conversion Efficiency Offered by Photoconductive Emitters With Three-Dimensional Plasmonic Contact Electrodes[J]. IEEE Transactions on Terahertz Science and Technology, 4 (5): 575-581.

S Koenig, et al., 2013. Wireless sub-THz communication system with high data rate[J]. Nature Photonics, 7 (12): 977-981.

S Komiyama, 2011. Single-Photon Detectors in the Terahertz Range[J]. IEEE Journal of Selected Topics in Quantum Electronics, 17 (1): 54-66.

S Kumar, C W I Chan, Q Hu, et al., 2011. A 1.8-THz quantum cascade laser operating significantly above the temperature of (h) over-bar omega/k (B) [J]. Nature Physics, 7 (2): 166-171.

S Y Xiao, T Wang, Y B Liu, et al., 2016. Tunable light trapping and absorption enhancement with graphene ring arrays[J]. Phys. Chem. Phys., 18 (38): 26 661-26 669.

Santesteban L G, Palacios I, Miranda, et al., 2015. Terahertz time domain spectroscopy allows contactless monitoring of grapevine water status[J]. Frontiers in Plant Science, 6: 1–9.

Sattler S, Hartfuss H J, 1994. Experimental evidence for electron temperature fluctuations in the core plasma of the W7-AS stellarator[J]. Physical Review Letters, 72（5）: 653.

Siegel Peter H, 2004. Terahertz technology in biology and medicine[C]// International Microwave Symposium Digest. IEEE.

T Bartel, P Gaal, K Reimann, et al., 2005. "Generation of single-cycle THz transients with high electric-field amplitudes[J]. Optics Letters, 30（20）: 2 805–2 807.

T Kleine-Ostmann, T Nagatsuma, 2011. A Review on Terahertz Communications Research[J]. Journal of Infrared Millimeter and Terahertz Waves, 32（2）: 143–171.

U Welp, K Kadowaki, R Kleiner, 2013. Superconducting emitters of THz radiation[J]. Nature Photonics, 7（9）: 702–710.

V B Gildenburg, N V Vvedenskii, 2007. Optical-to-THz wave conversion via excitation of plasma oscillations in the tunneling-ionization process[J]. Physical Review Letters, 98: 24.

V C Nibali, M Havenith, 2014. New Insights into the Role of Water in Biological Function: Studying Solvated Biomolecules Using Terahertz Absorption Spectroscopy in Conjunction with Molecular Dynamics Simulations[J]. JACS, 136（37）: 12 800–12 807.

W L Chan, J Deibel, D M Mittleman, 2007. Imaging with terahertz radiation[J]. Rep. Prog. Phys., 70（8）: 1 325–1 379.

W L Gao, et al., 2014. High-Contrast Terahertz Wave Modulation by Gated Graphene Enhanced by Extraordinary Transmission through Ring Apertures[J]. Nano Lett., 14（3）: 1 242–1 248.

Waters J W, 2002. Submillimeter-wavelength heterodyne spectroscopy and remote sensing of the upper atmosphere[J]. Proceedings of the IEEE, 80（11）: 1 679–1 701.

Wilmink G J, Grundt J E, 2011. Invited review article: current state of research on biological effects of terahertz radiation[J]. Journal of Infrared Millimeter & Terahertz Waves, 32（10）: 1 074–1 122.

X B Mei, et al., 2015. First Demonstration of Amplification at 1 THz Using 25-nm InP High Electron Mobility Transistor Process[J]. IEEE Electron Device Lett., 36（4）: 327–329.

X Yang, et al., 2016. Biomedical Applications of Terahertz Spectroscopy and Imaging[J]. Trends Biotechnol., 34（10）: 810–824.

Y Peng, et al., 2015. Ultra-broadband terahertz perfect absorber by exciting multi-order diffractions in a double-layered grating structure[J]. Opt. Express, 23（3）: 2 032–2 039.

第三章　太赫兹技术用于植物冠层叶片水分观测研究

第一节　研究背景及现状

一、研究背景

我国是一个农业大国，农业以土而立、以肥而兴、以水而旺。当前，水是最短缺的农业重要资源之一，也是制约我国农业可持续发展的关键因素。我国农业用水份额占据总份额的60%以上，但水资源却极其匮乏，因此，这给我国农业发展、人民生活和社会发展造成了很大的阻碍。然而，在水资源紧缺的情况下，目前仍存在水资源的浪费和低效利用等现象，无形中进一步加剧了水资源的短缺程度。以农业用水为例，农业用水中90%左右的水资源被用于农田灌溉，但是其开发利用方式大都为粗放型，单方水粮食产量和产出仅占世界平均水平的1/3，农业灌溉用水有效利用系数仅在0.48左右。根据精细农业理论，作物在生长过程中环境及特征等要素并非完全一致的，是伴随着空间和时间等因素变化而变化的。针对田间作物所需水分的差异性问题，通过配备田间作物水分监测系统，精准判定作物具体水分水平，实施合理灌溉，避免过度灌溉，提高灌溉用水的利用效率，这能够实现农业水资源的高效利用，有效缓解我国水资源危机问题。因此，充分研究作物需水规律，确保精准、精量灌溉，提高水分利用率，对于推动我国农用水资源供给侧结构性改革，实现农业有效节水、高效用水具有重要意义。

作物叶片作为作物自身最为重要的生理器官之一，其内部水分含量变化情况，可直观地反映出作物的水分信息状况，进而可通过作物的水分情况掌握作物生长状态信息。因此，在精细农业中，可以通过测量作物叶片含水量，从而达到对作物生长过程中水分信息的实时监测，并将该信息反馈给农业灌溉系统，为实现大田管理中作物水分精准灌溉提供了一定的科学理论依据。综上所述，通过对作物叶片含水量的检测，可以了解作物受旱情况，有利于农业精细化节水灌溉系统的实现，为缓解我国农业用水紧张、提高用水效率具有非常重要的意义。而如何能够实时、精准、快速而又无损地获取作物叶片的水分信息，则成为该理论技术的关键，是一个亟待解决的科学研究问题。

二、研究现状

在植物水分检测技术发展过程中，最初是通过检测土壤水分、空气温湿度等环境因素间接推断植物水分状况。目前国内外对于植物水分的测量已经从依靠土壤水分、空气温湿度等环境因素的检测间接获取，转化为直接研究植物自身的水分亏缺状况。

植物水分的测试手段远不如土壤水分的测定方法丰富，当前土壤含水量的测定除了烘干称重法外，还有张力计法、电阻法、中子仪法、r-射线法、驻波比法、时域反射法（TDR）、高频振荡法（FDR）、探地雷达及光学法等多种方法，而针对植物水分的测定方法则相对较少。当前在针对植物自身含水量测定方面，国内外相关研究主要聚焦在茎秆和叶片的含水量测定研究。

针对植物茎秆含水的测定方法研究较少，且主要集中在木本植物上。烘干称重法可实现精确测量，相关学者运用射线法、核磁共振法等开展了茎秆含水测定探索研究；赵燕东等提出了一种基于驻波比法（SWR）的植物茎秆水分在线检测方法；孙宇瑞团队近年来开发了植物茎秆水分传感器，并进行了基于该传感器的植物体水分生理调节观测研究。

针对植物叶片含水量测定方面，当前主要检测方法包括烘干称重法、电阻/电容法、电磁波谱法、核磁共振法等。国内外相关学者积极开展了基于多种不同检测原理的研究工作，除烘干称重法这一标准测定方法外，Thomas、Carter、毛罕平、王纪华等先后运用电磁波谱法（近红外波段）开展了玉米、葡萄、小麦叶片的水分测定研究，选取了特征敏感波长，建立了较好的预测模型；Chuah、郭文川、王琢等先后通过实验探索建立叶片电特性与不同含水量的定量关系，实验证明通过测定植物叶片的电特性来反映其水分状况是可行的；Capitani、要世瑾、杜光源等先后采用核磁共振光谱和成像进行了冬小麦植株各器官湿基含水率测定，研究了植物各器官整体水分连续变化过程。

经对比，各种检测方法存在以下优缺点：烘干称重法测量数据准确，不受外界环境和样品特性的影响，但需对样本进行破坏性取样，样本制备和测量耗时长，无法保证数据的有效性和不同测量之间的同步性；电阻/电容法等分别基于叶片电导率/介电常数等物理量实现叶片含水的间接测量，响应快速，结构简单，易于便携式检测设备开发，但易受外界因素影响，稳定性和抗干扰性较差，需要采取补偿措施；基于可见光、近红外、拉曼、微波和γ射线法等的电磁波谱法具有分析速度快、易于实现在线分析等优点，但不同植被有各自特点及适用范围，敏感波段遴选复杂，测量精度与敏感波段、模型的选择密切相关，γ射线法存在潜在的辐射安全隐患，拉曼光谱会对样本造成一定灼伤；核磁共振法基于强磁场原理进行水分的探测，检测精度较高，可获得水分分布成像，但设备成本高、体积大，且在测量"气—液"和"固—液"界面较多的植物器官、组织、细胞含水时，信号衰减严重，不能充分获取水分信息。

根据当前对太赫兹波性质的认识，它具有强烈的"惧水"特性，主要是因为：水是极性分子，内部通过氢键形成复杂的网络结构，当太赫兹波穿过水分子时，水网络结构中的氢键受激产生共振，水分子偶极发生旋转取向，并经弛豫形成新的氢键网络。水分子间在皮秒量级时间内可以发生多次相互作用，并在远红外和微波区域产生共振和弛豫，形成对太赫兹波的强烈吸收。此"惧水"性质带来以下问题：①在样品测量时一般需要冲入干燥氮气以排除空气中水蒸气的影响，给太赫兹的实际应用带来困难；②农业中的植物、动物、微生物等生物组织因普遍含水而造成待测信息可能会被湮没。

但是，太赫兹的"惧水"特性是一把"双刃剑"，我们完全可以利用该性质进行植物、动物、微生物等生物组织含水量的高灵敏度测定。一般来讲，植物体内水分占植物组织鲜重的70%～90%，在剩余的干物质中，有机物占90%，而有机物中含量最多的是纤维素。由于水分子在平衡位置进行位移和转动时的弛豫时间在皮秒和亚皮秒之间，使得太赫兹光谱成为研究水分子特性的最佳工具。另外，太赫兹光谱具有高信噪比和单脉冲的宽频带特性，安全无电离辐射，非破坏性采样，单点光谱测量速度快，并且先进仪器的透射光束直径可达亚毫米级别，为叶片不同细部含水的精准快速测定以及基于测定数据进行叶片细部水分运移规律研究提供了有效手段。国内外已有相关学者基于太赫兹光谱开展了叶片含水量检测的探索研究。

Hu等（1995），对太赫兹时域光谱系统进行改进，在THz光谱系统装置的基础上，添加二维扫描平移台，首次实现脉冲太赫兹成像，采用了图像复原技术对获取的太赫兹光谱数据进行重构成像。并挑选了树叶作为样本，将其在0.02THz太赫兹波段下对其进行成像，最后获得了分辨率为0.25mm的叶片太赫兹图像，结果如图3-1所示。研究表明，太赫兹光谱能够实现作物叶片的成像，从成像图像中能够成功观察到树叶中脉络结果，但图像较为模糊，纹理不够清晰。

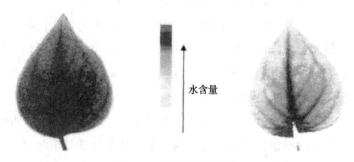

水含量

图3-1　树叶太赫兹图像

［资料来源：Hu B B，Nuss M C. Imaging with terahertz waves[J]. Optics Letters，1995，20（16）：1 716］

Hadjiloucas等（2002），提出了一套适用于分析测量叶片含水量的太赫兹光谱数据的线性变换公式，公式推导中主要讨论了线性变换在滤波、回归和分类等问题中的应用。实验中，将叶片在干燥过程中的3个阶段的含水量作为输入量，太赫兹光谱数据作为输出量，对数据进行降维处理，利用拉格朗日乘子得到了谱间最大距离的变换，证明了这种最优变换等价于计算样本之间的欧氏距离。将最优线性变换值分别与原始光谱均值以及和卡夫变换值进行比较，以区分干叶和湿叶。实验表明，提取出来的几个主成分可以很好地代表原始数据的大部分，并可用于数据分析与处理，此外，卡夫变换后的相关系数最高，非常适用于光谱分类问题，也为后续分析数据集的统计特性等问题奠定了数学基础。

Breitenstein等提出了一种基于太赫兹光谱技术的田间叶片含水量变化的无损检测方法，该方法采用光混频器，将两个干扰二极管激光器的光频信号转化太赫兹辐射信号。实验中，以咖啡植株为样本，通过水分胁迫实验，对样本进行失水处理后再进行浇水处理，并采用该设备监测植株叶片水分情况。结果表明，太赫兹光谱技术在野外条件下测定叶片水分含量这一方面的巨大潜力和高可靠性。

Castrocamus等采用如图3-2所示的太赫兹光谱系统，以拟南芥叶片为研究样本，测量了样本在正常灌溉条件下和缺水条件下的太赫兹光谱，建立了叶片的水分动力学模型，并在模型中加入了昼夜循环和脱落酸等因素，测试对该模型的影响。实验表明，太赫兹光谱在叶片中辐射的衰减程度可能与叶片组织中存有的水分含量有关，并通过介质理论模型分析，进而可以确定叶片中的水分含量。研究所提出的测量方法，为植物在不同环境下的水动力学模型的建立，提供了一种新的视角，并确认太赫兹光谱技术可以作为一种极好的非接触式活体组织水化探针检测方法。

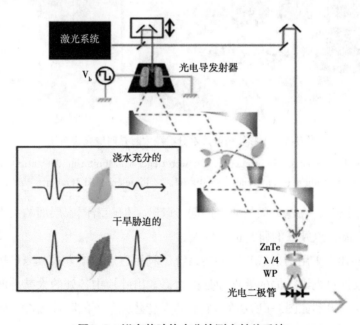

图3-2 拟南芥叶片水分检测太赫兹系统

［资料来源：Castrocamus E，Palomar M，Covarrubias A A. Leaf water dynamics of Arabidopsis thaliana monitored in-vivo using terahertz time-domain spectroscopy[J]. Scientific Reports，2013，3（10）：2 910］

Gente等（2013）挑选大麦叶片作为样本，通过太赫兹时域光谱系统扫描大麦叶片，并记录叶片的光谱数据，测量叶片在自然干燥条件下的水分流失过程，分别以光谱数据中的透射系数和吸收系数作为变量，通过迭代法计算叶片中相对含水率，并建立一种基于太赫兹时域光谱技术的叶片含水量预测模型。实验表明，该方法测量所得结果与叶片真实水分含量具有很好的一致性，此外，与传统的含水量测定方法相比，该方法具有非破坏性和非接触性的技术优势，为植物叶片水分测量检测提供了一种新技术和新思路。

Born等（2014）依据太赫兹时域光谱系统，设计了一套用于监测叶片水分状态变化的测量装置，该装置克服植株叶片在测量过程需要搬运的缺点，只需设置好叶片测量点，可以连续对多个植株的水分状况进行无损检测。实验中，分别就水分胁迫、正常灌溉以及脱水处理的银杉幼苗的针叶作为实验对象（图3-3），研究表明，叶片中含水量的多少与太赫兹传输光谱的强度有着直接的关系，两者相关性系数达到0.96，通过监测光谱传输过程中的相对变化情况，进而可以找到幼苗的失水的临界点，以避免由于失水过度而导致的植株枯萎，并建立了具有明确定义的水分胁迫水平的植物组，为植株育苗工作提供了技术经验，也为生物生理实验开辟了可能性。

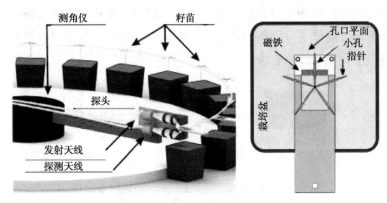

图3-3 银杉幼苗叶片水分检测太赫兹时域光谱系统

［资料来源：Born N，Gente R，Behringer D，Schwerdtfeger M. Monitoring the water status of plants using THz radiation[C]. International Conference on Infrared，Millimeter，and Terahertz Waves，2014：1-2］

国内相比于国外，在这方面的研究则起步较晚，但随着国家层面的大力扶持以及太赫兹技术的不断发展，该领域的研究进展较大。

葛进等（2010）采用透射式THz-TDS系统，利用逐点扫描方式，测量树木叶片样本的太赫兹光谱，根据对光谱数据的处理和分析，提取出叶片中各处的太赫兹波透射率，并进行样本二维成像，得到如图3-4所示的8个不同太赫兹频率下的叶片图像。研究表明，叶片样本的不同部分对不同频率的太赫兹波的吸收存有较明显的差异，通过选择透射振幅适宜的频段，进行二维成像，可以得到对比度较好的样品太赫兹图。

左剑等利用太赫兹时域光谱技术对全绿色与泛黄色的两种叶子中不同位置处的叶肉与

叶脉的含水量进行了测量。研究表明，同一片叶子中不同位置处的吸收率与折射率与叶片中的水量分布呈现出某种特殊的规律，此外，叶片的介电常数是可作为一个关于叶子水含量分布的复杂函数关系，为太赫兹技术应用于植物中水分布的物理测量研究中提供了一种可靠方法。

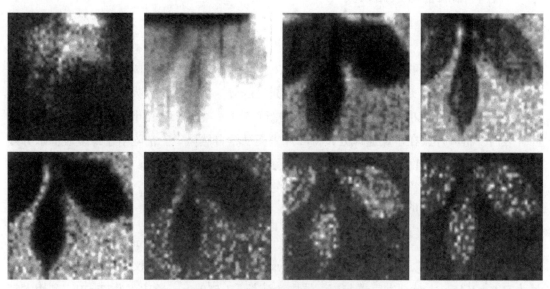

图3-4　叶片太赫兹振幅透射率成像

注：图中叶片图像的频率依次为0.1THz、0.4THz、0.8THz、1.1THz、1.5THz、1.9THz、2.2THz和2.6THz。

Nie等研究了不同含水量的油菜叶片的太赫兹光谱。采用太赫兹时域光谱法测量了0.3~2THz波段的透射光谱和吸收光谱，应用平均透过率和吸收系数分析了叶片含水率的变化规律，通过Savitzky-Golay法对光谱进行预处理，并结合偏最小二乘法（PLS）、核偏最小二乘（KPLS）和Boosting-偏最小二乘法（BPLS）这三种方法建立了叶片水分预测模型。结果表明，KPLS模型的叶片水分预测精度最好，基于光谱折射率的模型预测相关系数$R=0.8508$，均方根误差RMSEP=0.1015；基于光谱吸收系数的模型预测相关系数和均方根误差则分别为0.8574和0.1009。研究表明，太赫兹光谱结合建模方法为植物生理信息的检测提供了一种有效可行的方法。

第二节　太赫兹技术用于绿萝叶片水分初步观测研究

植物的生长受很多因素影响，其中水分含量是影响植物生长的一项重要生理指标，通过对植物叶片中水分含量的检测，对植物进行健康状况诊断，实施科学合理的水分灌溉，可以提高植物对水分的利用率。水分子对太赫兹有强烈的吸收作用，利用这一特征，太赫兹技术可以灵敏地检测到活体组织中的水分含量微弱变化。本节以绿萝作为研究对象，对其离体叶片自然条件下水分含量的变化进行初步研究。

一、样品制备与数据采集

（一）样品制备

实验中使用的植物叶片为绿萝叶片，共6盆绿萝植株。绿萝是喜阴性植物，生命力顽强，遇水即能成活。实验前每盆绿萝盆栽浇充足水分，待叶片充分吸收水分后，从每盆绿萝盆摘上摘取一片大小、形状和颜色相近的新鲜叶片，共6片绿萝叶片。用酒精清洗绿萝叶片表面，将叶片放在干燥通风处，待叶片表面酒精自然风干。消除由于绿萝表面水分残留，灰尘积累等其他物质因素带来的干扰，称量叶片的质量并记录。

（二）背景光谱的采集

实验使用本实验室的太赫兹时域光谱仪（Menlo Systems，Germany）采集叶片的时域光谱数据。时域光谱是从德国进口Menlo Systems太赫兹时域光谱仪上采集的，光谱仪型号为TERA K15，太赫兹发生器与探测器中心波长是1 550nm，光功率为33mW。利用太赫兹时域光谱仪采集绿萝叶片光谱数据前，需要将叶片固定在二维平移台上，本研究中设计并使用高聚乙烯板作为叶片的背景板，将叶片粘贴在高聚乙烯背景板上，然后将聚乙烯板固定在二维平移台上。利用太赫兹时域光谱仪测量聚乙烯板的太赫兹时域谱，并根据从太赫兹光谱中提取特征参数方法计算聚乙烯板在太赫兹频域下的吸收系数谱，高聚乙烯板在0.2~2.0THz太赫兹频段范围内的吸收系数接近0，与理论一致，利用高聚乙烯板在扫描测量叶片图像时是可行的，吸收系数谱如图3-5所示。

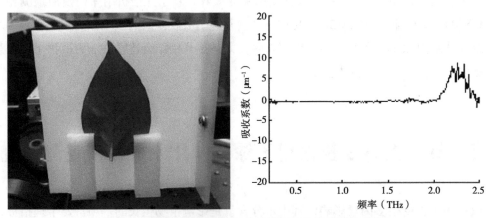

图3-5 高聚乙烯板设计及其太赫兹波段吸收系数曲线

（资料来源：龙园，基于太赫兹技术的植物叶片水分检测初步研究，2017）

（三）叶片图像的采集

叶片单点的太赫兹光谱测量如图3-6所示，将叶片进行逐点扫描，即可进行叶片的成像。

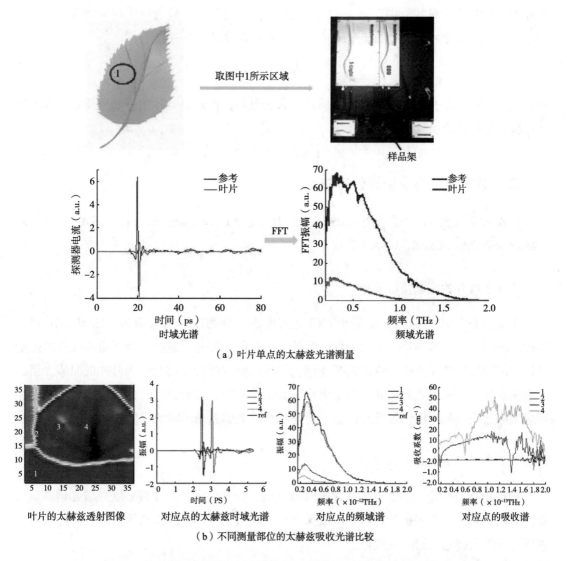

（a）叶片单点的太赫兹光谱测量

叶片的太赫兹透射图像　　对应点的太赫兹时域光谱　　对应点的频域谱　　对应点的吸收谱

（b）不同测量部位的太赫兹吸收光谱比较

图3-6　本实验中叶片单点的太赫兹光谱测量与不同测量部位的光谱比较

具体的，将处理后的叶片固定在高聚乙烯板上，打开测试软件，初始化设置后，设置扫面叶片的起始点（X_0，Y_0）和扫描终点（X_1，Y_1），使扫描区域覆盖整个叶片，设置完成后选择双程扫描，二维平移台开始运行，太赫兹光谱仪开始连续扫描叶片，扫描完成一行，将数据保存在一个TXT文档中。

（四）叶片含水量的测定

根据重力法测量叶片中水分含量，为了测量叶片在离体后的水分变化，综合考虑环境湿度与测试时间，连续测量5天叶片在离体后的水分变化，在每一次扫描叶片太赫兹图像前称量一次叶片质量并分别记录m_n（$n=1$，2，3，4，5），在最后一次测量完成后将叶片完全烘干，测量叶片干物质的质量m_0，叶片中水分含量计算公式如下：

$$\Delta m_n = m_n - m_0$$

式中，m_n为每次测量得到的叶片质量；m_0为最后一次测量叶片的干物质质量；Δm_n表示每次测量后叶片水分含量。

二、数据提取与模型评价方法

数据的后续处理主要采用Matlab R2010a（Matrix Laboratory，USA）和Excel（Microsoft Office Excel，USA）完成。

（一）叶片的图像特征提取

采集到的叶片图像数据由若干TXT文档构成，分别以下形式命名：line0，line1，line2，line3，……其中每一个文档代表叶片上一行的全部光谱数据。为了重构叶片的图像特征，需要提取叶片上每一点的特征光谱，扫描得到的叶片光谱数据为叶片的时域光谱，分别提取叶片在每一点时域光谱的最大幅值和最小幅值，并根据叶片的二维成像特征，在对应坐标点用颜色深浅代表叶片幅值，得到叶片的太赫兹光谱时域成像。

（二）叶片的时域光谱特征

扫描得到的叶片光谱数据为叶片的时域光谱，分别提取叶片在每一点时域光谱的最大幅值和最小幅值，并根据叶片的二维成像特征，在对应坐标点用颜色深浅代表叶片幅值，得到叶片的太赫兹光谱时域成像。

（三）叶片的频域光谱特征

频域光谱能反应叶片的每一点在特定频率下的太赫兹光谱强度，对叶片的时域光谱通过傅里叶变换，得到对应的频域光谱，提取叶片在不同频率下的太赫兹光谱数据，得到叶片对应的频域图像。

（四）预测结果评价

相关性分析（Correlation）能有效验证变量之间的相关性，能定量说明两个变量之间正负相关程度及线性关系，相关系数的绝对值越大，两变量的相关程度越好。均方根误差（The Root Mean Square Error）能对真实值与预测值的误差进行清晰的反映，表明预测值与真实值的离散程度，均方根误差值越小，测量值与真实值越接近，预测效果越好。实验中选用校正集相关系数（Rc），校正集均方根误差（RMSEC），预测集相关系数（Rp），预测集均方根误差（RMSEP）作为太赫兹光谱成像对叶片中水分含量预测效果的评价指标。

三、实验结果与讨论分析

（一）水分测定结果

本实验中在每盆绿萝盆栽上各选取一片新鲜绿萝叶片作为实验对象，共6片绿萝叶片，连续测量5d叶片中水分变化含量，随着时间推移，叶片中水分含量逐渐减少，最后在110℃条件下烘干30min。实验结果如表3-1所示。

表3-1　叶片的水分变化结果　　　　　　　　　　（单位：g）

叶片编号	不同天数叶片水分				
	1d	2d	3d	4d	5d
1	0.250 2	0.275 9	0.301 1	0.320 6	0.305 6
2	0.203 3	0.226 8	0.235 7	0.243 7	0.261 0
3	0.165 0	0.191 7	0.183 7	0.189 0	0.223 1
4	0.110 5	0.148 2	0.144 4	0.128 4	0.173 0
5	0.063 1	0.110 7	0.107 6	0.070 7	0.116 9
6	0.250 2	0.275 9	0.301 1	0.320 6	0.305 6

资料来源：龙园，基于太赫兹技术的植物叶片水分检测初步研究，2017。

（二）叶片的太赫兹时域光谱图像

本实验共获得30组叶片的太赫兹数据，分别提取叶片每一点时域光谱的最大值和最小值，重构叶片的太赫兹图像，这里给出了一个分别利用时域光谱最大值和最小值重构叶片太赫兹图像的例子，其余图像具有类似结果，如图3-7所示。时域光谱最大值和最小值成像的叶片图像的边缘与主脉部分清晰可见。

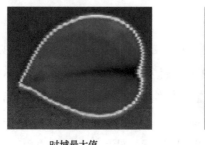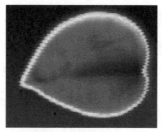

时域最大值 　　　　　　　　　　 时域最小值

图3-7　叶片太赫兹时域成像

（资料来源：龙园，基于太赫兹技术的植物叶片水分检测初步研究，2017）

（三）叶片的太赫兹频域光谱图像

频域光谱能反映叶片的每一点在特定频率下的太赫兹光谱强度，对叶片的时域光谱进行傅里叶变换得到叶片的频域光谱，可以得到对应的频域光谱，提取叶片不同频域下的光谱特征对叶片的图像进行重构，不同频率下叶片成像差异较大，叶脉成像比叶肉成像颜色深，叶片在0.8THz频率下的叶片叶肉部分与叶脉对比度最好，叶片的叶脉部分清晰可见，如图3-8所示。

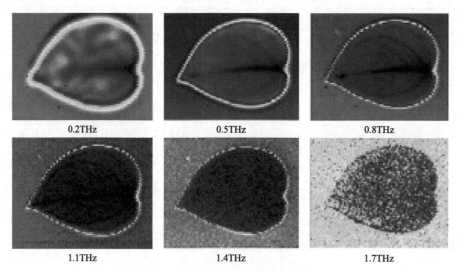

0.2THz　　　　　　　　　0.5THz　　　　　　　　　0.8THz

1.1THz　　　　　　　　　1.4THz　　　　　　　　　1.7THz

图3-8　叶片在不同频率下成像

（资料来源：龙园，基于太赫兹技术的植物叶片水分检测初步研究，2017）

将30个叶片成像光谱数据分为校正集和预测集两组，校正集18个样品，预测集12个样品，根据叶片图像特征，利用叶片的0.5～1.4THz的频域光谱分别与水分含量建立不同频率下的一元回归模型，比较不同模型的建模结果，在0.8THz频域下的模型预测集相关系数较高，建模效果最佳，如表3-2所示。

表3-2　不同频率下叶片建模结果

变量	校正集		预测集	
	校正相关系数	校正集均方根误差	预测相关系数	预测集均方根误差
0.5THz	0.950 0	0.023 0	0.981 9	0.026 3
0.6THz	0.945 7	0.023 9	0.957 2	0.022 8
0.7THz	0.943 9	0.024 3	0.971 2	0.035 2
0.8THz	0.941 7	0.024 8	0.987 4	0.023 7
0.9THz	0.936 3	0.025 9	0.963 7	0.033 8
1.0THz	0.936 1	0.025 9	0.963 7	0.033 8
1.1THz	0.919 4	0.029 0	0.942 8	0.032 2
1.2THz	0.934 8	0.026 2	0.929 5	0.043 6
1.3THz	0.912 1	0.030 2	0.963 9	0.031 2
1.4THz	0.874 8	0.035 7	0.924 2	0.044 1

资料来源：龙园，基于太赫兹技术的植物叶片水分检测初步研究，2017。

（四）太赫兹成像特征对叶片中水分的预测结果

计算叶片光谱成像中叶片图像的光谱平均值，分别建立叶片时域光谱最大值平均值（T_{max}）和最小值平均值（T_{min}）以及0.8THz频域光谱平均值的一元回归模型，二元回归模型及多元回归模型，回归模型的相关系数都在0.9以上，其中利用时域最小值一元回归的建模预测相关性达0.989 1，预测均方根误差为0.024 4，预测结果最佳，结果如表3-3所示。最佳建模结果校正集与预测集的散点分布如图3-9所示。建立的最佳一元回归模型计算公式如下所示：

$$y=0.368\ 3x+0.372\ 2$$

式中，x为获取时域光谱最小幅值处叶片的光谱平均值；y为水分预测值。

表3-3　不同建模方法结果

变量		校正集		预测集	
		校正相关系数	校正集均方根误差	预测相关系数	预测集均方根误差
一元回归模型	T_{max}	0.948 4	0.023 4	0.972 4	0.031 2
	T_{min}	0.950 7	0.022 3	0.989 1	0.024 4
	0.8THz	0.941 7	0.024 8	0.987 4	0.023 7

（续表）

变量		校正集		预测集	
		校正 相关系数	校正集 均方根误差	预测 相关系数	预测集 均方根误差
二元回归模型	T_{max} & 0.8THz	0.952 2	0.023 2	0.936 6	0.045 1
	T_{min} & 0.8THz	0.951 0	0.023 5	0.989 0	0.024 7
	T_{max} & T_{min}	0.950 9	0.023 5	0.987 0	0.025 2
多元回归模型	T_{max} & T_{min} & 0.8THz	0.953 5	0.023 7	0.957 4	0.038 1

资料来源：龙园，基于太赫兹技术的植物叶片水分检测初步研究，2017。

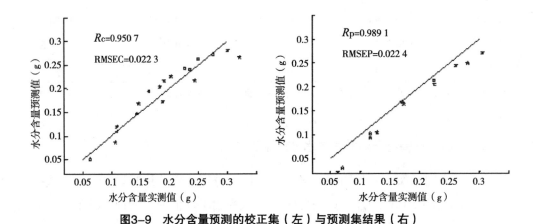

图3-9　水分含量预测的校正集（左）与预测集结果（右）

（资料来源：龙园，基于太赫兹技术的植物叶片水分检测初步研究，2017）

四、实验小结

实验利用太赫兹技术进行了绿萝离体叶片自然条件下水分含量变化的初步检测实验。实验研究利用高聚乙烯板作为检测叶片水分含量的背景板，聚乙烯板在太赫兹吸收频段内无吸收峰，在测量叶片水分时，在太赫兹频域范围内对叶片中水分吸收太赫兹光谱无影响，并提取叶片太赫兹的时域成像光谱和频域成像光谱，分别建立叶片时域光谱和频域光谱的回归模型以及各变量分别组合的回归模型，研究结果表明利用时域光谱最小值建立叶片中水分含量预测模型的建模效果最佳，预测集相关系数达0.989 1，预测均方根误差为0.024 4。研究表明太赫兹技术用于植物叶片的水分含量检测具有较好的研究潜力，为植物叶片含水分的在线、无损和快速检测提供了技术参考。

第三节　太赫兹技术用于小麦叶片水分变化观测研究

水在植物的生命周期中起着重要的作用，光合作用和呼吸作用在植物叶片中持续发生，并与叶片含水量密切相关。小麦叶片含水量高达40%～80%，不同生育期的含水对产量有很大影响。由于水分胁迫是作物最重要的非生物胁迫之一，叶片含水量的监测对灌溉指导具有重要意义。合理灌溉有助于促进小麦生长，提高产量。本研究目的是探索利用太赫兹光谱监测冬小麦叶片含水量这一新型传感方法。首先获取小麦叶片在0.1～2.0THz的太赫兹时域光谱，并对其进行预处理，得到频域振幅、吸收率和折射率光谱数据，然后利用偏最小二乘法和线性回归等方法，尝试建立冬小麦水分含量与吸收光谱和折射率光谱的相关关系预测模型。

一、样品制备与数据采集

实验在北京农科大厦的农业太赫兹光谱和成像实验室进行。在作者单位的试实验田种植小麦，待灌浆期，采集40片不同含水量的冬小麦叶片。将叶片从植株上取下后立即放入自动密封塑料袋中然后将所有叶片放入培养箱（4℃），以减少水分蒸发，并立即在实验室进行测试，首先用无菌棉擦拭叶片，然后将叶片样品分段，以适合样品架，用于测量其太赫兹光谱，并通过游标卡尺测量每个叶片的厚度。每片叶子重复上述步骤。为了探索这种新型的冬小麦叶片含水量传感技术的可行性，本实验共准备了40个叶片样品。如图3-10所示。

用重量含水量（GWC）法测定所有小麦叶片样品的含水量。在获取其太赫兹光谱之前，对每个新鲜小麦叶片圆形样品质量进行称重。然后测量并记录样品的厚度。待测量太赫兹光谱后，将小麦叶片样品放入90℃的烘箱中30min，直到叶片质量达到恒定值。然后每个样品再次称重，得到其干重。GWC是根据以下公式计算的。

$$GWC=（FM-DM）/FM$$

式中，GWC是重量含水量；FM是鲜叶质量，单位是g；DM是干叶质量，单位是g。

小麦叶片样品固定在样品架上，然后扫描收集光谱数据。连续泵入氮气，以减少空气中水分对太赫兹吸收的影响。获得了0.8ps的时域光谱。开始时测量没有任何样品的太赫兹光谱作为参考光谱。然后以相同的方式收集每个样品光谱。为了获得每个样品的详细信息，通常需要5min来获得每个样品的全部光谱。

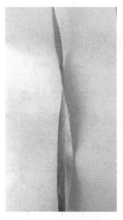 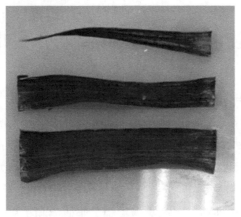 

（a）小麦单片叶片　　　　　　（b）分段叶片　　　　　　（c）活体叶片测量

图3-10　叶片样品采集与光谱测量

（资料来源：Bin Li，Yuan Long，Hao Yang，Measurements and analysis of water content in winter wheat leaf based on terahertz spectroscopy，2018）

二、参数计算与评价方法

得到的原始数据是时域谱，为了得到频域幅值，采用快速傅里叶变换方法对时域谱进行处理。然后用标准算法计算吸收光谱和折射光谱：

$$n(\omega) = \frac{\phi(\omega)c}{\omega d} + 1$$

$$\alpha(\omega) = \frac{2}{d}\ln\left\{\frac{4n(\omega)}{\rho(\omega)[n(\omega)+1]}\right\}$$

式中，$n(\omega)$是折射光谱；$\alpha(\omega)$是吸收光谱；d是样品的厚度；$\rho(\omega)$是振幅；$\phi(\omega)$为阶段。分别用线性回归法和偏最小二乘法建立了冬小麦含水量的校正模型。偏最小二乘法（PLS）在使用全光谱时具有多元线性回归、主成分分析和相关分析的优点。利用太赫兹光谱和含水量，用不同的数学方法建立了不同的模型。用相关系数（R_c和R_p）和均方根误差（RMSEC和RMSEP）用于评估模型的准确性。优化模型应该具有较高的相关系数和较低的均方根误差。分别使用RMSE进行校准和预测。

$$\text{RMSEC} = \sqrt{\frac{1}{N-P-1}\sum_{i-1}^{N}(y_i - \hat{y}_i)^2}$$

$$RMSEC = \sqrt{\frac{1}{N_p - 1} \sum_{i=1}^{N_0} (y_{i0} - \hat{y}_{i0})^2}$$

式中，N是校准集的样品数；N_p是预测集的样品数。

三、实验结果与讨论分析

（一）冬小麦的含水量预测建模

实验共测定了40个小麦叶片样品。样品随机分为校准集（30个样品）和预测集（10个样品）。校准集用于建立模型，预测集用于验证模型的准确性。重量含水量（GWC）在42.8% ~ 72.5%。含水量的平均值和标准偏差分别为58.4%和6.9%。含水量的结果显示在表3-4中。

表3-4　冬小麦含水量预测建模

项目	最大值	最小值	平均	标准偏差
重力水含量（GWC）	72.5%	42.8%	58.4%	6.9%

资料来源：Bin Li，Yuan Long，Hao Yang，Measurements and analysis of water content in winter wheat leaf based on terahertz spectroscopy，2018。

（二）原始太赫兹光谱

叶片含水量分别为67.2%、56.7%和42.8%的原始太赫兹时域光谱显示如图3-11所示。然后通过傅里叶变换处理时域谱得到频域谱，如图3-11所示。与参考样品的时域光谱相比，样品的时间发生延迟，相位得到改变。转换到频域谱后，选择样本的快速傅里叶变换幅度进行对比，可看出与参考样本相比，显示出明显的衰减。推测这应该是叶片水分对太赫兹光谱吸收的结果，由于叶片含水量不同，衰减也不同。叶片含水量越大，快速傅里叶变换幅度衰减越大。此外，当频率大于1.5THz时，信号接近0.1，这表明该测量的有效范围小于1.5THz。

基于小麦叶片的实际厚度、相应的参考光谱和时域光谱，分别通过标准算法计算叶片的吸收光谱和折射光谱。光谱如图3-12所示。根据上述分析，有效光谱范围选取0.3 ~ 1.5THz。从吸收曲线来看，太赫兹波段没有呈现明显的吸收峰，不同的吸收光谱近似为一条直线。斜率和截距互不相同，折射率范围为1.5 ~ 1.8。

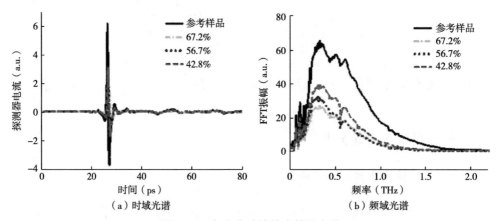

（a）时域光谱　　　　　　　　　　（b）频域光谱

图3-11　冬小麦叶片的太赫兹光谱

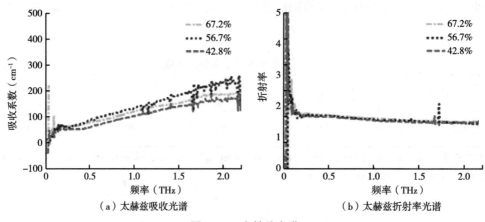

（a）太赫兹吸收光谱　　　　　　　（b）太赫兹折射率光谱

图3-12　太赫兹光谱

　　分别基于快速傅里叶变换幅度、吸收系数、折射率与叶片含水量进行相关性研究，得到相关系数如图3-13所示。可以看出，傅里叶变换幅度与含水量的相关系数为负，在0.3THz波段的绝对值最大，而吸收系数、折射率与叶片含水量相关系数为正。

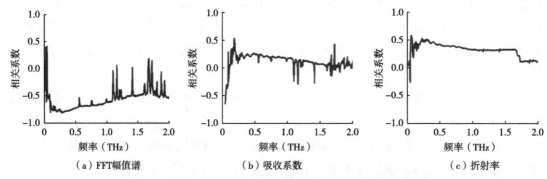

（a）FFT幅值谱　　　　　　（b）吸收系数　　　　　　（c）折射率

图3-13　测量叶片样品各光学参数与含水量的相关系数曲线

（三）太赫兹光谱拟合曲线

考虑到系统噪声的影响，本研究选择0.3～1.2THz光谱频率进行线性拟合，从而描述谱线斜率、截距与含水量的关系，拟合曲线如图3-14所示，并用相关性和标准偏差进行模型评价。结果表明，拟合曲线可以保留原始光谱的大部分信息，原始吸收光谱与拟合曲线的相关系数和标准偏差分别为0.999～0.980和1.418～6.827，折射率光谱和拟合曲线之间的相关系数和标准偏差分别为0.714～0.994和0.006～0.029。斜率和截距值（k，b）也可根据拟合曲线采用线性回归方法建立含有斜率和截距（k，b）的数学预测模型。

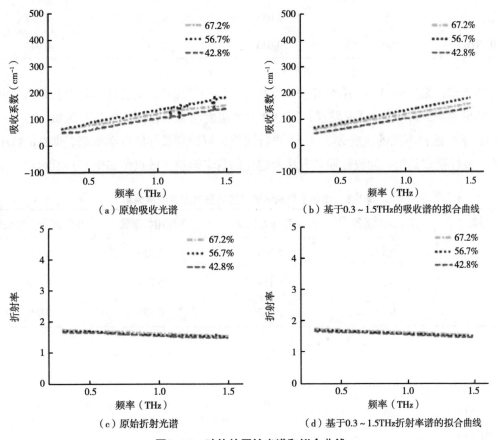

图3-14 叶片的原始光谱和拟合曲线

（四）建模结果及评价

1. 基于时域频谱和快速傅里叶变换幅度频谱的数学模型

由于水对太赫兹光谱的强烈吸收，时域振幅和快速傅里叶变换振幅都得到衰减。最大和最小时域振幅（T_{max}和T_{min}）首先用于建立本研究的预测模型。傅里叶变换频域谱其实反映了当太赫兹光谱穿透样品时，造成0.3～1.5THz的幅值衰减，可以看出，该傅里叶变换幅值与含水量的相关系数为负，并且在0.3THz时达到绝对值最大。因此，本研究取0.3THz

频率下的快速傅里叶变换谱来尝试构建最佳模型，结果得到，预测集的相关系数和均方根误差分别为0.812和0.044，如表3-5所示。通过比较发现，基于0.3THz频率下傅里叶变换频域谱建立的数学模型预测精度最好，模型更稳定，适用于叶片含水量的预测。

表3-5 基于不同参数的数学建模结果

参数	校正相关系数	校正集均方根误差	预测相关系数	预测集均方根误差
T_{max}	0.877	0.034	0.686	0.059
T_{min}	0.869	0.036	0.791	0.055
$T_{max} \sim T_{min}$	0.876	0.035	0.737	0.057
0.3THz	0.809	0.043	0.812	0.044

接下来，采用偏最小二乘法和快速傅里叶变换振幅相结合的方法进行叶片的含水量预测，结果如表3-6所示。可以发现，傅里叶变换幅度与含水量的相关系数为负，且绝对值在0.8以下。选择不同的主成分（PCs）进行比较，可得到最佳的数学模型，即在0.3THz频率下，最佳模型是用一元线性回归方法所建立的数学模型。散点图如图3-15所示。

表3-6 偏最小二乘法的快速傅里叶变换幅度结果

参数	校正相关系数	校正集均方根误差	预测相关系数	预测集均方根误差
1	−0.781	0.199	−0.720	0.128
2	−0.532	0.156	−0.774	0.116
3	−0.276	0.123	−0.458	0.096

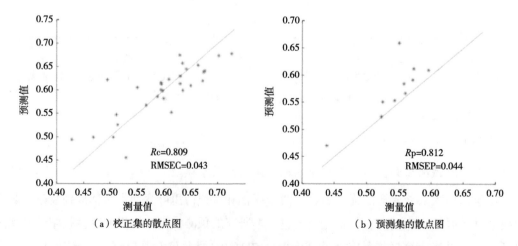

（a）校正集的散点图　　　　　　　　（b）预测集的散点图

图3-15 基于0.3THz频率下快速傅里叶变换振幅谱得到的最佳模型散射图

2. 基于吸收光谱和折射率谱的数学模型

对于采集的样品光谱数据，选择采用偏最小二乘法进行建模研究。选取0.3～1.5THz 太赫兹吸收和折射率谱作为输入变量，尝试建立含水量预测模型。模型中使用了不同的主成分（PCs），建模结果如表3-7所示。当主成分选择7，结合偏最小二乘法进行建模时，基于吸收光谱模型的预测相关性为0.6，而当主成分选择9时，基于折射率谱的预测相关性为0.796。根据表3-7的结果，基于折射率谱建立的最佳数学模型的预测相关性和均方根误差分别为0.796和0.048，散点图如图3-16所示。

表3-7 基于吸收光谱和折射率谱的偏最小二乘建模结果

PCs	吸收光谱				折射率谱			
	校正相关系数	校正集均方根误差	预测相关系数	预测集均方根误差	校正相关系数	校正集均方根误差	预测相关系数	预测集均方根误差
3	0.701	0.050	0.309	0.108	0.630	0.052	0.592	0.051
4	0.784	0.046	0.387	0.111	0.657	0.049	0.507	0.043
5	0.819	0.043	0.455	0.112	0.710	0.047	0.570	0.048
6	0.867	0.038	0.573	0.101	0.751	0.045	0.570	0.048
7	0.900	0.032	0.600	0.095	0.774	0.043	0.645	0.051
8	0.918	0.029	0.540	0.109	0.840	0.040	0.753	0.055
9	0.925	0.028	0.506	0.120	0.891	0.035	0.796	0.048
10	0.940	0.025	0.417	0.136	0.912	0.030	0.723	0.045

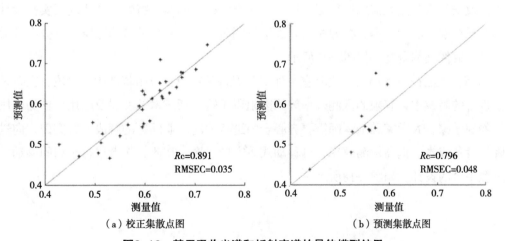

（a）校正集散点图　　　　　　　（b）预测集散点图

图3-16 基于吸收光谱和折射率谱的最佳模型结果

3. 基于斜率和截距的数学模型

拟合曲线的斜率和截距可以展示拟合光谱的性质。本研究中选择多元线性回归方法来建立含有斜率和截距（k和b）的数学模型。建模结果如表3-8所示，可以看出，基于折射率谱建模的预测集精度要优于基于吸收光谱建模的预测精度，然而，基于折射率谱建立模型的校正集精度偏低，相关系数小于0.8。结果表明，基于拟合曲线斜率和截距建立的数学模型不适合预测叶片含水量。

表3-8　基于斜率和截距的数学建模结果

参数	吸收光谱				折射率谱			
	校正相关系数	校正集均方根误差	预测相关系数	预测集均方根误差	校正相关系数	校正集均方根误差	预测相关系数	预测集均方根误差
k, b	0.668	0.055	0.497	0.067	0.429	0.067	0.729	0.017

对比以上不同方法建立的模型结果可以发现，基于0.3THz频率下频域谱建立的数学模型相关系数预测效果最好，校正集的相关系数和均方根误差分别为0.809和0.043，预测集的相关系数和均方根误差分别达到0.812和0.044。

四、时空观测研究与应用设计

为了进一步把握规律性，作者又进行了灌浆期小麦叶片的批量采集，然后基于太赫兹时域光谱仪进行测量、建模，进一步熟化优化模型；同时每隔2h，对自然风干状态下叶片的含水变化进行太赫兹成像观测，分别通过逐点扫描方式采集太赫兹光谱单点测量小麦叶片光谱数据和太赫兹光谱成像数据，进一步研究太赫兹的惧水特性，并研究了实验设计方法、数据获取方法和数据分析方法，开展了不同时间和空间下的植物冠层水分分布的太赫兹光谱及成像观测研究。如图3-17所示。

目前，太赫兹设备仍处在实验室条件下开展科学实验和应用基础研究阶段，主要是太赫兹设备的高成本、有限的探测效率等原因阻碍了这一新技术的发展及应用。作为应用研究，物理学家，农学家和工程师需要齐心合力进行面向产业问题的解决方案突破，向进一步降低设备成本，提高检测效率，可移动式等方向发展。在此，作者进行了田间移动太赫兹观测平台的设计。如图3-18所示。

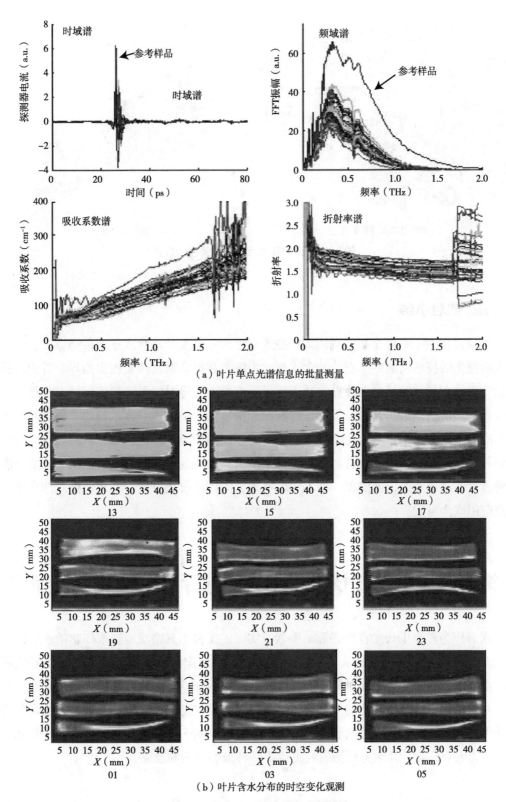

（a）叶片单点光谱信息的批量测量

（b）叶片含水分布的时空变化观测

图3-17　小麦叶片的太赫兹观测研究

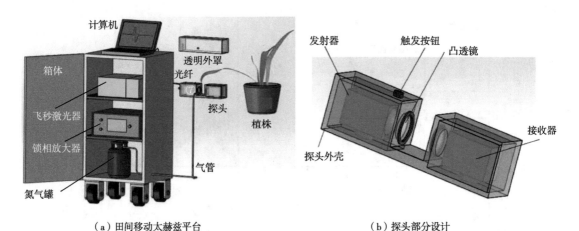

（a）田间移动太赫兹平台 （b）探头部分设计

图3-18 田间移动太赫兹观测平台设计

五、实验小结

本研究探索了一种全新的利用太赫兹光谱评价冬小麦叶片含水量的传感方法：尝试运用太赫兹光谱技术检测冬小麦叶片含水量，为灌溉和提高粮食产量提供指导。首先，获取批量叶片的太赫兹时域光谱数据，基于傅里叶变换方法将时域谱转换到频域谱，然后计算吸收光谱和折射率谱。其次，借助线性回归和偏最小二乘法预测含水量建立模型时，使用了不同的主成分，结果显示在0.3THz频率下建立预测模型最佳。最后，叶片含水时空分布观测与田间移动平台设计，这对进一步探索便携式太赫兹设备具有重要意义。当前，随着太赫兹设备制造业的快速发展，在不久的将来面向应用解决方案、实现便携式非接触现场检测应用成为可能。

第四节 太赫兹技术用于大豆叶片水分变化观测研究

水分作为作物生长发育所必需的要素，实时、无损而又精准地获取作物的水分信息，可以实现作物水分合理灌溉从而提高用水效率，达到作物增产以及缓解水资源紧张等问题。本节以大豆叶片为研究对象，通过太赫兹成像系统获得作物叶片的光谱信息和图像信息，并采用烘干法测量叶片的水分含量，通过对光谱信息进行分析和处理，并结合各种化学计量方法、图像处理以及数学建模等方法，探究了基于作物叶片水分信息的分析和处理方法，为大豆作物叶片水分检测研究提供了一种新的方法和思路。

一、样品制备与数据采集

（一）实验样品准备

本实验所用大豆叶片样品种植、采摘于北京市昌平区小汤山国家精准农业示范基地日光温室，大豆品种为中黄13。选取32盆长势良好的开花期大豆植株，每一盆分别剪取上层、中层、下层各一片叶片，总计96片叶片。在剪取过程中，尽可能保证叶片大小、厚度相似且形状完好。剪取完后，立即用密封袋将叶片封装，装入保湿箱，带回实验室。实验前，先对叶片进行干燥处理，以得到不同含水量叶片样品。叶片在干燥过程中，当失水速度较快时，会发生叶片卷缩现象，使得叶片表面不平整，出现褶皱，导致叶片图像不易采集。为了解决这一问题，本实验对叶片采用自然干燥处理，将叶片置于室温环境下，通过控制时间变量的变化得到不同含水量的叶片，来达到模拟不同水分梯度的要求。本实验就经过自然干燥处理后的叶片样品，根据失水时间的差异，将其分成了不同的水分梯度：失水0h、1h、2h、3h、4h、5h、6h、7h、8h、9h、10h这11个不同时刻下的叶片样本。其中，校正集由每个梯度类别中随机选取的3/4样品组成，共计72个，预测集则由每种类别中剩下的1/4样品组成，共计24个。

将干燥处理后的叶片置于精度为0.1mg的电子天平上称量叶片重量，称量3次，取其平均值，记为m_1。叶片称量完成后，以高聚乙烯板（High Polyethylene Sheet，HDPE）作为背景板，然后，将固定有叶片的背景板夹持在二维扫描平移台上，等待系统扫描成像。实验测试环境室温为22.5~24.5℃，相对湿度为48%~52%，测试过程均在作者团队的农业太赫兹实验室内完成。

（二）实验系统与太赫兹图像获取

实验所用的太赫兹光谱成像系统主要包括透射式太赫兹时域光谱系统（德国Menlo系统公司，型号为TERAK15）、二维扫描平移台（德国门罗系统公司，型号为TERA Image）和PC机。其中透射式太赫兹时域光谱系统（Terahertz Time-domain Spectroscopy System，THz-TDS）主要包含以下4部分：太赫兹源、太赫兹发射器、太赫兹探测器以及相关的光路系统。其中，太赫兹发生器与探测器最大中心波长为1 500nm，重复频率80~250MHz。实验中具体参数设置如下：中心波长810nm、脉宽100fs、输出功率480mW，重复频率80MHz，系统数据采集与保存均在LabVIEW软件中完成。

采集一次数据完毕后，再通过PC机控制二维平移台移动，采用双程方式扫描整片叶片（100×10^8像素），记录数据。每片叶片的扫描时间大约在20min。实验中为消除高聚乙烯板作为背景板对测试结果的影响，根据下式进行太赫兹光谱图像的校正。

$$R = \frac{R_{img}}{R_{bgb}} \times 255$$

式中，R_{img}为原始的太赫兹光谱图像；R_{bgb}为扫描标准高聚乙烯板得到标定太赫兹光谱图像；R表示校正后的太赫兹光谱图像。

在测试过程中，为避免空气中水分等极性分子对太赫兹波的强烈吸收，将实验系统装置密封，并充满氮气，保证测试环境相对湿度小于4%，温度保持在22℃左右。

（三）实验样本含水率的测定

数据采集完成后，采用烘干法测定叶片含水率。将叶片放于干燥箱中，设置烘干温度为100℃，分别烘干1h和1.5h后，记录两次烘干完后的重量。若两次称量重量之差小于0.5mg，则认为叶片已烘干至恒重，记录此时叶片重量（即烘干1.5h后的干重）为叶片干重，记为m_2。根据下式计算叶片的含水率。

$$wc(\%) = \frac{m_1 - m_2}{m_2} \times 100$$

式中，m_1为叶片鲜重；m_2为叶片干重；wc表示叶片含水率。

二、数据处理与评价方法

（一）分析方法

主成分分析（Principal Component Analysis，PCA）是一种数据降维思想，它用少数的几个综合变量替代原来的大部分变量，排除众多变量中的互相重叠的信息，达到了数据降维的目的。太赫兹光谱技术作为一种特殊的强度成像技术，不仅可以进行时域成像，同时可以通过不同频率的太赫兹电磁波对物体进行成像，从而得到不同的成像结果。而在频域谱成像中，通过挑选合适的成像频率可以得到成像对比度清晰的图像，即样品不同部位在太赫兹波段具备各自的特性（样品指纹谱）。实验中，由于采集叶片样品数量较大，且太赫兹光谱系统采集所得光谱变量数据庞大，因此本研究将叶片太赫兹图像看成是一个拥有多个层面、按一定顺序叠合而成的图像集，采用PCA对其频谱段进行降维处理，压缩图像信息，从太赫兹原始波段中寻找出最能表征叶片水分信息的特征波段，去除其他冗余波段，简化分析模型。

（二）数据处理

1. 多元线性回归

多元线性回归（Multiple Linear Regression，MLR）是一种确定随机变量（自变量、因变量）之间相互关系的定量统计分析方法。其中，当回归分析中，有且仅有一个自变量和因变量，且两者间是线性关系时，则称其为直线回归或一元线性回归分析，它是多元线性回归的一种特列。回归分析中，一般假设各自变量间是相互独立的，随机变量 y，x_1，x_2，$\cdots$，x_m 服从正态分布。MLR作为一种研究变量间相关关系的数理统计分析方法，目前被广泛应用于众多科学领域研究当中。其中，因变量 Y 与 m 个自变量 X_1，X_2，$\cdots$，X_m 之间满足如下线性关系式：

$$Y_i = b_0 + b_1 X_{1i} + b_2 X_{2i} + \cdots + b_m X_{mi} + \varepsilon \qquad i = 1, 2, \cdots, n$$

式中，b_1，b_2，$\cdots$，b_m 为回归系数；b_0 为常数项（或截距）；ε 为误差项。当 $m=1$ 时，上式表示为一元线性回归模型。

2. BP神经网络

BP神经网络（Back Propagation-artificial Neural Network，BPNN）是一种根据误差反向传播训练的多层前馈网络，属于有监督式的学习算法，其采用梯度下降法，通过梯度搜索技术来最小化网络的实际输出值和期望输出值的误差均方。其网络模型的拓扑结构，主要由输入层、输出层和隐含层这三层网络结构组成。BP神经网络模型训练过程如下。

第一步：初始化连接权值 w_{ij}、w_{jk} 和阈值 a、b，其中，三层神经元的节点数分别为 m、1、n，w_{ij}、w_{jk} 是神经元间的连接权值，a、b 则分别为隐含层和输出层的阈值。

第二步：确定网络学习速率 η 和神经元激励函数 f。

第三步：设定输入量为 X，并计算隐含层输出量 H。

$$H_j = f(\sum_{i=1}^{n} w_{ij} X_i - a_j) \qquad j = 1, 2, \cdots, l$$

第四步：计算BPNN的输出层预测输出量 O。

$$O_k = f(\sum_{j=1}^{l} H_j w_{jk} - b_k) \qquad k = 1, 2, \cdots, m$$

第五步：设定 Y 为网络期望输出，计算BPNN网络预测误差 e。

$$e_k = Y_k - O_k \qquad k = 1, 2, \cdots, m$$

第六步：分别对连接权值 w_{ij}、w_{jk} 进行更新。

$$w_{ij} = w_{ij} + \eta H_j (1 - H_j) X_i \sum_{k=1}^{m} w_{jk} e_k \qquad i = 1, 2, \cdots, n; \ j = 1, 2, \cdots, l$$

$$w_{jk} = w_{jk} + \eta H_j e_{ki} \qquad j = 1, 2 \cdots, l; \ k = 1, 2, \cdots, m$$

第七步：确定网络节点阈值 a，b 的更新情况。

$$a_j = a_j + \eta H_j(1 - H_j)x_i\sum_{k=1}^{m}w_{jk}e_k \qquad j=1,\ 2,\ \cdots,\ l$$

$$b_k = b_k + e_k \qquad k=1,\ 2,\ \cdots,\ m$$

第八步：对算法迭代结果进行判断，若未结束，返回第三步，反之则结束运算。

3. 最小二乘支持向量机

支持向量机（Support Vector Machine，SVM）是采用线性函数对高维特征空间进行空间最优化的一种学习系统，一般用于模式分类和建模回归分析。而Suykens基于经典SVM算法的基础上，进行了改进并提出最小二乘支持向量机（Least Squares-support Vector Machine，LS-SVM），其采用了求解线性方程组的方法代替了SVM中的凸二次优化问题，降低了计算复杂度，加快了求解速度，提高了回归精度，目前正被广泛应用于光谱研究的多元回归分析中。

LS-SVM将输入变量通过非线性映射函数映射到高维特征空间，采用等式约束条件来替代原先的优化问题，通过分析与运算并最终建立回归模型。在采用LS-SVM运算时，有3个问题需要注意：特征子集、核函数和核函数参数，而核函数中较为常用的是RBF非线性核函数，其能够大大减少训练过程中的计算过程。目前，RBF核函数参数的选取方式主要是采用二步格搜索法和留一法这两种方法相结合，优选出RBF核函数的正则化参数γ和核函数宽度σ^2，其中，参数γ控制着SRM和ERM的平衡，决定了模型的好坏，而参数σ^2则控制着函数回归误差，并直接影响了模型的初始特征值和特征向量，σ^2过小会使得模型产生大量的回归量，最终导致过拟合，相反，σ^2过大则会使回归量减少，模型过于简单，从而导致预测精度降低。

LS-SVM的算法步骤如下。

第一步：定义M为回归模型训练数据的个数。

第二步：对M个训练数据，训练LS-SVM，其中训练的数据决定了核函数参数（γ，σ^2），得到解为α_i。

第三步：对M个$|\alpha_i|$进行排序。

第四步：从排完序的$|\alpha_i|$中，剔除$|\alpha_i|$最小的N个数据点。

第五步：保留M-N个点，并重新定义M=M-N。

第六步：跳转到第二步，重新训练缩小的样本集，直至定义好的回归模型性能指标退化完成。

为了挑选水分预测模型最优建模参数，本节实验尝试对特征波段下的叶片图像进行分离，将其分为叶脉图像与叶肉图像，依次对其求取图像灰度均值，并分别记为l_i、v_i和m_i（i=1, 2, $\cdots$, n）。将上述各图像灰度均值参数作为输入，叶片含水率作为输出，分别代入回归模型：多元线性回归（Multiple Linear Regression，MLR）、BP神经网络（Back Propagation-artificial Neural Network，BP-ANN）和最小二乘支持向量机（Least Squares-support Vector Machine，LS-SVM），通过对各模型间进行对比分析，最终选取最优模型。图像处理、数据处理以及回归建模与分析均在Matlab 2014a中完成。

三、实验结果与讨论分析

（一）大豆叶片的太赫兹光谱曲线分析

由于叶片内部不同部位组织结构、表面纹理以及厚度等因素的差异，造成了太赫兹光谱在同一片叶子的不同部位所测量到的吸收系数、折射率差异较大。实验选择图3-19所示的叶脉区域（Vein）、叶肉区域（Mesophyll）和背景板区域（Reference）这3个位置处5Pixel×5Pixel大小的区域，计算其平均光谱，得到图3-20（a）和3-20（b）所示叶片的时域谱曲线和频域谱曲线。其中，背景板区域的光谱信息代表参考信号，叶片区域的光谱信息代表样品信号。从图3-20（a）中可以看出，样品信号的振幅强度要弱于参考信号，且在相位上也有延迟，而就样品信号自身而言，叶脉信号相对于叶肉信号在幅值上呈现一定程度的衰减，在时间上也呈现一定的滞后。这说明太赫兹脉冲信号透射叶片样本时，叶片对其存在吸收和散射现象，且叶脉区域的吸收强度要明显高于叶肉区域。

图3-19　大豆叶片图像

（资料来源：步正延，基于太赫兹成像技术的作物叶片水分检测方法研究，2018）

在频域谱中，随着波段的变化，样品在不同频率下，对太赫兹波的吸收各有迥异，即当频率发生变化时，叶片太赫兹图像的成像对比度也在发生变化，从视觉角度来分析，选用该种模式更利于后续的成像研究。如图3-20（b）所示，在0.2～1.6THz波段，3条谱线的幅值情况基本与图3-20（a）类似：参考>叶肉>叶脉，说明在这一波段范围内，三者间具有非常好的成像对比度，能较好地区分出叶脉与叶肉部分，且样品区域与参考区域也具有较好的区分度。而1.6THz以后的波段信号强度较弱，信噪比也较低，成像对比度较差，数据不取。因此只截取0.2～1.6THz，共149个波段，作为光谱有效波段做进一步的研究。

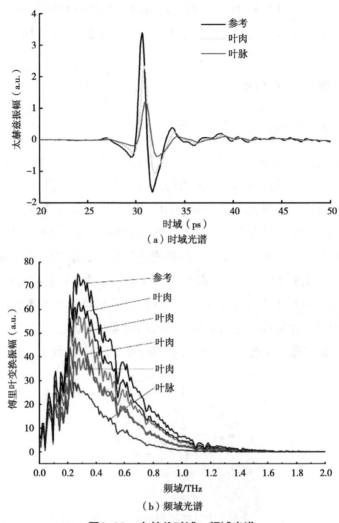

（a）时域光谱

（b）频域光谱

图3-20　太赫兹时域、频域光谱

（资料来源：步正延，基于太赫兹成像技术的作物叶片水分检测方法研究，2018）

（二）太赫兹特征图像的选取

针对每个大豆叶片样本的太赫兹图像，本实验选取了图3-19所示的太赫兹图像中的上、下、左、右4个10×10像素的矩形感兴趣区域（Region of Interest，ROI）的光谱平均值作为样本原始光谱数据（96×149维）。采用高光谱图像分析中较为常见的分析方法PCA，对太赫兹原始光谱数据进行降维处理，根据方差贡献率来挑选出叶片样本的太赫兹特征波段，进而用于实验后续处理。

经主成分分析后，得到如图3-21所示的96个样品的前3幅主成分图像PC1、PC2、PC3（累积贡献率大于99%）下的各波段的平均权重系数图，从图3-21可以看出，PC1所包含的信息量最大，但却无明显的特征峰，因此，本文综合PC2和PC3，挑选主成分载荷绝对值大于0.1的这些点所对应的频率作为水分敏感特征波段，分别为0.557THz、1.098THz、1.163THz以及1.411THz。

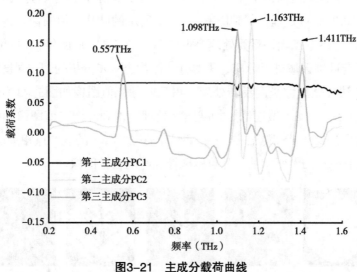

图3-21　主成分载荷曲线

（资料来源：步正延，基于太赫兹成像技术的作物叶片水分检测方法研究，2018）

图3-22为上述4个特征频率下的大豆叶片太赫兹图像，从图3-22（a）至图3-22（c）中可以看出，前3个频率下的太赫兹图像均具有较好的成像效果，图中脉络分布清晰，且能够较为直观地看出叶片中水分分布的情况。而图3-22（d）中的叶片图像与前三者相比，成像效果则较差，不仅整副图像灰度偏低，较难区分出叶片中叶脉区域和叶肉区域，而且图像中还出现了较多噪声点，严重降低了图像的质量。因此，本实验剔除了1.411THz，最终选用了0.557THz、1.098THz、1.163THz这3个频率作为叶片水分敏感特征波段。

（a）0.557THz　　　（b）1.098THz　　　（c）1.163THz　　　（d）1.411THz

图3-22　特征频率下的大豆叶片太赫兹图像

（资料来源：步正延，基于太赫兹成像技术的作物叶片水分检测方法研究，2018）

（三）特征图像处理

实验中以0.557THz频率下的太赫兹图像为例，对叶片图像进行图像处理与分析。在图像采集过程中，由于系统自身等问题，会产生条纹偏差，使得图像质量下降，因此在对图像进行处理前，先对图像进行预处理，本实验采用非均匀局部滤波法对图像进行滤波处理，图3-23（a）为经过滤波后的叶片图像。采用二维最大信息熵算法对其进行二值化加形态学腐蚀和灰度反转处理，得到图3-23（b）所示的叶片二值图像。将图3-23（a）与图3-23（b）再进行逐像点相乘运算处理，得到图3-23（c）所示的叶片目标图像。为了将图中的叶脉区域与叶肉区域进行分离，需对叶片图像进一步分析处理，对图3-23（c）采用自适应阈值分割法并做图像灰度反转处理，得到叶脉二值图像如图3-23（d）所示。再将图3-23（b）与图3-23（d）做逐像点相减运算处理，得到叶肉二值图像如图3-23（e）所示。最后分别对图3-23（d）和图3-23（e）做与图3-23（c）的逐像点相乘运算处理，得到图3-23（f）和图3-23（g）所示的叶脉目标图像和叶肉目标图像。

（a）滤波　　（b）叶片二值　　（c）叶片目标　　（d）叶脉二值　　（e）叶肉二值　　（f）叶脉目标　　（g）叶肉目标

图3-23　叶片太赫兹图像处理过程

（资料来源：步正延，基于太赫兹成像技术的作物叶片水分检测方法研究，2018）

（四）特征参数提取

当太赫兹脉冲信号在透射叶脉与叶肉时，由于叶脉与叶肉自身含水量的差异，导致两者在幅值上存在着较为明显的区别。因此，本实验考虑对叶片图像中的叶脉区域与叶肉区域进行分离，分别就0.557THz、1.098THz和1.163THz这3个特征波段下的叶片目标图像、叶脉目标图像以及叶肉目标图像，求取出各自的图像灰度均值，依次记为l_1、l_2、l_3、v_1、v_2、v_3、m_1、m_2和m_3（各名称下标中的1、2、3分别代表上述太赫兹图像的特征频率：0.557THz、1.098THz和1.163THz）。并将上述所求取的9个灰度均值特征参数分成3组：叶片特征模型组（l_1、l_2、l_3），记为G1，叶脉特征模型组（v_1、v_2、v_3），记为G2，叶肉特征模型组m_1、m_2、m_3），记为G3，分别进行建模分析，寻找出叶片最佳水分预测模型。

（五）回归模型建立与分析

实验将G1、G2和G3中的各特征参数作为回归模型的自变量，叶片含水率预测值作为因变量，分别建立基于MLR、BP-ANN以及LS-SVM的水分预测模型。具体模型处理与分析如下。

采用MATLAB软件中的Regress函数，对原始数据进行处理分析，得到G1、G2和G3的MLR回归方程分别为：

$$y_1 = 110.294\ 8 - 0.133\ 2l_1 - 0.048\ 6l_2 - 0.211\ 4l_3$$

$$y_2 = 95.962\ 8 - 0.113\ 8v_1 - 0.023\ 7v_2 - 0.291\ 9v_3$$

$$y_3 = 114.327\ 8 - 0.157\ 5m_1 - 0.020\ 6m_2 - 0.211\ 7m_3$$

式中，y_1，y_2，y_3依次为G1、G2和G3所对应的叶片含水率预测值。

采用MATLAB软件中的BP神经网络分类器，构建三层BP神经网络，分别设置网络输入层结点数为3，隐含层结点数为4，输出层节点数为1，训练步长为0.01，动量因子为0.90，目标误差为0.001，训练次数为5 000次，隐含层的传递函数为Sigmoid型函数。BP-ANN模型中3组变量的实际训练次数分别达到3 232次、3 765次和3 523次时，便已达到制定目标误差，完成收敛。

采用MATLAB软件中LSSVM工具箱中Tunelssvm、Yrainlssvm和Simlssvm等函数，依次进行参数寻优，正则化定参，学习训练以及模型预测，实验中，LS-SVM模型采用默认的RBF核函数，当三组输入变量的gamma和sig2参数分别设置为8.236 5、2.013 8，8.985 6、12.432 1和35.028 8、6.509 8时，校正集模型决定系数R^2最高，分别为0.955 6、0.857 6和0.967 8。

如表3-9所示为上述9种预测模型性能的比较。在表中，从图像特征模型组别来看，G3预测模型效果普遍较好，G1次之，G2效果则较差，即基于叶片特征模型组的水分预测效果要明显优于叶片组与叶脉组。这是因为当叶片处于失水状态下，叶肉组织相比叶脉组织，水分流失较快，导致在太赫兹图像中叶脉部分的灰度要明显低于叶肉部分，且随着时间的变化，这种灰度的差异性也在发生变化。直接采用叶片图像建模的话，会造成图像中灰度变化的不一致性，而将叶脉与叶肉两者分开建模，就避免了这种差异性。此外，由于叶片中超过80%～90%的区域均是叶肉部分，叶脉只占很少的一部分，因此叶肉图像相比于叶脉图像更能表征整片叶片的信息。综合这两方面，基于G3的预测模型可以较好地预测叶片含水率。

表3-9　基于不同模型下的叶片含水率建模结果比较

模型	校正集		预测集	
	R_c^2	校正集均方根误差	R_p^2	预测集均方根误差
MLR of G1	0.891 3	0.103 8	0.884 5	0.082 3
MLR of G2	0.822 1	0.132 6	0.820 2	0.099 8
MLR of G3	0.918 7	0.090 1	0.912 5	0.070 3

（续表）

模型	校正集		预测集	
	R^2_c	校正集均方根误差	R^2_p	预测集均方根误差
BP-ANN of G1	0.932 8	0.082 1	0.925 3	0.069 8
BP-ANN of G2	0.856 8	0.127 2	0.847 6	0.098 2
BP-ANN of G3	0.948 7	0.070 9	0.941 8	0.058 5
LS-SVM of G1	0.955 6	0.069 2	0.945 1	0.057 2
LS-SVM of G2	0.857 6	0.121 9	0.856 5	0.091 9
LS-SVM of G3	0.967 8	0.057 8	0.963 2	0.046 5

资料来源：步正延，基于太赫兹成像技术的作物叶片水分检测方法研究，2018。

　　基于上述分析结果，对比分析G3模型组下的3种算法模型的预测效果，预测结果通过决定系数（R^2）和均方根误差（RMSE）2个参数来进行评价。从表3-9可以看出，LS-SVM模型的预测集的R^2值最高，达到了0.963 6，对应的RMSEP值也最低，为0.047 2，该模型校正集的结果与预测集大体一致，因此LS-SVM模型基本符合模型评判中R^2高、RMSE低的特点，预测效果较好。另外两组模型的预测结果相较于前者，不仅R^2值有所下降，且RMSE值也略有提高，因此，模型预测效果一般。究其原因，可能是因为LS-SVM算法通过最小二乘回归方法，消除了自变量间的多重线性关系的影响，简化了模型结构，尤其是在小样本回归分析中，LS-SVM不仅具有良好的泛化能力，同时它也避免了ANNs中的局部最优问题。因此本实验选用基于G3的LS-SVM模型作为最佳模型用来预测叶片中的含水率，图3-24为该模型的校正与预测结果。

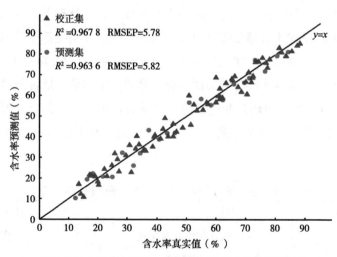

图3-24　基于G3的LS-SVM模型的校正与预测结果

（资料来源：步正延，基于太赫兹成像技术的作物叶片水分检测方法研究，2018）

（六）叶片图像分层算法处理

当叶片处于自然失水状态时，其内部失水情况并非一成不变的，而是呈现出由外向内的一个动态失水过程。本实验基于此，提出了一种图像分层算法处理，对太赫兹叶片图像进行分层处理，将其分割为一个类火焰结构，进而更为深入地探究叶片内部的一个失水过程和机理。如图3-25所示，火焰一般可分为以下3个部分：焰心（内层）、内焰（中层）和外焰（外层），且火焰温度由内向外依次增高，而当叶片处于失水状态时，其内部水分流失情况存在着一定的差异性，导致叶片内部水分情况由内向外逐渐降低，相对应的叶片太赫兹图像中区域间的灰度值由内及外则呈现出逐渐增高的趋势，在这一点上，与火焰温度由内层到外层呈渐变状态有着一定的相似性。因此实验参照火焰结构模型，将叶片类比于一种火焰结构的形态，进而分析叶片图像中每层的灰度情况。

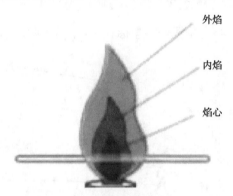

外焰

内焰

焰心

图3-25 火焰结构

（资料来源：步正延，基于太赫兹成像技术的作物叶片水分检测方法研究，2018）

如图3-26所示，提取出叶片中心点和边缘轮廓后，需设定好分割线再对叶片图像进行分割处理。实验中以期得到较好的分层效果，需事先设定好图像分割线的层数，当分割线较少时，会导致分割层数较少，不能得到较好的分层效果；而当分割线较多时，则又会出现过分割现象，分层区域间存在明显的重叠。因此，基于此，研究计算叶片边缘各点到中心点的距离，选取了位于中心点水平线上的两个边缘点，通过计算两点到中心点的距离并选择较小者，在充分保证分割层数的同时，避免了叶片图像的过分割。

$$d = \sqrt{(x_i - x_0)^2 + (y_i - y_0)^2}$$

式中，d表示边缘点到中心点的距离；（x_0, y_0）为中心点位置处的坐标；（x_i, y_i）则表示边缘点的坐标，其中，$i=1, 2, \cdots, m$。

具体图像分层算法处理步骤如下。

第一步：设定m为边缘轮廓像素点的总数目，并初始化为0。

第二步：采用遍历法依次遍历轮廓图像中每个像素点，当某个像素点值为1时，则记录该点位置并对m做如下式所示的累加运算操作，而当像素点值为0时，则不做任何操作。

$$m=m+1$$

第三步：对已记录位置的边缘轮廓上的各点，设定其到中心点x轴方向和y轴方向上的距离，分别记为x_i，y_i（$i=1, 2, \cdots, m$）。

第四步：设定n为分割线分割层数，并计算各层分割线上的像素点到中心点的x轴方向和y轴方向上的距离，分别记为x_{ij}，y_{ij}（$i=1, 2, \cdots, m$；$j=1, 2, \cdots, n$）。

第五步：采用下式，即可计算出各层分割线上每个像素点的位置，进而得到各层分割线轮廓图。

$$\begin{cases} x_{ij} = x_0 \pm x_{ij} \\ y_{ij} = y_0 \pm y_{ij} \end{cases} \quad i = 1, 2, \cdots, m; \quad j = 1, 2, \cdots, n$$

式中，（x_0，y_0）为中心点位置处的坐标；（x_{ij}，y_{ij}）则表示边缘点的坐标。

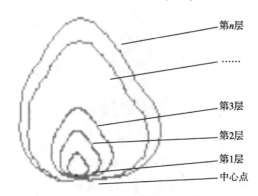

图3-26　叶片结构分层示意

（资料来源：步正延，基于太赫兹成像技术的作物叶片水分检测方法研究，2018）

（七）失水条件下叶片水分含量检测研究

依据上述模型，就实验所选取的校正集样本的太赫兹图像进行分层处理，提取出每层叶肉区域图像的灰度均值，并通过LS-SVM of G3模型将其转换为含水率情况。此外，实验为了简化分析过程，通过选取初始含水量相近的叶片样本，共计24个样品进行均值化处理，并将其转化为单一叶片模型，进而研究时间变量与叶片内部水分情况的一个动态变化过程。

$$w_j = \frac{1}{24} \sum_{i=m}^{24} w_{ij} \quad j = 1, 2, \cdots, n$$

式中，w_j表示对所有样本均值处理后得到的叶片第j层的含水率；w_{ij}表示样本i的第j层含水率；n表示叶片的分割层数，综合全部叶片样本大小情况，n取值为24。其中，所有样本的初始含水率均在80%左右，失水10h的叶片含水率也大都在20%左右。

图3-27为随时间变化的叶片内部水分含量变化的模型图，图中横坐标表示失水时间，纵坐标表示叶片内层当前的水分含量，水分曲线由外及内依次为叶片的第1层、第2层、第3层、…第n层。从图中大致可以看出，就叶片最内层而言，水分含量随着失水时间的变化呈现出先缓后陡的变化趋势，即在失水0～4h时，其水分变化情况较为平缓，而当失水4h以后，则变化较为明显，基本类似于一条直线，但到了9～10h时，其变化开始逐渐放缓；叶片最外层的水分变化情况则与最内层情况完全相反，前6h内，水分含量的下降幅度较为明显，而到了6h以后，则下降幅度趋于平缓；而中间各层的水分情况则随着相应的变化趋势依次变化。这说明，叶片内部，即叶肉区域部分，当其处于失水条件下时，其失水机制并非一致的，而是由外及内存在一定的差异性，即失水梯度，外部失水较快，而内部失水较慢。

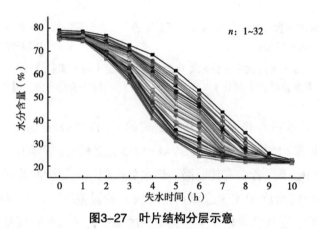

图3-27 叶片结构分层示意

（资料来源：步正延，基于太赫兹成像技术的作物叶片水分检测方法研究，2018）

通常，实验中所测得的叶片水分含量，一般都是叶片整体的平均含水率，即：

（叶片鲜重-叶片干重）/叶片鲜重

采用全叶片图像的整体灰度均值，来建立叶片的水分含量预测模型。而基于本研究发现，当叶片处于失水情况下时，其内部由外及内，失水梯度存在着较为明显的差异，从而导致在某个时刻下，叶片内部各层水分含量也各有不同。此时，若仍选用全叶片来建立水分模型的话，由于这种水分含量差异性的存在，可能会导致模型预测值与实测值之间有一定的偏差。因此，本研究通过图3-27所记录的叶片内部各层水分含量变化曲线图，并基于叶片内部的这种水分差异性，考虑就选用某一层叶片来去取代整片叶片，减小叶片内部区域间的水分差异性，建立叶片内部某一层的图像灰度均值与叶片含水率的水分预测模型。

图3-28为叶片内部各层的图像灰度均值与叶片含水率实测值的相关性回归分析，从图3-28选用了相关性结果大于0.99的叶片层数，分别为叶片第21层、第22层和第23层。实验中在叶片图像中将这三层区域提取出来，如图3-29所示，并对叶片该区域避开主叶脉，

选取了10个标记点，提取并计算出它们的灰度均值，参照上述的LS-SVM of G3模型建立了一个新的叶片水分含量预测改进模型。

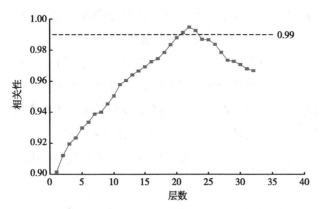

图3-28　叶片内部各层水分含量变化与真实含水率变化的
相关性分析

（资料来源：步正延，基于太赫兹成像技术的作物叶片
水分检测方法研究，2018）

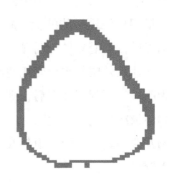

图3-29　所选中的叶片第21层、
22层和23层区域

（资料来源：步正延，基于太赫兹成像技术
的作物叶片水分检测方法研究，2018）

如图3-30所示，改进模型校正集和预测集的R^2和RMSE分别为0.920 5、0.912 2、0.084 7和0.107 2，该模型预测效果与LS-SVM of G3模型相比，R^2有所下降，RMSE也有所提高，总体而言，略差于后者。究其原因，该水分模型不同于全叶片样本模型，若选取的标记点中，当某个点的灰度相比于选取点出现较大的误差时，由于所选取的样本点数较少，容易造成最终的灰度均值参数发生较为明显的偏差，进而导致模型预测效果一般。但该建模方法相比于全叶片样本模型组，由于只选取几个标记点扫描，大大缩减了叶片扫描时间，也简化了后期的数据处理过程，具备了一定的实际应用意义，为后续基于太赫兹技术的快速叶片水分检测仪器的开发提供了技术支持。

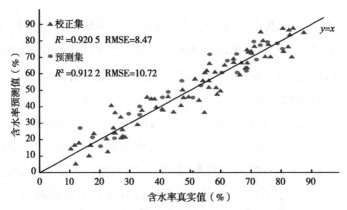

图3-30　改进模型的校正集和预测集结果

（资料来源：步正延，基于太赫兹成像技术的作物叶片水分检测方法研究，2018）

（八）失水条件下叶片失水速率对比研究

　　叶片失水速率是指作物在一定时间内单位叶面积丢失的水量，是作为评价叶片保水力的重要指标。实验中，就叶片在失水0～10h的叶片水分变化情况，对其进行两两相减法，依次得到1h、2h、3h、4h、5h、6h、7h、8h、9h、10h单位时间内的叶片水分变化情况。如图3-31所示，为叶片内部的失水速率变化情况，实验中，就其变化情况，大致可以分为3类：第1～6层、第7～25层和第26～32层。其中，第1～6层的失水速率的变化情况大致呈现先快后慢的变化趋势，在7h或者8h时，达到最大值，失水速率最快；第26～33层则大致与前者类似，不过，其失水速率的最大值则都在4h时；而第7～25层该区域的失水情况，较前两者而言，有较为明显的差异，其走势类似于"M"形，在6h时出现了一个拐点，该时刻下，叶片失水速率存在明显的下降。基于上述分析发现：外层叶片失水速率情况先快后慢，而内层叶片的水分变化情况则相反，但叶片中间层的变化情况则为一个典型的两峰结构，在6h时存在明显的波谷，需对其作进一步分析研究。

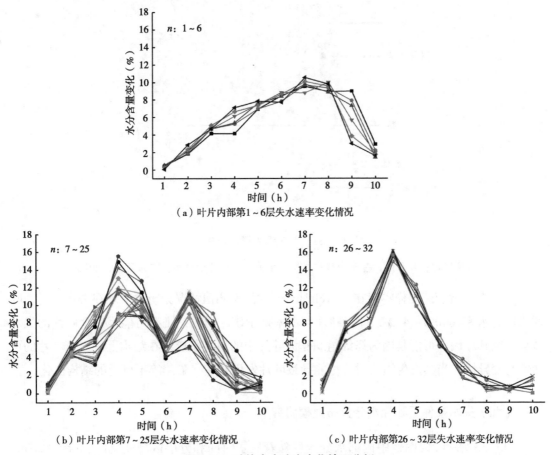

（a）叶片内部第1～6层失水速率变化情况

（b）叶片内部第7～25层失水速率变化情况　　　　（c）叶片内部第26～32层失水速率变化情况

图3-31　叶片失水速率变化情况分析

（资料来源：步正延，基于太赫兹成像技术的作物叶片水分检测方法研究，2018）

叶片作为作物的重要器官，一般由表皮、叶肉和叶脉这3部分组成。而叶肉作为叶片内的同化组织，可分化为栅栏组织和海绵组织两部分，图3-32为叶肉组织横切示意图。当叶片处于失水状态时，由于栅栏组织和海绵组织所处位置的差异性，使得海绵组织相较于栅栏组织而言，其失水时间必然会存在着一定的滞后性。从叶片结构分析来看，叶片是由叶脉逐渐向四周扩散的，基于这种结构的存在，使得其厚度由内向外慢慢变薄，而这种叶片内部厚度的变化，会导致其叶肉组织中栅栏组织和海绵组织的厚度和比值的变化。在叶片边缘部分，由于该处厚度较薄，可容纳空间较少，导致该区域海绵组织相对缺失，而到了叶片内部区域，随着各区间厚度的变化，其内部海绵组织的相对含量也发生着变化。基于上述现象，则可以很好地解释了图3-31的结果，即叶片外层的水分变化主要由栅栏组织的失水引起的，内层相应的主要由海绵组织决定，而中间各层，则由于两者间含量的变化，该部分的失水情况需综合两者变化而言。图3-31（b）中6h时的速率拐点，则可能是该时刻下，栅栏组织已失水完成，而海绵组织处于刚失水状态。

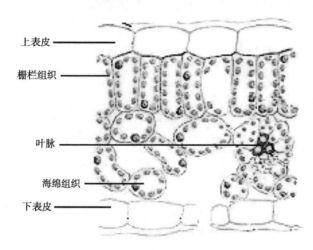

图3-32 叶肉组织横切示意

（资料来源：步正延，基于太赫兹成像技术的作物叶片水分检测方法研究，2018）

实验中，就校正集样本组在失水6h时水分含量实测值情况分析，发现在失水6h时，叶片当前含水率在40%～45%，即当叶片含水率处于该区间时，则有可能是一个叶片的失水节点。究其原因，可能是因为海绵组织作为叶片中的通气系统，在结构上决定着叶片的可塑性与变异性，当其发生损伤时，可能导致叶片发生卷缩、萎蔫等不可逆的结构变化。

（九）失水条件下叶片水分分布建模研究

图3-33所示叶肉图像中内部水分含量随着失水时间和分层区域变化的三维曲线图，图中x轴表示失水时间，y轴表示分层区域，z轴则表示水分含量。本研究基于此，采用多元多项式拟合法建立叶片内部水分分布的多维数学模型。

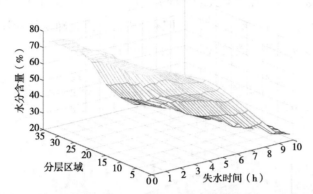

图3-33　不同时刻下叶片内部各层水分含量情况的三维曲线

（资料来源：步正延，基于太赫兹成像技术的作物叶片水分检测方法研究，2018）

在进行数学建模之前，实验需分别探究一下失水时间和分层区域两者各自与水分含量的数学关系。将图3-27中失水速率模型转化为数学模型，根据韦达定理可知：一个n次复系数多项式必有包括虚根和重根在内的n个复数根，图3-31（b）中每层的失水速率曲线，可以近似为包含有4个解的一元四次多项式。而由不定积分定义可知，当一个函数的导数为一元四次多项式时，其原函数必为比其高一阶的一元五次多项式。基于上述推导，如图3-34所示，本研究拟合了一条与图3-27中叶片内层水分变化曲线具有较好重合度的五阶多项式，初步确定叶片内部水分含量与失水时间是一个一元五次多项式的函数关系。

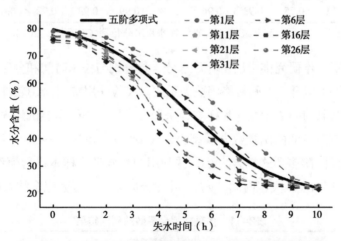

图3-34　叶片内部水分含量变化曲线与五阶多项式函数曲线

（资料来源：步正延，基于太赫兹成像技术的作物叶片水分检测方法研究，2018）

如图3-35所示为不同失水时刻的叶片各层水分含量梯度图，从图3-35可以看出，在每个失水时刻下，叶片内部水分含量与分层区域间大致呈线性关系。实验通过线性拟合函数的方法，建立了0～10h这11个时刻下分层区域和叶片内部水分含量的一元一次函数关系式，并得到如表3-10所示的各函数的决定系数R^2。表中各函数的R^2均高于0.6，尤其是在

2～7h这6个失水时刻，其函数关系式的R^2均大于0.9，而5h和6h时刻下的叶片水分函数R^2甚至达到了0.99，基本上接近于重合。基于上述分析，本研究确定了叶片内部水分含量与分层区域为一元一次多项式的函数关系，即线性关系式。

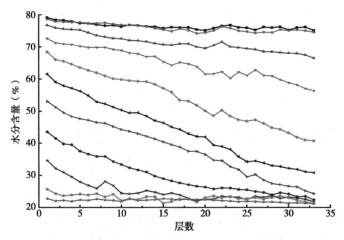

图3-35　不同时刻下叶片各层水分含量梯度

注：图中各曲线失水时刻从下至上依次为：0h、1h、2h、3h、4h、5h、6h、7h、8h、9h、10h。
（资料来源：步正延，基于太赫兹成像技术的作物叶片水分检测方法研究，2018）

表3-10　不同失水时刻叶片水分含量函数的判别结果

失水时刻（h）	0	1	2	3	4	5	6	7	8	9	10
R^2	0.71	0.75	0.93	0.96	0.98	0.99	0.99	0.92	0.67	0.64	0.72

资料来源：步正延，基于太赫兹成像技术的作物叶片水分检测方法研究，2018。

综合上述分析，本研究推导出了叶片水分含量分别与失水时间和分层区域两者间各自的函数关系式，为了拟合三者间最终函数关系式，实验采用MATLAB软件中的Curve fitting工具箱。实验就选取的96个大豆叶片样本，采用72片校正集样本尝试建立了水分含量、失水时间及分层区域三者间的函数数学模型：$z=(ax^5+bx^4+cx^3+dx^2+e)\times(fy+g)$，并对其采用逐步多元变量降阶多项式拟合方法，并利用24片验证集样本进行模型验证。其中，z表示叶片水分含量，x表示失水时间，y表示叶片分成区域，函数拟合结果如表3-11所示。

表3-11　多项式拟合函数的判别结果

多元多项式拟合函数	校正集		预测集	
	R^2_c	校正集均方根误差	R^2_p	预测集均方根误差
$z=ax^5y+bx^4y+cx^3y+dx^2y+exy+fy+g$	0.763 7	0.104 8	0.748 7	0.108 6
$z=ax^5+bx^4y+cx^3y+dx^2y+exy+fy+g$	0.932 1	0.056 2	0.930 1	0.055 6
$z=ax^5+bx^4+cx^3y+dx^2y+exy+fy+g$	0.974 4	0.034 1	0.978 5	0.033 9

（续表）

多元多项式拟合函数	校正集		预测集	
	R^2_c	校正集均方根误差	R^2_p	预测集均方根误差
$z=ax^5+bx^4+cx^3+dx^2y+exy+fy+g$	0.988 7	0.022 9	0.982 3	0.030 0
$z=ax^5+bx^4+cx^3+dx^2+exy+fy+g$	0.974 2	0.034 6	0.977 6	0.034 5
$z=ax^5+bx^4+cx^3+dx^2+ex+fy+g$	0.973 9	0.034 8	0.969 8	0.035 0

资料来源：步正延，基于太赫兹成像技术的作物叶片水分检测方法研究，2018。

表3-11进行分析，通过表中各函数模型结果可以发现，当上述多元多项式拟合函数数学形式为$z=ax^5+bx^4+cx^3+dx^2y+exy+fy+g$时，所得函数模型拟合效果较好，其校正集和预测集的决定系数R^2分别为0.988 7和0.982 3，均方根误差RMSE分别为0.022 9和0.030 0，基本符合R^2高RMSE低的模型预测标准。结果表明该函数模型能够很好表征叶片水分含量与失水时间和分层区域的关系。其拟合函数关系为：

$$z = -0.002\ 537x^5 + 0.063\ 4x^4 - 0.438\ 9x^3 + 0.026\ 28x^2y - 0.254xy - 0.064\ 1y + 80.36$$

图3-36为某个叶片样本中内部各层水分含量随时间变化的水分分布三维曲面图。其中，图中三维曲面表示经过上式计算所得到的该叶片随时间变化的水分分布情况，零散的小黑点则代表当前水分含量的实测值，从图3-36中可以看出，该三维模型与实测值之间具有较好的拟合度，说明该预测模型能够很好地预测失水条件下叶片内部的一个水分情况，为作物叶片内部失水机理研究和转基因抗旱研究提供了理论依据。

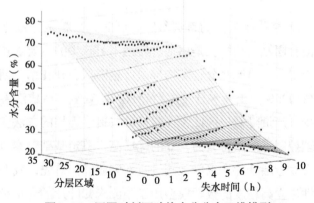

图3-36 不同时刻下叶片水分分布三维模型

（资料来源：步正延，基于太赫兹成像技术的作物叶片水分检测方法研究，2018）

四、实验小结

本研究以大豆叶片为对象，利用太赫兹光谱成像系统获取了不同水分含量的大豆叶片太赫兹图像，并采用干燥法测量叶片含水率，通过主成分分析法（PCA）提取出水分敏感特征波段0.557THz、1.098THz、1.163THz，并对这3个特征波段下的叶片图像采用自适应阈值分割法，将其分为叶脉图像与叶肉图像，再求取出各自的图像灰度特征并进行分组：叶片特征组（G1）、叶脉特征组（G2）、叶肉特征组（G3）。同时，分别采用多元线性回归（MLR）、BP神经网络（BP-ANN）和最小二乘支持向量机（LS-SVM）算法，将上述3个特征组作为输入，构建出9种大豆叶片水分预测模型。对比分析各模型性能，发现基于G3的LS-SVM模型预测结果最好，预测集的决定系数R2和均方根误差RMSE分别达到0.963 2和0.046 5。本研究基于此，采用图像分层算法，并结合数学建模等方法探究了叶片内部失水机理变化情况。实验结果表明：叶片内部第21层、第22层和第23层这三层的水分含量变化与叶片真实含水率变化情况具有较高的相关性，其系数达到0.99；当叶片含水率达到40%～45%时，该水分区间可作为一个叶片含水率失水节点；通过数学建模方法得到叶片水分模型函数：$z=-0.002\ 537x^5+0.063\ 4x^4-0.438\ 9x^3+0.026\ 28x^2y-0.254xy-0.064\ 1y+80.36$，函数模型校正集和预测集的R2和RMSE分别为0.988 7、0.982 3、0.022 9和0.030 0。结果表明，太赫兹成像技术可以动态地探究叶片水分含量变化、失水速率以及水分分布情况，为叶片失水机理研究及作物抗旱育种研究等奠定了一定的科学依据和理论基础。

第五节　基于太赫兹技术的大豆叶片含水微观观测研究

大豆作物是人们补充植物蛋白的首选谷物，同时大豆粕是养殖业主要的蛋白饲料来源，此外大豆根瘤菌有固氮的功效，是用地、养地不可缺少的重要农作物。水分是影响大豆产量的主要环境因素，干旱或水分过多均导致产量降低，开花结荚期和鼓粒期缺水将可能导致产量降低44%和29%，土壤水分过多会导致根系缺氧，造成涝害逆境，同时植株高度降低、叶面积减少、产量降低。因此，探索一种快速、无损的方法实现对大豆植株含水量的实时监测、合理控制灌溉量将会为大豆的优质高产奠定基础。本节基于太赫兹时域光谱这一新技术，对大豆冠层叶片含水量观测进行探索研究。首先，我们应用太赫兹波对水分强烈吸收这一特性建立高精度的数学模型用于预测未知叶片的含水量，然后基于这一模型对不同水分胁迫程度、不同介质栽培以及外源脱落酸作用对大豆叶片含水量的影响，最后借助Leica TCS SP8共聚焦显微镜对干旱胁迫作用下以及外源脱落酸（ABA）喷施前后大豆植物叶片的上、下表皮气孔的开度变化进行观测。

一、作物种植与数据采集

（一）仪器与实验

本实验在农业太赫兹实验室内完成，基于Menlo K15太赫兹光谱设备开展测量。使用实际分度值为0.1mg的电子天平（上海菁海仪器有限公司）进行叶片称重测量，SYNTEK精密量具电子数显游标卡尺测量叶片厚度，便携式土壤水分速测仪（美国Spectrum TDR100）用来快速地测量土壤的水分含量，叶片的显微图像在德国Leica TCS SP8共聚焦显微镜下采集。实验数据处理采用Matlab R 2014b（The Math Works，Natick，USA）、The Unscramber X10.1（CAMO AS，Oslo，Norway）软件进行整理分析。脱落酸（ABA）、无水乙醇（分析纯）均采购于北京华迈科生物技术有限责任公司。

（二）样品培育

种植实验于2017年6—10月在北京市农林科学院实验基地日光温室内开展，温室顶部装有防雨棚。供试大豆品种为中国农业科学院作物科学研究所选育的中黄13号，其生育期为98d左右。幼茎色为紫色，株高70cm，系半矮秆品种，结荚高度在20cm左右，有效分枝2～3个，椭圆形叶，灰色茸毛，紫花，有限结荚习性，落叶性较好，抗倒伏。

为方便对大豆进行连续的在线光谱扫描，采用盆栽方式育苗，市场购买统一规格的花盆25cm×25cm×33cm。供试土壤为基地实验田的沙质壤土，其田间最大持水量为32.5%。肥料以每亩施用复合肥15kg计算，复合肥中含氮16%，磷6%，钾18%，硫18%，每盆施用复合肥1.3g。取实验田0～20cm表土层壤过筛后与复合肥混匀装盆，整体土层保持为26cm左右，每盆装土量11kg。选取籽粒饱满、大小一致、无病虫害的种子进行播种。

二、参数提取与评价方法

（一）光学参数提取方法

首先，通过扫描得到大豆叶片的太赫兹时域脉冲信号Esam(t)和未放置样本时的空白参考信号Eref(t)，然后对其进行快速傅里叶变换（EET）得到频域谱信息：振幅Esam(ω)和Eref(ω)以及相位信息sam(ω)和ref(ω)。根据Dorney和Duvillaret的数据处理方法，基于叶片厚度和频域谱信息获得被测样本的吸收系数$\alpha(\omega)$和折射率$n(\omega)$：

$$\alpha(\omega) = \frac{2}{d}\ln\frac{4n(\omega)}{E_{sam}(\omega)[n(\omega)+1]^2 / E_{ref}(\omega)}$$

$$n(\omega) = \frac{[\Phi_{sam}(\omega) - \Phi_{ref}(\omega)]c}{\omega d} + 1$$

式中，ω为角频率；c为光速；d为扫描点叶片厚度。

（二）模型评价指标

评价PLS与MLR模型的指标主要有相关系数（Correlation Coefficient，Rc、Rp）、校正均方根误差（Root Mean Square Error of Calibration，RMSEC）、预测均方根误差（Root Mean Square Error of Prediction，RMSEP）。R表示模型预测值和真实值的相关性，R越接近1，说明模型的预测精度越高，可信度越高。RMSEC和RMSEP分别代表模型对建模集和预测集样本预测值与真实值之间的偏差，其值越小，模型越好。RMSEC和RMSEP值差异越小，模型稳定性越好。

三、实验结果与讨论分析

（一）大豆叶片含水量预测模型

1. 样品光谱数据采集

6月3日播种，出苗后每盆保留3株长势良好的植株，大豆发芽期和出枝期充分浇灌，保证大豆植株健康生长。本实验以土壤含水量（占田间持水量的百分数）划分胁迫程度：正常供水处理、轻度干旱胁迫、中度干旱胁迫、重度干旱胁迫处理的土壤含水量分别为田间最大持水量的80%、65%、50%、35%，每个梯度5盆重复。6月28日（长到开花期）起通过不浇水的方法进行控水处理，使土壤含水量降到需控水的最低限度。利用称重法与便携式土壤水分速测仪（美国Spectrum TDR100）结合进行土壤含水量的调控。每天上午、下午各测定一次土壤含水量，发现水分缺失就进行灌水。7月3日达到各水分梯度要求，将所有植株运回农业太赫兹光谱与成像实验室进行太赫兹光谱扫描。每个梯度挑选冠层30片叶子作为样品，共120个样品，根据Kennard-Stone算法按照3∶1比例划分校正集（90个样品）和预测集（30个样品）。

选择冠层叶片一枚将其剪下，迅速测量其鲜重和叶片厚度，为避免测量误差每个样品称重和厚度测量均重复3次，取其平均值作为样品数据。扫描太赫兹光谱数据时，尽量避开叶脉区域，同样的随机挑选3个点重复扫描，取其平均值作为该样品的太赫兹时域光谱数据。扫描结束后将叶片放入60℃恒温箱中烘干12h，测量叶片干重。本研究中，大豆叶片真实含水量的测定使用含水率计算公式，如下式所示：

$$叶片含水率(\%) = \frac{叶片鲜重 - 叶片干重}{叶片湿重} \times 100$$

2. 建模比较分析

偏最小二乘回归（PLS）是一种线性回归模型，其优势是在大、小样本的研究中均可应用，挖掘数据信息与待测组分具有较好的相关特性，且判别准确率高，模型简单，稳定性好。多元线性回归（MLR）它是在一元线性回归建模的基础上发展而来的，该方法可以对两个或两个以上自变量的数据进行建模，由多个自变量的最优组合共同来预测或估计因变量。本研究应用PLS和MLR分别建立大豆叶片太赫兹时域光谱（最值、全谱）、吸收系数（0.6~1.8THz）和折射率（0.6~1.8THz）与含水量的预测模型（表3-12）。

表3-12 大豆叶片含水率模型结果比较

建模输入量	模型	主因子数	R_C	校正集均方根误差	R_P	预测集均方根误差
时域最值	PLS	2	0.891 5	0.079 2	0.878 5	0.085 6
	MLR	—	-0.708 3	-0.550 4	0.758 1	0.129 8
时域全谱	PLS	12	-0.606 4	0.170 7	0.612 7	0.186 2
	MLR	—	-0.483 3	0.114 5	-0.585 7	0.154 2
吸收系数	PLS	11	0.464 5	0.077 1	0.388 2	0.099 1
	MLR	—	-0.510 2	0.056 0	-0.144 1	0.546 1
折射率	PLS	5	0.619 0	0.044 8	0.271 7	0.051 6
	MLR	—	-0.689 5	0.045 6	-0.337 8	0.203 0

通过上述太赫兹时域谱和频域谱数据的数学模型分析结果比较发现，时域谱模型的整体建模精度高于频域谱，推断其原因在于频域谱建模输入量为通过时域谱傅里叶变换之后根据公式计算得到的光学参数，计算量中叶片厚度d是影响因子，而大豆叶片存在茸毛突起结构，且叶片表面叶脉和叶肉区域厚度不均匀，难以精确测量扫面点的厚度；此外人工测量叶片厚度，存在测量误差，也会导致吸收系数和折射率数据误差，影响对叶片含水量的准确预测。

基于太赫兹时域光谱最大、最小值的PLS模型精度最高，稳定性最好，预测相关性达0.878 5，预测均方根误差0.085 6，其多元回归模型预测公式如下式所示。

$$Y = 1.606\ 3X_1 + 2.320\ 6X_2$$

式中，Y为叶片含水量值；X_1为时域最大值；X_2为时域最小值。

（二）利用PLS模型预测未知大豆叶片的含水量

为了能快速获取大豆叶片含水率值，我们通过以上一系列太赫兹光谱数据建模比较分析得出：基于太赫兹时域光谱最值的PLS模型的预测效果最佳，因此，以下实验将通过在线快速扫描大豆叶片的太赫兹时域光谱，并利用PLS模型直接获取大豆叶片的含水率。

1. 不同水分胁迫梯度下大豆叶片含水量的变化

6月20日开始实验种植第二批大豆，依然选取中黄13号大豆品种，统一在基质中育苗，出苗后移栽到不同的介质中培养。实验设置4个水分梯度用于观测水分胁迫下大豆叶片含水量的动态变化，分别占田间最大持水量的80%、65%、50%、35%，每个梯度重复处理3盆。与之前实验一样，待大豆生长到开花期（7月11日），利用人工称重法与便携式土壤水分速测仪结合进行土壤含水量调控。7月16日停止灌溉，将实验大豆植株运回实验室。每盆挑选1片冠层叶片做好标记，然后连续5d对该叶片进行随机三点的太赫兹时域光谱扫描。通过所建大豆叶片含水量PLS预测模型计算其每天的含水率值。取每个水分梯度处理下3个重复的平均含水率作为该梯度的含水率。

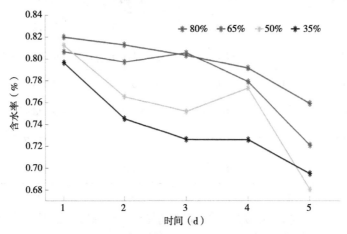

图3-37 不同水分梯度灌溉条件下大豆叶片含水率动态变化

图3-37为4个水分梯度处理下，连续5d测量其含水率的变化趋势图。各胁迫程度整体趋势均随时间的延长叶片含水率逐渐降低；且胁迫程度越强含水率越低。相比较来说，正常灌溉和轻度干旱胁迫条件，水分含量在前3d下降缓慢，第四天开始有明显的含水率降低，究其原因，大豆植株本身有一定的抗旱机能，充分灌溉之后短时间大豆植株是能维持自身水分供给需求正常生长的，随着水分的不断蒸发，停止灌溉后叶片含水率逐渐呈现下降趋势。中度、重度干旱胁迫条件，大豆植株本身已不能满足自身的水分需求，在停止水分灌溉后，叶片在第二天立即出现明显水分流失现象。实验表明：在适宜的供水条件下，大豆叶片具有较高的含水量，在停止灌水后，一定时间内土壤仍能保持较高的含水量，大豆叶片的含水量变化较小，但随着土壤水分的持续蒸发，土壤含水量显著降低，进而导致

叶片含水量显著下降。

2. 不同介质栽培大豆在水分亏缺状态下的含水率变化

实验挑选3种介质（蛭石基质、育苗基质和土壤）同时进行大豆栽培，探索水分缺失时，不同介质栽培大豆，其叶片在开花期的含水量动态变化。蛭石基质是一种含镁的水铝硅酸盐次生变质矿物，具有疏松土壤、透气性好、吸水力强、温度变化小等优势；育苗基质是采用东北长白山原始森林所生产草炭、灵寿县的蛭石和其他添加剂按一定比例搭配而成。从营养条件和生长环境方面来讲，基质比土壤更有利于植株生长，因此先通过基质育苗让其发芽，再分别移植到不同的基质中，每盆保苗3株。每种介质（蛭石基质、育苗基质和土壤）设置3个重复共9盆，均进行正常供水。生长到达开花期停止浇灌，每盆挑选一片长势良好的冠层叶片，做好标记，连续5d对该叶片进行在线太赫兹时域光谱扫描，每片叶子扫描3次取其平均值作为该样本的太赫兹时域光谱数据。利用大豆叶片PLS含水量模型预测其5d内的水分含量值并绘制曲线图，取每种介质3个叶片的平均含水率值作为该介质的最终含水率值，比较不同介质栽培大豆的保水能力强弱。

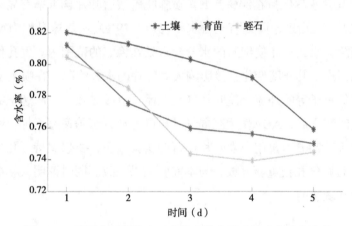

图3-38 不同介质栽培大豆在停止灌水后叶片水分动态变化

如图3-38所示为土壤、育苗基质、蛭石基质栽培大豆5d内随时间延续含水量预测值的变化情况。比较发现正常供水初期土壤栽培叶片的含水量略高于蛭石基质和育苗质，但差异不显著。随着干旱时间的延长，3种介质栽培大豆叶片含水量均呈现下降趋势，但降低幅度不同。在停止浇水的第二天土壤栽培大豆叶片含水量小幅度的降低，并且停止供水后4d内均处于一种缓慢失水状态，直到第五天时叶片含水量出现大幅度的降低，叶片明显萎蔫。与土壤的失水状况差异明显的是，育苗基质和蛭石基质栽培大豆均在停止供水的第二天叶片含水量即出现显著降低，明显低于土壤栽培。并在接下来的4d叶片含水量持续下降，相比较而言，蛭石基质的水分流失更严重，在停止供水5d后叶片含水率低至74%以下。根据叶片水分动态变化结果，表明土壤种植能够在相对较长的时间内维持一定水平的抗旱机制，具有较强的保水能力；而基质种植大豆在停止灌水后水分流失过快保水能力较差，尤其蛭石基质保水能力最差。

3. 外源脱ABA作用下大豆叶片含水率的变化

脱落酸（Abscisic Acid，ABA）是一种对植物生长、发育、抗逆性、气孔运动和基因表达等都有重要调节功能的植物激素，可以提高植物对干旱、高温、冷害等不同环境胁迫的适应能力。为观测外源ABA对大豆叶片含水量的影响，实验选取长势均一的开花期大豆植株3盆并配置浓度为10μmol/L的ABA溶液施用于叶片的上、下表面。由于ABA粉末难溶于水易溶于乙醇，故在配制溶液时先将ABA粉末与乙醇混匀，再加水溶液。喷施脱落酸时液滴要细小、均匀，药液用量以喷施叶片表面湿润为准。每盆大豆挑选一片完整的冠层叶片，做标记，喷洒ABA溶液之前对其进行连续5次的太赫兹时域光谱扫描，喷洒ABA溶液之后等叶片表面蒸发至无水分残留，继续对其进行连续的太赫兹时域光谱扫描直到叶片萎蔫，并利用PLS含水量预测模型计算获得叶片含水率数据，结果取3次重复的平均值。

图3-39为喷洒ABA前后叶片含水率曲线图。如图所示，叶片在20min时喷洒ABA，喷施ABA溶液之前其含水率保持在84%上下，喷施脱落酸后叶片含水率有显著的升高，含水率最大值达到92%；之后迅速降低直至含水率稳定在79%左右。这是因为ABA能通过调节气孔开度降低蒸腾失水，从而使细胞的水分含量处在稳定的范围内。气孔作为叶片与外界进行气体交换的门户，其开度变化直接影响大豆叶片的水分状况，在喷洒ABA溶液之后，促进了钾离子、氯离子等的外流，使叶片气孔关闭，直接导致了蒸腾速率的降低，叶片含水率升高；一段时间之后，ABA作用减弱气孔再度开放，蒸腾速率增加，叶片含水率也随之降低。李智念等（2003）曾用小麦叶片进行的实验表明，要想保持气孔导度下降，需要持续供应ABA，否则气孔会重新开放，与本实验结果一致。同时证明太赫兹波对大豆叶片水分的变化是极其敏感的。

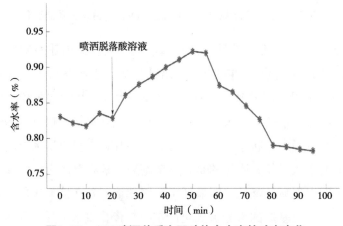

图3-39　ABA喷洒前后大豆叶片含水率的动态变化

（三）微观成像观测研究

以上实验研究均是从宏观角度通过探索太赫兹光谱与大豆叶片含水量的相关关系，从而达到对大豆叶片含水量的实时监测，用于农业灌溉指导。有关研究表明，在干旱胁迫下，植物宏观形态上的变化与微观细胞结构及生理上的变化相比较，前者要远远滞后。因此，我们想通过微观成像探究真正的水分含量变化的原因。

1. 水分胁迫对大豆叶片上、下表皮气孔的影响

当植物吸水小于耗水时，组织水分亏缺现象就会在植物中出现，干旱就是过度水分亏缺的现象，是陆生植物在生长过程中经常遭受的环境胁迫之一。据此，运用超高分辨率共聚焦显微镜Leica TCS SP8针对同一盆大豆植株叶片的上、下表皮进行观察，包括正常水分供水条件、干旱胁迫处理即停止灌水，使其持续自然干旱5天时以及干旱胁迫后复水至对照水平。如图3-40所示。所采集到的图片的分辨率均为1 336pixel×1 336pixel，可以清晰地看到叶片气孔的开度。

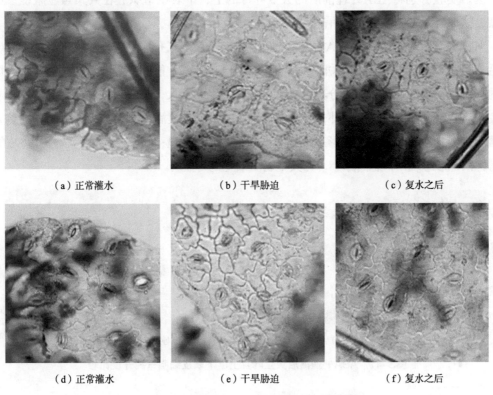

（a）正常灌水　　　　　　（b）干旱胁迫　　　　　　（c）复水之后

（d）正常灌水　　　　　　（e）干旱胁迫　　　　　　（f）复水之后

图3-40　大豆叶片上、下表皮细胞显微图像

通过对比叶片上、下表皮组织在3个阶段的显微图像，发现叶片气孔开度有显著的变化，并且在正常供水条件下叶片上、下表皮细胞间隙较小，细胞充盈饱满，在水分亏缺状态叶片表皮细胞出现皱缩现象，细胞间隙较大。在正常灌溉条件下叶片气孔开度比较大，

干旱胁迫后气孔基本保持半开发甚至关闭状态，复水之后气孔又处于开放状态。已有研究表明气孔的灵敏度是植物抗旱的特征之一，气孔先于叶片水分状况对土壤水分状况发生反应。干旱胁迫下植物会通过调控气孔开度来防止植物体内水分的过度散失，气孔的关闭是植物对环境变化做出反应，使植物更好地适应新环境。经过干旱胁迫的大豆植株，当土壤水分恢复到适宜生长的水平时，明显看到气孔逐渐开放恢复到原来状态。说明大豆植株为了适应环境的变化，形成了逆境的抵抗能力，而在复水后都得到了一定程度的缓解，这与前人的一些研究结果类似。以上结果表明，植物灌溉水分的盈亏会直接影响到植株叶片气孔的开度。

2. ABA处理前后大豆叶片上、下表皮细胞变化

根据以上ABA处理宏观实验：对大豆叶片喷施10μmol/L高浓度的外源ABA可使叶片的含水量在短时间内出现明显升高。借助于太赫兹技术可以从宏观上观察到喷施外源ABA前、后大豆植株叶片的含水量的显著变化，为了在微观机理上解释产生这种水分含量变化的原因。实验分别将ABA处理前后的大豆叶片的上、下表皮组织放在共聚焦显微镜下进行观察，获取叶片表皮显微图像信息。

如图3-41所示，在喷洒ABA溶液前，叶片上、下表皮气孔均处于开放状态，在喷洒ABA之后气孔处于半开放甚至完全关闭状态。证明ABA溶液确实能够诱导叶片气孔的关闭，短时间内降低植物的蒸腾速率，水分蒸发减少，叶片含水率变大，与宏观预测的大豆叶片含水率的变化实验结果保持一致。另外，叶片表皮细胞的形态在喷洒ABA溶液前后有明显的差异：喷洒ABA溶液前，叶表皮细胞形态不规则，细胞间隙较明显；喷洒ABA之后，叶片表皮细胞变得饱满，形态规则，胞间隙小，尤其下表皮细胞更为显著。

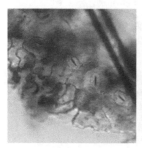 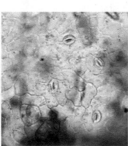 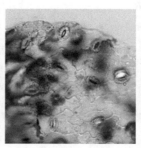 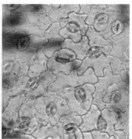

（a）ABA处理前　　　　（b）ABA处理后　　　　（c）ABA处理前　　　　（d）ABA处理后

图3-41　ABA处理前后大豆叶片上、下表皮细胞气孔开度比较

四、实验小结

本节中，建立了高精度的大豆植物叶片在太赫兹时域光谱的水分含量预测模型，其预测相关性达0.878 5，预测均方根误差0.085 6，表明利用太赫兹时域光谱最值检测大豆叶

片含水量的可行性，为太赫兹技术应用于农作物水分监测奠定了基础。宏观方面的研究表明，大豆叶片在水分胁迫状态下的水分动态变化、不同介质栽培大豆植株的保水能力的差异以及在外源ABA作用下大豆植物叶片含水量的动态变化过程。结果发现正常供水和轻度干旱胁迫灌水条件下，在停止灌水之后大豆叶片水分含量在前3d有降低的趋势但是水分流失缓慢，第四天大豆植株叶片含水率骤然降低；而中度干旱和重度干旱胁迫灌水条件下，在停止灌水的第一天大豆叶片的含水率即明显下降。整体来说，土壤、育苗基质、蛭石基质对大豆植株的栽培表明在停止灌水后土壤的保水能力较强，育苗基质保水能力次之，蛭石基质保水能力较差。而当正常供水大豆植株被喷施一定浓度的外源ABA后，大豆叶片的含水率迅速显著增加，在一段时间之后，叶片含水率逐渐降低直到达到稳定状态。此外，为了探究大豆叶片水分动态变化的微观机理，我们利用Leica TCS SP8共聚焦显微镜观察了正常供水、干旱胁迫以及复水之后大豆叶片上、下表皮的显微成像，发现表皮气孔开度差异明显，干旱胁迫状态植物气孔基本关闭以防止植物体内水分的过度散失，水分充足时气孔处于自由开放状态。在给正常供水培育的大豆叶片喷洒脱落酸前后，叶片上、下表皮气孔均由开放状态转换为关闭状态，从而解释了喷洒ABA溶液后叶片含水量显著升高的原因。

　　水分是植物生长的首要基础，植物叶片中含有大量液态形式的水，而水分子是极性分子，且在平衡位置进行位移和转动时的弛豫时间在皮秒和亚皮秒之间，会对太赫兹波产生强烈的吸收，使得太赫兹谱成为研究水分子间氢键集体振动的绝佳工具。此外太赫兹波具有量子能量低的特性，不会对被检测样本造成损伤。因此，与其他无损检测技术相比，太赫兹在检测植物叶片水分方面具有独特的优势。当前，由于太赫兹的产生装置和检测装置结构较复杂，设备价格昂贵，因此目前太赫兹技术仍然处于研究和发展阶段，还未真正应用到生产实践当中，但是太赫兹独有的特性已经吸引了众多科研机构和学术研究者投身太赫兹技术的研究中去。可以预见，太赫兹技术将和电磁波谱的其他波段一样，会给各行各业带来深远的影响。

第六节　小　结

　　本章以植物冠层叶片水分的太赫兹光谱观测为主要内容，分别进行了绿萝叶片、小麦叶片和大豆叶片水分观测研究，在宏观叶片含水变化的太赫兹测量数据基础上，又进行了微观层面的叶片气孔尺度测量实验，在宏观和微观上进行尺度对照，共同验证相关结果。然后，又进行了基于时间和空间的叶片水分运移和分布观测，以及田间移动式太赫兹测量平台的设计，为今后面向应用的技术产品落地提供参考。

参考文献

葛进，王仞，张雷，等，2010. 不同频率的太赫兹时域光谱透射成像对比度研究[J]. 激光与红外，40（4）：383-386.

韩青，袁学国，2011. 参与式灌溉管理对农户用水行为的影响[J]. 中国人口·资源与环境，21（4）：126-131.

金林雪，李映雪，徐德福，等，2012. 小麦叶片水分及绿度特征的光谱法诊断[J]. 中国农业气象，33（1）：124-128.

邝朴生，1999. 精细农业技术体系初探[J]. 农业工程学报（3）：1-4.

李进，2015. 基于太赫兹时域光谱技术的水蒸汽传输特性研究[D]. 绵阳：西南科技大学.

李智念，王光明，曾之文，2003. 植物干旱胁迫中的ABA研究[J]. 干旱地区农业研究，21（2）：99-104.

刘星，毛丹卓，王正武，等，2014. 薏仁种类的近红外光谱技术快速鉴别[J]. 光谱学与光谱分析，34（5）：1 259-1 263.

刘彦随，吴传钧，鲁奇，2002. 21世纪中国农业与农村可持续发展方向和策略[J]. 地理科学，22（4）：385-389.

龙园，赵春江，李斌，2017. 基于太赫兹技术的植物叶片水分检测初步研究[J]. 光谱学与光谱分析，37（10）：3 027-3 031.

马欣然，2015. 木材的太赫兹波光谱特性及参数提取算法研究[D]. 哈尔滨：东北林业大学.

庞艳梅，2008. 水分胁迫对大豆生长发育、生理生态特征及养分运移的影响[D]. 北京：中国农业科学院.

宋坤林，张初，彭继宇，等，2017. 基于激光诱导击穿光谱技术的咖啡豆中咖啡因含量快速检测方法[J]. 光谱学与光谱分析，37（7）：2 199-2 204.

王锋堂，杨福孙，卜贤盼，等，2017. 干旱胁迫下热带樱花叶片与气孔形态变化特征研究[J]. 热带作物学报（8）：64-68.

王岩磊，2010. 复水与外源脱落酸处理对干旱胁迫下猕猴桃幼苗抗旱性的影响[D]. 杨凌：西北农林科技大学.

文志，王丽，王效科，等，2014. O_3和干旱胁迫对元宝枫叶片气孔特征的复合影响[J]. 生态学杂志（3）：560-566.

谢甫绨，董钻. 不同生育时期干旱对大豆生长和产量的影响[J]. 沈阳农业大学学报（1）：13-16.

许朗，黄莺，2012. 农业灌溉用水效率及其影响因素分析——基于安徽省蒙城县的实地调查[J]. 资源科学，34（1）：105-113.

张建平，赵林，谭欣，2004. 水分子团簇结构的改变及其生物效应[J]. 化学通报（4）：278-283.

张建平，赵林，王林双，2005. 水分子簇中氢键作用[J]. 化学通报：网络版，68（1）：950-950.

张守仁，高荣孚，1998. 白杨派新无性系气孔生理生态特性的研究[J]. 生态学报，18（4）：358-363.

张阴东，2010. 浅议精细农业技术及其应用[J]. 中国科技纵横（19）：152.

赵海涛，李天鹏，赵子笑，等，2015. 蚓粪基质中添加蛭石和氮磷钾肥对黄瓜幼苗生长的影响[J]. 上海农业学报（5）：13-20.

赵武云，杨术明，杨青，等，2007. 精细农业技术的发展与思考[J]. 农机化研究（4）：167-170.

赵旭婷，张淑娟，刘蒋龙，等，2017. 高光谱技术结合CARS-ELM的油桃品种判别研究[J]. 现代食品科技

（10）：287-293.

赵燕东，高超，张新，等，2016. 植物水分胁迫实时在线检测方法研究进展[J]. 农业机械学报，47（7）：290-300.

Björn Breitenstein, Scheller M, Shakfa M K, et al., 2012. Introducing terahertz technology into plant biology: A novel method to monitor changes in leaf water status[J]. Journal of Applied Botany & Food Quality, 84（2）：158.

Björn Breitenstein, Björn Breitenstein, Maik Scheller, et al., 2011. Introducing terahertz technology into plant biology: A novel method to monitor changes in leaf water status[J]. Journal of Applied Botany and Food Quality, 84：158-161.

Born N, Behringer D, Liepelt S, et al., 2014. Monitoring Plant Drought Stress Response Using Terahertz Time-Domain Spectroscopy[J]. Plant Physiology, 164（4）：1 571-1 577.

Elmasry G, Wang N, Clément V, et al., 2008. Early detection of apple bruises on different background colors using hyperspectral imaging[J]. LWT-Food Science and Technology, 41（2）：345.

Gente R, Born N, Vo N, et al., 2013. Determination of Leaf Water Content from Terahertz Time-Domain Spectroscopic Data[J]. Journal of Infrared Millimeter & Terahertz Waves, 34（3-4）：316-323.

Gente R, Rehn A, Koch M, 2015. Contactless Water Status Measurements on Plants at 35 GHz[J]. Journal of Infrared Millimeter & Terahertz Waves, 36（3）：312-317.

Guo Y, Tan J, 2011. Modeling and simulation of the initial phases of chlorophyll fluorescence from Photosystem Ⅱ[J]. Biosystems, 103（2）：152-157.

Guo Y, Tan J, 2013. A biophotonic sensing method for plant drought stress[J]. Sensors & Actuators B Chemical, 188：519-524.

Hadjiloucas S, Galvao R K H, Becerra V M, et al., 2003. Wavelet filtered modelling applied to measurements of a waveguide's THz time domain response[C]// IEEE Tenth International Conference on Terahertz Electronics. IEEE.

Heugen U, Schwaab G, Brã Ndermann E, et al., 2006. Solute-induced retardation of water dynamics probed directly by terahertz spectroscopy[J]. Proceedings of the National Academy of Sciences of the United States of America, 103（33）：12 301-12 306.

Hu B B, Nuss M C, 1995. Imaging with terahertz waves[J]. Optics Letters, 20（16）：1 716.

Huang W, Li J, Wang Q, et al., 2015. Development of a multispectral imaging system for online detection of bruises on apples[J]. Journal of Food Engineering, 146（Feb.）：62-71.

Jin G E, Reng W, Lei Z, et al., 2010. Study on the contrast of the transmittance images in terahertz time domain spectroscopy at different frequencies[J]. Laser & Infrared, 40（4）：383-386.

Jones H G, Luton M T, Higgs K H, et al., 1983. Experimental control of water status in an apple orchard[J]. Journal of Horticultural Science, 58（3）：301-316.

Nie P, Qu F, Lin L, et al., 2017. Detection of Water Content in Rapeseed Leaves Using Terahertz Spectroscopy: [J]. Sensors, 17（12）：2 830.

Rossini M, Fava F, Cogliati S, et al., 2013. Assessing canopy PRI from airborne imagery to map water stress in maize[J]. Isprs Journal of Photogrammetry & Remote Sensing, 86（12）：168-177.

Sadeghi B H M, 2000. A BP-neural network predictor model for plastic injection molding process[J]. Journal of Materials Processing Technology, 103（3）: 411-416.

Santesteban L G, Palacios I, Miranda C, et al., 2015. Terahertz time domain spectroscopy allows contactless monitoring of grapevine water status[J]. Frontiers in Plant Science, 6: 1-8.

Seelig H D, Hoehn A, Stodieck L S, et al., 2008. The assessment of leaf water content using leaf reflectance ratios in the visible, near-, and short-wave-infrared[J]. International Journal of Remote Sensing, 29（13-14）: 3 701-3 713.

Shahbaz K, Munir A H, Mu J X, 2009. Water management and crop production for food security in China: a review[J]. Agric. Water Manage, 96: 349-360.

Shishi L, Yi P, Wei D, et al., 2015. Remote Estimation of Leaf and Canopy Water Content in Winter Wheat with Different Vertical Distribution of Water-Related Properties[J]. Remote Sensing, 7（4）: 4 626-4 650.

Starr F W, Nielsen J K, Stanley H E, 2000. Hydrogen-bond dynamics for the extended simple point-charge model of water[J]. Physical Review E Statal Physics Plasmas Fluids & Related Interdiplinary Topics, 62（1）: 579-587.

Suykens J A K, .1999. Least squares support vector machine classifiers: a large scale algorithm[C]// European Conference on Circuit Theory and Design.

Varga B, Vida G, Varga-László E, et al., 2015. Effect of Simulating Drought in Various Phenophases on the Water Use Efficiency of Winter Wheat[J]. Journal of Agronomy & Crop Science, 201（1）: 1-9.

Wang H, Hu D, 2006. Comparison of SVM and LS-SVM for Regression[C]// 2005 International Conference on Neural Networks and Brain. IEEE.

Wang P, Tian J W, Gao C Q, 2008. Infrared small target detection using directional highpass filters based on LS-SVM[J]. Electronicsletters, 44（4）: 156-158.

Wu D, He Y, Feng S, et al., 2008. Study on infrared spectroscopy technique for fast measurement of protein content in milk powder based on LS-SVM[J]. Journal of food engineering, 84（1）: 124-131.

Wu Y, Huang M, Gallichand J, 2011. Transpirational response to water availability for winter wheat as affected by soil textures[J]. Agricultural Water Management, 98（4）: 570-576.

Xiao Z, Shi, Ye J, et al., 2009. Bp Neural Network With Rough Set For Short Term Load Forecasting[J]. Expert Systems with Applications, 36（1）: 273-279.

Xing J, Bravo C, Jancsok P T, et al., 2005. Detecting bruises on "Golden Delicious" apples using hyperspectral imaging with multiple wavebands[J]. Biosystems Engineering, 90（1）: 27-36.

Yada H, Nagai M, Tanaka K, 2008. Origin of the fast relaxation component of water and heavy water revealed by terahertz time-domain attenuated total reflection spectroscopy[J]. Chemical Physics Letters, 464（4-6）: 166-170.

Yi J, Wang Q, Zhao D, et al., 2007. BP neural network prediction-based variable-period sampling approach for networked control systems[J]. Applied Mathematics & Computation, 185（2）: 976-988.

Zuo J, Zhang Z W, He J, et al., 2011. The experimental research of leaf water content using terahertz time-domain spectroscopy[C]// International Symposium on Photoelectronic Detection & Imaging. International Society for Optics and Photonics.

第四章　太赫兹技术用于土壤重金属污染检测研究

第一节　研究背景及现状

一、研究背景

土壤是人类赖以生存的主要自然资源之一，是从事农业生产的本源所在，也是人类生态、环境的重要组成部分。农田土壤保护是保障粮食与食品安全的重要物质基础。近年来，随着经济的高速发展，大量工业源、生活源污染物及农用化学品等通过不同形式进入土壤、大气等农产品产地环境，影响农产品及其加工食品的质量，并通过食物链的传递对人类健康产生着不良影响。从农产品源头出发，实现对农产品产地环境的监测和污染防治对于发展现代农业有着重要的战略意义。在众多的农产品产地环境参数中，土壤重金属的污染日趋严重，成为发展现代农业亟待解决的突出问题之一。

土壤重金属是指比重（相对密度）大于5的金属元素或其化合物。这些重金属主要指汞（Hg）、镉（Cd）、铅（Pb）、铬（Cr）、铜（Cu）、锌（Zn）、镍（Ni），类金属砷（As）等。生态环境部数据显示，全国每年因重金属污染的粮食高达1 200万t，造成的直接经济损失超过200亿元。

有色金属矿山的开采、工业"三废"的排放、含重金属废弃物堆积、农业生产中的污水灌溉，农用化学药品的不合理使用等，都可能导致有害重金属元素直接或间接进入农田土壤。重金属污染物通过各种渠道进入农产品产地环境并达到一定浓度后，首先通过土壤—植物系统对产地的作物产生毒害作用，造成其生长迟缓、减产甚至枯死腐烂，并经由食物链最终进入生物体。进入生物体的重金属不易被降解，在体内不断富集并与体内的酶、蛋白等物质结合，导致生理或代谢障碍；或与遗传物质相互作用，直接威胁着人类的生存与健康。不同的重金属元素进入人体，可能造成以下危害：汞，食入后直接沉入肝脏，对人类大脑、神经、视觉系统破坏性极大；镉，会在人体内形成镉硫蛋白，部分将富积于肾和肝中，引发肾病，且容易阻碍骨骼代谢，造成骨质疏松、萎缩、变形等症状，如日本的"痛痛病"；铅，会直接伤害人体脑细胞，特别是胎儿的神经系统，造成先天性智力低下；铬，是人体必需的微量元素，它能增加胆固醇的分解和排泄，铬中毒一般由六价铬引起，人体过量摄入六价铬，肾和肝会受损，胃肠受刺激、溃疡、痉挛甚至死亡；砷，急性中毒会导致人在数天甚至数小时内死亡，慢性中毒则易诱发肺癌、皮肤癌、膀胱癌等。重金属污染对人身健康带来的危害将是致命性的。

土壤重金属污染具有本身的特点。一般来说，土壤是否受到了重金属污染，往往需要对土壤样品进行检测和农作物的残留进行检测，甚至通过研究对人畜健康状况的影响之后才能发现和确定。因此，土壤重金属污染从产生污染到出现问题通常会滞后较长的时间，具有隐蔽性和滞后性；同时，土壤一旦受到重金属污染，污染物质不容易转移和稀释，会在土壤中不断积累直至超标，具有积累特性；另外，重金属对土壤的污染基本上是一个不可逆转的过程，被某些重金属污染的土壤可能要100~200年时间才能够恢复。

目前，世界各国土壤存在不同程度的重金属污染。据统计，全世界平均每年排放Hg约1.5万t，Cu 340万t，Pb 500万t，Mn 1 500万t，Ni 100万t，这些污染物会通过大气、水等以不同形式最终进入到土壤中，造成土壤重金属超标。

二、研究现状

目前重金属的定量分析和检测方法主要有光谱法、电化学方法以及新型检测技术等。光谱法是比较传统的方法，主要有原子吸收法（AAS）、原子荧光法（AFS）、电感耦合等离子体法（ICP）、X荧光光谱（XRF）、电感耦合等离子质谱法（ICP-MS）、紫外可见分光光度法（UV）等。日本和欧盟国家有的采用电感耦合等离子质谱法（ICP-MS）分析，但对国内用户而言，仪器成本过高。也有的采用X荧光光谱（XRF）分析，优点是快速、无损检测，可直接分析成品，但对于某些低检测限的重金属，检测精度达不到。电化学检测方法是目前比较流行的检测方法，包括极谱法、电位分析法、电导分析法、伏安法等，检测速度较快，数值准确，在环境应急检测方面有较大的应用潜力。另外，一些比较新的检测技术，如酶抑制法、免疫分析法和生物传感器法等，也展开了探索研究。

在《土壤环境质量标准》（GB 15618—1995）中，规定了用于土壤重金属检测的标准方法，主要是采用强酸消解后，采用光谱法进行重金属测量（表4-1）。

表4-1　土壤环境质量标准（GB 15618—1995）选配分析方法（节选）

序号	项目	测定方法	注释
1	镉	土样经盐酸—硝酸—高氯酸（或盐酸—硝酸—氢氟酸—高氯酸）消解后，采用萃取—火焰原子吸收法测定，或者石墨炉原子吸收分光光度法	土壤总镉
2	铅	土样经盐酸—硝酸—氢氟酸—高氯酸消解后，采用萃取—火焰原子吸收法测定，或者石墨炉原子吸收分光光度法测定	土壤总铅

序号	项目	测定方法	注释
3	铬	土样经硫酸—硝酸—氢氟酸消解后，采用高锰酸钾氧化，二苯碳酰二肼光度法测定，或者加氯化铵液，火焰原子吸收分光光度法测定	土壤总铬
4	锌	土样经盐酸—硝酸—高氯酸（或盐酸—硝酸—氢氟酸—高氯酸）消解后，火焰原子吸收分光光度法测定	土壤总锌
5	镍	土样经盐酸—硝酸—高氯酸（或盐酸—硝酸—氢氟酸—高氯酸）消解后，火焰原子吸收分光光度法测定	土壤总镍

（一）光谱法

作为传统的重金属定量检测方法，光谱法虽然能以较高灵敏度对各种样品中的重金属离子含量进行有效分析，但大多需要大型仪器设备，分析方法成本高。样品前处理过程中需要经过消解，操作专业，分析时间长，难用于土壤重金属的现场快速检测。前人已经做了较多的研究和应用，这里只对其原理及优缺点做简单介绍。

1. 原子吸收光谱法

原子吸收光谱法（Atomic Absorption Spectrometry，AAS）是通过蒸汽相中被测金属基态原子对其原子共振辐射的吸收强弱来测定样品中被测元素含量的方法。原子吸收分析过程一般如下：①将样品制成溶液；②制备一系列浓度已知的分析元素的校正溶液（标样）；③依次测出样品溶液及标样的相应值；④依据校正溶液相应值绘出校正曲线；⑤测出未知样品的相应值；⑥依据校正曲线和未知样品的相应值得出样品的浓度值。石墨炉原子吸收光谱法的检测限可达到（1×10^{-14}）~（1×10^{-10}）g/L，而火焰原子吸收光谱法的检测限可达到1×10^{-9}g/L。该方法的优点是，选择性较好，灵敏度较高，适用范围广。缺点主要表现在，多数非金属元素不能直接测定，而且测定不同元素的时候需要更换不同的元素灯，不便于多种元素的同时测定；对于复杂试样，干扰比较严重，操作复杂，仪器昂贵。

2. 原子发射光谱法

原子发射光谱法（Atomic Emission Spectrometry，AES）是根据样品中不同原子或离子在热激发下发射特征的电磁辐射而进行元素的定性和定量分析的方法。由于各种元素的原子结构不同，在光源的激发作用下，试样中每种元素都发射自己的特征光谱，这是定性分析的基础，根据特征光谱的谱线强度进行定量分析。优点体现在，分析速度快，选择性好，分析灵敏度高，其准确度随待测元素含量的多少有所区别。缺点：成套仪器设备昂贵，对于非金属元素硫、硒卤素等的分析灵敏度低。一般只限于元素分析，而不能确定这些元素在样品中存在的化合物状态。对于高含量元素的定量分析，误差较大；对于超微量元素的定量分析，灵敏度又不够。

3. 电感耦合等离子体—原子发射法

电感耦合等离子体光源（Inductively Coupled Plasma，ICP）是目前应用最广泛的AES光源，可以为原子发射光谱法提供稳定的光源。相较于其他方法，ICP-AES分析速度快，干扰低，时间分布稳定，线性范围宽，可同时读出多种被测元素的特征光谱并进行定性和定量分析。ICP-AES的缺点是设备昂贵，操作费用高，对某些元素的分析并不具备优势。

4. 原子荧光光谱法

原子荧光光谱法（Atomic Fluorescence Spectrometry，AFS）原理是原子蒸汽吸收一定波长的光辐射后被激发，随之发射出一定波长的光辐射，即为原子荧光，在一定的实验条件下，荧光辐射强度与分析物的原子浓度成正比，根据荧光波长分布可进行定性分析。此方法简单，试样量少，选择性强，灵敏度高。但许多物质，包括金属在内，本身不会产生荧光，需要加入某种试剂才能达到荧光分析的目的，所以其应用范围不够广泛。此外，荧光的产生过程和化合物结构的关系还有待广泛深入的研究。

5. 质谱法

质谱法（Mass Spectrometry，MS）是待测物质的分子被转变成带电粒子，带电粒子在稳定磁场或交变电场的作用下按质量大小顺序分开，形成有规则并可以检测的质量谱。20世纪80年代痕量元素及同位素分析的一项重要进展就是等离子体质谱法（ICP-MS）的应用。相比其他方法，ICP-MS检测限低，分析精度高，速度快，干扰少，动态范围大，可同时测定多种元素并提供精确的同位素信息等分析特性。但该仪器造价高，易受污染，而且预处理检测样品比较麻烦，仪器自动化实现困难。

6. 紫外可见分光光度法

紫外可见分光光度法（Ultraviolet and Visible Spectrophotometry，UV）的检测原理是：显色剂通常为有机化合物，通过特殊化学键，与重金属发生络合反应，生成有色分子团，溶液颜色深浅与浓度成正比。在特定波长下，通过比色检测。大多数有机显色剂本身为有色化合物，与金属离子反应生成的化合物一般是稳定的螯合物。显色反应的选择性和灵敏度都较高。

分光光度分析有两种，一种是利用物质本身对紫外及可见光的吸收进行测定；另一种是生成有色化合物，即"显色"，然后测定。虽然不少无机离子在紫外和可见光区有吸收，但因一般强度较弱，所以直接用于定量分析的较少。加入显色剂使待测物质转化为在紫外和可见光区有吸收的化合物来进行光度测定，这是目前应用最广泛的测试手段。该方法具有较好的重金属检测应用前景。

7. X射线荧光光谱法

X射线荧光光谱法（X-ray Fluorescence Spectrometry，XRF）是利用样品对X射线的吸收随样品中的成分及其多少变化而变化来定性或定量测定样品中成分的一种方法。它具有分析迅速、样品前处理简单、可分析元素范围广、谱线简单、光谱干扰少、试样形态多样性及测定时的非破坏性等特点。它不仅用于常量元素的定性和定量分析，而且也可进行微量元素的测定，其检出限多数可达1×10^{-6}数量级。与分离、富集等手段相结合，可达1×10^{-8}数量级。多道分析设备可以在几分钟之内可同时测定20多种元素的含量。但X射线的使用给操作者和样品带来电离辐射危险。

8. 激光诱导击穿光谱法

激光诱导击穿光谱技术（Laser Induced Breakdown Spectroscopy，LIBS）是利用高功率脉冲激光聚焦到待测样表面激发等离子体，通过直接观察等离子体中的原子或离子光谱来实现对样品中元素的分析。与目前常见的检测手段（X-ray，AAS和ICP-AES）相比，其突出的优势在于分析时间短，无须对样品预先处理且可对多种成分同时进行分析，可以实现对微量污染物的快速、无接触和在线探测，是一种有发展前景的元素分析技术。

（二）电化学分析法

电化学分析法是基于物质在溶液中和电极上的电化学性质建立起来的分析方法。电化学分析的测量信号是电量、电位、电流、电导等电信号，无需信号转化就能直接记录。其仪器装置比光分析、核化分析仪器装置小而且简单，便于连续分析，易于实现自动化。在化学成分分析中，电化学分析方法是公认的准确、快速、灵敏的微量和痕量分析方法，其测定的浓度能低至1×10^{-12}g/L（金属离子），并且仪器简单，但是存在一定的离子干扰。检测重金属使用的电化学分析法，主要有伏安法和极谱法、电位分析法、电导分析法等。

1. 伏安法和极谱法

伏安法（Voltammetry）和极谱法（Polarography）是分析电解过程中得到的电位—时间或电流—电位（电压）曲线的方法。1922年，J. Heyrovsky电极电解时的电流I与电压E的关系曲线，即极化曲线，定性和定量分析了该物质，得到的极化曲线称为极谱，这类方法叫作极谱法。伏安法起源于电化学分析中的极谱法。它们的不同在于伏安法使用的是固体电极或表面不能更新的液体电极，而极谱分析法使用的是表面能够周期更新的滴汞电极。近些年来，兴起了示波极谱法、脉冲极谱法和半微积分极谱法，特别是极谱催化波、络合吸附波和溶出伏安法在多领域的成功使用，使得伏安法和极谱法在重金属痕量分析中占有越来越重要的地位。伏安法的优势在于其检测下限极低，适用于在线、现场应用和多元素识别。伏安法一般包括吸附溶出伏安法、阳极溶出伏安法、阴极溶出伏安法等。

　　吸附溶出伏安法（Adsorptive Stripping Voltammetry，ASV）是高灵敏度的电分析方法。其原理是待测离子与配合剂配合在一起，吸附在工作电极表面，起到聚集作用，然后用氧化或还原的伏安方式测定待测离子。吸附溶出伏安法可以改进电极设计处理及实现计算机自动控制，因此，其具有多样性，被广泛应用于痕量元素分析方面。M. B. Gholivand 采用吸附溶出伏安法，工作电极为滴汞电极，键合剂为碳酰亚胺，优化实验条件，如沉积电压和时间、扫速、电解质溶液和键合剂浓度对检测结果的影响，连续检测痕量 Pb 和 Zn，Pb 和 Zn 线性范围分别为 0.1～210nmol/L、0.2～170nmol/L，检测限分别为 0.09nmol/L 和 0.15nmol/L，并在河水、大米、糖类、大豆等实际样品中痕量 Pb 和 Zn 的检测中成功应用了此方法，实测样品中 Pb 和 Zn 含量采用加标回收率加以验证，结果准确、可靠，重现性良好。

　　阳极溶出伏安法（Anodic Stripping Voltammetry，ASV）的原理是在恒电位及搅拌条件下预电解被测物质数分钟后，让溶液静止 30～60s，然后从负电位扫描到较正的电位，富集在电极上的物质因发生氧化反应而重新溶出。其灵敏度很高，检测极限可达到 $1×10^{-11}$mol/L。M.A.Nolan 铱超微阵列电极（Ir-UMEA）应用于分析和分离 Cu（Ⅱ）和 Hg（Ⅱ），在方波阳极溶出伏安法优化实验条件下，Cu（Ⅱ）离子的线性范围为 20～100mg/kg，检测限为 5mg/kg，Hg（Ⅱ）的线性范围为 1～10mg/kg，检测限低至 85μg/kg，另外，其他的干扰离子如 Pb（Ⅱ）、Cd（Ⅱ）、Zn（Ⅱ）等对测定结果均无干扰。O.Abollino 方波阳极溶出伏安法，以金纳米粒子修饰的玻碳电极为工作电极，检测水体中的痕量 Hg（Ⅱ）。首先用电化学方法把金纳米粒子沉积在玻碳电极表面，然后研究了扫描参数、沉积电压和时间、沉积模式的影响。实验结果表明，金纳米粒子修饰的玻碳电极有更低的检测限和更好的重现性，而且可更新的电极表面消除记忆效应，保持基底稳定和良好的信噪比，电极不用多次打磨，该法在饮用水、药物、沉淀物痕量 Hg（Ⅱ）的检测中，均取得很好结果。C. Locatelli 等使用 $HCl-HNO_3-H_2SO_4$ 酸化法消解肉类和谷类植物，$HCl-HNO_3$ 用作消解土壤，pH 值为 6.2 或 8.3 的二盐基柠檬酸为电解质；采用方波阳极溶出伏安法，使用汞为工作电极检测谷类植物、肉类和土壤中的 Cu（Ⅱ）、Cr（Ⅵ）、Ta（Ⅰ）、Pb（Ⅱ）、Ti（Ⅱ）、Sb（Ⅲ）、Zn（Ⅱ）各种离子；采用该方法检测实际样品具有很好的准确度和重现性，相对标准偏差均在 3%～5%，检测限为 0.011～0.103μg/g，取得了满意的结果。

　　阴极溶出伏安法（Cathodic Stripping Voltammetry，CSV）是在恒电位预电解时，工作电极 M 自身发生氧化还原反应：

$$Mel→Mel^{z+}+ze^-$$

　　从而，富集在电极上的是被测阴离子形成的难溶化合物：

$$A^{m-}+Mel^{z+}→M_mA_z$$

预电解特定时间后，电极电位向负方向扫描，电极上发生还原反应。

S. Legeai采用镀铋膜的方法，该方法以丁二酮肟为键合剂，铜电极为基底，阴极溶出伏安检测痕量Ni（Ⅱ），Ni线性范围为（1×10^{-8}）~（1×10^{-6}）mol/L。N. Yukio采用铋膜修饰热解石墨电极作工作电极，使用方波阴极吸附溶出伏安法检测痕量As（Ⅲ），As（Ⅲ）的出现利于加强由Se（Ⅳ）引起的催化氢波，依据氢波电流计算As（Ⅲ）的浓度。在沉积时间10s和30s时，检测As（Ⅲ）浓度范围分别为1.0~12.0μg/L和0.01~1.0μg/L，检测限低达0.7ng/L，在天然水痕量As（Ⅲ）的检测中成功使用了该方法。

2. 电位分析法

电位分析法（Potentiometric Method，PM）是在电池电流为零的条件下，测定电池的电动势或电极电位，进而根据电极电位与浓度的关系测定物质浓度的一种电化学分析方法。具有择性好、所需试样少、不损坏试液等优点。Clark等（2000）采用电位溶出法检测研究了白酒中Cu（Ⅱ）总量，工作电极采用汞膜电极，溶出溶液采用1.0mol/L HCl、20μg/mL $HgCl_2$和4.0mol/L醋酸铵溶液，电化学检测Cu（Ⅱ）的结果与ICP-AES实测结果基本一致。

3. 电导分析法

电导分析法（Conductometry）是一种根据测量溶液的电导值计算溶液中离子浓度的方法，它主要包括直接电导法和电导滴定法。该方法简单、快速，其中直接电导法的灵敏度很高，但选择性较差。

（三）新型检测技术

近年来，一些结合生物学的检测方法也被应用于重金属的检测研究中，由于技术比较新，这些新的检测方法还在不断的深入研究中。

1. 生物传感器法

其工作原理是金属离子与固定在电极材料上的特异性蛋白结合后，使蛋白构象发生变化，通过灵敏的电容信号传感器定量检测这种变化。近年来，人们不断开发多种生物传感器用于测定水溶液中的毒性化合物，如特异性蛋白生物传感器等。生物传感器寿命主要取决于生物活性，一般都很短，从而制约了其应用和发展。

2. 酶抑制法

酶抑制法是重金属离子与形成酶活性中心的甲硫基或硫基结合后，改变其结构、性质，引起酶的活力下降，从而使显色剂的颜色、电导率和吸光度等发生变化，然后借助光电信号建立重金属浓度与酶系统变化的关系。该方法可用于环境、食品、水和蔬菜中重金属的定性检测。周焕英等（2007）通过镉离子对醇脱氢酶的抑制作用检测Cd^{2+}，检出限为

2.00μg/L，可应用于蔬菜中Cd^{2+}的分析。酶抑制法具有方便、快速、经济等优点，可用于现场快速检测，但是它的灵敏度和准确性低于传统检测技术。

3. 免疫分析法

免疫分析法是一种具有高度特异性和灵敏度的分析方法，重金属离子的免疫检测按照抗体的种类，可分为多克隆抗体免疫检测和单克隆抗体免疫检测，后者又有间接竞争性ELISA一步法免疫检测。

用免疫分析法对重金属离子进行分析，首先必须进行两方面的工作：第一是选用合适的络合物与金属离子结合，使其获得一定空间结构，从而产生反应原性；第二是将结合了金属离子的化合物连接到载体蛋白上，产生免疫原性，其中与金属离子结合的化合物的选择是能否制备出特异性抗体的关键。Johnson和Darwish应用免疫法实现了对Cd^{2+}离子的检测。筛选特异性好的新型螯合剂、单克隆抗体将是今后的发展方向。免疫分析法检测速度快、灵敏度高、选择性强，在重金属快速检测方面有一定的研究前景。

根据以上现有的重金属定量分析技术的综述，光谱法虽然能以较高灵敏度对各种环境样品中的重金属离子进行有效分析，但大多需要大型昂贵仪器，分析方法成本高，安全因素也需要考虑，样品有些需要经过消解，分析时间长，制约着该方法用于农田土壤重金属含量检测的普及应用；电化学方法在痕量元素检测中有较好的研究和应用，但在目前的重金属检测中，存在离子干扰性等问题，再加上土壤样品前处理中，需要进行土样消解，强酸等的使用可能带来土壤的二次污染；新型检测技术，与生物科学相结合，表现出较好的应用前景，但目前技术比较新，特异性抗体的制备比较困难，制约着该方法的应用。现有的检测手段和方法有待于进一步研究、改进和提高，新的重金属检测手段值得探索。

（四）太赫兹光谱技术

太赫兹（Terahertz，THz）波是一种新的、有多种独特优点的辐射源，优越的太赫兹辐射产生、探测材料及太赫兹应用研究是当前研究热点之一。太赫兹波是指频率在0.1～10THz（波长在30μm～3mm）范围内的电磁辐射（$1THz=1×10^{12}Hz$）。由于缺乏对建立有效的太赫兹波的产生和探测技术的深入研究，THz波段曾被称作"THz空隙"。近十几年来，超快激光技术和半导体材料科学与技术的迅速发展为THz脉冲的产生提供了稳定、可靠的激发光源，促进了THz辐射的应用机理与应用技术研究。

太赫兹波的应用研究涉及物理、材料、信息、生物和医学等多个领域。1995年，AT＆T贝尔实验室的物理学家Hu和Nuss，第一次用成像方法获取了半导体电路板的太赫兹图像。在半导体芯片的成像中，塑料部分显示了很少的吸收，金属部分与太赫兹波发生了明显的相互作用，掺杂部分对太赫兹波有部分作用。张宝月等（2010）利用太赫兹时域光谱技术测量了小麦粉与滑石粉的混合样品在0.2～3.0THz范围内的太赫兹波时域谱，证明了该技术在食品安全检测领域具有潜在的实用价值。王孝伟等（2010）利用太赫兹时域光谱技术对2种除草剂在室温氮气环境下的THz远红外光谱特性进行测定，并利用菲涅尔公式的数据处理模型求取了其在0.2～2.2THz波段内的折射率和吸收系数。表明太赫兹时域光谱技术在农药微量残留检测方面具有可行性，特别是在识别较为相似的物质结构及其理化特性上有较大优势。赵春喜等（2010）采用THz-TDS技术对滴滴涕等3种土壤中有机污染物进行光谱分析，得到了样品在0.2～1.8THz波段的吸收谱和折射率谱。Li对含有金属离子的土壤样品进行了太赫兹光谱的初步探索和研究。实验中，在土壤样品中配制了不同浓度的硫酸铜和硫酸锌，然后进行0.2～1.6THz波段太赫兹光谱的测量。实验结果表明，在0.2～1.6THz的波段内，样品呈现了极为显著的特征。对于含有硫酸铜和含有硫酸锌的土壤样品，结果发现在太赫兹波段均存在3个明显的吸收峰。这项研究表明太赫兹时域光谱在用于土壤中金属离子的检测方面可能呈现某种规律性，值得深入探索。

第二节　太赫兹技术用于土壤重金属污染检测研究

一、样品制备与数据采集

（一）国家土壤环境质量标准

为了更好地了解政府对土地环境质量的规定，查阅了《土壤环境质量标准》（GB 15618—1995），用于指导本研究中土壤样品的制备，如表4-2所示。

表4-2　土壤环境质量标准（GB 15618—1995）

级别	一级	二级			三级
pH值	自然背景	<6.5	6.5～7.5	>7.5	>6.5
镉mg/kg≤	0.20	0.30	0.60	1.0	
汞mg/kg≤	0.15	0.30	0.50	1.0	1.5
砷（水田）mg/kg≤	15	30	25	20	30
砷（旱地）mg/kg≤	15	40	30	25	40
铜（农田等）mg/kg≤	35	50	100	100	400
铜（果园）mg/kg≤		150	200	200	400
铅mg/kg≤	35	250	300	350	500
铬（水田）mg/kg≤	90	250	300	350	400
铬（旱地）mg/kg≤	90	150	200	250	300
锌mg/kg≤	100	200	250	300	500

（续表）

级别	一级		二级		三级
镍mg/kg≤	40	40	50	60	200
六六六mg/kg≤	0.05		0.50		1.0

注：①重金属（铬主要是三价）和砷均按元素量计，适用于阳离子交换量>5cmol/kg的土壤，若阳离子交换量≤5cmol/kg，其标准值为表内数值的半数。②六六六为4种异构体总量，滴滴涕为4种衍生物总量。③水旱轮作地的土壤环境质量标准，砷采用水田值，铬采用旱地值。④在《土壤环境质量标准》（GB 15618—1995）中，根据土壤应用功能和保护目标，将土壤类型划分为3类：Ⅰ类主要适用于国家规定的自然保护区（原有背景重金属含量高的除外）、集中式生活饮用水源地、茶园、牧场和其他保护地区的土壤，土壤质量基本保持自然背景水平；Ⅱ类主要适用于一般农田、蔬菜地、茶园、果园、牧场等土壤，土壤质量基本上对植物和环境不造成危害和污染；Ⅲ类主要适用于林地土壤及污染物容量较大的高背景值土壤和矿产附近等地的农田土壤（蔬菜地除外），土壤质量基本上对植物和环境不造成危害和污染。

（二）土壤样品的制备

根据笔者国外联合培养期间学习的土壤样品制备方法，在归国后开展后续实验的过程中，详细制定了本实验的样品制备流程。此流程比较详细地给出了从田间采集土壤样品，到化学制检测，再到一系列前处理等过程描述。在这一流程的指导下，分别配置了含有不同浓度、不同种类重金属的土壤样品，为下一步的太赫兹实验测量做准备。制备工艺流程如图4-1所示。

田间的土壤采集一般需要考虑到较多的因素，包括采样地点、采样时间、采样布点方法、采样深度以及其他需要注意的事项。在本实验中，"裸土"系北京小汤山国家精准农业示范基地实验田采集。采样时，选取一块长宽均约为10m的农田区域，分别沿长宽方向，使用土铲每隔2m采集0～20cm的表层土壤。然后将采集的土壤均匀混合，约5kg，装入塑料器皿中。

在田间土壤采样用于重金属检测实验时，需要注意如下几方面。

（1）将现场采样点的具体情况，如具体

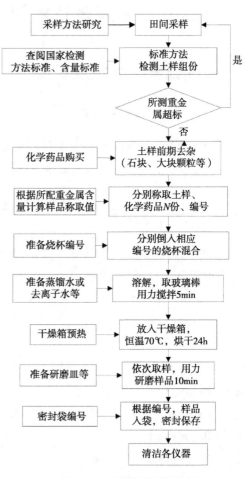

图4-1　土壤样品制备流程

地点，附近有无矿山等做详细记录。

（2）现场填写标签两张（如土壤深度、采集日期、采样人姓名等），一张放入样品袋内，另一张扎在样品口袋上，标记工作是本实验室中最需要注意的事项。

（3）因是用于制备重金属土样样品的"裸土"，在田间采集过程中应避免使用金属质地的采集工具和容器。

从田间采集土壤后，取部分采集土壤，送至权威检测机构进行土壤的主要成分检测，并根据测试结果，按照《土壤重金属含量标准》（GB 15618—1995），判定土壤样品是否已重金属超标。在北京龙科测试中心测试后，采集的土样主要成分测试结果如表4-3所示。由检测结果可知，主要重金属含量未超标，可以用于后续的样品制备。

表4-3　采集土样的主要成分测试结果

项目	符号	土壤测试结果
有机质（%）	OM	0.62
铵态氮（mg/L）	NH_4-N	9.5
销态氮（mg/L）	NO_3-N	16.9
磷（mg/L）	P	124.1
钾（mg/L）	K	86.9
钙（mg/L）	Ca	1 400.3
镁（mg/L）	Mg	315
硫（mg/L）	S	76.4
铁（mg/L）	Fe	59.1
铜（mg/L）	Cu	5.6
锰（mg/L）	Mn	31.7
锌（mg/L）	Zn	10.7
硼（mg/L）	B	0.45
pH值（mg/L）	pH值	6.7
铅（mg/kg）	Pb	19.7
镉（mg/kg）	Cd	0.084
镍（mg/kg）	Ni	24.4
铬（mg/kg）	Cr	43.9

从田间采集的土壤样品带回实验室后，除了一小部分用于主要成分的检测，对于剩下

的土壤，为避免受微生物的作用引起发霉变质，在实验室内做了以下及时的处理：将土壤倒在塑料器皿上进行风干。当达到半干状态时把土块压碎，除去石块、残根等杂物后铺成薄层，并经常翻动；然后置于阴凉处使其慢慢风干，并且保持风干处防止酸、碱等气体及灰尘的污染。该步骤及后续实验均在中国农业大学教育部现代农业系统集成研究实验室内完成。

土壤测试样品制备前，需要准备相应的重金属化学药品、干燥的"裸土"以及一系列的化学仪器设备，如天平、烧杯、研磨皿、玻璃棒、样品袋，等等。首先在中国农业大学蓝弋化学药品公司购买了以下药品：五水硫酸铜、硝酸铅、七水硫酸锌、六水氯化铬、二又二分之一水合氯化镉、六水硫酸镍、聚乙烯等固体。同时备有去离子水用作溶剂。

"裸土"经过去杂、风干后，根据前期实验研究中学习的样品制备方法，对土壤样品进行了制备。根据国家标准及现阶段的主要污染状况，考虑到镉的检测标准仅0.2mg/kg，汞、砷等均为非金属，所以本实验选取了铅、镍、铬、锌4种重金属进行可行性的机理研究实验，分别选取制作30个梯度的样品，含量范围为30～900mg/kg，梯度间隔为30mg/kg，每组30个样品，依次经过计算、称取、混合、溶解、搅拌、干燥、研磨，最后根据编号，入袋密封保存，用于后续实验。如图4-2所示。

（a）称取　　　　　　　　　　　　（b）溶解

（c）干燥　　　　　　　（d）研磨　　　　　　　（e）密封、标记

图4-2　土壤样品的制备

为了实现检测机理的研究，实验对于每一个所建立的模型，标定集为30个样品，重金属含量从30～900mg/kg，以30mg/kg为间隔，在30个含量中采用随机的浓度选择，另配制10个浓度的样品作为预测集，用于模型的检验。

（三）样品测量方法

本研究选择两种样品制备测量方法，即样品盒法（图4-3）和压片法（图4-4）。

在用样品盒法进行测量时，太赫兹测量平台装有固定测量的夹持平台，可以将样品固定，便于测量，自行设计的样品盒待装满样品后，粘合在夹持平台上。将土壤样品放入样品盒时，边加入，边振荡，让土壤样品在样品盒内自然压实，避免外界人为施压。

（a）土壤样品的装载　　　　　　（b）样品和参考　　　　　　（c）土壤样品的测量

图4-3　样品盒法测量

在用压片法进行测量时，太赫兹测量平台拥有立式的光学元件，可将待测压片嵌入元件的槽内，便于太赫兹透射光谱的测量。在将压片嵌入槽内的过程中，一般使用镊子轻轻地夹持，然后从一侧嵌入。一般在槽内预先粘贴少量双面胶，以防测量时压片掉落。

（a）土壤压片　　　　　　　　　　（b）压片的承载

图4-4　压片法测量

本研究中，样品的太赫兹光谱测量实验在首都师范大学太赫兹光电子教育部实验室展开。实验分别在2010年11月、12月，2011年3月、4月等时间段多次进行。测量时，将样品装载并固定在测试平台上，每次完整测量耗时约5min，测量有效波段范围在0.1～2.0THz。为减少测量误差，每个样品重复测试3次，分别取不同位置进行测量，然后求取平均值用于后续参数的计算。太赫兹测量实验时室内温度约为21.6℃，湿度约为9.4%；设备内温度约为21.6℃，保持恒温，湿度小于4%。由于水分对太赫兹波有强烈的吸收，所以在土壤样品的整个实验测试过程中，尽量避免水分的影响，保持纯净、干燥的氮气不断冲入密封罩,排出罩内水蒸气,减小其对太赫兹波的吸收,避免对测试结果带来影响。

然后,分别用压片法和样品盒法进行太赫兹光谱的测量,每个样品测试3次,取平均值作为本样品的数据。光谱数据由太赫兹设备所附带的Labview软件采集,为txt格式。通过Matlab编程实现吸收系数的计算,获取样品在太赫兹波段的吸收谱,从而获得样品在太赫兹波段的吸收曲线。

1.压片制备的参数研究

在制作压片过程中,压片的厚度以及施加的外界压力都需要做合适的参数选择。压片过于厚,太赫兹波将衰减比较严重;压片如果过薄,则回波现象将会比较严重,无法获得样品的光学信息。同样,施加过大的外力,将导致样品内部的键能受到破坏,如果外力过小,可能样品无法成型,或者颗粒间缝隙较大,无法获得丰富的样品光学信息。于是,以样品质量和外界压力为变量,进行了参数选择的实验探索和研究,如图4-5所示。

(a)不同厚度的压片制作

(b)不同压力(0.5~5t)作用下的压片

图4-5 不同参数下的压片

2.纯净化学药品压片的测量

为了了解实验选取的几种纯净的重金属化学药品在太赫兹波段的吸收特性,以便为下一步测量土壤样品提供参考依据,本研究对含有铜、镍、镉、铬、铅、锌6种土壤主要重金属元素的纯净化学药品进行压片处理(图4-6),测量并获取了它们在太赫兹波段的吸收特性光谱曲线。

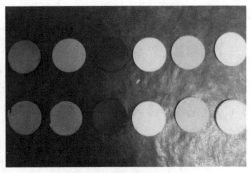

（a）压片前化学试剂的研磨　　　　　　　（b）不同化学药品的压片

图4-6　化学药品压片的制备

3.大梯度含量的测试

为了进一步探讨重金属含量浓度与太赫兹吸收谱的相关关系，在前面运用Cu^{2+}和Zn^{2+}进行实验的基础上，增加了几种重金属进行实验研究，选取镉、铬、镍、铅、锌等5种重金属化合物并在500mg/kg、900mg/kg、1 300mg/kg等较大间隔浓度下分别制备土壤样品并进行测试，测量并获取它们在太赫兹波段的吸收特性光谱曲线，针对检测的规律性再次进行初步认识。

4.所有样品的压片法测量［图4-7（a）］

对前面已经制备好的不同重金属种类、不同重金属含量的各30组样品进行压片法处理，获取此情况下的太赫兹波谱信息，查看规律性，并绘制曲线，用于后续的压片法定量分析建模。

5.所有样品的样品盒法测量［图4-7（b）］

尝试应用样品盒法进行所有土壤样品的测量，获取此情况下的太赫兹波谱信息，查看规律性，并绘制曲线，用于后续的样品盒法定量分析建模。

（a）用于压片法测量的含铅土样压片　　　　（b）含铅土样的土壤样品盒法测量

图4-7　含铅土壤样品的两种测量方式

二、参数提取与数据处理

（一）太赫兹光学参数提取软件

实验采集的原始数据为TXT格式，可以通过Matlab编程实现数据的提取与计算操作，从而得到吸收系数等参数。本文采用的程序软件为首都师范大学太赫兹实验室团队开发，界面如图4-8所示。

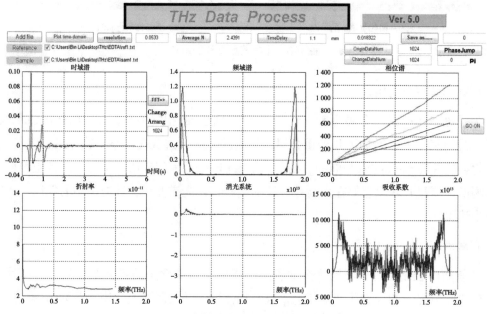

图4-8　太赫兹光谱数据提取软件界面

该软件可以分别将参考样品和测量样品的原始测量数据导入，设置输入参数，然后可计算并绘制样品的时域谱、频域谱、相位谱、折射率、消光系数、吸收系数等曲线，进而实现对样品性质的分析。

（二）太赫兹光谱定标模型评价指标选择

建立模型的时候，需要确定用于评价和验证模型的指标。本研究采用相关系数r、标定均方根误差（RMSEC）和预测均方根误差（RMSEP）来评价所建立的模型效果。

$$r = \sqrt{1 - \frac{\sum\limits_{i=1}^{N}(y_i - \hat{y}_i)^2}{\sum\limits_{i=1}^{N}(y_i - y_{mc})^2}}$$

式中，N为标定集样本数；y_i为第i个样品化学值的真实值；$\hat{y}_i$为第i个样品化学值的预测值；y_{mc}为标定集样品化学值真值的平均值。r值接近1表示预测浓度接近真实值，若$r=1$

则说明存在完全拟合。

标定均方根误差RMSEC（Root Mean Square Error of Valibration）是衡量标定建模效果的重要指标。交互验证均方根误差RMSECV（Root Mean Square Error of Cross Validation）和预测均方根误差RMSEP（Root Mean Square Error of Prediction）是衡量光谱标定模型预测精度的重要指标，它们的计算公式分别为：

$$RMSEC = \sqrt{\frac{1}{N-P-1}\sum_{i=1}^{N}(y_i - \hat{y}_i)^2}$$

$$RMSCV = \sqrt{\frac{1}{N-1}\sum_{i=1}^{N}(y_i - \hat{y}_i)^2}$$

$$RMSEP = \sqrt{\frac{1}{N_p-1}\sum_{i=1}^{N_p}(y_{i_p} - \hat{y}_{i_p})^2}$$

式中，N为标定集样本数；N_p为预测集样本数；$\hat{y}_i$为第i个样品化学值的预测值；y_i为第i个样品化学值的真实值；p为使用的主成分数。

基于以上评价指标，土壤样品的光谱数据标定和预测建模由挪威CAMO公司的Unscrambler软件中的PLS（偏最小二乘法）和预测模型完成，并输出评价指标。

三、实验结果与讨论分析

（一）数据预处理研究

取上述30个含铬土壤样品的太赫兹吸收曲线进行建模研究，如图4-9所示，用于后续的数据预处理研究。

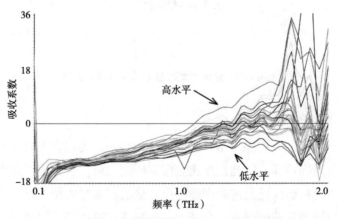

图4-9　30个含铬土壤样品的太赫兹吸收谱（压片法）

1. 异常样品分析

对于采集到的太赫兹光谱数据，首先需要保证的是获得光谱及化学值的可靠性。异常样本数据的存在会在一定程度上影响整体数据的建模，影响着标定模型和预测的准确性。异常样本，不仅是指光谱或化学值的测量值与真实值的明显异常，还包括该样本的光谱或化学值与建模集中样本的平均光谱或化学值范围的明显差异，一般可分为光谱异常和化学值异常。导致光谱异常的主要原因有测量仪器、性能参数、测量方法、测量环境、光谱扫描中的操作错误等；而化学值异常的主要来源有所用仪器和方法的可靠性、测定方法、操作人员的失误等。

本实验样品的制备过程中，"裸土"经权威测试化验机构进行了测试；在加入不同重金属的过程中，经电子天平精确测量；测试过程中，采用多次反复测量取平均值；为了保持测量环境和设备的稳定，所有样品尽量一次性测量完成，尽量保持不间断操作；一旦发现误操作或仪器异常，将进行重新扫描；在每一步操作过程中，尽可能地做到细心、周密，最终得到了太赫兹光谱数据。机器在运作开始及过程中，可能由于激光器的功率原因，有时会出现较小的变化。在本实验的数据预处理过程中，如果发现了异常样本，一方面对数据进行去除，另一方面会对样品进行再次测量，重新获取数据。图4-10中，两个样品数据出现明显误差，去除后，对土壤样本进行了重新扫描。

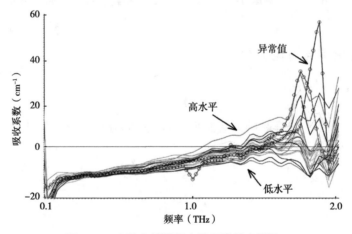

图4-10　含铬土壤样品中的异常样本剔除

2. 光谱数据预处理

太赫兹设备所采集的光谱除土壤样品的自身信息外，还包含了其他无关信息和噪声，如电噪声、样品背景噪声等。因此，在建立标定模型之前，有必要消除太赫兹光谱数据中无关的信息和噪声，从而保证光谱数据和组分含量之间良好的相关性。太赫兹光谱中主要有两类误差：随机误差和系统误差，会产生一些噪声，通过光谱预处理可以降低噪声对建模的影响。

数据预处理过程主要采用平滑、多元散射校正和标准归一化等一系列方法对光谱数据进行整合，减少噪声、样品粒度和光程变化等因素对光谱产生的影响，为稳定、可靠的标定模型的建立奠定基础。

（1）多元散射校正。测量时，由于土壤颗粒大小及分布不均匀等原因，土壤样品散射引起的光谱变化可能要大于重金属成分引起的光谱变化。多元散射校正（Multiple scatter correction，MSC）正是用于有效消除这些散射影响，增强与成分含量相关的光谱吸收信息。目的是校正每个光谱的散射并获得较"理想"的光谱。该方法在挪威CAMO公司的Unscrambler软件中实现。

如图4-11所示，通过比较可知，经过MSC处理后的光谱图减少了光谱的离散性，使其更加紧凑，在一定程度上削弱了散射的影响，并在减少光谱差异性的同时保留了原有与化学成分有关的信息，提高了有效光谱信息质量。

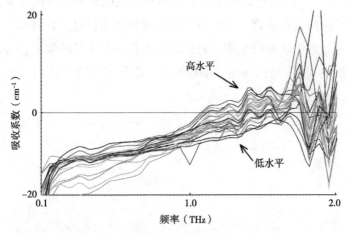

图4-11　原始数据MSC处理后的含铬土样的光谱图（压片法）

（2）微分处理。微分处理包括一阶微分、二阶微分等，常用的方法有差分法和Savitzky-Golay平滑求导。光谱数据微分处理后，可消除常数项，以及随波变化的一次项，因此可用于消除背景、漂移、噪声，以及光谱的旋转。同时，微分处理还能够提供新的信息，如重叠峰的分辨信息等。

本实验采用Savitzky-Golay多项式拟合方法，进行一阶微分处理。该方法由Savitzky与Golay提出，其原理是利用权重系数确定平滑函数来对原光谱进行卷积处理。在此Savitzky-Golay拟合中，平滑间隔的大小要根据具体情况来设定，间隔太小分辨效果不好，太大会扭曲光谱的形状。在Unscrambler软件中进行了一阶微分处理后，得到的光谱图如图4-12所示。由图4-12可知，原图的数据"漂移"现象得到了较好的抑制，重叠峰的分辨信息有了增强。

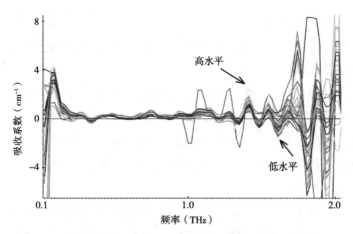

图4-12　原始数据一阶求导后的含铬土样的光谱图（压片法）

（3）基线校正。基线校正是用来扣除仪器背景或漂移对信号的影响，使原始光谱中不含光谱信息的谱段平整并表现为零吸收，从而突出样本信息。常常采用偏置扣减、基线倾斜和峰谷点扯平等方法。本研究中，对所有光谱都进行了基线倾斜，并选择波长的最大值和最小值作为新的基线。在Unscrambler软件中进行了基线校正后，原始光谱曲线得到了较好的预处理，如图4-13所示。

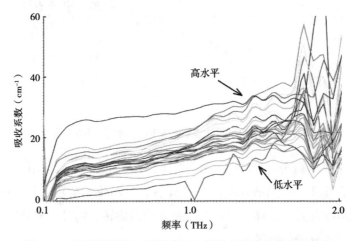

图4-13　进行基线校正后的含铬土样的光谱图（零点恢复）

经过以上数据预处理分析，本研究对含铬土样的光谱原始数据进行了综合的预处理，选择了异常样本数据去除与重新测量、平滑处理、多元散射校正、基线校正等一系列前处理操作，得到了有效的噪声去除，有效信息得到突出，可用于后续的数据建模。预处理后的含铬土壤样品的太赫兹光谱图如图4-14所示。

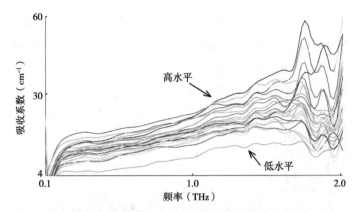

图4-14　数据预处理后的含铬土壤样品的太赫兹吸收谱（压片法）

（二）太赫兹全谱—偏最小二乘法建模研究

一般来讲，对于土壤样品的光谱建模，首先要对样品化学值进行权威标准分析，查看数学统计分布。一般情况下应该选用化学值呈现正态分布的样品集合进行后续的建模，也可使用呈均匀分布化学值的样品集合进行建模。本研究中，由于是太赫兹光谱技术用于土壤重金属含量检测的初步探索研究，主要是采用人为添加重金属含量的形式，然后运用太赫兹设备进行光谱数据的获取。因此这里选取了均匀分布的化学值样品集进行建模。

为了充分运用样品的太赫兹波段信息，本研究首先使用太赫兹全谱信息结合偏最小二乘法进行标定和预测建模研究。在太赫兹光谱建模时，模型变量的主成分数（PC）的选择对所建模型的预测精度与预测能力有着重要影响。本实验采用完全交互验证法，由交互验证均方误差（Mean Square Error of Cross Validation，MSECV）来进行主成分数的选择。MSECV值越小，模型的预测稳定性越好。Unscrambler数据分析软件提供了用于主成分选择的函数，可以较方便对主成分数进行选择。在对含铬土壤样品的建模过程中，由于第七个主成分数之后，变量对于Y值的贡献率已经非常小，用前7个主成分进行建模，已经近似代表了变量的全部信息，所以选用7个主成分进行标定建模，如图4-15所示。

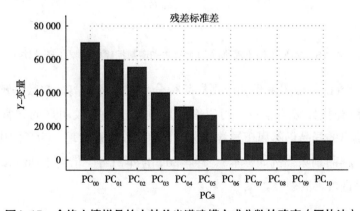

图4-15　含铬土壤样品的太赫兹光谱建模主成分数的确定（压片法）

将样品化学值呈均匀分布的含铬土壤样品集进行标定和交互验证，采用7个主成分数，得到：标定模型中，$r=0.88$，RMSEC=123.76，交叉验证后，得到模型的$r=0.75$，RMSECV=190.51。可以看出，r值良好，但是模型的RMSEC和RMSECV数值过大，模型不稳定，需要尝试进行建模优化。如图4-16所示。

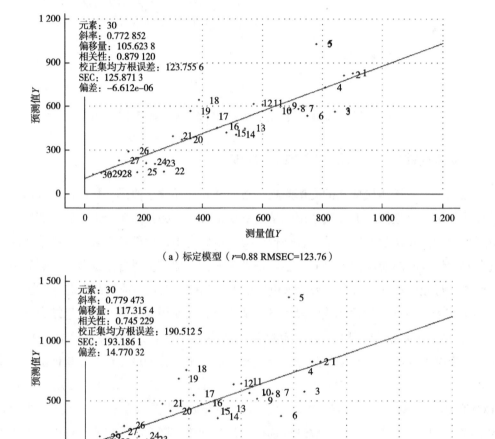

（a）标定模型（$r=0.88$ RMSEC=123.76）

（b）交叉验证结果（$r=0.75$ RMSECV=190.51）

图4-16　30个含铬土壤样品的太赫兹光谱数据建模结果（压片法）

通过图4-17数据得分图发现，个别样品得分呈较大的偏离。在数据预处理步骤中，凭借肉眼直观地查找异常样本点，可以有效地剔除一些比较明显的异常样品，但是从图4-17可知，偏离的样品仍然属于异常样本，在前期没有被发现，为了优化模型，需要将这些明显的异常样品剔除，例如样本5、样本20、样本21等。借助于Unscrambler软件，对个别的异常样品进行再次剔除。

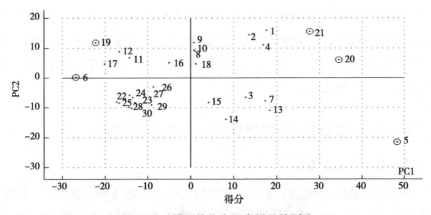

图4-17　模型优化中异常样品的剔除

剔除异常样品后，对剩下的25个样品进行重新建模和交互验证，得到标定结果为：$r=0.82$，RMSEC=152.99；交互验证后，得到模型的$r=0.75$，RMSECV=176.18。

剔除部分异常样本模型后，通过建模验证结果可以发现，标定模型较之以前没有明显的改善，但是交互验证的结果有了改善，RMSECV有了降低，计算能力得到了提高。如图4-18所示。

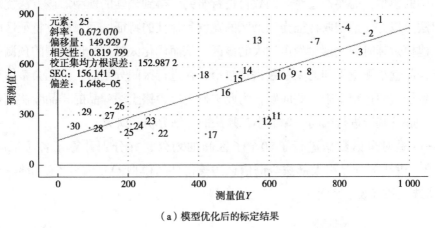

（a）模型优化后的标定结果

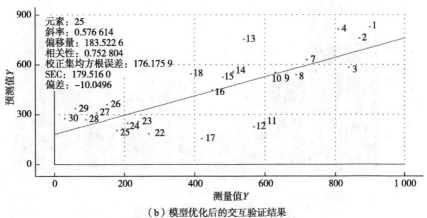

（b）模型优化后的交互验证结果

图4-18　模型优化后的含铬土壤样品太赫兹光谱数据建模结果（压片法）

从基于太赫兹全谱信息的建模和计算结果来看，r值可以接受，但RMSEC和RMSEP数值非常大，模型不够稳定，需要改进。运用太赫兹全谱信息进行建模，可能全谱中有较多与化学值不相关的冗余信息，可能是这些信息导致了模型的不稳定。于是尝试采用选取特征波长的办法来进行模型的改进。

（三）基于区间—偏最小二乘法的特征波长选择与建模研究

1. 区间—偏最小二乘法原理

区间—偏最小二乘法（i-PLS）是一种常用的特征波长选择和建模方法。其思想是将太赫兹光谱分成若干个子区间，通过计算每个子区间的RMSEC与整体全谱的RMSEC作比较，来决定取舍。从中取出最佳的区间组合，从而达到选取有效特征波长进行建模的目的。

本研究中操作过程主要为：首先对预处理后的太赫兹光谱选取合适的特征光谱谱区宽度，根据这个宽度把所得的整个太赫兹光谱分成若干个区间；然后对每个区间分别进行PLS建模处理；通过计算每个子区间的特征评价函数值，这里取标定集均方根误差（RMSEC），从中选择最佳的区间组合用来代替整个光谱的计算。不同的分割区间数目会得到不同的模型，需要通过对分割数目进行研究，得到最佳的模型。该方法优点是通过移动窗口法可以方便地获取特征光谱谱区的宽度和最佳的特征区间，通过特征区间的选取可以减少建模运算时间，剔除噪声过大的谱区，从而优化太赫兹光谱模型的预测能力和精度。由于样品盒法测量得到的太赫兹谱宽较窄，在进行区间分割时，可能会整体光谱区间过窄而导致子区间过窄带来一些问题，为此本研究以含铬土壤样品的样品盒法测量数据为研究对象，展开基于进行区间—偏最小二乘法的详细分析和研究。

图4-19是对全谱数据进行了10个子区间的划分，并分别计算了各子区间建模的RMSEC值，虚线部分是用太赫兹全谱信息建模得到的模型RMSEC数值。图4-20是根据RMSEC值选取的有效子区间。

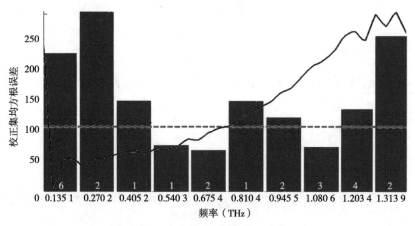

图4-19　各子区间的RMSEC值

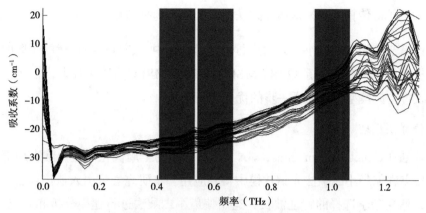

图4-20　选择用于建模的子区间组合

2. 区间—偏最小二乘法建模研究

在使用i-PLS选择光谱信息区间时，首先研究了区间分割数模型性能的影响。具体做法是将研究的太赫兹光谱数据分别分成若干个子区间数目（6，8，10，12，15），然后在各个子区间里，分别选用低于全谱阈值的区间内的波长进行PLS建模运算，根据选择的区间，基于对应的光谱数据进行建模，选择使得建模RMSEC最小的区间组合进行运算。研究结果表明，对含铬土壤的样品盒法太赫兹数据进行区间分割建模，在子区间为10时，选择3段区间作为有效子区间进行建模，模型的RMSEC=48.64，相关系数r=0.87；有效子区间为：0.417 5 ~ 0.540 3THz，0.552 7 ~ 0.675 4THz，0.957 8 ~ 1.080 6THz。而采用全谱建立模型是，标定模型的相关系数r=0.86，RMSEC=119.58，该方法对建模有了明显的优化，如表4-4所示。

表4-4　子区间数目选择及对应的模型评价

子区间数目	选取的有效子区间对应的光谱范围（THz）	校正集均方根误差
6	0.061 4 ~ 0.257 9，0.417 5 ~ 0.601 7	73.55
8	0.135 1 ~ 0.294 7，0.515 73 ~ 0.663 1	56.41
10	0.417 5 ~ 0.540 3，0.552 7 ~ 0.675 4，0.957 8 ~ 1.080 6	48.64
12	0.110 5 ~ 0.208 8，0.307 ~ 0.405 2，0.724 5 ~ 0.822 7	52.12
15	0.122 8 ~ 0.196 5，0.307 ~ 0.380 7，0.749 ~ 0.822 7，1.129 7 ~ 1.203 3	60.95

通过以上研究发现，即使在土壤样品的太赫兹光谱较窄的情况下，该方法相对于全谱建模，在一定程度上实现了建模优化，有效地去除了全谱中的冗余信息，提取了有效信息。该特征波长选择和建模方法在后续其他土壤样品数据的建模中得到了研究应用。

（四）基于遗传算法—偏最小二乘法的特征波长选择与建模研究

在上述基于区间—偏最小二乘法进行了建模研究中，通过选择最优的子区间组合来优化，但是从建模结果的相关系数r和RMSEC可知，RMSEC仍然比较大，较之全谱建模有了一定的改善，但模型仍需要进一步的优化。

1. 遗传算法原理

遗传算法（Genetic Algorithms，GA）以其随机的全局优化、避免陷入局部极小点、易实现等特点在偏最小二乘法光谱建模中得到应用。本研究尝试引入遗传算法进行特征波长的选择，然后基于选择的特征波长，运用偏最小二乘法进行建模分析和研究。GA是以达尔文的适者生存和优胜劣汰的生物进化理论为基础，模拟生物界的遗传和进化过程而建立的一种优化方法。遗传算法的基本思想是将问题域中的可能解看作是种群的一个个体或染色体，并将每一个体编码成符号串的形式；遗传算法通过染色体的"适应度值"来评价染色体的好坏，适应度值大的染色体被选择进入下一代的概率高，反之则小；下一代中的染色体通过交叉和变异等遗传操作，产生新的染色体，即"后代"；经过若干代后，算法收敛于最好的染色体，该染色体就是问题的最优解或近优解。

遗传算法的实现主要包括5个基本要素：群体的初始化、变量的选取、参数编码、适应度函数设计和收敛判据。遗传操作包括3个算子：选择、交叉和变异。选择算子用来实施适者生存的原则，即把适应值大（即建模效果好）的所选波长点的组合作为个体保留到新的个体群中，构成交配池；选择算子的作用是提高个体群的平均模型计算能力，由于选择算子没有产生新个体（波长点组合），所以个体群中最好个体的适应值不会因选择操作而有所改进；交叉算子可以产生新的个体，它首先使交配池中的个体随机配对，然后将两两配对的个体按单点交叉法相互交换部分基因（波长点），它决定了遗传算法的全局搜索能力；变异算子是对个体的某一个或某一些基因值按某一较小概率进行改变，即如果所选的波长（基因）在上一个循环中被选中用于建模，则这次不用于建模，反之亦然；此算子是产生新个体的辅助方法，但也必不可少，因为它决定了遗传算法的局部搜索能力。交叉和变异相配合，共同完成对搜索空间的全局和局部搜索，如图4-21所示。

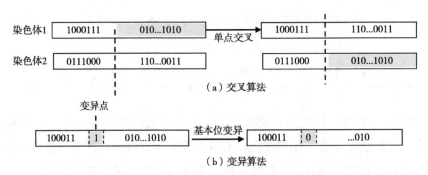

图4-21　遗传操作

2. 遗传算法—偏最小二乘法数据建模研究

采用GA算法可以选取最优波长组合，建立主要重金属含量的PLS标定和预测模型。遗传算法是一种群体性操作，以群体中所有个体为对象进行，其操作流程如图4-22所示。

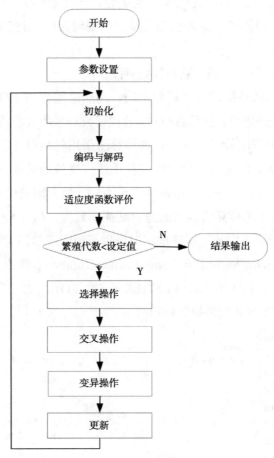

图4-22　遗传算法流程

此算法的一般步骤如下。

（1）选择合适参数并初始化，包括编码串长度、群体大小、交叉概率和变异概率，初始化。

（2）编码操作：假如初始群体包含N个个体，每一个体的染色体长度为n，则初始群体的选择方法为随机产生N个n位的0—1二进制数作为初始群体，字符串0和1分别代表对应波数点未被选中和选中，例如对10个波数点组合"1100010010"表示第一个、第二个、第六个、第九个波数点被选中，其余则未被选中。

（3）适应值函数：采用交互验证法评价模型的预测能力。评价指标为PLS交互验证计算值与标准值的相关系数r，以及预测标准偏差RMSEP。如果RMSEP值越小，r值越大，则校正模型的预测能力越好。为了使遗传算法对适应值较高的个体有更多的生存机会，对评价指标变换得到适应值函数为：$F=r/（1+RMSEP）$。

（4）复制：以"轮盘赌"的方式进行正比选择。

（5）交叉：采用普通单点交叉方式。

（6）变异：变异方式是以一定概率产生发生变异的基因数，用随机方法选出发生变异的基因。选取基本变位算子。如果所选的基因的编码为1，则变为0；反之编码为0，则变为1。

（7）重复（4）—（6），最大繁殖代数时停止。

为了与区间法选择的特征波长建模相比较，仍然采用含铬土样的样品盒法测量的太赫兹光谱进行遗传算法的研究，然后进行PLS建模研究。采用的遗传算法在0.1～1.3THz进行变量优选。此算法中所用的三大算子：选择算子采用轮盘赌法，交叉算子采用单点交叉法，变异算子采用基本位变异，最后通过基于适应度值的重插入子代到种群产生新的子代。其算法的具体参数设定为：初始群体大小为30，最大繁殖代数200，交叉概率0.5，变异概率0.01。本研究中遗传算法选用的适应度值函数为：$F(k)=r/（1+RMSECV）$，此算法在Matlab7.0程序环境下完成，程序编写时调用英国谢菲尔德大学（Sheffield）遗传算法工具箱GATBX（Genetic Algorithms Optimization Toolbox）实现。经过8次重复遗传算法后，得到有效波长0.184 2THz、0.540 3THz、0.884 1THz、0.785 9THz、1.129 7THz、1.203 4THz。模型的交叉验证结果如图4-23所示。

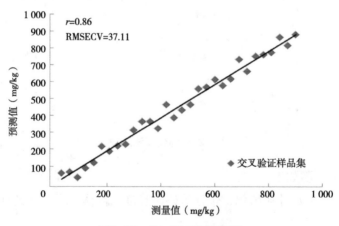

图4-23　GA-PLS建模结果

根据建模结果，该模型的r为0.86，RMSECV为37.11；而基于全谱-PLS建模时，$r=0.86$，RMSEC=119.58，i-PLS特征波长建模后，相关系数$r=0.87$，RMSEC=48.64。可以看出，相对于前两种建模方法，基于GA-PLS建模可以有效地选取特征波长进行建模，提高模型的计算和预测能力。

为了验证化学值呈均匀分布的土壤样品所建标定模型的稳定性和预测能力，另外制备了10个土壤样品进行测试，将获取的太赫兹光谱作为预测集进行外部验证。用于外部验证的10个样品的选择依据是：随机从标定集中土壤重金属的浓度中选取10个浓度，然后用相同的"裸土"和制备方法，进行土壤重金属样品的制备，然后测量它们的太赫兹光谱，并记录相对应的化学值，用于所建模型的外部验证。

根据上述对数据预处理和建模方法的研究，针对本研究测试的4种重金属土壤样品分别基于样品盒法和压片法获得的太赫兹数据，分别选择适合的数据预处理方法，然后运用不同的建模方法进行建模，结果如表4-5至表4-8所示。

（五）土壤主要重金属污染样品的太赫兹光谱建模及计算结果

1.含铅土壤样品的太赫兹光谱建模及计算结果

对于含铅土壤样品，分别采用样品盒法和压片法进行了太赫兹光谱的测量，获取了太赫兹光谱数据。对各吸收曲线进行数据预处理后，分别采用全谱-PLS、i-PLS、GA-PLS进行光谱数据建模与优化，并实现了重金属含量的计算。得到的结果如表4-5所示。

表4-5 含铅土壤样品的太赫兹光谱建模及计算结果

重金属种类	测量方法	预处理方法	建模方法	参数选择	标定集（30个样品）		预测集（10个样品）	
					相关系数r	标定均方根误差	相关系数r	预测均方根误差
Pb	样品盒法	Savitzky-Golay平滑+基线校正	全谱-PLS	PC=4	0.85	187.39	0.79	258.24
		Savitzky-Golay平滑+基线校正+MSC	i-PLS	i=8 PC=4	0.81	77.46	0.76	94.33
		Savitzky-Golay平滑+基线校正+MSC	GA-PLS	PC=4	0.87	42.96	0.81	58.75
	压片法	Savitzky-Golay平滑+基线校正+MSC	全谱-PLS	PC=7	0.77	135.94	0.62	161.59
		Savitzky-Golay平滑+基线校正+一阶导数	i-PLS	i=12 PC=5	0.81	47.41	0.77	61.49
		Savitzky-Golay平滑+基线校正+一阶导数	GA-PLS	PC=4	0.86	23.55	0.81	39.52

2.含铬土壤样品的太赫兹光谱建模及计算结果

对于含铬土壤样品，分别采用样品盒法和压片法进行了太赫兹光谱的测量，获取了太赫兹光谱数据。对各吸收曲线进行数据预处理后，分别采用全谱-PLS、i-PLS、GA-PLS进行光谱数据建模与优化，并实现了重金属含量的计算。得到的结果如表4-6所示。

表4-6　含铬土壤样品的太赫兹光谱建模及计算结果

重金属种类	测量方法	预处理方法	建模方法	参数选择	标定集（30个样品）		预测集（10个样品）	
					相关系数r	标定均方根误差	相关系数r	预测均方根误差
Cr	样品盒法	Savitzky-Golay平滑+基线校正+MSC	全谱-PLS	PC=4	0.86	119.58	0.72	146.79
		Savitzky-Golay平滑+基线校正+MSC	i-PLS	i=10 PC=4	0.87	48.64	0.71	77.48
		Savitzky-Golay平滑+基线校正+MSC	GA-PLS	PC=3	0.86	37.11	0.81	40.65
	压片法	Savitzky-Golay平滑+基线校正	全谱-PLS	PC=7	0.82	152.99	0.77	168.63
		Savitzky-Golay平滑+基线校正	i-PLS	i=12 PC=4	0.79	69.53	0.72	90.41
		Savitzky-Golay平滑+基线校正	GA-PLS	PC=4	0.81	33.73	0.75	38.67

3.含镍土壤样品的太赫兹光谱建模及计算结果

对于含镍土壤样品，分别采用样品盒法和压片法进行了太赫兹光谱的测量，获取了太赫兹光谱数据。对各吸收曲线进行数据预处理后，分别采用全谱-PLS、i-PLS、GA-PLS进行光谱数据建模与优化，并实现了重金属含量的计算。得到的结果如表4-7所示。

表4-7　含镍土壤样品的太赫兹光谱建模及计算结果

重金属种类	测量方法	预处理方法	建模方法	参数选择	标定集（30个样品）		预测集（10个样品）	
					相关系数r	标定均方根误差	相关系数r	预测均方根误差
Ni	样品盒法	Savitzky-Golay平滑+基线校正+MSC+一阶导数	全谱-PLS	PC=4	0.98	39.89	0.83	162.69
		Savitzky-Golay平滑+基线校正+MSC	i-PLS	i=8 PC=4	0.96	43.61	0.81	92.33
		Savitzky-Golay平滑+基线校正+MSC	GA-PLS	PC=4	0.92	21.45	0.85	25.74
	压片法	Savitzky-Golay平滑+基线校正+MSC	全谱-PLS	PC=6	0.51	223.64	0.49	224.27
		Savitzky-Golay平滑+基线校正	i-PLS	i=10 PC=4	0.76	90.44	0.75	95.21
		Savitzky-Golay平滑+基线校正	GA-PLS	PC=3	0.81	30.72	0.79	33.59

4. 含锌土壤样品的太赫兹光谱建模及计算结果

对于含锌土壤样品，分别采用样品盒法和压片法进行了太赫兹光谱的测量，获取了太赫兹光谱数据。对各吸收曲线进行数据预处理后，分别采用全谱-PLS、i-PLS、GA-PLS进行光谱数据建模与优化，并实现了重金属含量的计算。得到的结果如表4-8所示。

表4-8　含锌土壤样品的太赫兹光谱建模及计算结果

重金属种类	测量方法	预处理方法	建模方法	参数选择	标定集（30个样品）		预测集（10个样品）	
					相关系数r	标定均方根误差	相关系数r	预测均方根误差
Zn	样品盒法	Savitzky-Golay平滑+基线校正+MSC	全谱-PLS	PC=5	0.79	160.85	0.58	141.43
		Savitzky-Golay平滑+基线校正+MSC	i-PLS	i=10 PC=5	0.81	103.59	0.65	105.77
		Savitzky-Golay平滑+基线校正+MSC	GA-PLS	PC=3	0.83	47.28	0.73	35.03
	压片法	Savitzky-Golay平滑+基线校正+MSC	全谱-PLS	PC=5	0.96	68.86	0.77	169.88
		Savitzky-Golay平滑+基线校正+一阶导数	i-PLS	i=15 PC=4	0.93	45.19	0.69	80.45
		Savitzky-Golay平滑+基线校正+一阶导数	GA-PLS	PC=3	0.89	37.41	0.71	26.07

5. 最优模型确立及数据分析

通过对以上不同建模方法得到的模型比较发现，基于遗传算法进行特征波段选择，然后结合偏最小二乘法可以得到比较好的建模结果，由此确立了本研究中最优的数据计算模型，分别如图4-24至图4-27所示。

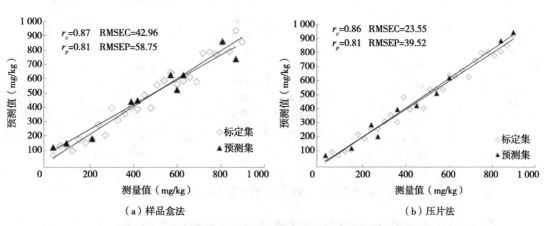

（a）样品盒法　　　　　　　　（b）压片法

图4-24　本研究确立的含铅土壤样品定量计算模型参数评价

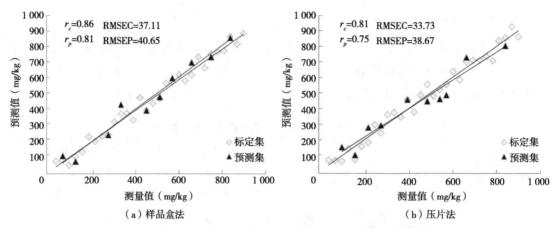

（a）样品盒法　　　　　　　　　　　（b）压片法

图4-25　本研究确立的含铬土壤样品定量计算模型参数评价

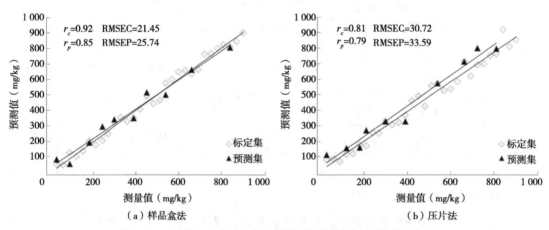

（a）样品盒法　　　　　　　　　　　（b）压片法

图4-26　本研究确立的含镍土壤样品定量计算模型参数评价

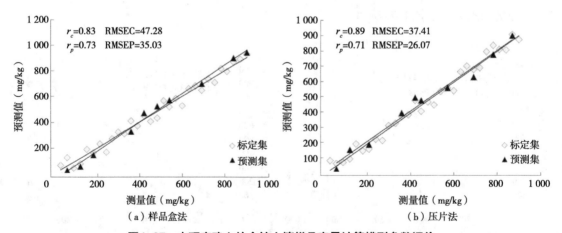

（a）样品盒法　　　　　　　　　　　（b）压片法

图4-27　本研究确立的含锌土壤样品定量计算模型参数评价

从以上数据可以看出，由于样品盒法测量，是将研磨后的土壤颗粒在自然状态下，填充到样品盒中进行测量，土壤颗粒的影响比较大，相比于压片法，在数据预处理中需要进行MSC处理；而压片法测量的数据较为平整，需要进行求取导数，突出样品特征。通过区间法、遗传算法等智能算法选择特征波长后，再运用偏最小二乘法建模，对含Pb、Cr、Ni、Zn的土壤样品进行建模预测，较好地压缩了数据量，所建模型的最佳主成分数也相应地降低，达到了简化模型，提高测量速度和节省资源的效果。相比原始光谱下的建模效果，各类含重金属样品在特征波长下所建PLS标定模型的预测能力都有一定的提高。基于选择特定波长的RMSEC、RMSEP相比全谱建模，有了较好的优化，发现了太赫兹技术应用于土壤重金属检测呈现一定的规律性，具有一定的可行性，但是目前所建立的模型的RMSEC、RMSEP数值仍然比较大，导致模型计算精度不够，其原因在于建模的样本太少以及数据噪声太大，今后的研究中需要不断地改进；通过遗传算法选择的特征频率来看，样品盒法的特征频率主要集中在1.0THz以下，而压片法的特征频率主要集中在1.0THz以上，两种测试方法的敏感波段明显不同，应该是因为样品的制备方法不同造成的，所以今后建模时，需要根据测量方式进行分别建模；基于样品盒法和压片法对土壤样品进行制备、测量，然后对测量数据进行分析、建模方法研究，根据数学模型的预测能力进行参数评价，可以发现基于遗传算法进行特征波段选择，然后结合偏最小二乘法可以得到比较好的建模结果，进而确立为本研究的最优计算模型，各模型的相关系数达到了0.8，预测均方根误差也控制在较小的范围内，模型具有良好的计算能力。由于压片法依赖于压片机，需要在实验室条件下制备样品，而样品盒法可以脱离实验室条件，进行样品的制备和测量，这为便携式太赫兹设备发展成熟以后，农田土壤的高效测量提供了可能性。该研究验证了土壤样品的重金属含量和其对应的太赫兹光谱之间存在相关关系，可以通过建立相应的数学模型进行对应和含量计算。本研究为太赫兹光谱技术应用于农田土壤重要理化参数的检测与应用技术开发研究提供理论和方法依据。

四、实验小结

本节针对农田土壤中重金属污染的检测问题，探索研究应用太赫兹光谱辐射与土壤重金属含量相互作用机理，以支撑先进适用的检测技术装备平台研发。太赫兹技术作为电磁波谱中尚未得到深入研究的最后一个波段，于近十多年来迅速成为电磁波应用开发领域的前沿，本研究基于此，探索该技术在农田土壤重金属含量检测中的机理及应用可行性。太赫兹光谱技术被认为是信息科学领域迅速发展起来的新兴科技，用于农业领域的探索研究仍很少，其极富吸引力的科学与应用基础有待于深入认识。本节展开了太赫兹时域光谱技术用于土壤主要重金属含量检测的机理研究，重点研究了适用于太赫兹光谱技术的土壤样品采集及前处理方法，根据测试方式的不同，提出了基于样品盒法和压片法对土壤样品进行太赫兹光谱测量两种方案。研究了压片法制备工艺，通过实验分别选择了合适的参数，并针对实际操作中遇到的问题，对设计的样品盒和压片的制备工艺进行了优化。分别采用样品盒法和压片法对制作的土壤样品在太赫兹设备上进行了实验测试，基于Matlab对获取的原始数据进行编程计算，得到了不同样品在太赫兹波段的吸收系数曲线。运用微分、平滑等数据预处理方法，对样品数据进行整合。采用基于太赫兹全谱信息偏最小二乘法进行标定建模，探索其用于土壤主要重金属含量检测的可行性；针对全谱数据冗余信息较多，影响模型稳定性的问题，分别采用间隔法、遗传算法等智能优化算法进行有效特征波段的选择，运用偏最小二乘法建立标定模型和数据处理。实验研究数据结果表明，太赫兹光谱技术用于土壤铅、镍、铬、锌等重金属含量的检测具有可行性。研究得出的主要结论如下。

针对常规的土壤重金属含量检测中，土壤样品前处理需要引入强酸等进行微波消解或采用X射线透射测量的操作环境安全问题，本研究确立了直接用太赫兹光谱测量土壤重金属含量的样品前处理方法，避免强酸的加入带来二次污染问题和X射线的辐射问题。田间采集0~20cm的表层土壤，经风化处理后，根据配置样品浓度选择，分别称取土壤和化学药品质量，用去离子水溶解混合。实验表明，配置140mL混合溶液，保持恒温70℃烘干24h，可得干燥样品，使用研磨皿用力研磨样品10min，测试可知土壤颗粒直径小于0.1mm，密封保存。结果表明，基于该方法制备的土壤样品可用于后期的太赫兹光谱检测并可获得较好的光谱响应特征曲线。

确立了基于样品盒法和压片法的土壤样品太赫兹测试方法。根据压片机的操作方法，对土壤样品进行了压片制作研究。土壤样品质量选择130mg，180mg，220mg，280mg，330mg，400mg；外部压力0.5t，1t，1.5t，2t，2.5t，3t，3.5t，4t，4.5t，5t进行压片制作与太赫兹光谱测量，结果表明，当土壤质量为220mg，压力位2.5t条件下制作土壤压片，可取得较好的太赫兹测试数据。分别采用样品盒法和压片法两种方法进行太赫兹测试实验，获得了有效的原始数据，证明了本研究的土壤样品测试方法是可行的。此外，两种测试方法可操作于不同的样品制备环境，压片法需要在实验室条件下完成，而样品盒法可以脱离实验室条件完成，两种方法为不同条件下进行土壤样本测量提供了科学的方法依据。

建立了土壤重金属含量的太赫兹光谱标定和计算模型。通过OSU期间的土壤样品初步探索实验及后期CAU期间制备大梯度重金属含量间隔（500mg/kg，900mg/kg，1 300mg/kg）的土壤样品并进行太赫兹测试的实验测试结果发现，重金属含量越大，样品的太赫兹吸收越强；为此制备并测量了小间隔（30~900mg/kg，以30mg/kg为间隔）重金属含量土壤样品的太赫兹吸收光谱，测试结果表明，对于样品盒法和压片法，随着样品中重金属含量的小梯度增加，样品在太赫兹波段的吸收均增加，二者之间存在相关关系。分别运用太赫兹光谱全谱，基于区间、遗传算法等智能算法进行的特定波长选择进行偏最小二乘法回归进行建模计算研究，计算结果发现，对于含Pb土样，样品盒法测试的重金属含量与吸收光谱之间最优的相关系数r=0.81，预测均方根误差RMSEP=58.75；压片法时r=0.81，RMSEP=39.52。对于含Cr土样，样品盒法r=0.81，RMSEP=40.65；压片法r=0.75，

RMSEP=38.67。对于含Ni土样，r=0.85，RMSEP=25.74；压片法r=0.79，RMSEP=33.59。对于含Zn土样，样品盒法r=0.73，RMSEP=35.03；压片法r=0.71，RMSEP=26.07。以上结果均显示了良好的相关性。结果表明，太赫兹光谱用于土壤主要重金属含量的检测具有可行性。本研究可为太赫兹光谱技术应用于农田土壤重要理化参数的检测与应用技术开发研究提供理论和方法依据。

第三节　不同酸碱条件下太赫兹光谱用于土壤含铅量的检测研究

土壤重金属污染已成为遏制我国现代农业发展的突出问题之一。研发一种高效、快速、精确的主要重金属含量检测技术对于保障农田、农产品质量安全和人类健康具有重要意义。本研究以不同酸碱条件下（pH值8.5、pH值7.0和pH值5.5）土壤中的铅污染作为研究对象，观测不同酸碱下土壤中各结合态铅含量分布，并基于太赫兹时域光谱技术（Terahertz Time-domain Spectrocopy，THz-TDS）对不同酸碱条件下的含铅土壤进行吸收光谱分析，然后结合连续投影算法（SPA）、偏最小二乘法（PLS）、支持向量机（SVM）和BP神经网络（BPNN）对土壤中的铅污染进行定性定量检测研究，在此基础上，采用通径分析的方法，对土壤中5种主要结合态铅对太赫兹光谱的影响进行相关性研究。

一、实验材料与样品制备

本研究主要材料和仪器包括：土壤、0.1mol/L的Pb（NO$_3$）$_2$标准溶液、0.100 8mol/L的HCl标准溶液、0.100 3mol/L的NaOH标准溶液、pH值校正缓冲溶液、高压液氮、聚乙烯粉末、去离子水，以及30目网筛、研磨钵、移液枪、电子天平（SHANGPING，JA2003N）、pH值检测仪（雷磁PHB-4，上海）、恒温干燥箱、手动液压型压片机（SpecacGS15011，0~15t，英国）和游标卡尺（BL，0.02mm精度）等，如图4-28所示。

制备样品所需的纯净土壤采集于北京市农林科学院（BAAFS）实验基地。将采集的土壤倒在塑料器皿上，置于阴凉处使其慢慢风干。为确定最佳质量参数，在同等压力下分别取质量为200mg、230mg、260mg、290mg和320mg的土壤用于压片，同时加入少量聚乙烯粉末混合研磨后装入压片模具。然后用压片机在7.5T压力下将混合后的粉末样品压入厚度为1.2mm、直径为13mm的圆形切片中，持续约5min。切片表面保持平滑和平行，以减少多次反射的影响。制备的土壤压片如图4-29所示。

土壤　硝酸铅标准溶液　HCl标准溶液　NaOH标准溶液　研磨钵　电子天平　配置溶液工具

pH校正缓冲溶　高压液氧　聚乙烯粉末　去离子水　pH检测仪　恒温干燥箱　手动液压型压片机

图4-28　实验所需主要材料和仪器

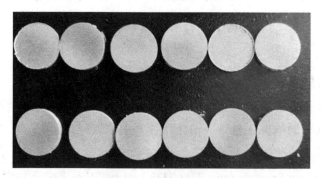

图4-29　土壤样品压片

取各pH值条件下的90个样品，按照2∶1划分为校正集和预测集。将轻度、中度、重度3种不同污染程度的样品分别标记为1、2、3。

定性实验步骤如下。

（1）利用NaOH溶液和HCl溶液分别配制pH值为5.5、7.0、8.5的土壤溶液，模拟铅离子自然状态下进入不同pH值的土壤，选用Pb（NO_3）$_2$溶液作为铅源加入土壤溶液中并充分搅拌混合均匀。

（2）在3种不同pH值条件下，以《土壤环境质量　农用地土壤污染风险管控标准》中铅的农用地土壤污染风险筛选值（Risk Screening Values for Soil Contamination of Agricultural）和农用地土壤污染风险管制值（Risk Intervention Values for Soil Contamination of Agricultural）为参考标准制作样品及划分样品分污染程度，如表4-9所示。

（3）探究pH值对铅在土壤中各化学结合态含量以及含铅土壤样品太赫兹光谱曲线的影响，分别在上述不同pH值条件下，配制含铅量为200mg/kg、600mg/kg和1 000mg/kg的土壤样品各300g，部分用于化学结合态含量的检测，其余用作压片制作，每种含量各30个共计270个。

（4）对含铅土壤样品进行干燥、研磨处理，称取200mg含铅土壤样品，使用手动液压型压片机（Specac GS15011，英国）压片，压力为3.5t，压制时间3min。为解决压片过程中土壤松散的问题，加入少量聚乙烯粉末（购于杭州泓纳科技有限公司）以帮助成型。

（5）获得厚度1.0～1.1mm、直径13mm、内部均匀的成型压片，且两表面光滑无裂痕且平行。

表4-9　样品污染程度划分详情

污染程度	pH值5.5		pH值7.0		pH值8.5	
	铅含量（mg/kg）	样品数量（个）	铅含量（mg/kg）	样品数量（个）	铅含量（mg/kg）	样品数量（个）
轻度污染	29	15	50	15	100	15
	50	15	100	15	150	15
中度污染	200	10	500	10	800	10
	250	10	550	10	850	10
	300	10	600	10	900	10
重度污染	600	10	900	10	1 400	10
	650	10	950	10	1 450	10
	700	10	1 000	10	1 500	10

定量实验准备步骤如下。

（1）同定性实验步骤一。

（2）各pH值条件下，按重金属铅含量范围50～1 000mg/kg，梯度50mg/kg配制含铅土壤样品20组，每组2个，共计120个。另配制5个不含铅的土壤样品用作比较和分析铅进入土壤前后的太赫兹光谱曲线变化。

（3）同定性实验步骤（4）（5）。

通径实验准备。

（1）采用Tessier连续提取法提取土壤中铅的5种不同的化学形态。

（2）使用PerkElmer Aanalyst 800原子吸收光谱仪测量各铅元素的形态溶解液，测得5种不同化学形态的含量。

二、数据采集与数学建模

（一）不同酸碱度下土壤样品各结合态铅含量分布及太赫兹吸收光谱测定

1. 不同酸碱度下含铅土壤中各结合态铅占比

按照《土壤环境质量　农用地土壤污染风险管控标准》（GB 15618—1995），由北京中科龙辉分析测试中心，完成土壤样品的理化测试，各结合态铅含量如表4-10和图4-30所示，结果表明：①铅在进入土壤后主要以碳酸盐结合态和铁锰氧化物结合态存在，其他结合态含量相对较少；②在铅总量一定情况下，随pH值增大，可交换态铅的含量急剧减少，其他交换态铅的含量则逐渐增加，其中，碳酸盐结合态铅和铁—锰氧化物结合态铅增幅较明显；有机物结合态铅和残渣态铅的含量增加不明显。

上述结果表明，铅在土壤中不同结合态的含量受酸碱环境影响较大，此结论与文献中的结论较为一致。

表4-10　含铅土壤中各结合态的含量

（根据GB 15618—1995，由北京中科龙辉分析测试中心测量）

pH值	铅含量（mg/kg）	可交换态铅（mg/kg）	碳酸盐结合态铅（mg/kg）	铁—锰氧化物结合态铅（mg/kg）	有机物结合态铅（mg/kg）	残渣态铅（mg/kg）
5.5	200+29.476	31.396	66.396	91.148	7.035	32.723
	600+29.476	105.848	252.869	205.941	10.496	53.178
	1 000+29.476	339.032	324.658	238.443	32.637	93.432
7.0	200+29.476	11.463	73.259	98.597	8.671	36.379
	600+29.476	40.336	288.414	223.966	13.592	62.452
	1 000+29.476	133.421	432.723	301.262	41.873	119.376
8.5	200+29.476	0.935	75.584	103.344	9.346	38.942
	600+29.476	3.678	297.352	242.601	16.913	67.526
	1 000+29.476	12.636	475.292	349.075	52.173	139.711

注：29.476为原始土壤中铅含量背景值。

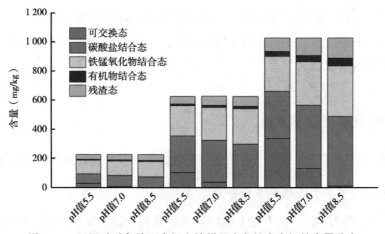

图4-30　不同酸碱条件下含铅土壤样品中各结合态铅的含量分布

2. 不同酸碱下含铅土壤的太赫兹光谱吸收测定

不同酸碱条件下（pH值8.5、pH值7.0和pH值5.5）含铅土壤对太赫兹光谱的吸收情况，对含铅量为1 000mg/kg的土壤样品进行太赫兹光谱测量，平滑处理后结果如图4-31所示。可以看出，没有呈现明显的特征吸收峰，但3种不同pH值的光谱分布呈现出较明显的分离；且样品之间的吸收系数随pH值的增加而增加。

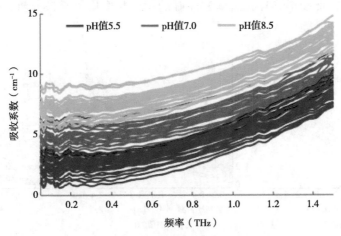

图4-31 预处理后的样品平均吸收曲线

由上述结果可观察得出，pH值对于含铅土壤样品的太赫兹光谱吸收有较大影响。鉴于此，可提出如下推论：pH值变化引起了土壤中铅的化学结合态含量变化，进而导致对太赫兹光谱吸收产生影响。

（二）不同酸碱度下太赫兹光谱用于土壤中铅污染的定性定量检测研究

为进一步阐释上述推论，本节通过不同酸碱度下含铅土壤的太赫兹光谱，从定性、定量两方面开展研究。

1. 定性分析研究

如图4-32和图4-33所示，轻度、中度和重度污染样品在pH值5.5、pH值7.0和pH值8.5条件下的平均吸收光谱。结果表明，光谱曲线总体趋势相似，在吸收幅值上有所差异；在pH值5.5和pH值7.0时，3种不同污染程度样品的光谱曲线相互重叠，较难分辨。进一步对光谱数据做一阶微分处理，可观察到光谱曲线分别在0.163THz和1.15THz处出现了一个吸收峰和吸收谷，且存在显著性差异，较易分辨。

为了减少数据输入量，以PCA后得到的前三主成分（包含超过99%的原始光谱数据的信息）的数据作为模型输入特征，分别采用SVM和BPNN对不同pH值条件下的样品进行污染程度鉴别。SVM的参数c和g的计算结果、BPNN的最佳隐含层节点数以及两种模型的分类预测结果如表4-11所示。从表4-11可以看出，3种不同pH值的样品都取得了较高的识别精度，预测精度均在80%以上。其中pH值8.5的样品识别效果最好的是SVM模型，校正集识别精度为100%，预测集识别精度为96.67，pH值7.0的样品识别效果最好的也是SVM模型，校正集识别精度为91.67%，预测集识别精度为90%，而pH值5.5的样品识别效果最好的是BPNN模型，校正集识别精度为91.67%，预测集识别精度为83.33%。pH值7.0和pH值5.5的样品识别效果相对较低，可能是由于全光谱的数据重叠导致。因此，本节对太赫兹光谱数据进行特征频率选择，选取性能好的特征频率用于建模分析，提高模型的识别精度。

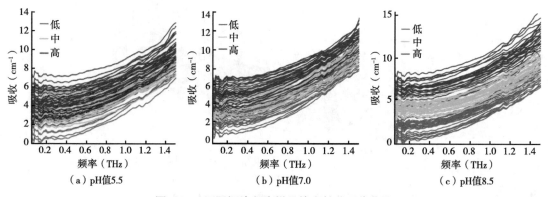

图4-32　不同污染程度样品的太赫兹吸收曲线

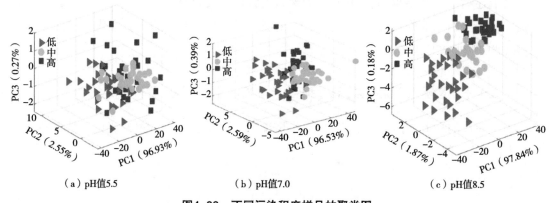

图4-33　不同污染程度样品的聚类图

基于SPA选择的特征频率建立了SPA-SVM和SPA-BPNN的预测模型，两种模型的参数以及分类预测结果如表4-11所示。可以看出，pH值5.5和pH值7.0的样品在经过SPA选择特征频率后的模型识别精度有了明显的提升，这可能是由于剔除了一些无用的干扰频率，分辨信息得到了增强。而pH值8.5样品的识别精度相较于全光谱却有所下降。其中，pH值5.5的样品识别效果最好的是SPA-SVM模型，校正集识别精度为95%，预测集识别精度为90%。pH值7.0的样品识别效果最好的也是SPA-SVM模型，校正集识别精度为100%，预测集识别精度为96.67%。通过模型比较可以得出，pH值5.5的样品最佳分类模型为SPA-

SVM，pH值7.0的样品最佳分类模型也为SPA-SVM，而pH值8.5的样品最佳分类模型为全光谱的SVM模型。由此可知，在本实验中SVM在分类性能上要优于BPNN。3种pH值样品的最佳分类预测结果图4-34所示，其中pH值5.5的样品中，有3个样品被错误分类，pH值7.0和pH值8.5的样品中各有一个样品被错误分类。实验结果表明，选择特征频率进行建模可以减小光谱数据重叠的影响，提高模型分类精度。实验结果还表明，利用太赫兹光谱结合化学计量分析法对不同pH值土壤的铅污染程度进行鉴别是可行的。

表4-11　建模结果

类型	样条函数磨光法	参数	训练集准确度（%）	预测集准确度（%）
pH值5.5	FS-SVM	$c=0.25$，$g=5.65$	93.33	80.00
	FS-BPNN	Nodes=7	91.67	83.33
	SPA-SVM	$c=1$，$g=0.25$	95.00	90.00
	SPA-BPNN	Nodes=10	96.67	86.67
pH值7.0	FS-SVM	$c=4$，$g=1.41$	91.67	90.00
	FS-BPNN	Nodes=5	93.33	86.67
	SPA-SVM	$c=0.707\ 1$，$g=0.25$	100.00	96.67
	SPA-BPNN	Nodes=8	100.00	93.33
pH值8.5	FS-SVM	$c=0.25$，$g=0.35$	100.00	96.67
	FS-BPNN	Nodes=8	100.00	93.33
	SPA-SVM	$c=1.414\ 2$，$g=11.31$	100.00	93.33
	SPA-BPNN	Nodes=8	95.00	86.67

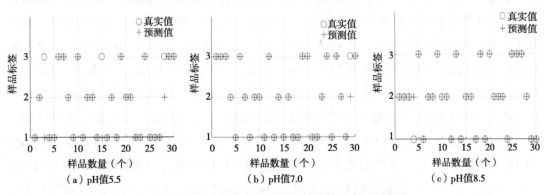

图4-34　三种pH值条件下样品的最佳分类预测结果

2. 定量分析研究

所有土壤样品的原始吸收曲线经过MSC、基线校正和Savitzky-Golay平滑等预处理后的光谱曲线如图4-35所示。预处理后的光谱曲线，噪声得到抑制，更易分辨；且不同样品之间整体表现为吸收系数随铅含量的增加而增加。

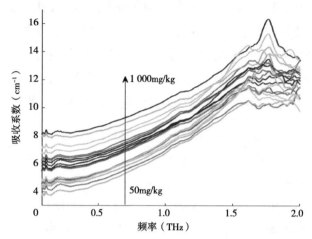

图4-35　样品预处理后THz吸收曲线

（资料来源：李超，李斌，不同pH值土壤中铅含量的太赫兹光谱反演建模研究，2020）

首先进行全光谱PLS模型预测分析，如表4-12所示。可以发现，pH值8.5的样品模型预测结果最好，Rc、RMSEC、Rp和RMSEP分别为0.991 3、27.51mg/kg、0.983 9和33.35mg/kg，RPD为6.85。pH值7.0的样品相关系数和RPD结果较好，但均方根误差偏大。而pH值5.5的样品模型预测结果较差，Rc、RMSEC、Rp和RMSEP分别为0.688 9、133.53mg/kg、0.604 3和164.88mg/kg，PRD仅为1.25。结果表明pH值7.0和pH值5.5的样品模型预测能力需要进一步提高。

实验发现，0.075～2.0THz的光谱数据量较大且数据之间存在共线性和大量冗余的问题，容易导致模型收敛困难，预测效果较差。因此需要对原始数据进行降维以提取特征变量，减少冗余以及共线性数据的影响。连续投影算法（SPA）是一种使矢量空间共线性最小化的前向变量选择算法，在光谱分析中有广泛的应用。本研究对样品的光谱数据进行特征频率选择，选取性能好的特征频率，以进一步提高模型分析的准确性。采用SPA算法对样品光谱数据进行筛选，得到了特征频率的分布图，根据对应编号最终筛选出特征频率。pH值8.5的样品筛选出11个特征频率（0.2THz、0.419THz、0.6THz、0.788THz、0.888THz、1THz、1.206THz、1.306THz、1.406THz、1.469THz、1.544THz）。pH值7.0和pH值5.5的样品，分别筛选了10个特征频率（0.144THz、0.581THz、0.775THz、1.038THz、1.094THz、1.206THz、1.325THz、1.425THz、1.531THz、1.569THz）和13个特征频率（0.081THz、0.219THz、1.356THz、1.431THz、1.513THz、1.588THz、1.656THz、1.731THz、1.8THz、1.844THz、1.875THz、1.925THz、1.95THz）。

基于SPA选择的特征频率建立了SPA-PLS、SPA-SVM和SPA-BPNN的预测模型，其中SPA-PLS的最佳主因子个数，SPA-SVM的最优c和g，SPA-BPNN的最优隐含层节点数以及

3种模型的预测结果如表4-12所示。可以看出，在经过SPA选择特征频率后的建模效果普遍比全光谱效果好，表明SPA算法选择的特征频率技能保证不丢失原有光谱的有效信息，还减少了数据量，可简化模型并提高模型预测精度以及稳健性。其中，pH值8.5的样品模型预测结果中，效果最好的为SPA-PLS模型，Rc、Rp、RMSEC、RMSEP和RPD分别为0.997 7mg/kg、0.994 6mg/kg、22.70mg/kg、14.52mg/kg和9.63。pH值7.0的样品模型预测结果教全光谱有了很大提升，其中效果最好的为SPA-SVM模型，Rc、Rp、RMSEC、RMSEP和RPD分别为0.996 2、0.975 7、20.25mg/kg、33.04mg/kg和4.56；pH值5.5样品SPA-PLS模型中的预测效果相比于全光谱虽有所提升，但RMSEP仍然高于样品的梯度值50mg/kg，说明pH值5.5条件下的样品数据不适合类似于PLS的线性预测模型。但在非线性的预测模型SPA-SVM和SPA-BPNN中，得到了较好的预测效果，其中预测效果最好的是SPA-BPNN模型，Rc、Rp、RMSEC、RMSEP和RPD分别为0.968 7、0.974 4、48.83mg/kg、55.03mg/kg和4.44。基于同一种模型做比较，还可以得出3种pH值条件下的样品的预测效果高低排序依次为pH值8.5>pH值7.0>pH值5.5，可能是由于铅在进入碱性土壤后，更容易与土壤产生络合反应，形成影响太赫兹光谱曲线的化学结合态，而具体是哪种形态铅影响太赫兹光谱的吸收，目前尚且不清楚，有待后续研究。其中3种pH值条件下样品的最佳预测图如图4-36所示。

表4-12 建模和预测结果

样品类型	预测模型	参数选择	校正相关系数	校正集均方根误差（mg/kg）	预测相关系数	预测集均方根误差（mg/kg）	RPD
pH值5.5	FS-PLS	主因子数=11	0.688 9	133.53	0.604 3	164.88	1.25
	SPA-PLS	主因子数=10	0.980 0	42.58	0.890 3	96.79	2.19
	SPA-SVM	$c=886.02$, $g=14.00$	0.985 5	32.86	0.946 2	61.69	3.09
	SPA-BPNN	Nodes=10	0.968 7	48.83	0.974 4	55.03	4.44
pH值7.0	FS-PLS	主因子数=6	0.945 9	69.07	0.953 1	72.78	3.30
	SPA-PLS	主因子数=8	0.981 9	39.85	0.980 2	48.84	5.05
	SPA-SVM	$c=995.90$, $g=13.92$	0.996 2	20.25	0.975 7	33.04	4.56
	SPA-BPNN	Nodes=12	0.995 7	20.64	0.931 7	47.82	2.75
pH值8.5	FS-PLS	主因子数=8	0.991 3	27.51	0.983 9	33.35	6.85
	SPA-PLS	主因子数=10	0.997 7	14.52	0.994 6	22.70	9.63
	SPA-SVM	$c=746.64$, $g=7.40$	0.990 2	28.03	0.978 4	43.70	4.83
	SPA-BPNN	Nodes=15	0.992 5	23.94	0.986 8	35.40	6.17

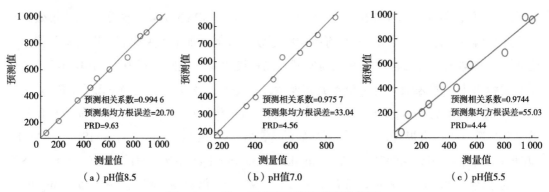

（a）pH值8.5　　　　（b）pH值7.0　　　　（c）pH值5.5

图4-36　3种pH值条件下样品的最佳预测

（资料来源：李超，李斌，不同PH值土壤中铅含量的太赫兹光谱反演建模研究，2020）

为了进一步解决为什么会有上述光谱吸收差异、影响因素的问题，接下来将通过对通径的分析来研究土壤中不同结合态对太赫兹光谱的影响。

三、关联计算与机理分析

（一）相关性分析及结果

本研究选取铅的5种不同结合态含量在含铅总量中的占比作为影响太赫兹平均吸收系数（y）的因变量，分别为可交换态铅（x_1）、碳酸盐结合态铅（x_2）、铁锰氧化物结合态铅（x_3）、有机结合态铅（x_4）和残渣态铅（x_5）。

自变量与因变量的相关系数分析结果如表4-13所示。可以看出，除了自变量x_1以外其余变量均与平均吸收系数呈正相关。其中x_1相关系数最大为-0.816；x_4相关性最小，为0.06。x_2、x_3和x_5均呈正相关，分别为0.269、0.771和0.440。不难发现。各自变量之间也均存在一定程度的非线性耦合，并非采用简单的线性关系。

表4-13　相关系数分析结果

变量	x_1	x_2	x_3	x_4	x_5	y
x_1	1					
x_2	−0.436	1				
x_3	−0.773*	−0.172	1			
x_4	−0.317	−0.078	0.119	1		
x_5	−0.566	−0.431	0.769*	0.661	1	
y	−0.816*	0.269	0.771*	0.006	0.440	1

注：*表示相关性在0.05水平上显著；样本量$n=9$，$r_{0.05}=0.666$。

（二）通径分析及结果

通径分析的自变量x和平均吸收系数的数据如表4-14所示，正态性检验结果如表4-15所示。鉴于本文样本数量较少，故采用Shapiro-Wilk输出的检验结果。Shapiro-Wilk的统计量为0.896，显著水平Sig=0.228>0.05，平均吸收系数服从正态分布。

表4-14 通径分析数据

pH值	样品类别	x_1	x_2	x_3	x_4	x_5	y
5.5	（200+29.476）mg/kg	0.14	0.29	0.40	0.03	0.14	−2.89
	（600+29.476）mg/kg	0.17	0.40	0.33	0.02	0.08	−1.61
	（1 000+29.476）mg/kg	0.33	0.32	0.23	0.03	0.09	−89.39
7.0	（200+29.476）mg/kg	0.05	0.32	0.43	0.04	0.16	−6.97
	（600+29.476）mg/kg	0.06	0.46	0.36	0.02	0.10	−2.01
	（1 000+29.476）mg/kg	0.13	0.42	0.29	0.04	0.12	−13.52
8.5	（200+29.476）mg/kg	0.004	0.33	0.45	0.03	0.17	26.53
	（600+29.476）mg/kg	0.01	0.47	0.38	0.03	0.11	8.47
	（1 000+29.476）mg/kg	0.01	0.46	0.34	0.05	0.14	−4.74

表4-15 因变量正态性检验

变量	Kolmogorov-Smirnov			Shapiro-Wilk		
	统计值	自由度	显著性	统计值	自由度	显著性
y	0.224	9	0.200*	−0.896	9	0.228

通径分析结果如表4-16所示。不难发现，按绝对值从大到小，分别为碳酸盐结合态铅（x_2）、残渣态铅（x_5）、铁锰氧化物结合态铅（x_3）、可交换态铅（x_1）、有机结合态铅（x_4）。通过分析各个间接通径系数发现，x_3对y的影响以直接作用为主，它通过其他变量对y产生的间接作用较小，几乎可以忽略不计，而x_1、x_2、x_4和x_5分别通过其他4个变量对y产生的间接作用较大。

显然，x_1对y的直接作用较小且为正作用，但x_1通过x_2、x_3、x_4和x_5对y产生的间接作用较大，总的间接通径系数为−1.392，因此x_5对y的总作用表现为负。其中x_1通过x_3的间接通径系数为−0.560，且x_5与x_3的相关系数为−0.773，达到0.05显著水平，这说明x_1主要通过x_3来间接影响y；x_2对y的直接作用为1.013，是5个变量中最大的，但x_2总的间接通径系数为−0.743，这导致x_2对y的总作用较小；x_4和x_5同样也是由于间接作用的影响导致他们最终对y总作用有所减小。这说明自变量之间相互作用产生的影响应该被考虑到最终对y的影响里面。

此外剩余通径系数pe为0.288，表明除上述已知原因变量之外，还存在一些未知变量的影响，或由系统误差产生的影响。决策系数大小排序为$R^2_{(2)}>R^2_{(3)}>R^2_{(4)}>R^2_{(5)}$，其中$x_3$决策系数最大且为正，故$x_3$主要决策变量，对$y$值的大小起促进作用。$x_1$的决策系数最小且为负，故$x_1$为主要限制性变量，对$y$值的大小起抑制作用。此外，$x_2$、$x_4$和$x_5$都为限制变量，相比于$x_1$，这几个变量因素起辅助作用。因此，5种结合态铅中，可交换态铅并不是影响太赫兹吸收系数的重要因素，而其他4种结合态均对太赫兹吸收产生一定影响。其中，碳酸盐结合态铅、铁锰氧化物结合态铅和有机结合态铅对吸收系数的影响以直接作用为主，而残渣态铅主要通过铁锰氧化物结合态铅来间接影响吸收系数。此外，根据决策系数得出，碳酸盐结合态铅为主要决策变量，对太赫兹光谱的吸收起促进作用。残渣态铅为主要限制性变量，对太赫兹光谱的吸收起抑制作用。

表4-16　通径分析结果

自变量	r_{iy}	p_i	间接通径系数（p_{ij}）						决策系数 $R^2_{(i)}$
			x_1	x_2	x_3	x_4	x_5	合计	
x_1	−0.816	0.576		−0.441	−0.560	0.137	−0.528	−1.392	−1.273
x_2	0.269	1.013	−0.251		−0.124	0.034	−0.402	−0.743	−0.481
x_3	0.771	0.725	−0.446	−0.174		−0.052	0.718	0.046	0.592
x_4	0.006	−0.435	−0.183	−0.079	0.086		0.617	0.441	−0.194
x_5	0.440	0.933	−0.326	−0.437	0.558	−0.286		−0.493	−0.050

四、实验小结

针对土壤中铅污染程度的检测问题，采用太赫兹光谱技术结合化学计量分析法对不同pH值土壤中铅污染程度的分类鉴别进行了研究。揭示了含铅土壤样品影响太赫兹光谱吸收光谱的微观机理，解释了pH值变化影响太赫兹吸收光谱的本质。同时也为利用太赫兹光谱从事土壤中铅的污染程度鉴别、含量检测等相关研究提供了理论依据。具体结论如下。

（1）pH值对含铅土壤样品的太赫兹光谱曲线有较大影响。

（2）在所测样品中，pH值5.5和pH值7.0下最佳分类模型均为SPA-SVM；pH值8.5下最佳分类模型为全光谱的SVM模型。结果表明，选择特征频率进行建模可以减小光谱数据重叠的影响，提高模型分类精度；实验结果展示出利用太赫兹光谱结合化学计量分析法对不同pH值土壤的铅污染程度和pH值土壤中铅含量检测的可行性。

（3）所测样品中，pH值8.5下最佳预测模型为SPA-PLS；pH值7.0下最佳预测模型为SPA-SVM；pH值5.5下最佳预测模型为SPA-BPNN。相同模型下，不同pH值条件样品预测效果排序为pH值8.5>pH值7.0>pH值5.5。其原因推测为：铅在进入碱性土壤后，更容易与土壤产生络合反应，形成影响太赫兹光谱曲线的化学结合态。而具体是什么形态的铅影响太赫兹光谱曲线，目前尚且不清楚，有待后续研究。

（4）5种结合态铅中，铁锰氧化物结合态铅对y的影响以直接作用为主，而其他4个变量对y产生的间接作用较大。从决策系数来看，铁锰氧化物结合态铅的决策系数最大（0.592）且为正，故铁锰氧化物结合态铅为主要决策变量，对y值的大小起促进作用。可交换态铅的决策系数最小（-1.273）且为负，故可交换态铅为主要限制性变量，对y值的大小起抑制作用。此外，碳酸盐结合态铅、有机结合态铅和残渣态铅都为限制变量，相比于可交换态铅，这几个变量因素起辅助作用。

第四节　小　结

本章针对土壤重金属污染问题，探索了太赫兹技术用于检测重金属污染的可行性并从机理方面进行了深入研究。首先进行了土壤重金属污染的形势和检测现状的综述，提出发展快检技术的重要性，然后针对当前技术的不足和前人对太赫兹技术在这方面的研究，系统介绍了作者进行太赫兹技术用于土壤重金属污染检测的探索研究，包括样品的制备方法、数据的测量方法、参数提取方法以及数据处理和建模方法等；在积累相关经验基础上，聚焦铅重金属，设计实验探索了在酸碱条件影响下，铅的各种结合态分布及太赫兹吸收光谱谱线，通过数学通径分析模型的关联，尝试揭示造成太赫兹吸收的主要结合态铅主要形态这一机理，为后续发展基于太赫兹技术的重金属快检方法提供理论支撑。

参考文献

北京大学化学系化学仪器分析教学组，1997. 仪器分析教程[M]. 北京：北京大学出版社.

成飙，陈德钊，吴晓华，2006. 基于移动窗口—迭代遗传算法的近红外光谱波长选择方法[J]. 分析化学，34（U09）：123-126.

方禹之，2002. 分析科学与分析技术[M]. 上海：华东师范大学出版社.

高荣强，范世福，严衍禄，等，2004. 近红外光谱的数据预处理研究[J]. 光谱学与光谱分析（12）：1 563-1 565.

国家环境保护局，国家技术监督局，1995. 中国土壤环境质量标准[M]. 北京：中国标准出版社.

廖国礼，吴超，2006. 资源开发环境重金属污染与控制[M]. 重庆：中南大学出版社.

刘国华，包宏，李文超，2001. 用MATLAB实现遗传算法程序[J]. 计算机应用研究（8）：80-82.

陆婉珍，2007. 现代近红外光谱分析技术[M]. 2版. 北京：中国石化出版社.

吕彩云，2008. 重金属检测方法研究综述[J]. 资源开发与市场（10）：25-28，36.

闵顺耕，李宁，张明祥，2004. 近红外光谱分析中异常值的判别与定量模型优化[J]. 光谱学与光谱分析，24（10）：1 205-1 209.

腾葳，柳琪，李倩，等，2010. 重金属污染对农产品的危害与风险评估[M]. 北京：化学工业出版社.

王惠文，1999. 偏最小二乘回归方法及其应用[M]. 北京：国防工业出版社.

王孝伟，王强，王花丽，利用太赫兹时域光谱检测农产品中2种酰胺类农药残留[J]. 安徽农业科学（32）：18 184-18 186.

吴静珠，王一鸣，张小超，等，2006. 近红外光谱分析中定标集样品挑选方法研究[J]. 农业机械学报（4）：86-88，107.

严衍禄，2005. 近红外光谱分析基础与应用[M]. 北京：中国轻工业出版社.

杨一刚，2008. 食品中重金属元素检测方法的研究[J]. 图书情报导刊（31）：217-218.

苑希民，2002. 神经网络和遗传算法在水科学领域的应用[M]. 北京：中国水利水电出版社.

翟慧泉，金星龙，岳俊杰，等，2010. 重金属快速检测方法的研究进展[J]. 湖北农业科学，49（8）：1 995-1 998.

张宝月，李九生，2010. 基于太赫兹光谱的小麦粉中滑石粉测定技术[J]. 中国粮油学报，25（7）：113-116.

赵春喜，2010. 土壤中有机污染物的太赫兹时域光谱检测分析[J]. 科技信息（8）：498.

赵广英，沈颐涵，2010. SPCE-微型DPSA-1仪同步快速检测蔬菜中的铅，镉，铜[J]. 化学通报，73（5）：447-454.

赵庆龄，路文如，2010. 土壤重金属污染研究回顾与展望——基于web of science数据库的文献计量分析[J]. 环境科学与技术（6）：105-111.

郑国璋，2007. 农业土壤重金属污染研究的理论与实践[M]. 北京：中国环境科学出版社.

周焕英，邹峰，2007. 水中铜的酶抑制快速定量检测方法研究[J]. 冶金分析（9）：22-24.

Bangalore A S，Shaffer R E，Small G W，et al.，1996. Genetic algorithm-based method for selecting wavelengths and model size for use with partial least-squares regression：application to near-infrared spectroscopy[J]. Analytical Chemistry，68（23）：4 200-4 212.

Beauchemin D，hem A，2007. Inductively coupled plasma mass spectrometry[J]. J. Am. Soc. for Mass Spectrom，18（7）：1 345-1 346.

Celo V，Murimboh J，Salam M S A，et al.，2001. A Kinetic Study of Nickel Complexation in Model Systems by Adsorptive Cathodic Stripping Voltammetry[J]. Environmental ence & Technology，35（6）：1 084-1 089.

Cheville R A，Reiten M T，2004. Thz time domain sensing and imaging[J]. Proc. SPIE-.Int. Soc. Opt. Eng，5 411：196-206.

Christou S，Birgersson H，Fierro J，et al.，2006. Reactivation of an aged commercial three-way catalyst by oxalic and citric acid washing[J]. Environmental ence & Technology，40（6）：2 030-2 036.

Clark A C，Scollary G R，2000. Determination of total copper in white wine by stripping potentiometry utilising medium exchange[J]. Analytica Chimica Acta，413（1-2）：25-32.

Cui Y S，Chen X C，Fu J，2010. Progress in study of bioaccessibility of lead and arsenic in contaminated soils[J]. Ecologyand Environmental Sciences, 19（2）: 480-486.

Darwish I A, Blake D A, 2001. One-step competitive immunoassay for cadmium ions: development and validation for environmental water samples[J]. Anal. Chem, 73（8）: 1 889-1 895.

Dworak V, Augustin S, Gebbers R, 2011. Application of Terahertz Radiation to Soil Measurements: Initial Result[J]. Sensors, 11（10）: 9 973-9 988.

Felipe-Sotelo M, Andrade J M, Carlosena A, et al., 2008. Partial Least Squares Multivariate Regression as an Alternative To Handle Interferences of Fe on the Determination of Trace Cr in Water by Electrothermal Atomic Absorption Spectrometry[J]. Analytical Chemistry, 75（19）: 5 254-5 261.

Frickel S, Elliott J R, 2008. Tracking industrial land use conversions: a new approach for studying relict waste and urban development[J]. Organ Environ, 21（2）: 128-147.

Hu B B, Nuss M C, 1995. Imaging with terahertz waves[J]. Optics Letters, 20（16）: 1 716.

Iii F S C, Matson P A, Mooney H A, 2011. Principles of Terrestrial Ecosystem Ecology[M]. New York: Springer.

Jadhav S, Bakker E, 2001. Selectivity behavior and multianalyte detection capability of voltammetric ionophore-based plasticized polymeric membrane sensors[J]. Analytical Chemistry, 73（1）: 80-90.

Jing F, Chen X M, Yang Z J, et al., 2018. Heavy metals status, transport mechanisms, sources, and factors affecting their mobility in Chinese agricultural soils[J]. Environmental Earth Sciences, 77: 104.

Jouan-Rimbaud D, Massart D L, Leardi R, et al., 1995. Genetic Algorithms as a Tool for Wavelength Selection in Multivariate Calibration[J]. Analytical Chemistry, 67（23）: 4 295-4 301.

Kashem M A, Singh B R, 2001. Metal availability in contaminated soils: II. Uptake of Cd, Ni and Zn in rice plants grown under flooded culture with organic matter addition[J]. Nutr. Cycl. Agroecosyst, 61（3）: 257-266.

Kholdeeva O A, Trubitsina T A, Maksimov G M, et al., 2005. Synthesis, characterization, and reactivity of Ti（IV）-monosubstituted Keggin polyoxometalates[J]. ChemInform, 36（5）: 1 635-1 642.

Khosravi V, Ardejani F D, Yousefi S, et al., 2018. Monitoring soil lead and zinc contents via combination of spectroscopy with extreme learning machine and other data mining methods[J]. Geoderma, 318: 29-41.

Kim G, Kwak J, Kim K R, et al., 2013. Rapid detection of soils contaminated with heavy metals and oils by laser induced breakdown spectroscopy（LIBS）[J]. Journal of Hazardous Materials, 263（2）: 754-760.

Kou S, Nam S W, Shumi W, et al., 2009. Microfluidic Detection of Multiple Heavy Metal Ions Using Fluorescent Chemosensors[J]. Bull. Korean Chem. Soc., 30（5）: 1 173.

Kuswandi B, 2003. Simple optical fibre biosensor based on immobilised enzyme for monitoring of trace heavy metal ions[J]. Anal. Bioanal. Chem., 376（7）: 1 104-1 110.

Legeai S, Stéphanie Bois, Vittori O, 2006. A copper bismuth film electrode for adsorptive cathodic stripping analysis of trace nickel using square wave voltammetry[J]. Journal of Electroanalytical Chemistry, 591（1）: 93-98.

Li B, Zhao C J, 2016. Preliminary Research on Heavy Metal Pb Detection in Soil Based on Terahertz Spectroscopy[J]. Transactions of the Chinese Society for Agricultural Machinery, 47（S1）: 291-296.

Li J S, Zhao X L, Li J R, 2009. Study on the THz spectra of metallic ion in soil[C]//International Symposium on PhotoElectronic Detection and Imaging 2009: Terahertz and High Energy Radiation Detection Technologies and Applications, 7 385: 1-6.

Li L, Ustin S L, Riano D, 2007. Retrieval of fresh leaf fuel moisture content using genetic algorithm partial least squares (ga-pls) modeling[J]. IEEE Geosci. Remote Sens. Lett., 4 (2): 216-220.

Li M L, Dai G B, Chang T Y, et al., 2017. Accurate Determination of Geographical Origin of Tea Based on Terahertz Spectroscopy[J]. Applied Sciences, 7 (2): 172.

Li Z, Ma Z, Kuijp T J V D, et al., 2013. A review of soil heavy metal pollution from mines in china: pollution and health risk assessment[J]. Science of the Total Environment, 468-469C: 843-853.

Liu W, Liu C H, Yu J J, et al., 2018. Discrimination of geographical origin of extra virgin olive oils using terahertz spectroscopy combined with chemometrics[J]. Food Chemistry, 251: 86-92.

Liu Y L, Chen Y Y, 2012. Feasibility of Estimating Cu Contamination in Floodplain Soils using VNIR Spectroscopy-A Case Study in the Le'an River Floodplain, China[J]. Soil and Sediment Contamination: An International Journal, 21 (8): 951-969.

Long J, Nagaosa Y, 2007. Determination of selenium (Ⅳ) by catalytic stripping voltammetry with an in situ plated bismuth-film electrode[J]. Analytical ences the International Journal of the Japan Society for Analytical Chemistry, 23 (11): 1 343.

Luce M S, Ziadi N, Gagnon B, et al., 2017. Visible near infrared reflectance spectroscopy prediction of soil heavy metal concentrations in paper mill biosolid-and liming by-product-amended agricultural soils[J]. Geoderma, 288: 23-36.

Maestre S E, Mora J, Hernandis V, et al., 2003. A system for the direct determination of the nonvolatile organic carbon, dissolved organic carbon, and inorganic carbon in water samples through inductively coupled plasma atomic emission spectrometry[J]. Analytical Chemistry, 75 (1): 111-117.

Malitesta C, Guascito M R, 2005. Heavy metal determination by biosensors based on enzyme immobilised by electropolymerisation[J]. Biosens. Bioelectron, 20 (8): 1 643-1 647.

Malon A, Vigassy, Tamás, Bakker E, et al., 2006. Potentiometry at trace levels in confined samples: ion-selective electrodes with subfemtomole detection limits[J]. Journal of the American Chemical Society, 128 (25): 8 154-8 155.

Mendes, Salvianoduda A M, Pereiranascimento G, et al., 2006. Bioavailability of cadmium and lead in a soil amended with phosphorus fertilizers[J]. Sci. Agric., 63 (4): 328-332.

Micó C, Recatalá L, Peris A, et al., 2006. Assessing heavy metal sources in agricultural soils of an European mediterranean area by multivariate analysis[J]. Chemosphere, 65 (5): 863.

Nabulo G, Young S D, Black C R, 2010. Assessing risk to human health from tropical leafy vegetables grown on contaminated urban soils[J]. Sci. Total Environ, 408 (22): 5 338-5 351.

Paulette L, Man T, Weindorf D C, et al., 2015. Rapid assessment of soil and contaminant variability via portable x-ray fluorescence spectroscopy: Copşa Mică, Romania[J]. Geoderma, 243-244: 130-140.

Pereira G E, Gaudillere J P, Pieri P, et al., 2006. Microclimate Influence on Mineral and Metabolic Profiles of Grape Berries[J]. Journal of Agricultural & Food Chemistry, 54 (18): 6 765-6 775.

Rennert T, Meissner S, Rinklebe J, et al., 2010. Dissolved inorganic contaminants in a floodplain soil:

comparison of in situ soil solutions and laboratory methods[J]. Water Air Soil Pollut, 209（1-4）: 489-500.

Rui Y K, Shen J B, Zhang F S, et al., 2008. Application of icp-ms to detecting ten kinds of heavy metals in kcl fertilizer[J]. Spectrosc. Spectral Anal, 28（10）: 2 428-2 430.

Rust J A, Nóbrega J A, Calloway C P, et al., 2005. Analytical characteristics of a continuum-source tungsten coil atomic absorption spectrometer[J]. Analytical Ences, 21（8）: 1 009-1 013.

Senesi G S, Dell Aglio M, Gaudiuso R, et al., 2009. Heavy metal concentrations in soils as determined by laser-induced breakdown spectroscopy（LIBS）, with special emphasis on chromium[J]. Environmental Research, 109（4）: 413-420.

Shade C W, Hudson R J M, 2005. Determination of MeHg in environmental sample matrices using Hg-thiourea complex ion chromatography with on-line cold vapor generation and atomic fluorescence spectrometric detection[J]. Environmental ence & Technology, 39（13）: 4 974.

Shi T Z, Wang J J, Chen Y Y, et al., 2016. Improving the prediction of arsenic contents in agricultural soils bycombining the reflectance spectroscopy of soils and rice plants[J]. International Journal of Applied Earth Observation and Geoinformation, 52: 95-103.

Shi T, Chen Y, Liu Y, et al., 2014. Visible and near-infrared reflectance spectroscopy-An alternative for monitoring soil contamination by heavy metals[J]. Journal of Hazardous Materials, 265: 166-176.

Sun W C, Zhang X, 2017. Estimating soil zinc concentrations using reflectance spectroscopy[J]. International Journal of Applied Earth Observation and Geoinformation, 58: 126-133.

Sun W C, Zhang X, Sun X J, et al., 2018. Predicting nickel concentration in soil using reflectance spectroscopy associated with organic matter and clay minerals[J]. Geoderma, 327: 25-35.

Tan K, Ye Y Y, Du P J, et al., 2014. Estimation of heavy metal concentrations in reclaimed mining soils using reflectance spectroscopy[J]. Spectroscopy and Spectral Analysis, 34（12）: 3 317-3 322.

Tiller K G, 1992. Urban soil contamination in australia[J]. Soil Res, 30（6）: 937-957.

Tonouchi M, 2007. Cutting-edge terahertz technology[J]. Nat. Photonics, 1（2）: 97-105.

Turer D, Maynard J B, Sansalone J J, 2001. Heavy metal contamination in soils of urban highways comparison between runoff and soil concentrations at cincinnati, ohio[J]. Water Air Soil Pollut, 132（3-4）: 293-314.

Van Stipdonk M J, English R D, Schweikert E A, 2000. SIMS of organic anions adsorbed onto an aminoethanethiol self-assembled monolayer: an approach for enhanced secondary ion emission[J]. Analytical Chemistry, 72（11）: 2 618-2 626.

Vinas P, Pardo-Martínez, Mercedes, et al., 2000. Determination of copper, cobalt, nickel, and manganese in baby food slurries using electrothermal atomic absorption spectrometry[J]. J Agric. Food Chem., 48（12）: 5 789-5 794.

Wang B, Huang B, Qi Y B, et al., 2012. Effect of air drying onspeciation of heavy metals in flooded rice paddies[J]. Chinese Chemical Letters, 23: 1 287-1 290.

Wang T, He M J, Shen T T, et al., 2018. Multi-element analysis of heavy metal content in soils using laser-induced breakdown spectroscopy: A case study in eastern China[J]. Spectrochimica Acta Part B: Atomic Spectroscopy, 149: 300-312.

Weindorf D C, Paulette L, Man T, 2013. In-situ assessment of metal contamination via portable X-ray fluorescence spectroscopy: Zlatna, Romania[J]. Environmental Pollution, 182: 92-100.

Wu M Z, Li X M, Sha J M, 2014. Spectral Inversion Models for Prediction of Total Chromium Content in Subtropical Soil[J]. Spectroscopy and Spectral Analysis, 34（6）: 1 660-1 666.

Wu T, Li X P, Cai Y, et al., 2017. Geochemical behavior and risk of heavy metals in different size lead-polluted soil particles[J]. China Environmental Science, 37（11）: 4 212-4 221.

Xia F, Peng J, Wang Q L, et al., 2015. Prediction of heavy metal content in soil of cultivated land Hyperspectral technology at provincial scale[J]. Journal of Infrared and Millimeter Waves, 34（5）: 593-599.

Xie Y, Schubothe K M, Lebrilla C B, 2003. Infrared laser isolation of ions in Fourier transform mass spectrometry[J]. Analytical Chemistry, 75（1）: 160.

Xu X B, Lü J S, Xu R R, et al., 2018. Source spatial distribution and risk assessment of heavy metals in Yiyuan county of Shandong province[J]. Transactions of the Chinese Society of Agricultural Engineering, 34（9）: 216-223.

Yu, Li-Ping, 2005. Cloud point extraction preconcentration prior to high-performance liquid chromatography coupled with cold vapor generation atomic fluorescence spectrometry for speciation analysis of mercury in fish samples[J]. J Agric. Food Chem., 53（25）: 9 656-9 662.

Yuan X Z, Huang H J, Zeng G M, et al., 2011. Total concentrations and chemical speciation of heavy metals in liquefaction residues of sewage sludge[J]. Bioresource Technology, 102（5）: 4 104-4 110.

Zaccone C, Caterina R D, Rotunno T, et al., 2010. Soil-farming system-food-health: effect of conventional and organic fertilizers on heavy metal（Cd, Cr, Cu, Ni, Pb, Zn）content in semolina samples[J]. Soil. Tillage Res, 107（2）: 97-105.

Zhang M K, Pu J C, 2011. Mineral materials as feasible amendments to stabilize heavy metals in polluted urban soils[J]. Journal of Environmental Sciences, 23（4）: 607-615.

Zhu Z, Chan C Y, Ray S J, et al., 2008. Microplasma source based on a dielectric barrier discharge for the determination of mercury by atomic emission spectrometry[J]. Analytical Chemistry, 80（22）: 8 622-8 627.

Zhuang P, Mcbride M B, Xia H, et al., 2009. Health risk from heavy metals via consumption of food crops in the vicinity of dabaoshan mine, south china[J]. Sci. Total Environ, 407（5）: 1 551.

第五章　太赫兹技术用于农（兽）药残留检测研究

第一节　研究背景及现状

一、吡虫啉农药及其检测研究现状

吡虫啉（Imidacloprid，BSI，draftE-IS0），化学名称为1-（6-氯-3-吡啶甲基）-N-硝基咪唑-2-亚胺，分子式为$C_9H_{10}CIN_5O_2$，分子量为255.661，分子结构式如图5-1所示。它是一种晶体，无色，气味微弱，熔点在室温下为143.8℃，在水中的溶解度为0.51g/L（20℃），在pH值5～11溶液中保持稳定状态。吡虫啉属于硝基亚甲基类烟碱类农药，具有广谱、杀虫效果好、残留量低、毒性低、害虫难以产生抗性、内吸性好、对动植物相对安全等特点，它会作用于害虫的中枢神经系统，抑制乙酰胆碱（Ach）和其受体的正常结合，使化学信号不能正常传递，干扰害虫神经系统的活动，致使昆虫死亡。目前主要用于防治小麦、棉花、和水稻等农作物上的刺吸式口器害虫，如粉虱、蚜虫等。

日本特殊农药株式会社与德国拜耳公司于1985年合作研发出高活性化合物吡虫啉，经过几年的实验，在1991年首次投放市场。自从进入中国市场以来，吡虫啉的生产和销售一直处于快速增长阶段，成为近十年来发展最为迅速的烟碱类杀虫剂。目前，由于很多农药生产企业加大了对吡虫啉产品的研发力度，所以吡虫啉的产量保持高速增长，是传统杀虫剂的首选替代品。迄今为止，已经多达80个国家将吡虫啉应用于农业生产上。

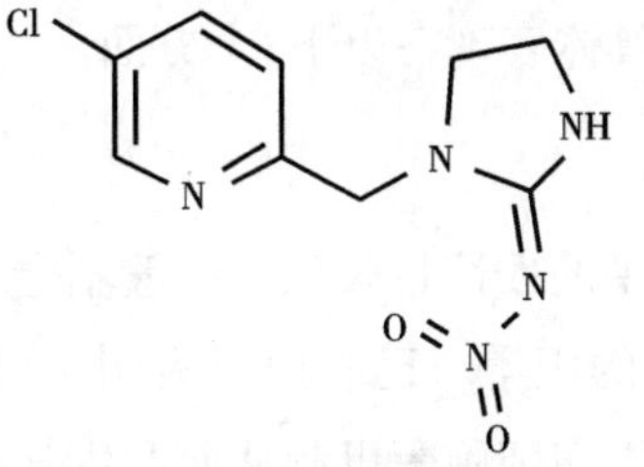

图5-1　吡虫啉分子结构式

（一）吡虫啉农药残留现状及限量标准

伴随着化学农药的使用，虽然短时间内农产品的产量会提高，但是不可忽视农药残留带来的负面问题，因为不规范、不科学的用药已经给粮食质量问题带来了巨大风险隐患。目前农业生产中所用到的农药，一部分可以在短时间内通过微生物降解从而变成无害物质，而有些农药却难以实现降解（有机氯类农药），残留性较强。残留的农药可进入蔬菜、粮食、水果、肉、蛋、鱼、虾、奶中，带来污染，对人的健康产生危害。

联合国环境署和世界卫生组织报告指出，全球每年因农药中毒者多达300万人，其中死亡20余万人，农药中毒已经成为一个无法忽视的问题。德国一所大学对包括都柏林、法兰克福在内的一些城市的260余名儿童进行了检查，结果显示，大约10%的新生儿体内聚氯联苯超标，含量高达1.6mg/kg。目前，有些国家已经对农药的使用做出了限制，早在30年前，欧共体就已经明确禁止使用有机氯农药。

我国食品农药残留监督机制仍需要不断加强与完善。目前，针对吡虫啉过量残留问题，部分国家对吡虫啉在农产品的最高残留限量做出了明确规定。澳大利亚和加拿大规定在油菜籽中，吡虫啉的残留量不允许超过0.05mg/kg，日本规定茶叶中的吡虫啉最高残留量为10mg/kg，韩国等关于食品中吡虫啉的残留量也做出限制。2013年3月1日，《食品安全国家标准 食品中农药最大残留限量》（GB 2763—2016）颁布实施，规定吡虫啉在食物中的残留限量为50～1 000μg/kg，如表5-1所示，其中MRL是Maximum Residue Limits for Pesticide的缩写，意为农药最高残留限量。

表5-1 吡虫啉在食物中的最高残留限量

项目	蔬菜	水果	成品粮	饮品	糖料
MRL（μg/kg）	1 000	500～1 000	50～1 000	500	200

资料来源：食品安全国家标准 食品中农药最大残留限量（GB 2763—2019）。

（二）吡虫啉残留的危害及其检测意义

随着农药的大范围使用，农药残留问题日益受到广泛关注，不规范、不科学使用农药给食品质量安全造成了威胁，具体表现在以下3个方面。

1.对人体和动物的危害

一般来说，吡虫啉在食品中的残留量较低，一般不会表现为急性、毒性作用，因此短期内危害不明显。但是长时间的积累，已有研究表明，可以影响DNA染色体的表达，通过升高细胞内氧化产物水平来损伤细胞等机制从而产生其遗传毒性，从而导致基因发生突变。Kataria等（2015）的研究表明，吡虫啉会抑制有丝分裂、造成染色体萎缩和细胞微核增加，还会使红细胞形态发生明显变化，使血红蛋白量含量减少及红细胞沉淀率下降，另外还会对动物的肝脏产生损伤。赵丽娟（2017）的研究表明，吡虫啉对斑马鱼的早期发育可引起神经行为障碍，且作用持续，影响其神经系统发育，对淡水鱼类具有一定的遗传毒性；过量的吡虫啉还可导致鸡胚心脏畸形。

2. 对土壤造成严重的影响

土壤被农药污染以后，会导致土壤酸化、土壤板结和营养成分减少（钾、氮、磷等），同时还会对土壤中的微生物、原生动物以及其他节肢动物造成危害；在污染较为严重的地方，生物种群的数量和种类也会减少，对作物的生长产生不利影响。

3. 对害虫抗性的影响

伴随着吡虫啉的大范围使用，害虫的抗药性提高问题也随之出现了，引起了国内外的普遍关注。有报道显示，河北石家庄地区苹果中的绣线菊蚜对吡虫啉的抗药性提高了2～4倍。杨焕青等对棉蚜进行抗药性研究，在培养基上经过连续27代选育后，棉蚜的抗药性提升了约25倍，达到中等抗药性水平。研究人员在实验室内使用有机磷和氨基类药物进行筛选后，发现飞虱对吡虫啉的抗药性提高了约18倍。美国研究学者对银叶粉虱种群连续筛选32代后，使银叶粉虱的抗药性提高了约82倍。

因此，吡虫啉的不断残留，会使害虫的抗药性逐渐增加，进而形成一个恶性循环，使得抗药强的害虫逐渐增加，给人类带来了巨大的经济损失。

4. 吡虫啉农药残留的主要检测方法及存在问题

吡虫啉残留对人体健康和环境都具有较大的危害，借助有效检测手段进行吡虫啉含量的检测是保障食品安全的重要前提。目前常用的检测方法包括光谱法、色谱法、酶抑制法、化学速测法和免疫分析法等，具体介绍如下。

光谱法：有机磷农药中某些功能基团的还原或水解产物在某些酸性或碱性条件下会与特殊显色物质发生络合、氧化和磺酸化等化学反应，光谱法就是根据产生的颜色反应来实现定量或定性测定。

色谱法：根据被测物质在流动相和固定相之间的比例系数的不同从而实现分离目的，同时用易于检测的电信号（电压、电流等）代替难以检测的分析物质的浓度信号，最后将检测到的电信号记录下来。这是进行农药残留检测的常用方法之一，主要有高效液相色谱法和液相色谱—串联质谱法。

酶抑制法：此方法是利用酶的功能基团受到某种物质的影响，而导致酶活力降低或丧失作用的现象进行检测的方法。"快"是酶抑制法的突出特征，在农药检测中经常用到的快检仪器就是基于酶抑制法开发的。

化学速测法：此方法主要依据氧化还原产物，水解产物与化学试剂作用会出现变色现象，多用于有机磷农药的定性和快速检测。

免疫分析法：此方法主要有酶免疫分析和放射免疫分析，经常使用的是酶联免疫分析（ELISA），当抗原和抗体结合时，会产生特异性反应，对于分子量较小的农药需要人工制备抗原，才能利用免疫分析法分析。李广领等（2011）利用特异性单克隆抗体的机理，建立了吡虫啉ELISA检测方法，实验灵敏度较高。赵哲（2017）和楼小华等（2017）利用胶体金免疫层析试纸条的方法，较其他方法，操作简单，可以实现吡虫啉的快速检测。Lee等（2016）结合超材料结构、间接竞争免疫分析法和简单的成像装置检测吡虫啉。以上几种检测方法的优缺点比较如表5-2所示。

太赫兹时域光谱（Tera Hertz Time Domain Spectroscopy，THz TDS）技术是近些年发展起来的一种新型光谱技术，可以对化学和生物等化合物进行无标记检测，在生物传感应用中显示出巨大潜力。颜志刚等利用太赫兹时域光谱测量吡虫啉的特征指纹谱；2010—2018年，Maeng等通过太赫兹时域光谱技术与化学计量法相结合，利用几种不同建模方法找到了最优模型，建立吸收系数和吡虫啉含量的关系，实现聚乙烯或小麦粉与不同品种大米粉末混合物等样品中高浓度吡虫啉含量的定性和定量检测。但低浓度的测定一直是太赫兹时域光谱法急需解决的难题。超材料（Metamaterial）指的是具有人工设计的结构并呈现出天然材料所不具备的超常物理性质的复合材料，具有独特的电磁特性和强烈的局域化增强特性。结合超材料的太赫兹光谱技术是实现高灵敏度痕量化学和生物物质检测的一种重要方法，国内外相关学者已尝试利用该方法实现对低浓度农药残留的定性定量检测。

表5-2　常见检测方法及优缺点比较

检测方法	优点	缺点
光谱法	可以直接对液体、固体及气体样品进行检测，检测速度快，污染小，同时对样品的前期处理要求低	只能对含有相同功能基团的有机磷类农药检测，灵敏度不高，只能用来进行定性检测
高效液相色谱法	具有良好的选择性，操作简单，精准度高，具有较高的分离效率，可以大范围内推广使用	检测成本高，液相色谱仪价格昂贵，检测时间较气相法长
液相色谱—串联质谱法	与液相色谱法相比，灵敏度较高，使用更为普遍	检测程序复杂、耗时长，检验仪器较为昂贵同时需要专业的操作人员。因此，该方法一般用于实验室样品测定，难以在基层大规模推广
酶抑制法	操作简单，检测成本较低，检测速度快，多用于现场检测	检测灵敏度不高，受样品杂质影响较大，从而导致检测结果出现偏差
化学速测法	操作简单，检测迅速	检测灵敏度不高，使用具有局限性，容易被还原性物质影响
免疫分析法	较其他方法，操作简单，可以实现吡虫啉的快速检测	需要和其他方法连用提高检测精度

二、典型兽药及其检测研究现状

（一）兽药残留现状

我国是畜禽养殖大国，也是动物源性产品生产、加工及消费大国。据《中国统计年鉴》数据，2017年我国肉类总产量达8 654.4万t，牛奶产量3 038.6万t，禽蛋产量3 096.3万t，人均需求量不断增长。由于抗生素（包括天然抗生素和人工合成抗生素等）对防治畜禽疫病感染、促进畜禽生长、提高成活率和饲料转化率等多方面有着显著的效益提升，所以得到了养殖场（户）的青睐，国外从20世纪50年代开始将抗生素用作饲料添加剂，我国在20世纪70年代开始使用，农业部[①]发布168号公告《饲料药物添加剂使用规范》对饲料中添加剂的含量作了明确的规定。但由于科学知识的缺乏和经济利益的驱使，一些养殖场（户）在养殖过程中非法使用违禁药物，滥用抗生素和药物添加剂，不遵守休药期的规定，超标使用兽药的现象时有发生。例如，2012年1月，德国相继发生"抗生鸡""抗生猪"事件。抗生素的过量使用，会造成其不能完全被机体吸收，以其原型或者代谢产物的形式进入环境，并通过食物链进入人体，对人体健康（毒副作用、过敏反应、致畸、致突变等）和生态环境（地表水、土壤甚至地下水污染）造成严重威胁，直接危害就是导致细菌耐药性的增加。

在动物养殖业中兽药（抗生素）的使用方法通常可以分为两大类：第一类是畜禽饲养环节中通过饲料或者饮水添加，主要是用于预防疫病及促进生长；第二类是在动物发生疾病时治疗用的抗生素。养殖业常用的兽药（抗生素）包括天然抗生素和合成抗生素等两大类，具体如表5-3所示。

表5-3 兽药（抗生素）的分类

来源	分类	包含抗生素
天然抗生素	β-内酰胺类	青霉素类、头孢菌素类和克拉维酸等
	氨基糖苷类	包括链霉素、双氢链霉、庆大霉素、卡那霉素、新霉素、阿米卡星、大观霉素、安普霉素等
	大环内酯类	包括红霉素、泰乐菌素、北里霉素、替米考星等
	四环素类	包括金霉素、土霉素、四环素、多西环素等
	多肽类	包括多黏菌素、杆菌肽、维吉尼霉素等
	离子载体类（聚醚类）	包括莫能霉素、盐霉素、马杜霉素、海南霉素等
	其他抗生素	包括甲砜霉素、氟苯尼考、林可霉素、黄霉素、泰妙菌素等

---

① 中华人民共和国农业部，全书简称农业部。2018年3月国务院机构改革，将农业部职责整合，组建中华人民共和国农业农村部，简称农业农村部。

来源	分类	包含抗生素
合成抗生素	磺胺类	泰灭净、磺胺喹恶啉钠、磺胺嘧啶、磺胺二甲基嘧啶等
	硝基呋喃类	痢特灵、呋吗唑酮等
	喹诺酮类	环丙沙星、恩诺沙星、左旋氧氟沙星、沙拉沙星等

资料来源：李斌，吉增涛，畜禽产品中抗生素残留主要检测技术及应对策略，2019。

饲料中合理添加抗生素，能够起到提高改善饲料转化效率、预防疾病等作用，但是一些养殖户为了"降低"传染性疾病风险、防治动物疾病、提高养殖效益，很容易发生抗生素不合理使用的状况。主要表现为：①兽医知识缺乏，凭饲养经验、凭感觉用药，不严格遵守休药期。②错误地用于饲料添加剂、用于疾病预防。③抗生素配伍不当或人药兽用，由于兽用抗生素种类较少，许多养殖户配伍使用抗生素，甚至使用人用抗生素，但是经常发生配伍不当使得药效减少甚至产生毒性的现象。④使用抗生素时，在给药剂量、给药途径、用药时间和用药部位等方面不符合用药规定，造成抗生素残留在体内并使残留时间延长。⑤不遵守休药期即在使用抗生素或直接进行动物屠宰。畜禽动物通过注射、口服或饮水等方式进入动物体内后，如果在注射后不经休药期或在休药期结束前将动物屠宰，则会在注射部位的肌肉和其他组织中残留超量的抗生素。此外，在兽医临床上用药时，还常将不同的抗生素联合起来使用，更容易造成抗生素类药物在动物体内残留，导致动物性食品污染。

近年来，美国、欧盟、德国、韩国、荷兰等相继颁布了"限抗""禁抗"规定加强养殖用药监管。我国自2013年开始，农业部陆续发布一系列监管公告，努力实现饲料端"禁抗"，养殖端"减抗、限抗"。根据沈建忠院士的专题报告内容和*Chemicals in food 2016：Overview of selected data collection*信息，在农业部定期发布的检测通报中，2013—2017年我国动物源性食品兽药残留中喹诺酮类抗生素占比最高，达37%。而农业部第2292号公告，已明确规定自2016年1月起停止在食品动物中使用洛美沙星等4种喹诺酮类抗生素药物，由此可见，喹诺酮类抗生素残留已成为近期以来影响我国动物源性食品质量安全的突出问题之一。运用快速、高效的检测手段进行饲料添加、养殖环节和动物源性产品中主要兽用抗生素（特别是喹诺酮类抗生素）的全面有效检测、监测具有重要意义。

（二）国内外研究现状及发展动态

现有的抗生素检测方法主要有理化检测法、微生物学检测法以及免疫分析法等。理化检测法是比较传统的方法，主要有液相色谱法、色—质联用法、毛细管电泳法和超临界流体色谱法等，微生物学检测法主要包括蓝黄检测方法、德尔沃特检测法及试剂盒法等，免疫分析法主要有酶联免疫分析法和电化学传感器法等，另外，一些比较新的检测方法也在探索中。

现阶段，我国抗生素药物残留检测的国家标准较多，主要涉及饲料、动物源食品/产品，蜂蜜等方面，其中涉及喹诺酮类抗生素残留的国标等主要见表5-4，采用主要是液相色谱法、液相色谱—串联质谱法等传统理化检测方法。

表5-4　喹诺酮类抗生素残留测定的相关国家标准及公告

类型	标准号/公告号	标准名称	检测方法
国家标准	GB/T 23412—2009	蜂蜜中19种喹诺酮类抗生素残留量的测定方法	液相色谱—质谱/质谱法
国家标准	GB/T 21312—2007	动物源性食品中14种喹诺酮药物残留检测方法	液相色谱—质谱/质谱法
国家标准	GB/T 20366—2006	动物源产品中喹诺酮类残留量的测定	液相色谱—串联质谱法
国家标准	GB/T 29692—2013	牛奶中喹诺酮类抗生素多残留的测定	高效液相色谱法
国家标准	GB/T 23411—2009	蜂王浆中17种喹诺酮类抗生素残留量的测定	液相色谱—质谱/质谱法
农业部公告	2349号-5-2015	饲料中磺胺类和喹诺酮类抗生素的测定	液相色谱—串联质谱法
农业部公告	781号-6-2006	鸡蛋中喹诺酮类抗生素残留量的测定	高效液相色谱法

通过对以上各方法的详细调研和对比分析知道，传统理化检测方法虽然能以高灵敏度对样品中各残留进行有效分析，但大多需要实验室大型昂贵仪器，样品前处理过程复杂，且需要专业人员进行测定，耗时费力，制约着该方法用于基层普及应用；微生物学检测法操作相对简单，成本不高，但特异性较低，灵敏度不高，耗时，适用于批量样品的初步筛选；免疫学检测法在检测速度较快，特异性强，可用于现场检测，但抗体制备复杂，单样本检测费用高，制约着该方法的应用。

当前，在检测现场运用检测卡/试纸条等主观比对方法进行快速筛选，如需进一步确证，再辅以实验室条件下液相色谱—质谱/质谱法等理化分析方法的定量确证检测，成为当前解决抗生素兽药定性定量检测的主要手段。现有检测手段存在不足，一种简单、快速、灵敏的主要抗生素含量定性定量检测方法有待探索研究。

近年来发展起来的太赫兹时域光谱技术，能够利用物质对太赫兹波的特征吸收分析物质的成分、结构及其相互作用，并且能够对其细微变化做出鉴别，在抗生素检测方面具有很大潜力。太赫兹波通常指频率在0.1～10THz（波长在30μm～3mm）范围内的电磁辐射。由于长期缺乏深入研究和建立有效的产生和探测技术，其性质一直未被认知。近十几年来超快激光和半导体材料科技的迅速发展为THz脉冲的产生提供了稳定、可靠的激发光源，促进了THz的发展。根据当前对其认识，它能够反映分子的结构信息，探测抗生素分子的转动频率、大分子活官能团的振动模式和生物大分子的谐振频率，可根据吸收特性和吸收强度对抗生素分子进行定性定量识别，互补于红外光谱和拉曼光谱，且样品前处理简单。该技术具有高信噪比和单脉冲的宽频带特性，使得太赫兹技术能够对材料组成及结构的细微变化做出分析和鉴定，研究物质的太赫兹光谱响应对于深入揭示物质组成、结构及理化特性具有重要意义。近年来，鉴于太赫兹技术独特位置、性质及可能的潜在用途，世界各国加强了太赫兹的探索应用研究，包括安全成像检测、航空航天、爆炸物分子检测、癌症检测等，同时农业和食品领域专家学者也积极开展了太赫兹技术的农业应用研究（包括农业生物大分子检测、农产品质量安全检测、植物生理检测和环境监测等多个方面），取得了较好的研究进展。国内外相关学者已借助太赫兹技术对抗生素检测开展了相关研究，主要工作如下。

1. β-内酰胺类

β-内酰胺类抗生素含有青霉核环或头孢烯核，最初是由真菌产生的，主要作用于革兰氏阳性菌，抑制其活性。其特点是：杀菌活性强、抗菌谱广、毒性低以及临床效果好且安全，主要包括青霉素类和头孢菌素类两类。

青霉素类

青霉素类抗生素是指分子中含有青霉烷、能破坏细菌的细胞壁并在细菌细胞的繁殖期起杀菌作用的一类抗生素，一般是由青霉菌中提炼出的抗生素。该类抗药物主要使用在呼吸道、皮肤软组织、泌尿生殖道感染等，其特点是杀菌作用强、毒副作用少、孕妇及儿童使用安全，不影响肝功能等。常见的青霉素有阿莫西林、青霉素钠、磺苄西林、舒他西林、美洛西林和替卡西林等。

李宁等（2007）应用太赫兹光谱技术对3个不同厂家生产的阿莫西林胶囊进行了测试分析，结果显示3种药品在相同的峰位上有吸收峰，即在0.94THz和1.14THz附近均存在两个明显的吸收峰，在1.32THz、1.42THz和1.52THz附近存在3个弱的吸收峰，三者折射率也存在一定差异，研究表明使用太赫兹技术，通过对比吸收谱和折射率谱可鉴别出不同厂家的同种药品。

戴浩等（2013）应用THz-TDS技术对青霉素钠样品做了实验，观察到青霉素钠在0.85THz、1.18THz、1.49THz、1.61THz和1.81THz有多个吸收峰，尤其在0.85THz处的吸收峰值相对其他峰值比较强烈且比较尖锐。同时，该实验利用了量子化学的计算方法，通过Gaussian03软件包，选用透算方法Hartree-Fork和6-31G基组，对青霉素钠分子进行了理论计算，指出在1.49THz和1.61THz附近的吸收峰由于分子间振动造成，而在0.85THz、1.18THz和1.81THz的吸收峰是源于分子骨架的弯曲和扭转振动模式，进一步表明了使用THz-TDS技术在对抗生素类药物检测和鉴别的应用前景。

徐贤海（2012）通过实验得到了在0.2～1.7THz波段内药物阿莫西林和青霉素钠的吸收谱和折射谱，测量结果与沈京玲等人测量的阿莫西林、戴浩等人测量的青霉素钠的太赫兹光谱曲线非常吻合，进一步验证了THz-TDS技术鉴别抗生素类药物的可行性。

朱思源等（2013）采用Dorney和Duvillart等提出的太赫兹时域光谱技术提取材料光学参数模型，得到了磺苄西林、舒他西林、美洛西林和替卡西林吸收系数和折射率，获得了它们各自的吸收峰值，结果显示，磺苄西林有3个明显的吸收峰，分别在1.143THz、1.260THz和1.406THz附近；舒他西林分别在0.981THz、1.348THz和1.450THz附近有3个明显的吸收峰值；美洛西林在1.274THz有1个明显的吸收峰；替卡西林的3个明显的吸收峰分别在1.318THz、1.436THz和1.567THz附近，表明应用太赫兹技术可以区分抗生素微小的结构差异，实现不同种类间的有效鉴别。

头孢菌素类

头孢菌素类抗生素是以冠头孢菌培养液中分离的头孢菌素C，经改造侧链而得到的一系列半合成抗生素。该类抗生素的作用机理是抑制细菌细胞壁的生成而达到杀菌的目的。常见的头孢菌素有头孢呋辛钠、头孢噻肟钠、头孢曲松钠、头孢他啶、头孢氢氨苄、头孢拉定、头孢硫脒、头孢替唑、头孢唑啉、头孢克洛、头孢克肟和头孢唑肟等。

戴浩等（2013）应用太赫兹光谱技术对4种注射用头孢菌素类药物做了实验，分别是头孢呋辛钠、头孢噻肟钠、头孢曲松钠和头孢他啶。测试结果显示，头孢呋辛钠有2个较强的吸收峰，分别在1.72THz和2.22THz附近；头孢噻肟钠在0.81THz、1.09THz和1.32THz附近存在较弱的吸收峰；头孢曲松钠存在一个较弱的宽吸收峰，范围位于1.4~2.0THz；头孢他啶有2个明显的吸收峰和3个较弱的吸收峰，强吸收峰出现在1.45THz和2.25THz附近，较弱的吸收峰出现在0.85THz、1.24THz和1.96THz附近。实验结果表明，生物分子内骨架和扭曲模式、分子的振动频率和分子间的相互作用对应的振动频率在太赫兹波段内，而抗生素药物不可能是完全相同的基团组成的，不同的基团会造成不同振动模式的变化，最终使得这些药物在太赫兹光谱的照射下，表现出不同的指纹特性，这为区分不同药物提供了可能。

徐贤海等（2012）对头孢氢氨苄和头孢拉定进行了太赫兹光谱测量，得到了它们在0.2~1.7THz波段内的吸收系数曲线和折射率谱。头孢氢氨苄在0.93THz处有一个较强的吸收峰，而在1.20THz和1.26THz处的吸收强度较弱；头孢拉定在0.54THz处存在明显的特征吸收峰。两者的折射率范围分别为1.80~2.0THz和1.80~1.90THz，平均折射率是1.88和1.81。

张曼等（2013）对14种头孢菌素抗生素纯品进行了太赫兹光谱技术测试，获得了它们在0.2~2.6THz波段内（有效波段在0.2~1.5THz）与吸收和折射率相关的信息，经傅里叶变换得到了它们各自的吸收光谱和折射率信息。通过比较14种药品的吸收系数曲线发现其中8种药品有比较明显的特征吸收峰，分别是头孢氨苄、头孢拉定、头孢硫脒、头孢替唑、头孢唑啉、头孢克洛、头孢克肟和头孢唑肟，较弱特征吸收峰或无吸收峰的药品是头孢丙烯、头孢呋辛和头孢替安，但在该波段内的折射率差异比较明显，在1.01THz处三者的折射率分别是1.74、2.14和2.03。实验初步建立了一个抗生素太赫兹光谱数据库，并选取了两个厂家生产的头孢克肟商品药物，与相应纯品的太赫兹光谱进行对比，并借助朗伯—比尔定律，进行了药品中主成分含量的百分比计算。

其 他

除了主要的青霉素和头孢菌素外，β-内酰胺类抗生素还有单环的药物，其化学母核是单环。主要是对肠杆菌科细菌、铜绿假单胞菌等需氧革兰氏阴性菌具有良好抗菌活性，对需氧革兰阳性菌和厌氧菌无抗菌活性。该类药物具有毒性低、稳定性好、且结构简单和易于用全合成方法制备的优点。常见的是氨曲南，它对肠杆菌科细菌、流感杆菌及淋病奈瑟菌作用良好，副作用少，且与青霉素和头孢菌素无交叉过敏。

戴浩等（2013）对药物氨曲南进行了THz-TDS分析，实验结果显示：在0.35THz出现了弱的吸收峰，在1.65THz有较宽的吸收峰。并分析研究了引起较宽吸收峰的原因可能是由于多种振动模式叠加形成的。

2. 氨基糖苷类

氨基糖苷类抗生素是由氨基糖与氨基环醇通过氧桥连接而成的苷类抗生素。氨基糖苷类抗生素是抑制蛋白质合成、为静止期杀菌性抗生素。其以抗需氧革兰氏阴性杆菌、假单胞菌属、结核菌属和葡萄菌素为特点，对厌氧菌无效，主要用于敏感需氧革兰阴性杆菌所致的全身感染。常见的氨基糖苷类抗生素有卡那霉素、庆大霉素和依替米星。

贾燕等（2007）针对庆大霉素，利用太赫兹技术进行了光谱信息采集，得到了庆大霉素的吸收曲线和折射率曲线。Qin等（2015）利用太赫兹技术检测硫酸卡那霉素，其检测灵敏度为100pg/L。该检测技术具有灵敏度高、可靠且非侵入性等优点，有望用于实际水溶液中抗生素的检测。

3. 四环素类

四环素类抗生素是由放线菌产生的一类广谱抑菌剂，高浓度时具杀菌作用。它对革兰氏阴性需氧菌和厌氧菌、立克次体、螺旋体、支原体、衣原体及某些原虫等有抗菌作用。当前四环素不仅在临床医学方面常见，在畜禽、水产生物领域也应用广泛，可用来预防和治疗动物疾病，促进动物生长，提高饲料转化率。主要包括土霉素、金霉素、四环素、多西环素和美他环素等。

Albert Redo-Sanchez等（2011）使用太赫兹光谱技术在0.2～2.0THz波段获得了抗生素土霉素、强力霉素和四环素的光谱信息，并把强力霉素与不同物质混合，获取其光谱信息。结果发现，土霉素吸收峰值的频率位置在0.53THz、1.19THz、1.37THz、1.66THz和1.84THz，对应的特定吸光度为0.1dB/mg、0.10dB/mg、0.22dB/mg、0.04dB/mg和0.11dB/mg，而强力霉素与四环素则没有测到吸收峰。强力霉素在与蛋粉和奶粉混合时，均在1.37THz处呈现吸收峰。结果表明，在与不同食物进行混合时，依然可以识别强力霉素，这为太赫兹技术在食品和饲料样品中直接检测抗生素残留提供了一种技术方案。

Qin等（2015）使用太赫兹光谱法测定了盐酸四环素，在0.4～2.0THz波段得到两个吸收峰，弱吸收峰位于0.75THz，强吸收峰位于1.40THz。在进行定量分析时采用了偏最小二乘回归（PLSR）来建立校准模型。实验表明，太赫兹技术可作为盐酸四环素的快速定量分析工具。

Qin等（2014）首次利用THz-TDS技术检测婴幼儿奶粉中的盐酸四环素含量。实验选取了4种四环素类抗生素，分别为盐酸四环素（TCH）、盐酸土霉素（OTCH）、盐酸强力霉素（DTCH）和盐酸金霉素（CTCH），结果发现，在0.3~1.8THz频段，它们呈现明显的光谱指纹特征。实验还发现，与浓度1%~50%的婴幼儿奶粉混合后，THz-TDS技术仍可检测到盐酸四环素的主要光谱特征，可实现婴幼儿奶粉中四环素类抗生素的定性和定量检测。

Qin等（2017）把衰减全反射技术应用到太赫兹光谱检测盐酸四环素溶液的实验中，实验表明THz-TDS技术可以检测水和纯牛奶中的盐酸四环素，这为太赫兹光谱技术实现食品质量安全检测提供了引导方向。

Qin等（2016）为提高盐酸四环素检测灵敏度，将超材料技术应用到太赫兹光谱技术检测中。实验以TCH为例，结果发现灵敏度提高了105，证明了基于超材料技术进行太赫兹光谱检测抗生素灵敏度提高的可行性。

秦坚源（2016）在博士毕业论文中，系统性介绍了其开展的相关研究工作。以动物源食品中常见的这4种四环素类抗生素为检测对象，使用太赫兹时域光谱技术，在0.3~1.8THz波段上建立了四环素类抗生素的检测方法和定量分析模型，首次获得了它们纯品的太赫兹光谱特征，提取了吸收系数曲线。它们的特征指纹如下：TCH在0.79THz、1.40THz和1.60THz处总共有3个吸收峰，其中1.40THz处吸收峰的强度最大，而1.60THz处吸收峰的强度最弱；DTCH有3个明显的吸收峰和1个较弱的吸收峰，明显的吸收峰分别在0.76THz、1.20THz和1.57THz处，较弱的吸收峰在0.54THz处；CTCH共有4个吸收峰，其中在0.76THz、1.00THz和1.34THz处为明显的吸收峰，在1.62THz处为一个较弱的吸收峰；OTCH分别在1.48THz、1.58THz和1.70THz处有3个极弱吸收峰，并没有表现出明显的吸收峰，但观察到中心频率在1.3THz处有一个宽吸收峰。该小组实现了对4种TCsH药品的定性鉴别，此外，还建立了分别基于液体池、衰减全反射和金属孔阵列太赫兹光谱技术的溶液中四环素类抗生素的3种检测方法，探索了使用太赫兹光谱技术检测四环素类抗生素的可行性以及方法，为动物源食品的抗生素残留检测提供了一种新思路。

4. 大环内酯类

大环内酯类抗生素（Macrolides Antibiotics，MA）是一类分子结构中具有12~16个碳内酯环的抗菌药物的总称，它是通过阻断50s核糖体中肽酰转移酶的活性来抑制细菌蛋白质合成，属于快速抑菌剂。主要用于治疗需氧革兰阳性球菌和阴性球菌、某些厌氧菌以及军团菌、支原体和衣原体等感染。大环内酯类抗生素除了抗菌作用外，还具有其他广泛的药理作用。常见的大环内酯类抗生素有麦迪霉素、乙酰螺旋霉素、罗红霉素和泰乐菌素。

贾燕等（2007）使用太赫兹时域光谱系统对麦迪霉素、乙酰螺旋霉素、罗红霉素进行测量，得到了它们在0.2～2.6THz波段的特征吸收光谱，实验表明同类抗生素在小于2THz频段的吸收光谱不同，但在2～2.6THz频段的吸收谱线存在相同之处，即都有几个尖锐的峰，这可能是由于同种类型抗生素在结构上存在相同的官能团造成的。此外，实验还发现，同类抗生素折射率也存在差异。表明在药品的检测中，折射率也是一个重要的测量参数。

Albert Redo-Sanchez等使用太赫兹光谱技术获得了泰乐菌素的吸收图谱，但并没有发现有明显的吸收特性。

5. 喹诺酮类

喹诺酮类抗生素属于人工合成的含4-喹诺酮基本结构的抗菌药。喹诺酮类抗生素是以细菌的脱氧核糖核酸（DNA）为靶，阻碍DNA回旋酶的合成，进一步造成细菌DNA的不可逆损害，从而达到抗菌效果。由于抗菌、结构简单以及低毒性等特点，目前已广泛应用于人和动物疾病的治疗，但喹诺酮类抗生素在动物机体组织中的残留，会造成人体疾病对该药物的严重耐药性，影响人体疾病的治疗。常见的喹诺酮类抗生素有诺氟沙星、恩诺沙星和（左）氧氟沙星等。

Albert Redo-Sanchez等测量了诺氟沙星和恩诺沙星的太赫兹时域光谱吸收图谱，测量结果显示，诺氟沙星的吸收峰值频率位置在0.79THz、1.19THz和1.74THz，对应特定吸光度为0.15dB/mg、0.64dB/mg和0.24dB/mg，恩氟沙星的峰值出现频率在0.74THz、1.42THz和1.84THz，对应特定吸光度为0.04dB/mg、0.12dB/mg和0.11dB/mg。

戴浩等（2011）运用太赫兹时域光谱系统测量到诺氟沙星样品在1.30THz和1.87THz附近有较强吸收峰，左氧氟沙星在0.94THz、1.34THz、1.43THz和1.53THz有明显吸收峰，且其中后3个吸收峰叠加在一起形成较宽的吸收带。与此同时，该小组将注射用药（左）氧氟沙星的吸收光谱、口服用药的盐酸（左）氧氟沙星片和乳酸（左）氧氟沙星片的吸收光谱分别做了对比，发现明显的不同，推测造成这种差异的原因是三者的主要成分除（左）氧氟沙星相同外，添加了不同的辅料。盐酸或乳酸和（左）氧氟沙星分子间存在相互作用，太赫兹光谱可以区分这些分子间相互作用引起的变化。

Long等（2018）研究了诺氟沙星、恩诺沙星和氧氟沙星在太赫兹光谱下的指纹特性，同时，把3种药物与饲料混合进行了分析，获得其相应的吸收系数曲线。结果发现诺氟沙星在0.825THz和1.187THz附近的明显的吸收峰，恩诺沙星在0.8THz表现出弱吸收峰接近，实验结果与Redo-Sanchez等（2008）的检测结果接近。氧氟沙星在1.44THz处有吸收峰，这与Limwikrant等（2009）检测到的峰值相同。此外，实验用不同的化学计量学建立不同的模型，对这几种抗生素做了定性定量的分析。结果表明在最小二乘法，朴素贝叶斯，马氏距离和BP神经网络（BPNN）来构建的具有Savitzky-Golay滤波器和标准正态变量预处理的识别模型中BPNN构建的分类模型最优，最佳分类准确率为80.56%。实验表明，使用太赫兹光谱技术定性定量测定喹诺酮类抗生素具有良好的可行性。

6. 磺胺类

磺胺类抗生素是叶酸合成抑制剂，属于广谱抗菌剂，对革兰阳性菌和革兰阴性菌具有良好的抗菌活性，可选择性抑制化脓性链球菌、肺炎链球菌、流感嗜血杆菌、大肠埃希菌、奇异变形杆菌、沙眼衣原体、性病性淋巴肉芽肿衣原体等，以及放线菌、肺囊虫和奴卡菌属等。常见的磺胺类抗生素有磺胺甲氧哒嗪、磺胺吡啶、磺胺嘧啶、磺胺甲噻二唑和磺胺二甲嘧啶等。

Albert Redo-Sanchez等测量了磺胺甲噻二唑、磺胺甲氧哒嗪、磺胺吡啶、磺胺嘧啶和磺胺二甲嘧啶的太赫兹光谱信息。测量结果显示，磺胺甲噻二唑的太赫兹波段吸收峰频率位于0.75THz、1.35THz和1.73THz处，对应的吸光度为0.21dB/mg、0.22dB/mg和0.22dB/mg；磺胺甲氧哒嗪的吸收峰在0.68THz、1.05THz、1.4THz和1.84THz处，对应的吸光度是0.19dB/mg、0.12dB/mg、0.15dB/mg和0.16dB/mg；磺胺吡啶的吸收峰在1.05THz、1.57THz和1.85THz处，对应的吸光度是0.42dB/mg、0.24dB/mg和0.52dB/mg；磺胺嘧啶的吸收峰值位于1.07THz、1.53THz和1.83THz处，对应的吸光度是0.07dB/mg、0.04dB/mg和0.07dB/mg。磺胺二甲嘧啶吸收峰在0.80THz、1.17THz、1.45THz、1.60THz和1.88THz处，对应的吸光度为0.05dB/mg、0.06dB/mg、0.12dB/mg、0.09dB/mg和0.05dB/mg。此外，将磺胺吡啶分别与蛋粉和奶粉混合，均在1.05THz处有吸收峰。这些结果表明利用THz光谱技术检测食品中抗生素残留存在具有可行性。

杜勇（2014）在室温下运用太赫兹时域光谱技术对两种不同多晶型磺胺甲恶唑类药物进行了测量，得到了0.2～1.5THz范围对应的吸收谱，发现其在太赫兹波段都呈现明显的特征吸收峰，可用于该类药物多晶型的定性识别。

此外，太赫兹光谱具有高信噪比和单脉冲的宽频带特性，但当待测样品中抗生素浓度较低时，检测灵敏度有待提高。近年来，太赫兹超材料等技术的发展为太赫兹波检测信号放大、有效提高检测灵敏度提供了可能。超材料是一种由人工设计的复合材料或结构，通常由亚波长尺寸的阵列单元构成，可有效提高传统传感器的灵敏度。主要优点有：①样品用量少、灵敏度高；②无须加入其他试剂，属于无标记检测；③响应快。

在运用超材料进行微量物质传感方面，利用物质的振动模式与超材料共振模式相耦合，形成Fano共振特征，已经实现了材料纳米厚度的红外光谱分析。而多种化学、生物物质，包括农兽药物在太赫兹波段具有特征谱，利用超材料实现微量物质的太赫兹光谱分析显得更为重要。测量简单等。加州大学伯克利分校的Yen等于2004年年初次研制了太赫兹频段的超材料结构。2015年，Xie等报道了运用超表面技术进行痕量硫酸卡那霉素检测研究，实验表明超材料结构与样品的相互作用导致太赫兹近场信号增强，实现了最低检测限约1 010倍的灵敏度提高；Xu等于2017年报道了运用太赫兹超材料进行甲基毒死蜱的光谱检测研究，设计了超材料结构，通过配置不同浓度样品溶液，运用太赫兹超材料结构进行测量，结果发现最低检测限达到0.204mg/L，并发现超材料结构造成的频率红移与样品浓度呈现相关，决定系数R^2为0.968 8，说明太赫兹超材料技术为低浓度样品测量提供了可行手段（图5-2）。上述综述工作为本团队开展相关检测研究提供了思路。

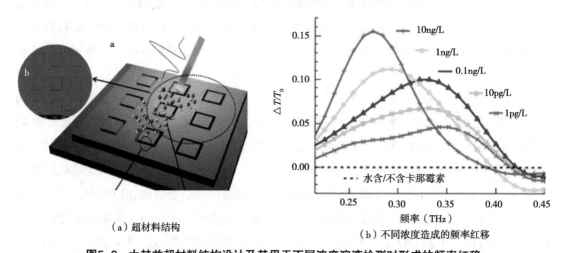

（a）超材料结构　　　　　　　　　（b）不同浓度造成的频率红移

图5-2　太赫兹超材料结构设计及其用于不同浓度溶液检测时形成的频率红移

（资料来源：徐文道，利用超材料对毒死蜱甲基样品进行太赫兹波谱检测，2017）

第二节　太赫兹技术用于农药吡虫啉残留检测研究

本节提出利用超材料和太赫兹时域光谱相结合的方法检测不同浓度的吡虫啉溶液，首先研究了吡虫啉压片在太赫兹波段的吸收特性并进行了计算模拟；然后，对超材料结构的透射谱进行分析，对共振频率的形成原因进行解释；分别在超材料结构和二氧化硅基底上涂覆500mg/L的吡虫啉溶液并进行测量，排除二氧化硅基底的影响；接着制备3个梯度15个浓度的吡虫啉溶液，分别为：100～500mg/L（梯度为100mg/L）、10～50mg/L（梯度为10mg/L）、1～5mg/L（梯度为1mg/L）；测量喷涂在超材料结构上的吡虫啉薄膜的太赫兹时域光谱，根据太赫兹透射谱峰值频率红移量的不同实现对不同溶液浓度的鉴别，建立峰值频率红移量和吡虫啉浓度的函数关系，探索对低浓度吡虫啉溶液的高灵敏度检测，为食品质量和安全控制提供新的解决方案。

一、实验材料与样品制备

（一）实验材料

吡虫啉样品购于拜耳作物（中国）农药有限公司［Bayer Crop（China）Pesticide Co.，Ltd］，其纯度≥70%，为浅棕色粉末，杂质均不溶于水，测量时取下清液进行测量。

1. 制备吡虫啉压片方法

制备吡虫啉压片主要包括称量粉末、研磨、筛选、加压制片、脱模5个步骤。在制作压片前，应对吡虫啉粉末进行充分研磨，并筛选出颗粒粒径<25μm的吡虫啉粉末制样。具体制样过程如下。

（1）称量粉末：用精密天平准确称取一定质量的吡虫啉粉末备用。

（2）研磨：将称量好的吡虫啉粉末放置于研钵中进行充分研磨。

（3）筛选：采用500目不锈钢筛选出粒径<25μm的粉末备用。

（4）加压制片：用精密天平分别称取吡虫啉（140~210mg），装入压片模具中，小心吡虫啉撒落，在6MPa的压强下，用压片机加压3min，将其制成厚度为1.0~1.1mm的圆形薄片。

（5）脱模：将压好的吡虫啉薄圆片从模具中取出。

为了排除偶然误差的影响，每个比例制备3个样品，得到的合格压片应该没有破损、表面光滑且两表面相互平行。针对不满足要求的压片，需要进行重新制备，如图5-3所示。

注意事项：①在制做样品之前，要对实验室空气进行除湿，确保室内相对空气湿度维持在50%以下；②为使压片没有破损、表面光滑且两表面相互平行，应使用研钵对吡虫啉粉末进行充分研磨；③压片制作完成后，应使用无水乙醇对模具进行清洗，防止压片的交叉污染；④因为吡虫啉粉末有毒性，所以在整个制备过程中要佩戴口罩和手套，防止对人体产生危害；⑤制作完成的压片应妥善保存并及时进行测量。

2. 制备吡虫啉溶液方法

（1）用精密电子天平（精度为0.1mg）准确称取一定质量的吡虫啉粉末置于烧杯中，加入去离子水溶解，摇匀，形成标准溶液500mg/L。

（2）用去离子水稀释500mg/L标准溶液，配制3种浓度梯度的吡虫啉溶液：1~5mg/L（梯度为1mg/L）、10~50mg/L（梯度为10mg/L）、100~500mg/L（梯度为100mg/L）。

超材料结构如图5-4所示：周期L=250μm，外正方形边长L_1=210μm，内正方形边长L_2=150μm，开口宽度W=30μm，开口位置中心离中心线的偏移量d=50μm，黄色部分为铝膜，厚度为0.2μm，蓝色部分为介质，厚度为261μm。

（a）采购样本

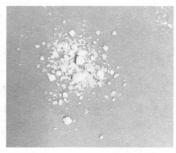

（b）样本粉末

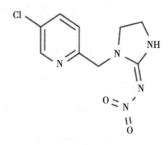
（c）分子结构

图5-3　实验用吡虫啉样品

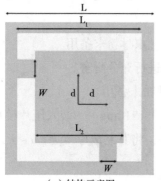
（a）结构示意图

（b）光学显微图像

（c）结构实物图

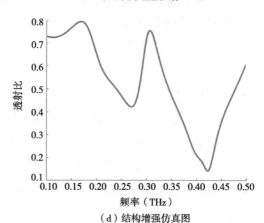
（d）结构增强仿真图

图5-4　实验用的超材料结构

（资料来源：农业太赫兹波谱与成像实验室）

（二）仪器设备

实验采用德国Menlo Systems公司TERA K15型太赫兹时域光谱系统，系统采用中心波长为1 560nm、脉冲宽度为90fs的飞秒光纤激光器泵浦，系统信噪比为90dB。

（三）光谱测量

（1）将实验测试光路部分置于密闭罩中，充氮气至相对湿度达到5%以下方可进行实验，其间通过微调氮气开关保证相对湿度始终维持在5%以下，确保实验精度。

（2）将样品固定在支架上，分别扫描得到每一个样品的光谱数据，每个样品测完一次后把样品小圆片的位置做细微移动，再继续测，每个样品共测3次，取3次测量的平均数据作为该样品最终数据。

（3）每次换样品后都要进行空扫得到样品光谱的参考光数据。

（4）通过傅里叶变化和相关计算，得到样品在太赫兹频率范围的频域谱、吸收谱、折射率谱。

（5）将实验测得的数据以TXT文档格式储存，方便下一步在电脑上进行数据处理。

注意事项：①温度要保持在室温下，排除温度变化导致的太赫兹测量结果的变化；②连续冲入干燥氮气，使湿度保持在5%以下，排除空气中水蒸气等对光谱测量的影响；③样品放置时，要尽量保证太赫兹波的入射方向与样品表面相互垂直；④实验完成后，要按农药使用安全要求处理实验样品，防止不必要的危害。

在超材料信号增强实验中，测量前将30μL吡虫啉溶液滴加在超材料结构上，静置使其干燥。测量时，将THz脉冲垂直入射到样品进行光谱采集，测量完成后，为了防止交叉污染，用去离子水彻底清超材料结构。然后，在下一次测量之前，对干燥的超材料结构进行测量，以确保清洗超材料结构对其光学性质没有影响。为了提高信噪比，对每个样品采集3个测量值，取平均值作为最后的测量值。

Tera K15太赫兹时域光谱仪的光谱采集软件为TeraScan MARK Ⅱ，其界面如图5-5所示。该软件包括光谱参数设置、光谱采集和存储模块等。光谱采集参数包括频谱分辨率、时间窗口等，主要用于调节光谱采集功能。

二、数值模拟与参数提取

（一）振动频率的计算

为了对吡虫啉太赫兹响应特性更好地进行理解，通过Guassian 09（Revision C.01，Gaussian，Inc.，USA）基于量子化学计算的方法对吡虫啉分子进行了理论模拟。Guassian软件可以计算分子的分子能量和结构、过渡态的能量和结构、化学键、反应能量、分子轨道以及振动频率等，被广泛地应用于物质的太赫兹谱解析中。

本节采用Guassian09软件对吡虫啉分子的振动光谱进行了模拟计算，所选用的计算方法为基于DFT的B3LYP/6-311+G（d，p）基组。首先根据如图5-1所示的吡虫啉分子结构，通过Guassian View软件建立吡虫啉分子的输入模型；然后通过Guassian09软件对吡虫

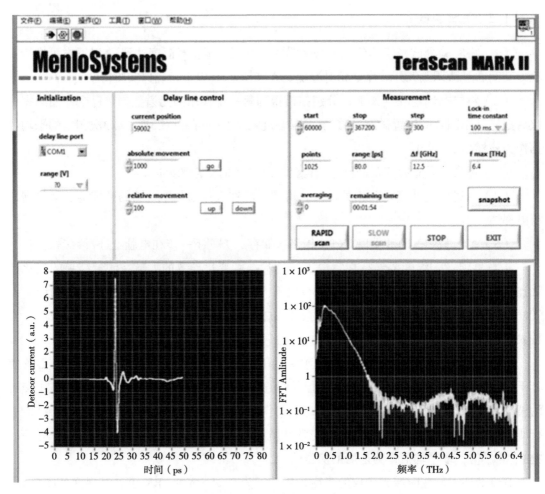

图5-5 光谱采集软件界面

（资料来源：农业太赫兹波谱与成像实验室）

啉分子进行振动频率的计算和结构优化；最后将计算得到的振动频率与实验测得的太赫兹吸收光谱进行对比分析。由于不和谐的势能面、计算用到的基组方法不完善以及不完整的电子相关性整合，与实验结果相比，理论计算得到的振动频率偏大，需要通过矫正因子矫正，本节中基于B3LYP/6-311+G（d，p）理论水平得到的振动频率的矫正因子为0.967 9。

（二）光学参数的提取

折射率和吸收系数等光学参数是描述材料光学性质的主要物理参量。本节基于Duvillaret和Domey等提出的数学物理模型提取样品的光学常数，推导公式已在前面章节中列出。

三、结果与讨论

（一）吡虫啉压片的太赫兹吸收光谱测量与理论计算

图5-6为吡虫啉压片和空气介质的时域和频域谱图。如图5-6（a）所示，相比于空气介质，样品的时域谱出现了时间的延迟以及振幅的衰减，这是由于当太赫兹波通过样本时的吸收、反射和色散引起的。首先对得到的时域数据$E(t)$进行回波处理，然后依次对参考信号和样品信号进行傅里叶变化，得到图5-6（b），发现在特定的频率处，幅值大小出现了凹陷，这是由于在该频率处样本对太赫兹波的强烈吸收引起的。

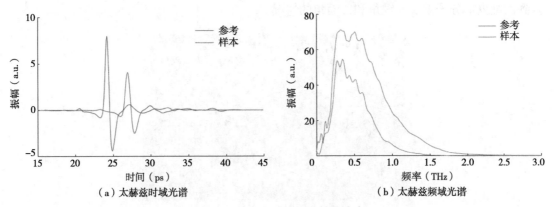

（a）太赫兹时域光谱　　　　　　　（b）太赫兹频域光谱

图5-6　吡虫啉压片的太赫兹响应

（资料来源：霍帅楠，南开大学，低浓度吡虫啉农药的太赫兹光谱检测研究，2020）

然后，我们可以计算得到样品的吸收系数和折射率，如图5-7所示。

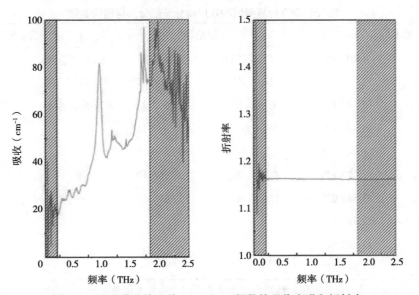

图5-7　吡虫啉固体压片0～2.5THz频段的吸收光谱和折射率

（资料来源：霍帅楠，南开大学，低浓度吡虫啉农药的太赫兹光谱检测研究，2020）

从图5-7中可以明显地看到，在0.95THz、1.163THz、1.388THz、1.675THz、1.725THz处有5个吸收峰，其中0.95THz、1.675THz、1.725THz处较为明显，强度最大的吸收峰出现在1.725THz处，强度最弱的吸收峰在1.388THz处。我们可以根据吡虫啉分子这个独特的太赫兹指纹谱进行吡虫啉农药的定性鉴别。

然后，我们又对吡虫啉分子进行了振动频率计算。图5-8所示为基于DFT的B3LYP/6-311+G（d，p）基组计算得到的吡虫啉分子的优化几何结构。图中红色、蓝色、绿色、灰色和白色圆球分别代表的是氧原子（O）、氮（N）原子、氯（Cl）原子、碳（C）原子、氢（H）原子，在该优化几何结构下，吡虫啉分子能量最小，且没有出现虚频，表5-5是得到的吡虫啉分子键长、键角和二面角的情况。

图5-8　DFT计算得到的吡虫啉单分子优化几何结构

（资料来源：霍帅楠，南开大学，低浓度吡虫啉农药的太赫兹光谱检测研究，2020）

表5-5　DFT计算得到的吡虫啉分子部分几何结构参数

键长（Å）		键角		二面角	
C_1-C_2	1.406 88°	C_1-N_6-C_5	117.210 55°	C_3-C_4-C_{20}-N_{19}	129.828 46°
C_1-C_{110}	1.76°	N_6-C_5-C_4	123.496 87°	N_{18}-C_{13}-N_{19}-C_{23}	131.945 12°
C_1-N_6	1.347 21°	C_4-C_{20}-N_{18}	130.777 06°	C_{23}-N_{25}-O_{26}-O_{27}	157.103 55°
N_6-C_5	1.347 40°	N_{18}-C_{13}-N_{19}	107.973 45°		
C_{20}-C_{18}	3.947 32°	C_{13}-N_{19}-C_{12}	107.959 16°		
N_{18}-C_{13}	1.522 15°	C_{13}-N_{23}-N_{25}	98.868 40°		
C_{13}-N_{19}	1.522 03°	O_{26}-N_{25}-O_{27}	123.213 89°		
C_{13}-N_{23}	2.787 75°				
N_{23}-N_{25}	2.692 54°				
N_{25}-O_{26}	1.199 34°				

资料来源：霍帅楠，南开大学，低浓度吡虫啉农药的太赫兹光谱检测研究，2020。

图5-9为实验测得的吡虫啉压片的特征谱和基于DFT的B3LYP/6-311+G（d，p）基组

计算得到的吡虫啉分子的振动频率。从图中可以明显地看出，计算结果与实验结果并不完全吻合，不仅振动频率和强度有差别，同时实验测得的特征峰也较DFT计算结果个数多。这是因为DFT计算结果只包括过分子内振动，而实际上还存在分子间振动和声子模式振动等，所以DFT计算结果与实验结果略有差异。通过计算结果可知，位于0.8THz处的中等强度吸收峰是由于O_{27}-N_{25}-O_{26}官能团的面内振动和N-N五元环的面外摇摆振动引起的，位于1.14THz处的中等强度吸收峰是由H_9-C_5-N_6的面内振动引起的，位于1.42THz处的特征峰则是由N-N五元环的面外扭动引起的。

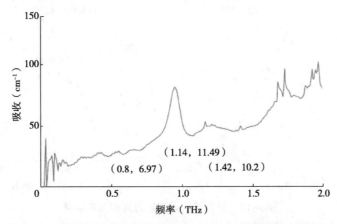

图5-9　吡虫啉分子的吸收光谱和基于DFT计算得到的振动频率

（资料来源：霍帅楠，南开大学，低浓度吡虫啉农药的太赫兹光谱检测研究，2020）

（二）超材料结构透射频谱的模拟与实测结果

对实验用的超材料结构，借助德国CST公司电磁仿真软件CST Studio Suite 2019的频域求解器进行仿真，超材料透射频谱的仿真和实测结果如图5-10所示。图5-11是不同谐振频率处的电磁场分布仿真结果（颜色由蓝色向红色表示相应的幅值增大）。通过图5-10的透射谱可以直观地观察到超材料在0.17THz、0.26THz、0.31THz、0.42THz处存在共振情况。通过图5-11，我们可以观察到在0.26THz处，电场主要集中在长边的两个端点处，可以等效为一个电容C_1，磁场主要分布在长边的两臂处，可以等效为一个电感L_1形成一个LC谐振电路，如图5-11（m）所示；在0.31THz处，电场主要集中在两条金属边的端点处，可以分别等效为两个电容C_2、C_3，磁场主要分布在两条金属边的两臂处，可以等效为两个电感L_2、L_3，形成分别由两个电容—电感组成的LC谐振电路如图5-11（n）所示。在0.42THz处电磁场分布与0.31THz处相似，但是在长边的拐角处出现了电场，于是我们对4个顶角处的结构单独进行了仿真，与预期结果相同，在长边的拐角处出现了电场，所以该处的谐振是由于长边和短边相互作用形成的两个LC谐振以及4个顶角处的结构相互作用形成。在0.17THz处，并没有电场和磁场分布，理论上该处应是平滑的曲线，但仿真和实验曲线中均出现了透射峰，具体原因还有待进一步分析研究。

为了更好地说明超材料性能，通过实验测量得到了超材料结构的透射谱，如图5-10所示，与仿真结果相比，在0.26THz、0.42THz处，谐振频率偏移较大，而在0.31THz处，实验测量得到的透射峰与仿真结果频率差值仅为4GHz，峰值频率位置吻合较好，所以接下来主要以该频率处透射峰为主。实验测得的透射峰与仿真结果相比，其透射峰的峰值波长半宽（FWHM）较宽且振幅较小，这是因为超材料结构制作工艺的有限存在误差，以及测量过程中的吸收和散射作用，导致透射谱的幅值较仿真结果偏小。

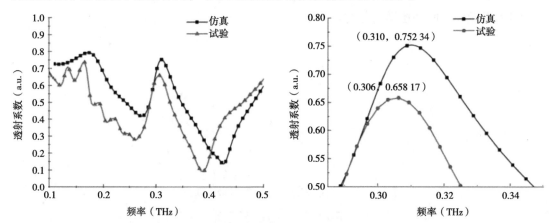

图5-10 材料透射频谱的仿真和实测结果

（资料来源：霍帅楠，南开大学，低浓度吡虫啉农药的太赫兹光谱检测研究，2020）

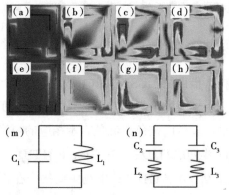

电场：（a）0.17THz；（b）0.26THz；（c）0.31THz；（d）0.42THz；
磁场：（e）0.17THz；（f）0.26THz；（g）0.31THz；（h）0.42THz；
等效电路图：（m）0.26THz；（n）0.31THz

图5-11 超材料结构在不同谐振频率处电场和磁场分布及等效电路

（资料来源：霍帅楠，南开大学，低浓度吡虫啉农药的太赫兹光谱检测研究，2020）

（三）超材料结构对低浓度吡虫啉溶液的太赫兹光谱鉴别

1.初步观察对比实验

为了证明超材料结构对吡虫啉浓度检测能力的增强，在超材料结构和二氧化硅基底上分别喷涂浓度为500mg/L的吡虫啉溶液，相应的太赫兹透射光谱响应如图5-12所示。结果表明，二氧化硅喷涂吡虫啉溶液前后，透射谱没有明显变化；与此相反，超材料结构喷涂吡虫啉水溶液前后，透射峰的位置出现了明显红移，透射峰所在的频率由0.306THz处移动到了0.299 8THz处，其透射谱峰值频率变化为6.2GHz。实验结果说明超材料结构可以鉴别吡虫啉的微小浓度变化。

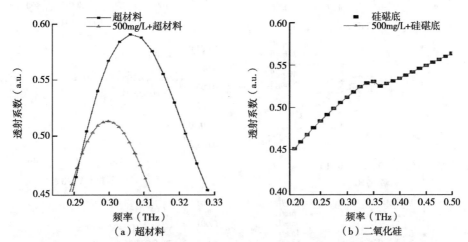

图5-12　超材料和二氧化硅分别涂覆500mg/L的吡虫啉水溶液测得的透射谱
（资料来源：霍帅楠，南开大学，低浓度吡虫啉农药的太赫兹光谱检测研究，2020）

2.超材料结构表面不同浓度吡虫啉薄膜的太赫兹光谱测量结果

当超材料结构表面涂覆不同浓度的样品时，超材料结构的透射峰会出现不同程度的红移。为验证超材料结构对吡虫啉样品浓度的检测分辨能力，本研究制备了3组不同浓度梯度的样品，浓度值范围分别为：①100～500mg/L（梯度为100mg/L）；②10～50mg/L（梯度为10mg/L）；③1～5mg/L（梯度为1mg/L）。

首先测量了涂覆浓度范围为100～500mg/L吡虫啉水溶液的太赫兹超材料透射光谱，如图5-13中（a）（b）所示。结果表明，随着超材料表面的吡虫啉溶液浓度在100～500mg/L范围内变化，透射峰值频率随着吡虫啉浓度的增加而逐渐红移；此外，由于吡虫啉溶液对太赫兹波的吸收，透射峰的幅值随着浓度的增加逐渐减小。然后，测量了涂覆浓度为10～50mg/L吡虫啉水溶液的太赫兹超材料透射光谱，如图5-13中（c）（d）所示。与梯度为100mg/L的测量结果变化规律类似，所有浓度透射峰的频率均出现了红移，频移量大小也随着吸收的增加出现了增大的趋势；但与浓度范围为100～500mg/L的结果相比，红移量和幅值变化量都减小了，与预期结果相符合。最后测量了涂覆浓度为1～5mg/L吡虫啉水溶液的太赫兹超材料透射谱，如图5-13中（e）（f）所示。结果表明，其透射谱的线型较高浓度较差，透射峰频移量很小，但依然能分辨，此结果说明该超材料结构的可以检测出浓度低至1mg/L的吡虫啉溶液，满足国家标准规定的蔬菜中吡虫啉残留量的检测要求。

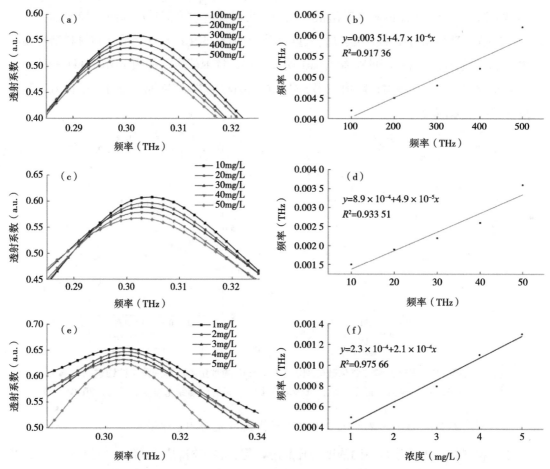

图5-13　超材料表面吡虫啉的透射谱及峰值频移量与吡虫啉溶液浓度的关系拟合

（资料来源：霍帅楠，南开大学，低浓度吡虫啉农药的太赫兹光谱检测研究，2020）

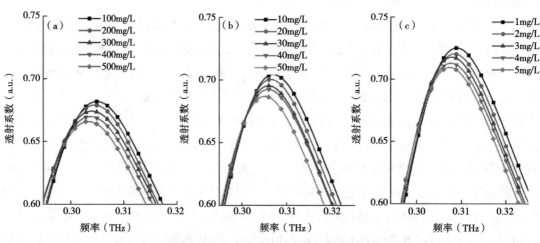

图5-14　不同浓度的吡虫啉溶液的太赫兹超材料透射光谱仿真

（资料来源：霍帅楠，南开大学，低浓度吡虫啉农药的太赫兹光谱检测研究，2020）

根据实验测得的不同浓度的吡虫啉溶液的折射率，通过CST软件仿真，从理论上验证实验的可靠性。随着吡虫啉溶液浓度的增加，折射率也逐渐增加，介质介电常数也逐渐增大。仿真的不同浓度的吡虫啉溶液的太赫兹超材料透射光谱如图5-14所示。

如图5-14所示，随着吡虫啉浓度的增大，透射峰的位置逐渐向长波即低频方向移动。仿真结果与图5-13所示的实验结果相比，存在一定的差异，如仿真得到的透射谱频率高于实验测得，透射峰的频率移动小于实验测量，这是因为仿真时使用的吡虫啉薄膜质地均匀，对太赫兹波的散射和反射较测量时少，同时制作工艺不够理想。

四、实验小结

本节研究的结论如下：①首先我们利用太赫兹时域光谱仪得到了吡虫啉分子的时域光谱，通过计算获得了吡虫啉分子在0.95THz、1.163THz、1.388THz、1.675THz、1.725THz的5特征吸收峰。其中，0.95THz、1.675THz、1.725THz处的吸收峰较为明显，强度最大的吸收峰出现在1.725THz处，强度最弱的吸收峰在1.388THz处。②通过基于DFT的B3LYP/6-311+G（d，p）基组理论对吡虫啉分子进行计算，得到了理论光谱，并将理论光谱与实验光谱进行对比分析。通过对比发现，实验结果和DFT计算结果存在差异，不仅振动频率和强度有差别，同时实验测得的特征峰也较DFT计算结果个数多。这是因为DFT计算结果只包括过分子内振动，而实际上还存在分子间振动和声子模式振动等。同时还进一步明确了计算结果振动频率的来源，位于0.8THz处的中等强度吸收峰是由于O_{27}-N_{25}-O_{26}官能团的面内振动和N-N五元环的面外摇摆振动引起的，位于1.14THz处的中等强度吸收峰是由H_9-C_5-N_6的面内震动引起的，位于1.42THz处的特征峰则是由N-N五元环的面外扭动引起的。③通过利用超材料的传感特性，对低浓度的吡虫啉溶液进行了太赫兹时域光谱研究。制备了3个梯度15个浓度的吡虫啉溶液样品，根据超材料透射峰的红移量不同对不同浓度进行了鉴别，可以有效地检测出浓度低至1mg/L吡虫啉溶液，与食品基质中吡虫啉的最大残留限量相当。对测量得到的吡虫啉的折射率，用CST软件中进行了仿真，不同浓度的吡虫啉的透射曲线都出现了不同程度的红移，且随着浓度的减小，红移量也在逐渐减小，符合预期。本节从理论和实验上证明了利用太赫兹时域光谱技术和超材料检测低浓度吡虫啉含量的可行性，为农产品中低浓度农药含量检测提供了一个新方法。

第三节　太赫兹技术定性定量检测
喹诺酮类抗生素的初步研究

诺氟沙星是一种喹诺酮类杀菌剂，广泛应用于食品、牲畜饲料和医药等领域。如何发展一种快速、方便、准确的诺氟沙星定性定量检测技术是目前面临的实际挑战。本研究采用太赫兹时域光谱技术（THz-TDS）对诺氟沙星进行定性定量分析，制备了45个不同含量水平的诺氟沙星样品。将纯净的诺氟沙星粉与聚乙烯（PE）粉混合，经制片机制成片。最小检测浓度为10%，本节评估的最大检测浓度为90%。然后在K15THz-TDS仪器上测量每个样品的太赫兹（THz）光谱并收集数据。采用多元线性回归和偏最小二乘回归算法建立模型进行定量分析。结果发现，在太赫兹波段诺氟沙星的两个典型指纹峰分别为0.944THz和1.206THz，建立的模型的相关系数和均方根误差分别达到0.990 8和0.048 1，表明模型的预测效果良好。这一初步研究表明，太赫兹光谱技术在食品、饲料和医药工业中诺氟沙星残留的筛选应用中具有很大的潜力。

诺氟沙星能抑制细菌DNA的复制，延缓细菌的生长。负载诺氟沙星的胶原蛋白支架可用于皮肤重建。诺氟沙星还可用于治疗许多疾病。例如，利福平联合诺氟沙星对人体的药代动力学有积极作用。随着诺氟沙星浓度的增加，7-乙氧基香豆素邻乙基酶的活性受到抑制。对于大分子量的树状螯合剂，与诺氟沙星联合应用可用于的体外感染治疗。随着诺氟沙星在人体中的广泛应用，对其检测变得越来越重要。诺氟沙星的检测方法有流动注射差示分光光度法、紫外分光光度法、荧光分光光度法等。然而，这些传统的检测方法复杂且精度有限。现有的方法一般都是在实验室操作，需要复杂的化学分析，耗时超过12h。此外，仪器非常昂贵，需要特殊的操作条件。因此，诺氟沙星的快速定性和定量分析是非常需要的。

诺氟沙星是一种大分子物质，在太赫兹频域可能有太赫兹谱指纹峰。本研究旨在探索利用太赫兹光谱对诺氟沙星进行定性定量分析。设计了实验和样品制作方法。在收集数据的基础上，建立了描述太赫兹光谱与诺氟沙星含量关系的数学模型，用于定量预测。

一、样品制备与数据采集

（一）样品制备

在我们的实验中使用的仪器的功率是有限的，太赫兹的光谱很难穿透较厚的样品。因此，将样品制成压片，供进一步探索。聚乙烯（PE）是广泛应用于多种用途的聚合物塑料之一，包括太赫兹技术。在电磁波谱的THz区，其透明度很大。聚乙烯通常也被用作基准材料，因为它在太赫兹光谱中没有强吸收特性。分别采购聚乙烯（CAS9002-88-4）、培氟沙星、莫西沙星、环丙沙星、盐酸洛美沙星、氟罗沙星、依诺沙星、加替沙星、那氟沙星、（左）氧氟沙星、托氟沙星（甲苯磺酸妥舒沙星）诺氟沙星、恩诺沙星等样品，并制备纯净压片（表5-6，图5-15）。以诺氟沙星为例，由于将纯诺氟沙星压成压片比较困难，将诺氟沙星粉与聚乙烯粉混合后放入模具，采用制片法制取。诺氟沙星和聚乙烯

（Sigma，美国）的纯固体粉末粒径为40～48μm。样品采用制片法制作。复方中诺氟沙星的比例在10%～90%。每个样品用8MPa的压力压制3min，然后将混合物压成直径为13mm的圆形压片。样品片厚度0.6～2mm，共制备45个样品。本研究样品压片的详细质量、厚度及比例见表5-7。

表5-6　实验采购的典型喹诺酮类抗生素信息

编号	名称	分子式	CAS号	纯度	购买厂家
1	诺氟沙星	$C_{16}H_{18}FN_3O_3$	82419-36-1	98%	Sangon Biotech（中国上海）
2	恩诺沙星	$C_{19}H_{22}FN_3O_3$	93106-60-6	98.5%	Sangon Biotech（中国上海）
3	氟罗沙星	$C_{17}H_{18}F_3N_3O_3$	79660-72-3	98%	Macklin（中国上海）
4	环丙沙星	$C_{17}H_{18}FN_3O_3$	85721-33-1	98%	Macklin（中国上海）
5	莫西沙星	$C_{21}H_{24}FN_3O_4$	151096-09-2	98%	Macklin（中国上海）
6	加替沙星	$C_{19}H_{22}FN_3O_4$	112811-59-3	98%	Macklin（中国上海）
7	依诺沙星	$C_{15}H_{17}FN_4O_3$	74011-58-8	98%	Macklin（中国上海）
8	培氟沙星	$C_{17}H_{20}FN_3O_3$	149676-40-4	98%	Macklin（中国上海）
9	那氟沙星	$C_{19}H_{21}FN_2O_4$	124858-35-1	98%	Macklin（中国上海）
10	盐酸洛美沙星	$C_{17}H_{20}C_lF_2N_3O_3$	98079-52-8	98%	Macklin（中国上海）
11	（左）氧氟沙星	$C_{18}H_{20}FN_3O_4$	100986-85-4	98%	Macklin（中国上海）
12	托氟沙星	$C_{19}H_{15}F_3N_4O_3$	108138-46-1	98%	Sangon Biotech（中国上海）

资料来源：农业太赫兹波谱与成像实验室药品信息。

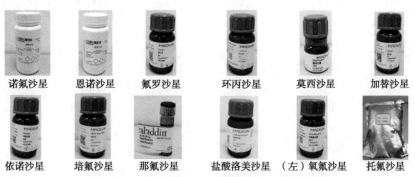

诺氟沙星	恩诺沙星	氟罗沙星	环丙沙星	莫西沙星	加替沙星
依诺沙星	培氟沙星	那氟沙星	盐酸洛美沙星	（左）氧氟沙星	托氟沙星

图5-15　实验采购的典型喹诺酮类抗生素

（资料来源：农业太赫兹波谱与成像实验室药品）

表5-7　样品片剂信息

编号	复方诺氟沙星比例	混合物质量（mg）	片剂质量（mg）	厚度（mm）
1	10%		99.5	0.93
2	20%		98.2	0.87
3	30%	100	97.3	0.82
4	40%		98.0	0.89
5	50%		104.7	0.84
6	60%		100.8	0.82
7	70%	100	102.0	0.79
8	80%		102.1	0.65
9	90%		106.2	0.63
10	10%		147.4	1.29
11	20%		149.6	1.30
12	30%		154.8	1.23
13	40%		153.0	1.23
14	50%	150	142.6	1.05
15	60%		149.8	1.04
16	70%		151.9	1.03
17	80%		154.1	0.95
18	90%		152.0	0.89
19	10%		192.9	1.83
20	20%		200.0	1.66
21	30%		199.5	1.63
22	40%		206.7	1.62
23	50%	200	201.3	1.48
24	60%		204.4	1.44
25	70%		201.9	1.30
26	80%		205.9	1.26
27	90%		193.8	1.13
28	10%		117.2	1.10
29	20%		124.5	1.08
30	30%		123.4	0.98
31	40%		123.7	1.04
32	50%	125	124.4	0.98
33	60%		123.8	0.89
34	70%		125.1	0.92
35	80%		124.4	0.81
36	90%		129.1	0.81

（续表）

编号	复方诺氟沙星比例	混合物质量（mg）	片剂质量（mg）	厚度（mm）
37	10%		176.5	1.66
38	20%		172.3	1.49
39	30%		172.0	1.41
40	40%		174.5	1.39
41	50%	175	173.4	1.24
42	60%		175.0	1.25
43	70%		174.6	1.12
44	80%		172.2	1.23
45	90%		175.3	1.10

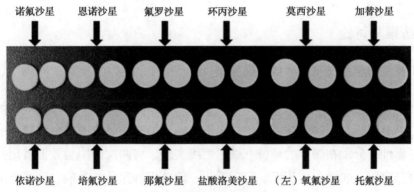

图5-16　典型喹诺酮类抗生素压片

（二）太赫兹数据采集

实验是在室温下进行的。针对太赫兹波吸湿性强的问题，为了降低太赫兹波吸湿性，将纯氮气连续吹入密封盖，使湿度保持在3%以下。在收集样品光谱之前收集氮参考光谱以评估系统的稳定性。之后，太赫兹光谱仪器开始对样品进行扫描；获得了太赫兹谱数据。在进行实验时，收集了每个样品3个不同点的太赫兹光谱。扫描一台样品上的信号点需要5min。为了减少随机误差，用平均光谱来表示样品光谱。

二、数据处理与分析

实验测得的原始谱是太赫兹时域谱，然后基于时域谱用快速傅里叶变换方法计算出相应的频域谱。然后用如下公式计算样品的吸收光谱（a）和折射光谱（n）：

$$n = \frac{\left[\varphi_S(\omega) - \varphi_R(\omega)\right] \times c}{2\pi f \times d} + 1$$

$$a = \frac{1}{d} \times \ln\frac{A_R}{A_S}$$

式中，$\varphi_S(\omega)$为压片光谱信号相位；$\varphi_R(\omega)$为参考光谱信号相位；C是光在真空中的速度；f为压片光谱信号的频率；d为压片样品的厚度；A_S和A_R为参考光谱信号和压片样品光谱信号的振幅。

根据指纹峰，分别采用多元线性回归和偏最小二乘回归建立模型，对诺氟沙星进行定量预测。分别计算校准集和预测集的相关系数和均方根误差，评价模型的精度。原始光谱数据以TXT格式存储，使用Matlab 2009（MathWorks，Inc.，Natick，MA，USA）编程处理。

三、结果与讨论

（一）典型喹诺酮类抗生素的太赫兹谱

通过对样品的测量和数据处理初步发现，将时域脉冲数据在20ps之前、40ps之后的强度值清零，可有效防止回波对样品测量结果的影响，得到的吸收图谱会比较平滑，同时为了实验的可靠性，分别在同样的环境下做了两组实验，将两次的实验数据对比并处理得到平均的吸收频谱图，如图5-17所示。可以看出，除环丙沙星外，其他11种类喹诺酮类抗生素在太赫兹波段具有明显的吸收差异，存在指纹峰，在0.1～1.4THz范围内的吸收峰分布及峰值情况如表5-8所示。

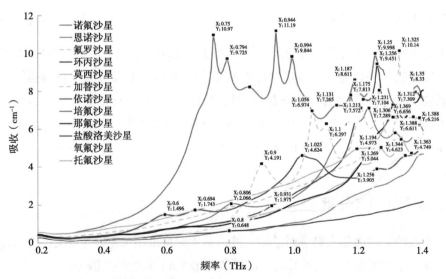

图5-17　实验中典型喹诺酮类抗生素与PE混合的吸收频谱（空白作为参考）

表5-8　典型喹诺酮类抗生素在0.1～1.4THz范围内的吸收峰分布及峰值情况

编号	名称	有效质量（mg）	在0.1～1.4THz范围内的吸收峰值
1	诺氟沙星	200（+50PE）	[1.175，7.813]（较强），[0.806，2.065]（强），[1.388，6.216]（弱），[1.312，5.809]（弱），[1.231，7.104]（弱）
2	恩诺沙星	200（+50PE）	无明显的吸收峰值，在0.8THz附近有很微弱的峰值，[0.800，0.648]（微弱）
3	氟罗沙星	200（+80PE）	[1.325，10.142]（强），[1.263，8.061]（强），[1.206，7.111]（强）[1.100，6.297]（较强），[0.900，4.191]（强），[1.056，6.974]（强）
4	环丙沙星	200（+50PE）	无明显的吸收峰值
5	莫西沙星	200（+50PE）	[1.331，5.476]（较强），[1.269，5.044]（较强）
6	加替沙星	200（+50PE）	[1.388，6.611]（较强）
7	依诺沙星	200（+50PE）	[1.375，7.976]（较强），[1.256，9.451]（强），[1.312，7.309]（弱），[1.213，7.572]（弱）
8	培氟沙星	200（+50PE）	[1.350，8.330]（弱），[1.250，9.998]（强），[1.187，8.611]（弱），[1.131，7.265]（强），[0.994，9.844]（强），[0.944，11.190]（强），[0.863，8.236]（弱），[0.794，9.725]（强），[0.750，10.969]（强）
9	那氟沙星	200（+50PE）	[1.306，7.289]（强）
10	盐酸洛美沙星	200（+50PE）	[1.344，4.623]（弱），[1.256，3.905]（弱），[1.025，4.624]（强），[0.694，1.743]（弱），[0.600，1.495]（弱）
11	（左）氧氟沙星	200（+50PE）	[1.363，4.749]（较强），[0.931，1.975]（较强）
12	托氟沙星	200（+50PE）	[1.369，6.656]（弱），[1.306，6.643]（强），[1.194，4.973]（弱）

（二）诺氟沙星抗生素的定性研究

通过实验测量，得到诺氟沙星压片的时域和频域光谱如图5-18所示。与参考光谱相比，诺氟沙星的时域和频域谱幅值由于被太赫兹谱吸收而衰减。同时，时域谱出现延时。由于混合比例的不同，不同的吸收量会导致不同的衰减和延迟。太赫兹系统提供了一个时域信号，不仅包含通过样品传输的初始脉冲，还包含由内部反射产生的几个延迟时间到达的后续脉冲。

根据参数计算公式，分别计算得到了样品的吸收系数谱和折射率谱。由于高低频段噪声较大，信噪比较低，因此选择频率为0.2～1.7THz波段的光谱作为有效数据。根据图

5-19（a）所示，太赫兹光谱在0.944THz和1.206THz被强烈吸收，可明显观察到两个指纹峰，这两个峰应为诺氟沙星在THz波段的指纹峰。指纹峰值随诺氟沙星浓度的增加而增加，相关关系有待后续定量分析研究。折射率一般用来描述光在介质中的穿透特性，根据图5-19（b）所示，诺氟沙星压片的折射率分布在1.2～2.3，并随着浓度的增大，折射率值也增加，折射率在0.944THz频率处存在转折。从以上分析可以看出，诺氟沙星在THz波段呈现明显的吸收峰，可以用于定性鉴别。

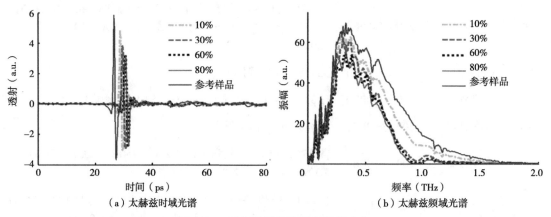

（a）太赫兹时域光谱　　　　　　　　　（b）太赫兹频域光谱

图5-18　诺氟沙星压片的太赫兹响应

［资料来源：Yuan L，Bin L，Huan L. Analysis of fluoroquinolones antibiotic residue in feed matrices using terahertz spectroscopy[J]. Applied Optics，2018，57（3）：544-548］

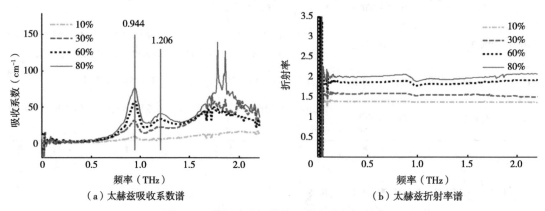

（a）太赫兹吸收系数谱　　　　　　　　　（b）太赫兹折射率谱

图5-19　诺氟沙星压片的吸收光谱和折射率

［资料来源：Yuan L，Bin L，Huan L. Analysis of fluoroquinolones antibiotic residue in feed matrices using terahertz spectroscopy[J]. Applied Optics，2018，57（3）：544-548］

（三）诺氟沙星抗生素的定量分析研究

为了分析诺氟沙星的太赫兹光谱与浓度之间的数学关联关系，分别采用多元线性回归和偏最小二乘法等建模方法计算了二者的相关系数。从图5-20可以看出，在较低频段和较高频段的相关系数都较低，这是因为在较低和较高频段，测量系统噪声高，对预测结果影响较大。同时看出，频率在指纹峰处，相关系数值均达到峰值，此时频率分别为0.944THz和1.206THz，相关系数分别为0.964 9和0.902 8。值得注意的是，诺氟沙星浓度变化引起了峰值的同步变化，这将为定量评价诺氟沙星提供有效依据。

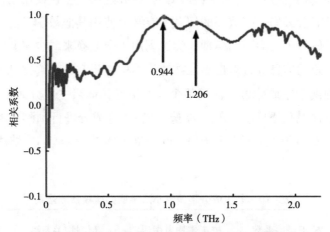

图5-20　诺氟沙星浓度与吸收系数值的相关系数谱

［资料来源：Yuan L，Bin L，Huan L. Analysis of fluoroquinolones antibiotic residue in feed matrices using terahertz spectroscopy[J]. Applied Optics，2018，57（3）：544-548］

1. 多元线性回归分析

随机选取27个样品作为校正集集，剩余18个样品作为预测集。尝试通过多元线性回归进行建模，获取相关关系模型。在图5-20中看到，频率在指纹峰处，相关系数值均达到峰值，所以使用两个指纹峰作为输入进行建模。模型建立后发现，校正集相关系数为0.968 3，均方根误差为0.068 4；预测集相关系数为0.965 1，均方根误差为0.064 5。结果如表5-9所示。

表5-9　多元线性回归结果

波长	校正相关系数	校正集均方根误差	预测相关系数	校正集均方根误差
0.944THz & 1.206THz	0.968 3	0.068 4	0.965 1	0.064 5

资料来源：Yuan Li，Bin L，Huan L. Analysis of fluoroquinolones antibiotic residue in feed matrices using terahertz spectroscopy[J]. Applied Optics，2018，57（3）：544-548。

计算得到的多元线性回归方程如下：

$$Y = -0.024\ 1 + 0.012\ 4 \times X_{0.944} - 0.003\ 8 \times X_{1.206}$$

式中，Y为诺氟沙星浓度；$X_{0.944}$和$X_{1.206}$为输入的频率分别处于0.944THz和1.206THz的光谱信号强度。

2. 偏最小二乘法

上述基于指纹峰信息进行了多元线性回归分析和建模，但仅使用指纹峰进行多元线性回归建立的模型可能会丢失一些重要的信息，有必要使用其他数学算法来提高预测精度。接着建立了全波长偏最小二乘回归模型，尝试利用正交变换来减少多共线的问题。本研究采用整个太赫兹波段的信息进行偏最小二乘法模的构建研究，最终得到最优模型。通过研究主成分发现，前两个主成分可以代表整个波长信息，而当主成分大于2个时，建立的模型出现过拟合，预测精度下降。于是，在选取前2个主成分进行预测模型构建条件下，预测集的相关系数和均方根误差分别达到0.990 8和0.048 1。偏最小二乘法建模预测结果如表5-10所示。

表5-10　各主成分下偏最小二乘回归建模预测结果

主成分	校正相关系数	校正集均方根误差	预测相关系数	校正集均方根误差
1	0.890 1	0.122 4	0.906 1	0.117 0
2	0.987 9	0.042 7	0.990 8	0.048 1
3	0.989 5	0.038 6	0.985 2	0.052 2
4	0.993 1	0.031 8	0.986 1	0.048 5
5	0.994 1	0.029 5	0.978 5	0.060 4
6	0.995 5	0.025 8	0.968 8	0.060 4

资料来源：Yuan L，Bin L，Huan L. Analysis of fluoroquinolones antibiotic residue in feed matrices using terahertz spectroscopy[J]. Applied Optics，2018，57（3）：544-548。

通过比较上述多元线性回归和偏最小二乘回归的建模预测结果发现，最优模型为2个主成分的偏最小二乘回归模型（图5-21）。基于全波长的偏最小二乘回归模型可以包含样品太赫兹谱中的几乎全部信息，同时对输入的谱数据进行偏最小二乘回归正交变换处理，可有效提高预测精度。评价数据表明，用偏最小二乘法建立的模型比用多元线性回归建立的模型精度更高。从以上分析可以看出，可以基于诺氟沙星的太赫兹波段光谱信息进行诺氟沙星含量的定量检测。

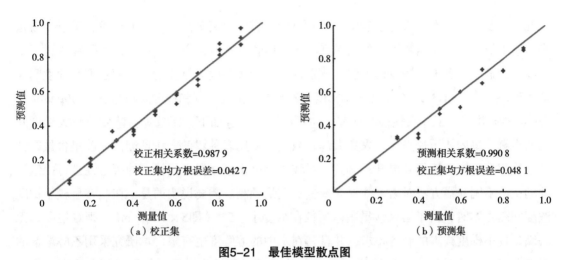

图5-21　最佳模型散点图

［资料来源：Yuan L，Bin L，Huan L. Analysis of fluoroquinolones antibiotic residue in feed matrices using terahertz spectroscopy[J]. Applied Optics，2018，57（3）：544-548］

四、实验小结

本节开展了12种典型喹诺酮类抗生素的样品制备和太赫兹光谱信息测定工作，得到了它们在太赫兹波段的指纹特性，然后选取诺氟沙星为研究对象，初步利用太赫兹光谱对诺氟沙星进行定性定量分析。通过对压片法制备的样品进行检测，获得了诺氟沙星的太赫兹谱数据，根据吸收系数谱，得到其指纹峰位置分别处于0.944THz和1.206THz，然后分别采用多元线性回归和偏最小二乘回归对诺氟沙星进行定量评价，结果表明采用2个主成分的偏最小二乘回归方法建立的模型最佳预测集相关系数为0.990 8，均方根误差为0.048 1。模型相对稳定，预测精度较高。

综上所述，太赫兹光谱作为一项新兴检测技术，有望成为诺氟沙星等喹诺酮类抗生素定性定量分析的新方法。但本研究尚处于初步阶段，诺氟沙星的最大和最小浓度限制有待进一步研究。

第四节　不同浓度梯度下诺氟沙星
抗生素的太赫兹技术检测研究

畜禽养殖中抗生素的不合理使用导致畜禽产品中抗生素残留问题时有发生，进而通过食物链影响食品安全，威胁人类健康。准确、快速检测出抗生素药物的含量对保障食品安全具有重要意义。本节研究以残留较为常见的喹诺酮类诺氟沙星为研究对象，基于太赫兹光谱技术依次开展了诺氟沙星的大梯度和小梯度含量检测研究。具体地，本研究探讨了全浓度的诺氟沙星含量预测建模方法，分别设计了较大梯度诺氟沙星（浓度系列和梯度间隔均大于$1×10^4μg/mL$，即1%）和较小梯度诺氟沙星（浓度系列和梯度间隔都小于$100μg/mL$，即0.01%）并展开了探索性检测研究。主要的研究内容如下：①首先对浓度呈较大梯度间隔的诺氟沙星固体压片进行，采集太赫兹数据，采用多种建模方法预测诺氟沙星含量，尝试在检测准确率方面得到提升；②其次对较小梯度诺氟沙星含量检测的可行性进行探索，并尝试用不同建模方法对诺氟沙星含量进行定量预测。需要说明的是：在制备呈较小梯度浓度间隔样本时，由于诺氟沙星固体颗粒在浓度小于5%（即$5×10^4μg/mL$）很难检测，无法满足较小梯度样本的制备要求，并且其在水中的溶解度也有限，本研究采用乙醇溶剂的诺氟沙星溶液农残标准物质（100μg/mL）为母液进行较小梯度诺氟沙星制备研究，为后续检测限探索研究提供研究基础。如图5-22所示。

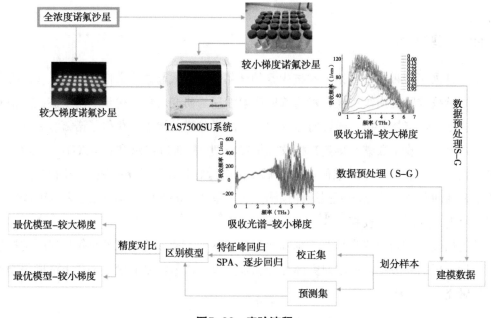

图5-22　实验流程

一、样品制备与光谱采集

（一）试剂和材料

本研究中使用的诺氟沙星（CAS 70458-96-7）从生物工程（上海）股份有限公司购买。聚乙烯粉末（CAS 9002-88-4，粒度40~48μm）购买于西格玛奥德里奇（上海）贸易有限公司，便于压片成形。用于较小梯度诺氟沙星样本制备的标准溶液购买于农业部环境保护科研检测所（中国，天津），是乙醇中诺氟沙星溶液农残标准物质（GSB05-3338-2016），浓度为100μg/mL，规格是1mL/支，如图5-23（a）所示。较小梯度样本制备使用的比色皿样品池光程规格为0.2mm，如图5-23（b）所示。

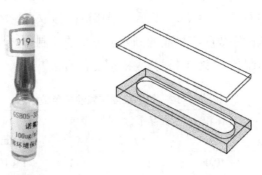

（a）乙醇中诺氟沙星溶液农残　　　　（b）比色皿样品池
标准物质

图5-23　乙醇中诺氟沙星溶液农残标准物质和比色皿样品池示意

（二）较大梯度样品的制备

将聚乙烯与诺氟沙星在玛瑙研钵中充分研磨，用压片机及其模具（Specac GS15011，英国）压片，压力大小是3.5t，压片时间为3min/片，压片直径约13mm，每个样品200mg，样品厚度分布在1~2mm。在0~100%浓度设置了11个浓度，每个梯度重复制作9个样品，共99个样品，制备的压片如图5-24（a）所示，按2∶1划分成校正集和预测集。样本大梯度浓度系列、平均厚度和样本数如表5-11所示。

表5-11　较大梯度诺氟沙星参数信息

浓度（%）	含量（μg/mL）	平均厚度（mm）	样品个数（个）
5	5.0×10^4	1.78	9
15	1.5×10^5	1.71	9
25	2.5×10^5	1.64	9
35	3.5×10^5	1.56	9
45	4.5×10^5	1.48	9
55	5.5×10^5	1.41	9
65	6.5×10^5	1.34	9
75	7.5×10^5	1.29	9
85	8.5×10^5	1.21	9
95	9.5×10^5	1.17	9
100	1.0×10^6	1.13	9

（三）较小梯度样品的制备

采用乙醇中诺氟沙星溶液农残标准物质（GSB05-3338-2016）为母液，在100μg/mL之下设置29个小梯度浓度，均用标准溶液稀释得到，浓度系列水平、总量和样本数详情见表5-12。配制的浓度如图5-24（b）所示，用移液枪移取少量的诺氟沙星乙醇溶液滴加到比色皿样品池中，依次完成所有样品的制作。每个浓度制作9个样品，共261个样品，依次完成所有浓度的样品制备，按2∶1划分成校正集和预测集。

表5-12　较小梯度诺氟沙星参数信息

浓度（%）	含量（μg/mL）	体积（mL）	样品个数（个）	浓度（%）	含量（μg/mL）	体积（mL）	样品个数（个）
0.001	1×10^{-7}	10.00	9	1	1×10^{-4}	10.00	9
0.002	2×10^{-7}	4.00	9	2	2×10^{-4}	6.00	9
0.004	4×10^{-7}	10.00	9	4	4×10^{-4}	2.50	9
0.006	6×10^{-7}	4.00	9	6	6×10^{-4}	2.00	9
0.008	8×10^{-7}	4.00	9	8	8×10^{-4}	2.00	9
0.010	1×10^{-6}	11.00	9	10	1×10^{-3}	10.00	9
0.020	2×10^{-6}	4.00	9	20	2×10^{-3}	2.00	9
0.040	4×10^{-6}	4.00	9	30	3×10^{-3}	2.00	9
0.060	6×10^{-6}	4.00	9	40	4×10^{-3}	2.00	9
0.080	8×10^{-6}	10.00	9	50	5×10^{-3}	2.00	9
0.100	1×10^{-5}	10.00	9	60	6×10^{-3}	1.67	9
0.200	2×10^{-5}	4.00	9	70	7×10^{-3}	1.43	9
0.400	4×10^{-5}	4.00	9	80	8×10^{-3}	1.25	9
0.600	6×10^{-5}	4.00	9	90	9×10^{-3}	1.11	9
0.800	8×10^{-5}	4.00	9				

（a）较大梯度诺氟沙星　　　　　　　　　（b）较小梯度诺氟沙星

图5-24　样品制备

（四）太赫兹光谱测量

如图5-25所示，本研究使用日本ADVANTEST公司生产的太赫兹时域光谱系统TAS7500SU，使用透射工作模式。采用中心波长为1 550nm，重复频率为50MHz，脉冲宽度为50fs，输出功率为20mW的光纤飞秒激光器。可测量频谱范围为0.1～7THz，频谱分辨率为7.6GHz，系统动态信号范围在60dB以上。实验环境温度在25℃，湿度低于3%。

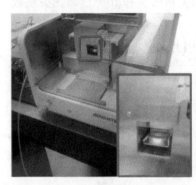

（a）较大梯度诺氟沙星　　　　　（b）较小梯度诺氟沙星

图5-25　TAS7500S测试

将制备好的较大梯度压片样品和不同浓度的待测试小梯度样品放入透射模式的样品腔中，依次完成所有样品的太赫兹光谱测量。测量如图5-25所示。大梯度的参考信号为空扫信号。小梯度的参考信号是空扫的比色皿样品池信号，每次测量前测量一次参考信号，每个样品测量一次光谱数据。

二、参数提取与数据建模

S-G作为一种数字滤波器，可以平滑数据并增加数据信噪比（SNR）。对光谱数据进行S-G平滑，以减少噪声干扰和粒子散射。然后利用化学计量学方法建立诺氟沙星光谱数据与含量之间的关系。

太赫兹时域光谱测量可以在时域上直接得到太赫兹波形。时域波形在30ps的信号被截断置零，用以去除从衬底背面反射的信号（数据未显示）。对时域数据进行快速傅里叶变换（FFT）得到样本的频域光谱。本研究用TAS7500SU系统自带软件提取数据。根据下列公式计算吸收光谱的振幅。

$$\alpha = (2/d)\ln[(4n/(n+1)^2) \cdot (1/A)]$$

$$n = 1 + c \cdot \Delta\varphi/\omega \cdot d$$

式中，d为样品厚度；n为样品折射率；A为样本幅值与参考幅值比，$\Delta A = (A_{sample}/$

A_{ref}）是样品与参考光谱的振幅比；c为光在真空中的速度；$\Delta\varphi = (\varphi_{sample} - \varphi_{ref})$为相位差；$\omega$为辐射频率。

不同的化学计量学方法来定量预测样本中诺氟沙星的含量。其中逐步线性回归方法通过一步步引入变量，筛选剔除多余信息，得到有效变量。

利用相关系数R、校准均方根误差（RMSEC）和预测均方根误差（RMSEP）来评价模型的性能。其中相关系数R包含Rc（校正相关系数）和Rp（预测相关系数）。

$$R = \sqrt{1 - \frac{\sum_{i=1}^{n}\left(y_{i,predicted} - y_{i,actual}\right)^2}{\sum_{i=1}^{n}\left(y_{i,predicted} - \overline{y}_{i,actual}\right)^2}}$$

这里$y_{i,\,predicted}$是第i此观测的预测值，$y_{i,\,actual}$是第i此观测的实际值，$\overline{y}_{i,\,actual}$是校正集或预测集的平均值，$n$是数据集的样本总数。

$$RMSEC = \sqrt{\frac{1}{n_c}\sum_{i=1}^{n_c}\left(y_{i,predicted} - y_{i,actual}\right)^2}$$

$$RMSEP = \sqrt{\frac{1}{n_c}\sum_{i=1}^{n_p}\left(y_{i,predicted} - y_{i,actual}\right)^2}$$

这里的$y_{i,\,predicted}$和$y_{i,\,actual}$是校正集或预测集中i个样品的预测值与实际值，n_c和n_p分别是校正集和预测集的样本个数。

理想的检测模型具有最高校准相关系数（Rc）和预测相关系数（Rp），最低的校准均方根误差（RMSEC）和预测相关系数（RMSEP）。

三、数据分析与结果讨论

（一）各样品的太赫兹光谱吸收曲线及分析

1. 较大梯度诺氟沙星测量结果

如图5-26（a）所示是较大梯度诺氟沙星中不同浓度的样品的吸收系数平均光谱，因为低于0.4THz和高于1.5THz的信号信噪比（SNR）很低，所以只选0.4～1.5THz的数据进行后续建模分析。纯诺氟沙星样品在0.816THz和1.205THz处有两个吸收峰，与龙园等检测的0.825THz和1.187THz，以及Redo-Sanchez等检测的0.79THz和1.19THz相近。一方面，峰位轻微的移动可能是由样品的颗粒大小引起的；另一方面，也可能因为诺氟沙星的种类差异和测量仪器不同造成了这种峰位的微小移动。通过观察吸收系数图，可以发现随着诺氟沙星浓度的增加，吸收系数增加，并且峰值也变得更加明显。这说明太赫兹的吸收系数光谱和诺氟沙星的浓度有密切的相关性，并且诺氟沙星的吸收系数变化和浓度有直接关系。但是在诺氟沙星浓度低于5%的时候，很难发现吸收峰的存在，原因可能是聚乙烯中诺氟沙星浓度较低的时候，样品对太赫兹光谱的吸变少，从而接收到的太赫兹时域光谱携带的信息量变少所致。

2.较小梯度诺氟沙星测量结果

较小浓度诺氟沙星溶液样本的吸收系数如图5-26（b）所示，不同浓度的诺氟沙星乙醇溶液的吸收系数曲线基本重合，未表现出明显差异。可能是因为当诺氟沙星溶液的浓度比较低时，对太赫兹光谱影响不大，所以表现为小梯度诺氟沙星溶液的吸收系数没有直观上的差异。尝试用不同的化学计量学方法寻找携带与浓度有关的特征变量，这里选取信噪比较高的0.4～3THz范围内的光谱数据进行后续建模分析。

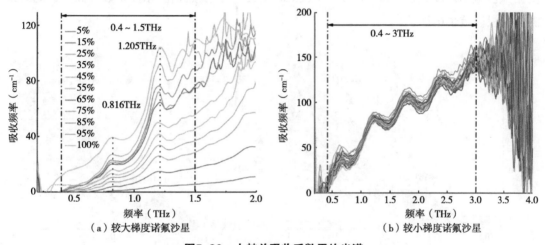

（a）较大梯度诺氟沙星　　　　（b）较小梯度诺氟沙星

图5-26　太赫兹吸收系数平均光谱

（二）实验样品的光谱预处理

为了提高吸收光谱的信噪比，我们使用S-G滤波器对原始光谱进行预处理，对相邻11个数据点进行二项式拟合。处理后的光谱对比如图5-27所示，我们可以看出预处理后的数据更加平滑和规范化。

（三）较大梯度诺氟沙星含量差异样品定量建模研究

我们对较大梯度的诺氟沙星样本进行太赫兹光谱测量，获得其太赫兹吸收谱，原始光谱如图5-27（a）所示，S-G滤波后的图5-27（b）所示。预处理后的数据更加平滑和规范化。我们利用诺氟沙星的两个特征吸收峰（0.816THz、1.205THz）进行多元线性回归建模与预测，得到预测相关系数Rp和预测均方根误差RMSEP分别为0.941和0.108 4。这时发现预测相关系数较高，达到了0.9以上，但是RMSEP比较高。为了进一步提高较大梯度诺氟沙星的预测效果，本研究尝试对整个波长范围的数据采用逐步回归方法选取特征变量，这里选取11个特征变量（0.412THz、0.443THz、0.557THz、0.633THz、0.786THz、1.106THz、1.221THz、1.251THz、1.411THz、1.450THz、1.500THz），这里的特征变量消除了部分多重共线性，使得到的光谱数据包含更多的信息。然后进行多元线性回归分析，预测相关系数Rc和预测均方根误差RMSEP分别为0.962和0.027 4。显然，用逐步回归选取变量的多元线性回归建立的模型比用特征峰多元线性回归建立的模型精度更高，Rc得到了提高，RMSEP降低。这说明逐步线性回归方法可以从全波段中选取更多有效的信息。逐步回归是从整个波长中搜索变量，其中容易出现光谱数据过拟合，为了减轻数据过拟合，选取变量时严格地对每个波长进行逐一添加或删除。为了提高较大梯度诺氟沙星模型的预测精度，进一步用特征吸收峰结合逐步线性回归选择变量的多元线性回归建模预测较大梯度诺氟沙星的浓度，这时Rc=0.989，RMSEP=0.057 2，虽然预测相关系数提高了，同时预测均方根误差也增加了。

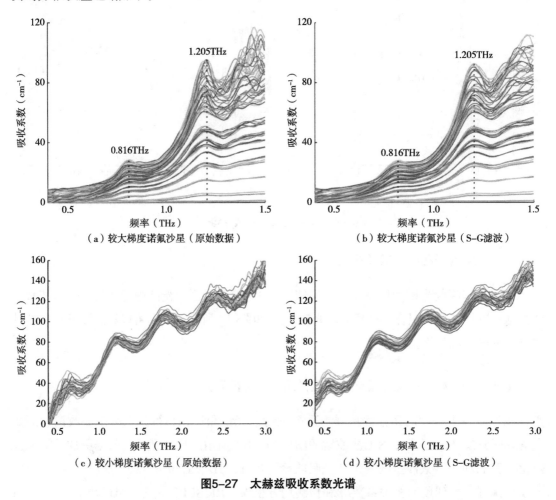

图5-27　太赫兹吸收系数光谱

（资料来源：白军朋，基于太赫兹时域光谱技术的诺氟沙星浓度检测研究，2020）

利用多元线性回归（SPA）选择的变量对较大梯度诺氟沙星进行建模与预测分析。选取变量过程中，当运行SPA程序时，SPA_MLR程序会计算一系列的误差均方根误差（RMSE），这个过程保证选取的变量个数伴随着一个理想的RMSE，并且这个RMSE不会比最小的RMSE明显大。图5-28（a）显示了通过SPA选择变量的过程，可以看出，当SPA选择前5个变量时，RMSE值显著的降低。随着选择变量个数增加，RMSE值逐渐减小。当选择14个变量时，RMSE达到了理想值（RMSE=0.016 6）。选择变量过程中，尽管RMSE曲线存在一些波动，但是整体呈现随着变量的增加RMSE曲线下降的趋势。在较大梯度诺氟沙星样本中，SPA选择的14个变量如图5-28（b）所示，SPA选取的变量分别用小正方形标记（0.764THz、1.000THz、1.053THz、1.098THz、1.144THz、1.311THz、1.326THz、1.349THz、1.379THz、1.402THz、1.425THz、1.455THz、1.478THz、1.493THz）。发现在1.205THz以下有5个变量，1.205THz以上存在9个变量，这说明有效信息的频率大多分布在较大的频率范围。SPA选择的变量的多元线性回归结果为Rp=0.992，RMSEP=0.055 2。较大梯度诺氟沙星的MLR建模结果见表5-13，逐步回归选择变量后的多元线性回归达到模型效果最优，预测相关系数Rp=0.962，RMSEP=0.027 4，该模型在保证了预测相关系数的前提下，同时保证RMSEC和RMSEP的差值最小，使模型具有更高的稳定性。这说明太赫兹时域光谱技术可以检测较大梯度诺氟沙星，预测精度相比已有检测的建模结果（Rp=0.867，RMSEP=0.166）得到了很大改善。

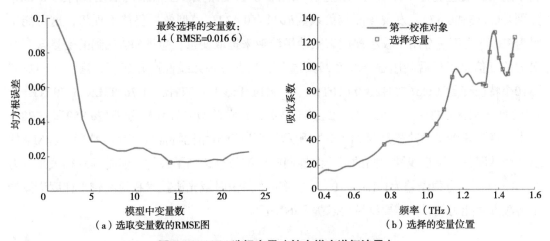

（a）选取变量数的RMSE图　　　（b）选择的变量位置

图5-28 SPA选择变量（较大梯度诺氟沙星）

（资料来源：白军朋，基于太赫兹时域光谱技术的诺氟沙星浓度检测研究，2020）

表5-13 较大梯度诺氟沙星的MLR建模结果

变量选择方法	变量个数（个）	校正相关系数	校正集均方根误差（%）	预测相关系数	预测集均方根误差（%）
特征峰	2	0.995	0.034 4	0.941	0.108 4
逐步回归	11	0.996	0.016 2	0.962	0.027 4

（续表）

变量 选择方法	变量个数 （个）	校正 相关系数	校正集 均方根误差（%）	预测 相关系数	预测集 均方根误差（%）
特征峰+逐步回归	13	0.999	0.017 6	0.989	0.057 2
多元线性回归	14	0.999	0.015 8	0.992	0.055 2

资料来源：白军朋，基于太赫兹时域光谱技术的诺氟沙星浓度检测研究，2020。

（四）较小梯度诺氟沙星含量差异样品定量建模研究

为了进一步研究较小梯度间隔诺氟沙星含量的定量检测问题，制备了浓度系列和梯度均小于100μg/mL的29个较小梯度浓度，对较小梯度的诺氟沙星样品进行了测量，得到原始光谱如图5-27（c）所示。经S-G滤波后如图5-27（d）所示，预处理后的数据更加平滑和规范化，后续对其进行建模分析。首先，用纯诺氟沙星样本的特征峰（0.816THz、1.205THz）进行多元线性回归建模预测小梯度诺氟沙星无水乙醇溶液的浓度，发现得到Rc和Rp分别是0.590和0.307，建模效果很不理想，可能是由于较小梯度诺氟沙星溶液中含诺氟沙星少，所以光谱所包含的特征峰信息也比较少，从而导致特征峰建模效果不理想。之后用SPA算法选取变量进行建模分析，SPA选择了2个有效变量（0.496THz、1.77THz），利用这两个变量进行多元线性回归建模预测较小梯度诺氟沙星溶液的浓度，得到Rc和Rp分别是0.485和0.472。发现预测相关系数Rp只有0.472，模型效果仍然不理想，这可能是因为SPA算法不适合用于较小梯度诺氟沙星溶液来提取变量，也即SPA找到的变量含有有限的浓度信息。最后利用逐步线性回归选取变量进行多元线性回归建模，逐步回归找到了10个特征变量（0.565THz、0.610THz、0.641THz、1.335THz、1.762THz、1.793THz、1.862THz、1.892THz、2.152THz、2.228THz），建立模型的Rc和Rp分别是0.859和0.728。较小梯度诺氟沙星的建模结果如表5-14所示。可以看出相比特征峰多元线性回归和SPA的多元线性回归，逐步线性回归的多元线性回归模型效果达到了最优，但是预测相关系数为0.728，预测均方根误差为1.879×10^{-5}。这说明太赫兹时域光谱技术在检测较小梯度诺氟沙星溶液方面能力较弱，需要继续寻求提升的手段。

表5-14　较小梯度诺氟沙星MLR建模结果

变量 选择方法	变量个数 （个）	校正 相关系数	校正集 均方根误差（%）	预测 相关系数	预测集 均方根误差（%）
特征峰	2	0.590	0.034 5	0.307	0.108 5
逐步回归	10	0.859	1.518×10^{-5}	0.728	1.879×10^{-5}
多元线性回归	2	0.485	2.350×10^{-5}	0.472	2.407×10^{-5}

资料来源：白军朋，基于太赫兹时域光谱技术的诺氟沙星浓度检测研究，2020。

四、实验小结

本节分别以较大梯度（浓度系列和浓度间隔均大于$1 \times 10^4 \mu g/mL$，即1%）诺氟沙星和较小梯度（浓度系列和浓度间隔均小于$100\mu g/mL$，即0.01%）诺氟沙星为研究对象，致力于探索太赫兹时域光谱技术检测全浓度诺氟沙星的潜力。较大梯度诺氟沙星样本的检测分析发现：纯诺氟沙星样本存在两个吸收峰，峰位与已有的研究结果基本一致。逐步线性回归选择变量进行多元线性回归分析，预测集的相关系数$Rc=0.962$，预测均方根误差RMSEP=0.027 4。检测结果相比已有检测的最优模型（$Rc=0.886$，RMSEP=0.166）得到了提升；进一步的较小梯度诺氟沙星溶液样本检测分析发现：逐步线性回归选择变量的多元线性回归达到了模型效果最优，预测集相关系数$Rc=0.728$，RMSEP=1.879×10^{-5}，该模型相比大梯度诺氟沙星的预测能力明显下降。说明太赫兹时域光谱技术在预测小梯度诺氟沙星含量方面能力不足，需要继续寻找提升手段。总体来说，太赫兹时域光谱技术可以较为准确地预测较大梯度的诺氟沙星含量，在较小梯度诺氟沙星的预测方面也表现出一定的潜力，但检测能力较弱。本研究为诺氟沙星含量的进一步检测研究提供了理论基础，在今后的研究中还需在提高诺氟沙星低浓度定量预测的准确率和探测检测限方面继续展开研究。

第五节　太赫兹光谱技术结合金属孔阵列探测诺氟沙星含量检测研究

针对上一节提出的问题，如何提高检测灵敏度是目前太赫兹检测技术的一个难点。近年来，学者们提出借助不同的光学器件增强太赫兹光谱检测信号以提高检测灵敏度，如平行波导（Parallel-plate Metal Waveguide）、金属孔阵列（Metallic Holes Array）、超材料（Metamaterials）等。其中，基于超强光透射（Extraordinary optical transmission，EOT）效应的金属孔阵列是重要的研究方向。金属孔阵列是由周期性排列的亚波长元素组成的人造材料，具有独特的电磁特性。重要的是，金属孔阵列具有强烈的增强场，使能够对极少量的化学和生物物质进行敏感检测。Cheng等（2018）和A W X等（2017）基于超材料技术分别实现了不同浓度的亚型病毒和蛋白质、人体体细胞和有机磷农药中的毒死蜱（CM）的检测，取得了较好的灵敏度。Qin等（2016）将金属孔阵列和太赫兹光谱技术结合，实现了检测盐酸四环素灵敏度1×10^5倍的提高，展现了金属孔阵列技术用于提高检测能力的潜力。针对诺氟沙星检测，Long Yuan等（2018）前期进行了研究，得到一定的进展，但检测灵敏度只能达到10mg/mL。

为提高检测诺氟沙星的灵敏度，本研究设计了一种新型金属孔阵列结构，并开展了基于太赫兹光谱技术结合新型金属孔阵列用于乙醇溶液中低浓度诺氟沙星含量检测研究，主要研究过程如图5-29所示：①基于CST软件设计了一种新型金属孔阵列结构，并进行了数据模拟和实验验证；②模拟了金属孔阵列表面不同厚度光刻胶（0~40μm）的透射光谱响应，并测量了金属孔阵列表面不同浓度诺氟沙星薄膜传输的太赫兹辐射光谱，分析不同浓度透射幅值的变化，尝试量化不同浓度的红移量；③对不同浓度的透射幅值光谱进行PCA聚类分析，尝试寻找该太赫兹光谱技术结合金属孔阵列方法可以测得到的诺氟沙星的检测限。

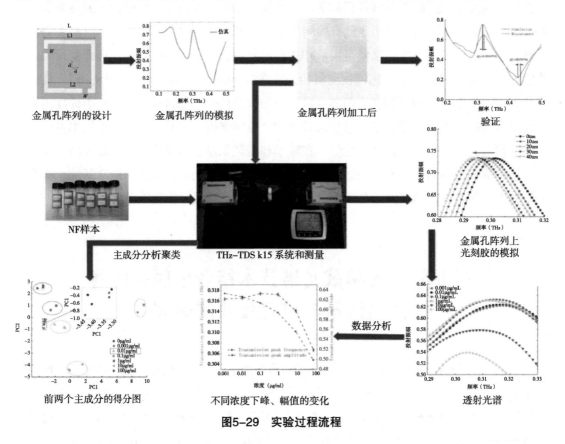

图5-29　实验过程流程

一、样品制备与光谱采集

（一）材料和试剂

诺氟沙星的乙醇标准溶液（CAS70458-96-7）购买于农业部环境保护科研检测所（中国，天津）。无水乙醇从北京化工厂得到（乙醇的质量分数99.7%）。所有溶液与试剂均未经过进一步纯化处理。乙醇中诺氟沙星溶液标准样品为100μg/mL，标准样品为母液分别配制不同浓度系列的样本，具体浓度与配制量如表5-15所示。

表5-15 浓度与配制量

浓度 （μg/mL）	体积 （mL）	浓度 （μg/mL）	体积 （mL）	浓度 （μg/mL）	体积 （mL）	浓度 （μg/mL）	体积 （mL）
0.000	2	0.010	11	1.000	10	100.000	1
0.001	10	0.100	10	10.000	10		

（二）新型金属孔阵列结构设计与仿真模拟

金属孔阵列结构由二氧化硅（厚度为261μm）上的方环形阵列构成。方环形孔的排列周期P=250μm，金属铝层厚度为0.2μm，开口w=30μm，金属孔阵列的微结构如图5-30（a）所示。加工得到的金属孔阵列的总体尺寸为12mm×12mm，如图5-30（b）所示。

利用三维全波电磁场仿真软件CST对金属孔阵列结构进行仿真分析。利用晶格常数p=250μm的周期边界条件，在0.29～0.33THz范围内对这种金属孔阵列进行模拟。金层选择的材料是理想电导体（Perfect Electric Conductor，PEC）。模拟了金属孔阵列在无介质加载情况下和不同厚度介质加载时的透射谱。在理论上说明金属孔阵列表面物质厚度不同，透射光谱响应不同。

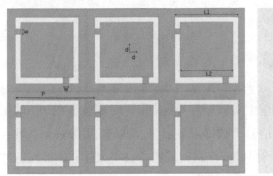 

（a）金属孔阵列的微结构图（P=250μm，$L1$=210μm，$L2$=150μm，w=30μm，d=50μm）　　（b）加工的金属孔阵列实物图

图5-30 金属孔阵列的微结构图和实物图

（三）太赫兹光谱测量

太赫兹时域光谱技术（THz-TDS）光谱测量光谱是使用德国Menlo System公司的TERA K15透射式时域光谱系统进行的。系统如图5-31所示，光导天线产生太赫兹波，电光碲化锌（ZnTe）晶体接收检测太赫兹波。采用1 560nm的飞秒激光器（脉冲宽度小于90fs，重复频率为100MHz）作为泵浦源。全部测量都在温度25℃和相对湿度低于3%以下的氮气净化空间中进行。

用移液枪取200μL诺氟沙星乙醇溶液放在金属孔阵列表面，经过氮气流风干。把金属孔阵列样本安装在THz样品腔中的光谱影响范围内采集光谱。测量完成后，用无水乙醇冲洗表面覆盖诺氟沙星的金属孔阵列并在氮气流中风干。为了确保金属孔阵列已完全洗净，在放置下一个诺氟沙星样本之前测量清洗干净并在氮气流中风干后的金属孔阵列，观察其光学特性是否改变。需要注意的是：每次放置诺氟沙星前后的金属孔阵列透射光谱的测量需要在固定的地方。为了减少误差，每个样品采集3次数据。

图5-31 THz-TDS系统测量

二、数据提取与分析方法

（一）数据提取

太赫兹时域光谱测量可以在时域上直接得到THz波形。时域波形在30ps的信号被截断置零，用以去除从衬底背面反射的信号（数据未显示）。本研究用Menlo系统自带的软件TeraMat 1.0提取数据，传统的快速傅里叶变换从时域波中获得太赫兹的频域脉冲。透射光谱可以通过得到的样品光谱与参考光谱进行提取。

$$T=\left(A_S/A_R\right)^2$$

这里A_S和A_R分别是样本和参考信号的幅值，每个样品测量3次的透射光谱取平均用作后续分析。

（二）PCA分析方法

为了确定金属孔阵列上可检测到的诺氟沙星乙醇溶液的最小浓度，采用了主成分分析法（PCA）。PCA是一种传统多元统计分析技术，其目的是数据降维，以判处众多化学信息共存中相互重叠的信息。PCA经常被用来提取和可视化多元数据的主要信息，以检查样品之间的定性差异，从而对它们进行分类。PCA的中心思想是从多元数据中提取重要信息，将其表示为一组新的正交变量，称为主成分（PCs），并将样品与变量的相似性模式以点的形式显示在图中。这样相似的样品会在PCs得分图中形成一个聚类。在目前的工作中，我们尝试使用PCA根据样品的浓度对样品进行分类，并分析诺氟沙星的检测限。

三、理论计算与测量分析

（一）金属孔阵列的理论计算与实验验证

图5-32显示了测量的和三维全波电磁场仿真软件CST模拟的新型金属孔阵列透射幅值光谱。模拟的基质介电常数4.41，损耗角0.000 4。仿真模拟得到透射图分别在0.316 4THz和0.432 4THz处出现波峰和波谷。然后测量空白金属孔阵列的透射幅值，分别在0.319THz和0.425THz处得到波峰和波谷。模拟和测量在波峰和波谷处的偏移量分别为$\Delta f_0 = 0.002\ 4THz$和$\Delta f_1 = 0.007\ 4THz$，我们选择位于0.316 4THz的峰位进行后续研究。原因有二：一是0.316 4THz处的曲线更光滑，重合度更好；二是仿真和实测的中心频率偏移量更小。模拟的透射幅值幅度更大，在透射峰值处表现为比测量的更高、更宽，这可能是由于实验所使用的阵列中所制备的孔的尺寸发生了改变所致。因为在实际制造过程中，环形阵列的尺寸由于加工误差，所以造成了峰值中心频率偏移和透射幅值大小不同的差异。

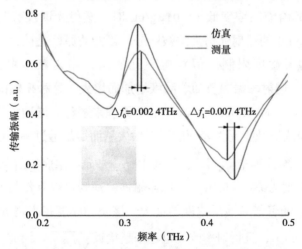

图5-32　测量（黑色）和仿真（红色）透射振幅谱

（二）金属孔阵列的光刻胶模拟与实际测量分析

为了理论上描述在金属孔阵列上面加载电介质后的光谱响应，研究了随着金属孔阵列表面电介质厚度的变化，金属孔阵列的透射光谱的响应。图5-33（a）显示了当金属孔阵列表面电介质层厚度从10～40μm的光谱透射幅值的改变。可以看出透射峰频率出现了红移，即伴随着电介质厚度增加透射峰向频率更低（或波长更长）的方向移动。观测到随着电介质厚度从无到40μm，金属孔阵列的透射峰值频率从0.316 4THz红移到0.304THz，对应一个4.05%的红移和3.1GHz/10μm的灵敏度。以上结果在理论上说明该太赫兹光谱技术结合金属孔阵列具有定量分析微量物质的能力。

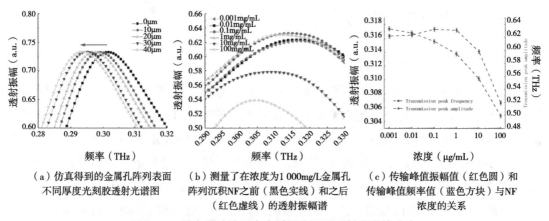

（a）仿真得到的金属孔阵列表面不同厚度光刻胶透射光谱图　（b）测量了在浓度为1 000mg/L金属孔阵列沉积NF之前（黑色实线）和之后（红色虚线）的透射振幅谱　（c）传输峰值振幅值（红色圆）和传输峰值频率值（蓝色方块）与NF浓度的关系

图5-33　随金属孔阵列电介质厚度不同透射光谱的响应

图5-33（b）显示了实验中随着添加在金属孔阵列表面的诺氟沙星乙醇溶液的浓度从0～100μg/mL，金属孔阵列的透射光谱的变化。在透射光谱中，可以观察到两个清晰的改变。当诺氟沙星乙醇溶液的浓度低于0.01μg/mL时，透射光谱没有明显差异，也就是说0.001μg/mL和0.01μg/mL的透射光谱无法被区分，可能的原因是被太赫时域光谱系统以及该金属孔阵列结构灵敏度限制。但意想不到的是，当诺氟沙星乙醇溶液的浓度为0.001～0.1μg/mL时，透射峰振幅值随着浓度增加而增大，这种振幅随浓度增大的现象可以用增透膜或减透膜（Anti-reflection Coating）原理来解释。增透膜指的是在光学元件表面镀一层透明介质薄膜以减少元件表面的反射损失从而增加透过率，该薄膜的厚度大约是一个波长的1/4，折射率约等于$\sqrt{n_s n_{air}}$，公式中$\sqrt{n_s}$是元件基底折射率，$\sqrt{n_{air}}$是空气折射率。在本实验中，浓度为0.01～0.1μg/mL的诺氟沙星薄膜可以看作是一层覆盖在金属孔阵列表面的增透膜，且随着诺氟沙星浓度的增大，该膜的厚度越来越近进入射光波长的1/4（0.3THz处约为250μm），且折射率改变也越来越接近$\sqrt{n_s n_{air}}$。因此，随着诺氟沙星浓度的增大，透过率也会增大。当诺氟沙星乙醇溶液的浓度大于0.1μg/mL时，随着浓度的增大，透射峰频率出现了红移并且振幅值衰减，结果与仿真结果相一致。这是因为，一方面，当浓度越高时，金属孔阵列表面形成的样品薄膜越厚，在光谱中表现为对太赫兹波的吸收增强，从而透射光谱的振幅值减小；另一方面，浓度越高，金属孔阵列表面样品薄膜的介电常数增大，从而透射峰频率发生红移。图5-33（c）呈现了相对于诺氟沙星乙醇溶液的光谱透射峰幅值与透射峰频率值变化。透射峰幅值随着诺氟沙星乙醇溶液浓度增大先

增加（约1.72%）后减少（约16.53%）。透射峰幅值最大值出现在0.1μg/mL（峰值为0.632 3），最小值出现在100μg/mL（峰值为0.518 9），这是由于在0.001～0.1μg/mL浓度范围内，诺氟沙星薄膜充当增透膜的属性，这可以用前面的增透膜原理解释。另外，透射峰频率值在前4个浓度中出现微小的红移（约1.13%），在浓度从10μg/mL到100μg/mL，出现了较大红移，透射峰频率值从0.310 2THz移到0.304 8THz。总之，透射峰值频率随着浓度增大逐渐减小。不同浓度诺氟沙星和对应的红移量满足以下关系式：

$$y = 0.004\,999\,7 \times x^{0.205\,2}$$

这里，x是诺氟沙星的浓度（单位：μg/mL），y是不同浓度相应的红移量（单位：GHz）。

为了说明太赫兹光谱技术结合金属孔阵列技术测量诺氟沙星的显著效果，我们比较了空金属孔阵列和100μg/mL金属孔阵列表面诺氟沙星薄膜的透射光谱响应。如图5-34（a）所示，发现在金属孔阵列表面加了诺氟沙星薄膜以后，光谱透射幅值和峰值频率都发生明显变化，透射峰中心频率出现明显红移，透射幅值明显减小。值得说明的是，该金属孔阵列具有较好的可重复利用性，且测试结果可靠。如图5-34（b）所示，金属孔阵列表面无水乙醇干燥后，测试得到的透射光谱与空金属孔阵列的光谱重合，这说明无水乙醇干燥后全部挥发，此时空金属孔阵列表面没有任何残留，相当于空白金属空阵列，这说明数据具有可靠性。另外，样品测试前的空金属孔阵列的透射光谱与所有浓度测量后的金属孔阵列的透射光谱进行对比，发现两者重合，这说明该金属孔阵列具有较好的可重复利用性。综上所述，太赫兹光谱技术结合金属孔阵列方法可以实现低浓度诺氟沙星的检测。

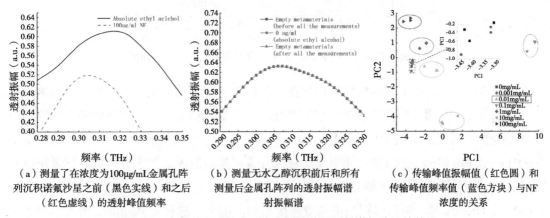

（a）测量了在浓度为100μg/mL金属孔阵列沉积诺氟沙星之前（黑色实线）和之后（红色虚线）的透射峰值频率

（b）测量无水乙醇沉积前后和所有测量后金属孔阵列的透射振幅谱

（c）传输峰值振幅值（红色圆）和传输峰值频率值（蓝色方块）与NF浓度的关系

图5-34　太赫兹光谱技术结合金属孔阵列测量诺氟沙星的效果

（三）基于PCA分析法的检测限研究

利用PCA探索该太赫兹光谱技术结合金属孔阵列方法可以检测到的无水乙醇中诺氟

沙星的检测限。为了包含所有有效的光谱变量，选择光谱范围（0.1～0.5THz）进行分类分析。对7个浓度（0～100μg/mL）的21条光谱进行PCA分析，结果如图5-35所示。需要注意的是，不同浓度诺氟沙星薄膜是金属孔阵列表面0～100μg/mL诺氟沙星乙醇溶液干燥后得到的。由图5-35可见，浓度为0.01μg/mL（绿色正向三角形）、0.1μg/mL（深绿色倒三角形）、1μg/mL（紫色菱形）、10μg/mL（棕色左向三角形）、100μg/mL（深蓝色右向三角形）的诺氟沙星薄膜样品被明显的分为5类，各类之间没有重叠，并且不同浓度用不同颜色的椭圆包裹起来。为了进一步看清楚更小浓度的分类情况，我们放大了红色虚线区域。放大区域仍在图5-35中显示。我们发现0μg/mL和0.001μg/mL完全重叠在一起，没有形成可区分类。可能是由于0.001μg/mL的诺氟沙星乙醇溶液样品浓度太低，已无法从无水乙醇（0μg/mL）中区分出来。因此，太赫兹光谱技术结合金属孔阵列方法可以检测无水乙醇中的诺氟沙星，检测限可以达到0.01μg/mL，可以达到国家标准规定（GB 31650—2019）的喹诺酮类抗菌类兽药在动物源性食品中的最高残留限。

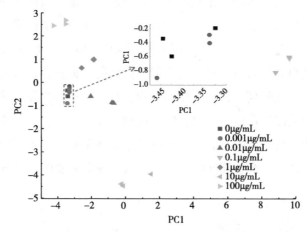

图5-35　使用前两个PCs的太赫兹传输振幅谱的二维PCs得分

图5-34（a）显示了实验中随着添加在金属孔阵列表面的诺氟沙星乙醇溶液的浓度从0～100μg/mL，金属孔阵列的透射光谱的变化。在透射光谱中，可以观察到两个清晰的改变。当诺氟沙星乙醇溶液的浓度低于0.01μg/mL时，透射光谱没有明显差异，也就是说0.001μg/mL和0.01μg/mL的透射光谱无法被区分，可能的原因是被太赫时域光谱系统以及该金属孔阵列结构灵敏度限制。但意想不到的是，当诺氟沙星乙醇溶液的浓度为0.001～0.1μg/mL时，透射峰振幅值随着浓度增加而增大，这种振幅随浓度增大的现象可以用增透膜或减透膜（Anti-reflection Coating）原理来解释。增透膜指的是在光学元件表面镀一层透明介质薄膜以减少元件表面的反射损失从而增加透过率，该薄膜的厚度大约是一个波长的1/4，折射率约等于 $\sqrt{n_s n_{air}}$ ，公式中n_s是元件基底折射率，n_{air}是空气折射率。在本实验中，浓度为0.01～0.1μg/mL的诺氟沙星薄膜可以看作是一层覆盖在金属孔阵列表面的增透膜，且随着诺氟沙星浓度的增大，该膜的厚度越来越近进入射光波长的1/4

（0.3THz处约为250μm），且折射率改变也越来越接近$\sqrt{n_s n_{air}}$。因此，随着诺氟沙星浓度的增大，透过率也会增大。当诺氟沙星乙醇溶液的浓度大于0.1μg/mL时，随着浓度的增大，透射峰频率出现了红移并且振幅值衰减，结果与仿真结果相一致。这是因为，一方面，当浓度越高时，金属孔阵列表面形成的样品薄膜越厚，在光谱中表现为对太赫兹波的吸收增强，从而透射光谱的振幅值减小；另一方面，浓度越高，金属孔阵列表面样品薄膜的介电常数增大，从而透射峰频率发生红移。值得说明的是，该金属孔阵列具有较好的可重复利用性，且测试结果可靠。如图5-34（b）所示，金属孔阵列表面无水乙醇干燥后，测试得到的透射光谱与空金属孔阵列的光谱重合，这说明无水乙醇干燥后全部挥发，此时空金属孔阵列表面没有任何残留，相当于空白金属空阵列，这说明数据具有可靠性。另外，样品测试前的空金属孔阵列的透射光谱与所有浓度测量后的金属孔阵列的透射光谱进行对比，发现两者重合，这说明该金属孔阵列具有较好的可重复利用性。

图5-34（c）呈现了相对于诺氟沙星乙醇溶液的光谱透射峰幅值与透射峰频率值变化。透射峰幅值随着诺氟沙星乙醇溶液浓度增大先增加（约1.72%）后减少（约16.53%）。透射峰幅值最大值出现在0.1μg/mL（峰值为0.632 3），最小值出现在100μg/mL（峰值为0.518 9），这是由于在0.001～0.1μg/mL浓度范围内，诺氟沙星薄膜充当增透膜的属性，这可以用前面的增透膜原理解释。另外，透射峰频率值在前4个浓度中出现微小的红移（约1.13%），在浓度从10μg/mL到100μg/mL，出现了较大红移，透射峰频率值从0.310 2THz移到0.304 8THz。总之，透射峰值频率随着浓度增大逐渐减小。综上所述，太赫兹光谱技术结合金属孔阵列可以低浓度诺氟沙星的检测，并且效果良好。

（四）PCA分析法测量浓度

利用PCA探索该金属孔阵列可以检测到无水乙醇中诺氟沙星的最小浓度。为了包含所有有效的光谱变量，选择光谱范围（0.1～0.5THz）进行分类分析。对7个浓度（0～100μg/mL）的21条光谱进行PCA分析，结果如图5-35所示。需要注意的是，不同浓度诺氟沙星薄膜是金属孔阵列表面0～100μg/mL诺氟沙星乙醇溶液干燥后得到的。由图可见，浓度为0.01μg/mL（深蓝色正向三角形）、0.1μg/mL（绿色倒三角形）、1μg/mL（紫色菱形）、10μg/mL（棕色左向三角形）、100μg/mL（浅蓝色右向三角形）的诺氟沙星薄膜样品被明显地分为5类，各类之间没有重叠。为了进一步看清楚更小浓度的分类情况，我们放大了红色虚线区域。放大区域仍在图中显示。我们发现0μg/mL和0.001μg/mL完全重叠在一起，没有形成可区分类。可能是由于0.001μg/mL的诺氟沙星乙醇溶液样本浓度太低，已无法从无水乙醇中区分出来。因此，该金属孔阵列方法能检测到无水乙醇中诺氟沙星的最小浓度是0.01μg/mL。可以达到国家标准规定（GB 31650—2019）的喹诺酮类抗菌类兽药在动物源性食品中的最高残留限（0.01～1.9μg/mL）。

四、实验小结

我们基于CST软件设计了一种新型金属孔阵列结构，在理论和实验上验证了基于太赫兹光谱的金属孔阵列表面薄膜技术探测乙醇中诺氟沙星的可行性。不同厚度光刻胶仿真结果表明：随着电介质厚度的增加，金属孔阵列透射峰的频率发生红移，对应的灵敏度为3.1GHz/10μm。金属孔阵列表面不同浓度NF薄膜的透射光谱进行分析结果表明：当浓度为0.001～0.1μg/mL时，透射峰振幅值随着浓度增加而增大且透射峰出现红移；当浓度大于0.1μg/mL时，随着浓度的增大，透射峰频率出现红移且振幅值减小。金属孔阵列表面NF薄膜的太赫兹透射光谱PCA。结果表明，该金属孔阵列方法能检测到乙醇中诺氟沙星的最小浓度为0.01μg/mL，满足2019年国家标准（GB 31650—2019）规定的喹诺酮抗菌类药物在动物源性食品中的残留限。但是该方法是在测量样品介电性质变化的基础上提出的，所以它的检测结果的精密度和准确性对非靶物质的沉积非常敏感。因此，在样品制备和测量过程中必须防止金属孔阵列不被非目标物质污染。虽然在实际的应用中还存在困难，但金属孔阵列开发的高灵敏度的生物传感器新材料为后续诺氟沙星的检测研究开辟了新途径，提供了一定的研究基础。

第六节　饲料基质中喹诺酮类抗生素
残留的太赫兹光谱分析

随着世界范围内抗生素残留的日益严重，需要快速有效的检测方法来评价饲料基质中的抗生素残留，以确保消费者的食品安全。本研究采用太赫兹（THz）光谱法对饲料基质中3种喹诺酮类抗生素（诺氟沙星、恩诺沙星和氧氟沙星）进行了分析。同时，也用同样的方法测定了纯喹诺酮和纯饲料基质。然后在透射模式下提取所有样品的吸收光谱。纯诺氟沙星在0.825THz和1.187THz处有两个吸收峰，它与饲料基质混合时仍能观察到。氧氟沙星在1.044THz有明显的强吸收峰。但是恩诺沙星没有明显的吸收峰，只有在0.8THz时微弱的吸收峰。采用不同的化学计量学方法建立不同的模型，对饲料基质中喹诺酮类抗生素进行鉴定，并测定饲料基质中喹诺酮类抗生素的含量。采用最小二乘支持向量机（PL-SAM）、朴素贝叶斯（NB）、马氏距离和bp神经网络（BPNN）建立了基于Savitzky-Golay滤波和标准正态变量（SNV）预处理的辨识模型。结果表明，采用bp神经网络（BPNN）结合不加预处理的方法，获得了较好的分类模型。测试集的分类准确率为80.56%。采用多元线性回归和逐步回归建立了饲料基质中喹诺酮类抗生素的定量检测模型。采用多元线性回归方法，将吸收峰与逐步回归选择的波长相结合，得到预测集中诺氟沙星、恩诺沙星和氧氟沙星的最佳相关系数，分别为0.867、0.828和0.964。总的来说，本研究探索了在不需要复杂预处理的情况下，利用THz光谱法鉴别饲料基质中喹诺酮类抗生素的潜力，进而定量检测饲料基质中喹诺酮类抗生素的含量。结果表明，THz光谱可用于饲料基质中喹诺酮类抗生素的鉴别和含量的定量检测，在食品安全工业中具有重要意义。

一、实验材料与光谱采集

（一）化学与材料

本研究使用了从Sangon Biotech（中国上海）购买的3种典型喹诺酮类诺氟沙星（CAS82419-36-1），恩诺沙星（CAS93106-60-6）和氧氟沙星（CAS70458-96-7）。从当地超市购买的基于鱼骨的饲料基质粉，经检测不含抗生素残留。聚乙烯（PE）粉末（CAS9002-88-4，粒度40~48μm）购自Sigma-Aldrich，该粉末无吸收特性，在THz频域透明。因此，PE粉末是制作压片时的理想添加剂。

然后将诺氟沙星，恩诺沙星和氧氟沙星与不同浓度（0，1%，3%，5%，8%，10%，15%，20%，30%，40%，50%，100%）的饲料基质混合，分别对每种浓度，制备一式三份的压片。混合物粉末的重量为约200mg。为了便于制造压片，将很少的PE粉末加入到混合物粉末中。将混合物样品以6色压成13mm直径的压片3min。压片的厚度为1~2mm。

（二）光谱测量

所有样品的太赫兹光谱都是使用从德国Menlo Systems Company购买的太赫兹光谱仪TERA K15收集的。飞秒激光的中波长为1 550nm，用作泵浦光源，重复频率为100MHz。光谱实验以透射模式进行。为了降低环境湿度，将氮气吹入封闭测试环境以使相对湿度保持在3%以下。一式3份收集每个压片的太赫兹光谱，并计算平均光谱以减少随机误差。一次采集样品的太赫兹光谱约耗时5min。

二、参数提取与数据分析

（一）参数提取

原始的太赫兹频谱是在时域中获得的。为了获得频域的太赫兹频谱，采用快速傅里叶变换（FFT）对时域的频谱进行处理，得到频域的频谱分布。然后根据标准算法，根据光谱的幅度，样品的厚度，真空中的光速以及样品与参考光谱之间的相位差，计算吸收光谱。

（二）光谱数据分析

为了鉴定具有太赫兹光谱的饲料基质中的喹诺酮类化合物，使用不同的数学算法对光谱数据进行了预处理，以减少噪声干扰和颗粒散射。然后使用化学计量学方法建立关系以鉴定抗生素并预测其含量。所有化学计量计算方法均在Matlab 2009a（The Mathworks Inc.）中进行。

Savitzky-Golay滤波器是一种数字滤波器，用于一组数字数据点，目的是使数据平滑并增加信噪比，而不会极大地破坏原始信号。应用标准化正态变量（SNV）来标准化光谱数据，以减少粒子和附加散射的影响。预处理后的光谱数据更平滑，更规范。

（三）模型建立

使用不同的判别分析来建立识别模型，以识别饲料基质中的喹诺酮类。最小二乘支持向量机（LS-SVM）是Suykens和Vandewalle提出的支持向量机（SVM）分类器的改进版本。朴素贝叶斯（NB）是用于模式识别和分类的广泛算法。它基于这样的假设：尽管假设很难成立，但是属性在给定类别的条件下是独立的。马氏距离测量的是样品标准差与分布平均值之间的距离。然后根据距离将样品识别为最接近的分布。反向传播神经网络（BPNN）是一种适用于多层神经网络的学习算法，可以通过高度非线性映射实现数据对应。在定量测定部分，逐步逐步引入变量，然后筛选并消除多个共线性变量，使用逐步回归方法确定饲料基质中的喹诺酮类含量。最佳检测模型以最高的校正相关系数（Rc）和预测（Rp），以及最低的校正均方根误差（RMSEC）和预测（RMSEP）进行。

三、数据处理与药品鉴别

（一）饲料中喹诺酮类抗生素的吸收光谱

图5-36显示了饲料基质中不同浓度的诺氟沙星，恩诺沙星和氧氟沙星的平均吸收光谱。考虑到低于0.3THz且高于1.5THz的区域中的低信噪比（SNR），它们将被视为无效数据。根据图5-36（a）可知，纯净诺氟沙星在0.825THz和1.187THz处显示出明显的吸收峰，与Albert Redo-Sanchez等（2011）检测到的两个峰值在0.79THz和1.19THz相对应。由于分子的旋转和振动模式对太赫兹光谱有影响，因此峰的位置几乎相同，尽管可能由于样品粒径的变化而略有偏移。当然，需要进一步探索以证明两种诺氟沙星之间的差异。从图5-36（b）和图5-36（c）可以看出，纯净恩诺沙星在0.8THz处显示出较弱的吸收峰，接近Albert Redo-Sanchez等检测到的峰，而纯氧氟沙星在1.044THz处显示出明显的吸收峰。与Waree Limwikrant等检测到的峰相同。此外，根据吸收光谱，随着喹诺酮类抗生素浓度的增加，吸收系数降低，但吸收峰变得越来越明显。实验证明，太赫兹吸收光谱与喹诺酮

类抗生素浓度密切相关，饲料基质的太赫兹吸收光谱比喹诺酮类抗生素要强。由于纯饲料基质的吸收光谱是平滑的斜线，因此表明饲料基质中没有THz吸收峰。吸收峰的增加是由于喹诺酮类抗生素浓度增加所致。然而，当浓度低于10%时，几乎观察不到吸收峰。结果表明，低浓度喹诺酮类抗生素的能量很低，并且湮没在饲料基质中。

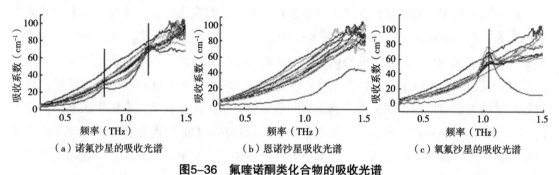

（a）诺氟沙星的吸收光谱　　　（b）恩诺沙星吸收光谱　　　（c）氧氟沙星的吸收光谱

图5-36　氟喹诺酮类化合物的吸收光谱

（资料来源：Yuan Long，Analysis of fluoroquinolones antibiotic residue in feed matrices using terahertz spectroscopy，2018）

为了提高吸收光谱的SNR，Savitzky-Golay滤波器通过使用线性最小二乘法拟合每个相邻的11个数据点来预处理原始光谱。之后，用SNV进一步预处理了3种喹诺酮光谱数据，以校正基线波动。预处理后的光谱如图5-37所示。与原始光谱相比，预处理后的光谱更平滑，更规范。

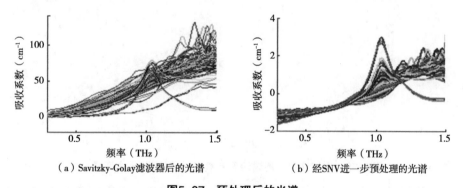

（a）Savitzky-Golay滤波器后的光谱　　　（b）经SNV进一步预处理的光谱

图5-37　预处理后的光谱

（资料来源：Yuan Long，Analysis of fluoroquinolones antibiotic residue in feed matrices using terahertz spectroscopy，2018）

（二）饲料中喹诺酮类抗生素的鉴定分析

PCA分析用于减少数据量，并按主要成分对饲料基质中的不同喹诺酮类进行分类。在此步骤中，所有吸收光谱（包括诺氟沙星，恩诺沙星和氧氟沙星）均用于PCA。然后，计算PC（主成分）得分，并且前3个PC得分如图5-38所示。显然，前3个主要成分可以解释大多数光谱变化，因为前3个得分为95.89%。3种喹诺酮类抗生素部分重叠，可能是由于在低浓度下没有明显的吸收峰。因此，很难根据PC评分观察聚类风格，然后我们尝试使用判别分析来探索有效的分类方法，以识别饲料基质中的喹诺酮类抗生素。

　　本研究应用不同的分类方法来识别饲料基质中的不同喹诺酮类。截取0.3~1.5THz的光谱数据建立分类模型。由于每种浓度一式3份，因此选择了3个重复样本来训练模型，另一个用于测试模型。通过这种方式，将总共72个样品分类为训练集，将其他36个样品分类为测试集。PL-SVM分析是一种学习算法，可以对高维样本进行分类。在这项研究中，选择了具有径向基函数（RBF）内核的PL-SVM来训练模型。比较了用原始光谱建立的模型的分类精度以及由S_G滤波器和SNV预处理的光谱。结果见表5-16。我们可以看到，利用预处理后的光谱数据构建的模型的测试集的准确性有所提高。但是，训练集的准确性低于使用原始光谱数据确定的准确性。事实证明，尽管使用S_G滤波器和SNV预处理后的光谱数据的信噪比（SNR）有所提高，但模型的准确性并不一定得到提高，这可能是由于预处理后原始光谱信号的变化所致。为了提高识别的准确性，需要尝试应用更多的算法方法。

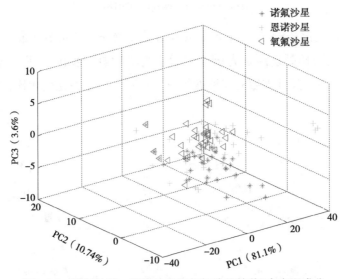

图5-38　诺氟沙星、恩诺沙星和氧氟沙星的前3个主要成分

（资料来源：Yuan Long，Analysis of fluoroquinolones antibiotic residue in feed matrices using terahertz spectroscopy，2018）

　　朴素贝叶斯分类器（NBC）是一种可靠的分类方法，它基于算法之间的强独立性假设，算法简单，准确性高，速度快。比较模型的准确性，在使用S_G滤波器和SNV预处理的光谱数据的情况下，测试集的准确性高于未进行预处理的光谱数据。但是，该模型的准确性通常低于使用PL-SVM构建的模型。

　　Mahalanobis距离由印度统计学家P. C. Mahalanobis于1936年提出，用于显示数据的协方差距离。根据距离可以将样品分为不同的组。在我们的研究中，还使用光谱数据利用马氏距离建立了分类模型。作为高维光谱数据，将PCA应用于光谱数据以减小光谱尺寸，作为马氏距离输入变量。前3台PC用于以Mahalanobis距离鉴定饲料基质中的喹诺酮类抗生素。结果列于表5-16。S_G滤波器和SNV后的测试装置准确度为66.67%，高于未进行预处理的模型准确度。

BPNN是一种反向传播的神经网络学习算法，涉及重复循环迭代。从表5-16中可以看出，训练集和测试集具有原始光谱数据的判别准确度分别提高到88.89%和80.56%，这意味着在训练集中有8个样品被错误分类，而在训练集中有7个样品被错误分类。

表5-16　不同化学计量学和不同预处理的分类结果比较

分类算法	预处理方法	训练集的准确性	测试集的准确性
PL-SVM	No	68.06%（49/72）	58.33%（21/36）
	S_G+SNV	66.67%（48/72）	61.11%（22/36）
NBC	No	62.50%（45/72）	50.00%（18/36）
	S_G+SNV	59.72%（43/72）	52.79%（19/36）
Mahalanobisdistance	No	66.67%（48/72）	58.33%（21/36）
	S_G+SNV	54.17%（39/72）	66.67%（24/36）
BPNN	No	88.89%（64/72）	80.56%（29/36）
	S_G+SNV	73.61%（53/72）	72.22%（26/36）

注：括号中为正确的判别数和分类样本总数。

资料来源：Yuan Long，Analysis of fluoroquinolones antibiotic residue in feed matrices using terahertz spectroscopy，2018。

图5-39列出了测试集各分类方法中表现较好的组的判别结果。饲料基质中诺氟沙星、恩诺沙星和氧氟沙星的标签分别定义为1、0和-1。不同氟喹诺酮类药物样品浓度由左至右依次递增（0、1%、3%、5%、8%、10%、15%、20%、30%、40%、50%、100%）。比较不同分类结果，氟喹诺酮类药物浓度低的样品容易误分类。另外，使用Pli-svm（6个恩诺沙星样品误分类）、朴素贝叶斯分类器（8个恩诺沙星样品误分类）和马氏距离分类器（4个恩诺沙星样品误分类），恩诺沙星的误分类概率大于其他两种氟喹诺酮类。由于饲料基质中弱氟喹诺酮吸收峰很少，因此很难对其进行正确的分类。而BPNN可以解决这一问题，提高识别精度（无恩诺沙星误分）。该神经网络的隐节点数为10，0.000 000 4，迭代次数为1 000。神经网络采用非线性函数对输入和输出数据进行训练，然后反复迭代，直到得到最优输出。虽然吸收峰不明显，但可以通过迭代计算对整个波长进行训练，得到最佳的训练模型。

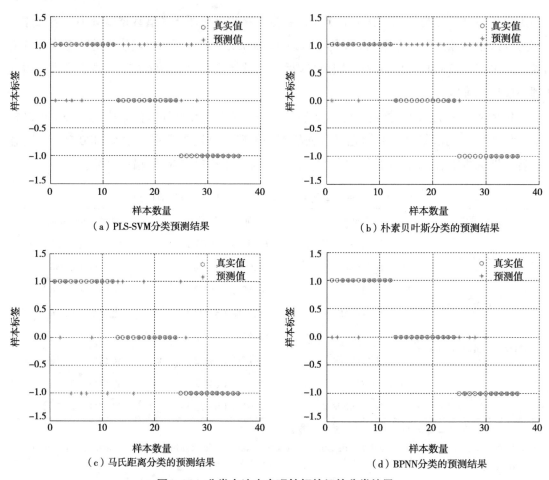

图5-39　分类方法中表现较好的组的分类结果

（资料来源：Yuan Long，Analysis of fluoroquinolones antibiotic residue in feed matrices using terahertz spectroscopy，2018）

（三）饲料基质中氟喹诺酮类药物的定量分析

如果已知饲料基质中氟喹诺酮类的种类并且含量不确定，我们需要定量评估饲料基质中氟喹诺酮类含量。因此，需要不同种类的氟喹诺酮类药物模型来预测同源氟喹诺酮类药物。在这项研究中，使用多元线性回归和逐步回归分别测定饲料基质中的3种氟喹诺酮类（诺氟沙星，恩诺沙星和氧氟沙星）含量。选择每种浓度的3份，一式两份作为校准集，另一份作为预测集。因此，对于每种氟喹诺酮类抗生素，将24个氟喹诺酮类样品分类为校准集，而将其他12个氟喹诺酮类样品分类为预测集。然后对每种氟喹诺酮类药物使用上述吸收峰进行多元线性回归。不同氟喹诺酮类药物的准确性不理想。预测集中的诺氟沙星模型，恩诺沙星模型和氧氟沙星模型的相关系数分别为0.909、0.793、0.470。

此外，对整个波长使用逐步回归方法来获得几个关键的解释变量（有效波长）而没有多重共线性。根据不同的氟喹诺酮类药物模型获得了不同的解释变量。选择了4个波长（0.375THz，0.413THz，0.425THz和0.994THz）作为诺氟沙星的解释变量。恩氟沙星有两个解释变量波长（0.356THz和0.406THz），氧氟沙星有6个解释变量波长（0.325THz，0.406THz，0.519THz，0.55THz，1.109THz和1.131THz）。定量测定饲料基质中不同氟喹诺酮类药物的结果如表5-17所示。显然，逐步回归建立的模型比多重线性回归建立的模型具有更高的准确性。预测集中的诺氟沙星，恩诺沙星和氧氟沙星的相关系数分别为0.825、0.825和0.958。根据用于建立模型的波长，我们发现从整个波长中选择的解释变量虽然接近吸收峰，但不包含吸收峰。结果表明，与仅具有吸收峰的线性回归分析相比，逐步回归方法可以从整个波长提取更多信息，而吸收峰可能遗漏了一些重要的波长。逐步回归从整个波长中搜索了大量可能的模型，因此光谱数据容易过拟合。为了解决这个问题，每个波长都以严格的标准逐个添加或删除，以减轻数据的过拟合。根据Bonferroni的观点，重要的波长变量应仅基于偶然性。因此，使用逐步回归方法建立模型时，不需要吸收峰处的光谱信号。为了提高模型的性能，我们尝试将吸收峰与通过逐步回归选择的波长结合起来以建立校准模型。结果也列在表5-17中。在波长组合之后，预测集中的诺氟沙星，恩诺沙星和氧氟沙星的相关系数分别增加到0.867、0.828、0.964。各种波长组合的氟喹诺酮类化合物的方程式如下：

$$Y_N = 1.230 + 0.019X_{0.413THz} + 0.106X_{0.425THz} - 0.331X_{0.825THz} + 0.162X_{0.994THz} - 0.199X_{1.187THz}$$

$$Y_E = 0.867 - 0.002\,5X_{0.356THz} + 0.162X_{0.406THz} - 0.199X_{0.8THz}$$

$$Y_O = -0.034 + 0.021X_{0.325THz} - 0.016X_{0.406THz} + 0.081X_{0.519THz} - 0.087X_{0.55THz} + 0.029X_{1.019THz} - 0.011X_{1.044THz} - 0.009X_{1.13THz}$$

式中，Y_N，Y_E，Y_O分别为饲料基质中的诺氟沙星、恩诺沙星和氧氟沙星的浓度；X是太赫兹吸收光谱，右边的索引表示相应频率下的光谱。

表5-17　饲料基质中不同氟喹诺酮类物质定量测定结果

回归分析	氟喹诺酮	校正相关系数	校正集均方根误差	预测相关系数	预测集均方根误差	波长
多元线性回归	诺氟沙星	0.708	0.200	0.909	0.138	0.825THz，1.187THz，
	恩诺沙星	0.807	0.167	0.793	0.177	0.8THz
	氧氟沙星	0.651	0.215	0.470	0.260	1.044THz

（续表）

回归分析	氟喹诺酮	校正 相关系数	校正集 均方根误差	预测 相关系数	预测集 均方根误差	波长
逐步回归	诺氟沙星	0.969	0.070	0.825	0.196	0.375THz，0.413THz，0.425THz， 0.994THz
	恩诺沙星	0.965	0.074	0.825	0.171	0.356THz，0.406THz
	氧氟沙星	0.992	0.035	0.958	0.087	0.325THz，0.406THz，0.519THz， 0.55THz，1.019THz，1.131THz
多元 线性回归	诺氟沙星	0.973	0.065	0.867	0.166	0.375THz，0.413THz，0.425THz， 0.994THz，0.825THz，1.187THz，
	恩诺沙星	0.965	0.074	0.828	0.170	0.356THz，0.406THz，0.8THz
	氧氟沙星	0.997	0.021	0.964	0.093	0.325THz，0.406THz，0.519THz， 0.55THz，1.019THz，1.044THz， 1.131THz，

资料来源：Yuan Long，Analysis of fluoroquinolones antibiotic residue in feed matrices using terahertz spectroscopy，2018。

饲料基质中每种氟喹诺酮类药物的测量浓度与预测浓度的散点图如图5-40所示。我们可以看到，浓度点在参考线的两侧分布良好。在校准组和预测组中，氧氟沙星的相关系数最高，均方根误差最低，因此氧氟沙星的点比其他两种氟喹诺酮类药物的参考线最接近参考线。

四、实验小结

这项研究旨在探索使用太赫兹光谱法鉴定饲料基质中喹诺酮类抗生素的潜力。在饲料基质中制备了3种不同浓度的喹诺酮类抗生素。为了鉴定饲料基质中的喹诺酮类化合物，提取了样品的吸收光谱，并采用不同的判别分析方法对样品进行了分类，包括PL-SVM、NBC、马氏距离和BPNN。经研究发现具有明显吸收峰的样品易于鉴定。此外，BPNN是鉴定饲料基质中喹诺酮类的最佳化学计量学，准确度高达80.56%。之后，探索确定饲料基质中诺氟沙星、恩诺沙星和氧氟沙星的定量喹诺酮含量。通过逐步回归选择的波长与吸收峰相结合，建立具有多重线性回归的最佳模型。诺氟沙星、恩诺沙星和氧氟沙星的预测集中的相关系数分别为0.867、0.828和0.964。结果表明，太赫兹光谱法可用于鉴定饲料基质中的单个喹诺酮类，然后定量测定喹诺酮类含量。然而，太赫兹光谱法在低抗生素浓度和混合抗生素检测方面有一些局限性。因此，有必要进一步研究低浓度抗生素和混合抗生素的检测机理。总而言之，太赫兹光谱在饲料基质中喹诺酮类抗生素残留的定性和定量分析方面具有巨大潜力，可为食品安全行业提供重要指导。

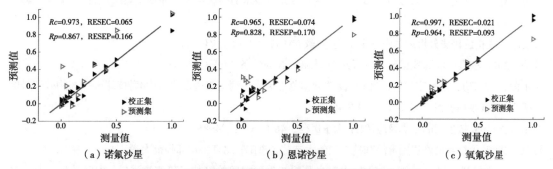

图5-40　校正集和预测集三种氟喹诺酮类药物的散点图

（资料来源：Yuan Long，Analysis of fluoroquinolones antibiotic residue in feed matrices using terahertz spectroscopy，2018）

第七节　小　结

本章以典型农药、兽药的太赫兹检测方法研究对主要内容，先后对吡虫啉农药、喹诺酮类兽药进行了不同浓度样品的制备、测量、数据处理及建模方法的研究和探索，研究了固体液体样品制备和测量方法、高浓度—低浓度—痕浓度的建模方法和基于超材料结构的信号增强方法等，此外，还进行了饲料基质中几种抗生素的检测方法的研究，丰富了典型农兽药的太赫兹波段吸收特性研究和基于太赫兹技术的典型农药兽药残留检测方法理论。

参考文献

白晓娟，2017. 乳品中残留抗生素及其他兽药的种类及检测监控探讨[J]. 现代食品（17）：11-13.

曹丙花，2009. 基于太赫兹时域光谱的检测技术研究[D]. 杭州：浙江大学.

程勇翔，夏曦，张鹏春，等，2017. 环境友好的HPLC方法检测鸡蛋中6种氟喹诺酮类药物残留[J]. 中国农业大学学报，22（4）：109-119.

池永红，云雅光，2015. SPE-HPLC检测动物源性食品中3种氟喹诺酮类药物残留[J]. 食品研究与开发，36，273（20）：162-165.

戴浩，2011. 位组胺光稳定剂和抗生素的太赫兹光谱研究[D]. 南京：南京大学.

戴浩，徐开俊，金飚兵，等，2013. β-内酰胺类抗生素药物的太赫兹光谱[J]. 红外与激光工程，42

（1）：90-95.

杜红鸽，郭芙蓉，陈蔷，2008. 四环素类药物残留分析方法研究进展[J]. 河南畜牧兽医：综合版（6）：13.

杜勇，夏燚，汤文建，等，2014. 基于太赫兹时域光谱技术的磺胺甲唑多晶型现象[J]. 红外与激光工程，
　　43（9）：2 919-2 924.

谷勋刚，液相色谱法分析烟草中吡虫啉[J]. 安徽农业科学（4）：713-714.

韩笑，2017. 粮食中农药残留量分析研究[J]. 农业科技与装备（6）：56-57.

胡永萍，徐克功，余舒宁，等，2017. 高效液相色谱荧光法测定鸡肉及鸡蛋中4种喹诺酮类药物残留量的
　　研究[J]. 畜牧与兽医，49（11）：47-51.

黄艳芳，2006. 抗生素的分类及应用[J]. 山东医药，46（25）：84-85.

贾燕，2007. 用神经网络识别毒品和抗生素的太赫兹光谱[D]. 北京：首都师范大学.

李丹妮，贡松松，顾欣，等，2017. 生鲜牛乳中抗生素残留检测技术研究进展[J]. 中国乳品工业，45
　　（5）：38-42.

李广领，姜金庆，陈锡岭，等，2011. 吡虫啉残留酶联免疫吸附检测方法的建立[J]. 食品科学（12）：
　　235-240.

李慧，祁克宗，邵黎，等，2009. 高效毛细管电泳用于饲料中5种氟喹诺酮类药物的同时测定[J]. 中国饲料
　　（20）：33-37.

李宁，沈京玲，贾燕，等，2007. 阿莫西林的太赫兹光谱研究[J]. 光谱学与光谱分析，27（9）：1 692-1 695.

李晓琍，2004. 动物性食品中抗生素类药物的残留污染[J]. 实用预防医学，11（6）：1 304-1 306.

刘翠玲，赵琦，孙晓荣，等，2017. QuEChERS-拉曼光谱法测定黄瓜上的吡虫啉残留量[J]. 红外与激光工
　　程（46）：281.

刘敏，2017. 毛细管色谱柱检测粮食中15种有机氯农药残留量[J]. 粮食与饲料工业（4）：58-60.

刘漪，石德清，2004. 吡虫啉的研究与进展[J]. 高等继续教育学报，17（1）：6-9.

楼小华，贾玲玲，高川川，等，2017. 胶体金免疫层析法快速检测烟草中吡虫啉残留[J]. 食品安全质量检
　　测学报，8（5）：1 739-1 744.

卢坤，童群义，2015. 动物源性食品中抗生素残留检测技术研究进展[J]. 广州化工（12）：13-14.

农业部畜牧兽医局，2003. 农业部发布动物性食品中兽药最高残留限量[J]. 中国兽药杂志，37（2）：
　　5-11.

秦坚源，2016. 四环素类抗生素的太赫兹光谱检测技术研究[D]. 杭州：浙江大学.

沈虎琴，2012. 畜禽粪便中喹诺酮类与四环素类抗生素残留检测技术的研究[D]. 合肥：安徽农业大学.

石建军，2009. 肉制品中抗生素残留的危害和控制[J]. 肉类研究（8）：69-71.

孙建中，方继朝，1995. 吡虫啉———一种超高效多用途的内吸杀虫剂[J]. 植物保护，21（2）：44-45.

孙晓峥，任柯潼，胡叶军，等，2018. 肉鸡组织中氟喹诺酮类抗生素快速检测的胶体金技术研究[J]. 黑龙
　　江畜牧兽医（10）：208-213.

万遂如，2019. 关于畜牧业生产中兽用抗菌药减量化使用问题[J]. 养猪（2）：89-93.

王丹，隋倩，赵文涛，等，2014. 中国地表水环境中药物和个人护理品的研究进展[J]. 科学通报，59
　　（9）：743-751.

王艳，李艳萍，剡根娇，2016. 抗生素类药物残留检测前处理及分析方法研究进展[J]. 山东工业技术
　　（20）：292-293.

王迎迎，2017. 蔬菜中农药残留的现状及治理对策[J]. 食品安全导刊（21）：53.

吴世雄，王晓军，1999. 吡虫啉在我国的生产与应用[J]. 农药科学与管理（1）：37-38.

徐蔚力，聂稳，张凯丽，等，2017. 基于离子液体的基质固相分散萃取结合高效液相色谱法测定肌肉组织中的氟喹诺酮类抗生素[J]. 食品科学，38（16）：210-215.

徐贤海，付秀华，夏燊，等，2012. 基于太赫兹光谱技术的抗生素类药物检测研究[J]. 现代科学仪器（6）：42-45.

郇志博，2018. 2016年南方5省150份青辣椒农药残留监测分析[J]. 现代预防医学，45（21）：191-194.

杨勇，罗奕，苏菊，等，2016. 高效液相色谱荧光检测器测定氟喹诺酮类药物残留方法的建立[J]. 中国农业科技导报，18，108（2）：176-181.

张海涛，2020. 探讨药学干预对喹诺酮类抗菌药物临床合理用药的影响[J]. 数理医药学杂志，33（5）：787-788.

张曼，朱思原，李庆梅，等，2013. 太赫兹技术对头孢菌素类抗生素的研究[J]. 光谱学与光谱分析，33（2）：330-333.

张敏，张俊，付海滨，等，2018. 超高效液相色谱—串联质谱法测定沼肥中六种喹诺酮类抗生素[J]. 沈阳农业大学学报，49（4）：108-112.

章玉苹，黄炳球，2000. 吡虫啉的研究现状与进展[J]. 世界农药，22（6）：23-28.

赵军溪，2019. 液相色谱—串联质谱法测定蔬菜中的吡虫啉、啶虫脒、茚虫威和氯虫苯甲酰胺[J]. 食品安全导刊（18）：86-87.

赵丽娟，张洪，康乐，2017. UHPLC-QE研究吡虫啉对斑马鱼肝脏代谢物的影响[J]. 环境化学，36（8）：1 880-1 882.

赵哲，2017. 胶体金法吡虫啉快速检测卡对蔬菜中吡虫啉农药残留快速检测的效果初探[J]. 上海农业科技（4）：43.

钟凯，张曦，孙百栋，等，2016. 3种药剂防治小麦蚜虫田间药效实验[J]. 基层农技推广，40（4）：34-36.

周伟娥，张元，李伟青，等，2015. 动物源性食品中大环内酯类药物前处理及检测方法研究进展[J]. 食品与发酵工业，41（12）：241-247.

朱思原，张曼，沈京玲，2013. 磺苄西林，舒他西林，美洛西林，替卡西林的太赫兹指纹谱[J]. 红外与激光工程（3）：626-630.

A W X，A L X，B J Z，et al.，2017. Terahertz sensing of chlorpyrifos-methyl using metamaterials[J]. Food Chemistry，218：330-334.

Altman N，Krzywinski M，2015. Points of Significance：Simple linear regression[J]. Nature Methods，12（11）：999-1 000.

Beauchemin D，2007. Inductively coupled plasma mass spectrometry[J]. Journal of the American Society for Mass Spectrometry，18（7）：1 345-1 346.

Burnett A D，Kendrick J，Russell C，et al.，2013. Effect of molecular size and particle shape on the terahertz absorption of a homologous series of tetraalkylammonium salts[J]. Analytical Chemistry，85（16）：7 926-7 934.

Cao F Q，Li D，Yan Z Y，2009. Determination of Norfloxacin by Its Enhancement Effect on the Fluorescence Intensity of Functionalized CdS Nanoparticles[J]. Guang Pu Xue Yu Guang Pu Fen XI，29（8）：2 222-2 226.

Casado-Terrones S, Segura-Carretero A, Busi S, et al., 2010. Determination of tetracycline residues in honey by CZE with ultraviolet absorbance detection[J]. Electrophoresis, 28（16）：2 882-2 887.

Chen Y, Chen Q, Han M, et al., 2016. Near-infrared fluorescence-based multiplex lateral flow immunoassay for the simultaneous detection of four antibiotic residue families in milk[J]. Biosensors & Bioelectronics, 79：430-434.

Cheng D, He X, Huang X, et al., 2018 Terahertz biosensing metamaterial absorber for virus detection based on spoof surface plasmon polaritons[J]. International Journal of RF and Microwave Computer-Aided Engineering, 28（7）：e21448.1-e21448.7.

Consuelo CháferPericás, Ángel Maquieira, Rosa Puchades, 2010. Fast screening methods to detect antibiotic residues in food samples[J]. Trac Trends in Analytical Chemistry, 29（9）：1 038-1 049.

Costa C, Silvari V, Melchini A A, et al., 2009. Genotoxicity of imidacloprid in relation to metabolic activation and composition of the commercial product[J]. Mutation Research/Genetic Toxicology and Environmental Mutagenesis, 672（1）：40-44.

Crosby E B, Bailey J M, Oliveri A N, et al., 2015. Neurobehavioral impairments caused by developmental imidacloprid exposure in zebrafish[J]. Neurotoxicology & Teratology, 49：81-90.

Dorney T D, Baraniuk R G, Mittleman D M, 2001. Material parameter estimation with terahertz time-domain spectroscopy[J]. Journal of the Optical Society of America A Optics Image ence & Vision, 18（7）：1 562-1 571.

Duvillaret L, Frédéric Garet, Coutaz J L, 1999. Highly precise determination of optical constants and sample thickness in terahertz time-domain spectroscopy[J]. Applied Optics, 38（2）：409.

Duvillaret L, Garet F, Coutaz J L, 2002. A reliable method for extraction of material parameters in terahertz time-domain spectroscopy[J]. IEEE Journal of Selected Topics in Quantum Electronics, 2（3）：739-746.

Exter M V, Fattinger C, Grischkowsky D, 1989. Terahertz time-domain spectroscopy of water vapor[J]. Optics Letters, 14（20）：1 128-1 130.

Ezejiofor N A, Brown S, Barikpoar E, et al., 2015. Effect of Ofloxacin and Norfloxacin on Rifampicin Pharmacokinetics in Man[J]. American Journal of Therapeutics, 22（1）：29-36.

Ge H, Jiang Y, Lian F, et al., 2016. Quantitative determination of aflatoxin B1 concentration in acetonitrile by chemometric methods using terahertz spectroscopy[J]. Food Chemistry, 209（15）：286-292.

Han G X, Zhao Z Y, Yu H, et al., 2008. Determination of the content of norfloxacin capsule by FIA differential spectrophotometer[J]. Chinese Journal of Pharmaceutical Analysis, 28（12）：2 129-2 131.

Hassouan M K, Ballesteros O, Zafra A, et al., 2007. Multiresidue method for simultaneous determination of quinolone antibacterials in pig kidney samples by liquid chromatography with fluorescence detection[J]. Journal of Chromatography B Analytical Technologies in the Biomedical & Life ences, 859（2）：282-288.

Helmy Sally A, 2013. Simultaneous quantification of linezolid, tinidazole, norfloxacin, moxifloxacin, levofloxacin, and gatifloxacin in human plasma for therapeutic drug monitoring and pharmacokinetic studies in human volunteers[J]. Therapeutic Drug Monitoring, 35（6）：770.

Huang M, Yang J, 2011. Microwave Sensor Using Metamaterials[M]// Wave Propagation. InTech.

Iturburu F G, Zoemisch M, Panzeri A M, et al., 2016. Uptake, distribution in different tissues, and genotoxicity of imidacloprid in the freshwater fish Australoheros facetus[J]. Environmental Toxicology and

Chemistry, 36（3）: 699-708.

Jang J W, Lee K S, Kwon K, et al., 2013. Simultaneous determination of thirteen quinolones in livestock and fishery products using ultra performance LC with electrospray ionization tandem mass spectrometry[J]. Food Ence & Biotechnology, 22（5）: 1 187-1 195.

Jeon M, Kim J, Paeng K J, et al., 2008. Biotin-avidin mediated competitive enzyme-linked immunosorbent assay to detect residues of tetracyclines in milk[J]. Microchemical Journal, 88（1）: 26-31.

Jolliffe I T, 2002. Principal Component Analysis[J]. Journal of Marketing Research, 87（4）: 513.

Kataria S K, Chhillar A K, Kumar A, et al., 2015. Cytogenetic and hematological alterations induced by acute oral exposure of imidacloprid in female mice[J]. Drug and Chemical Toxicology, 39（1）: 1-7.

Kou S, Nam S W, Shumi W, et al., 2009. Microfluidic Detection of Multiple Heavy Metal Ions Using Fluorescent Chemosensors[J]. Bulletin of the Korean Chemical Society, 30（5）: 1 173.

Krkhnan R, Binkley J S, Seeger R, Pople J A, 1980. Self-consisstent molecular orbital methods. XX. A basis set for correlted wave functions[J]. Journal of Chemical Physics, 72（1）: 650-654.

Lee C, Yang W, 1988. Development of the College-Salvetti correlation-energy formula into a functional of the electron density[J]. Physical Review B, 37（2）: 785.

Li S W, Wang D, Liu H B, et al., 2013. Effects of norfloxacin on the drug metabolism enzymes of two sturgeon species（Acipenser schrencki and Acipenser ruthenus）[J]. Journal of Applied Ichthyology, 29（6）: 1 204-1 207.

Li S, Song R J, Wang D H, et al., 2016. Azopyridine-imidacloprid derivatives as photoresponsive neonicotinoids[J]. 中国化学快报（英文版）（5）: 635-639.

Limwikrant W, Higashi K, Yamamoto K, et al., 2009. Characterization of ofloxacin-oxalic acid complex by PXRD, NMR, and THz spectroscopy[J]. International Journal of Pharmaceutics, 382（1-2）: 50-55.

Lin Q M, Xiao Y, Ye N, et al., 2016.A method of cleaning RFID data streams based on Naive Bayes classifier[J]. International Journal of Ad Hoc & Ubiquitous Computing, 21（4）: 237.

Linden S, 2004. Magnetic Response of Metamaterials at 100 Terahertz[J]. Science, 306（5 700）: 1 351-1 353.

Long Yuan, Li Bin, Liu Huan, 2018. Analysis of fluoropuinolones antibiotic residue in feed matrices using terahertz spectroscopy[J]. Applied Optics, 57（3）: 544.

Massaouti M, Daskalaki C, Gorodetsky A, et al., 2013. Detection of Harmful Residues in Honey Using Terahertz Time-Domain Spectroscopy[J]. Applied Spectroscopy, 67（11）: 1 264-1 269.

McLean, A., Chandler, G, 1980. Contracted Gaussian basis sets for molecular calculations.I. Secon row atoms, Z=11-18[J]. Journal of Chemical Physics, 72（10）: 5 639-5 648.

Moreno-González D, Lara F J, Gámiz-Gracia L, et al., 2014. Molecularly imprinted polymer as in-line concentrator in capillary electrophoresis coupled with mass spectrometry for the determination of quinolones in bovine milk samples[J]. Journal of Chromatography A, 1 360: 1-8.

Palik E D, 1985. Handbook of optical constants（A）[M]. Academic Press.

Pendry J B, Schurig D, Smith D R, 2006. Pendry J B Schurig, D & Smith D R Controlling electromagnetic fields[J]. Science, 312（5 781）: 1 780-1 782.

Qin J, Xie L, Ying Y, 2014. Feasibility of Terahertz Time-Domain Spectroscopy to Detect Tetracyclines

Hydrochloride in Infant Milk Powder[J]. Analytical Chemistry, 86（23）: 11 750–11 757.

Qin J, Xie L, Ying Y, 2015. Determination of tetracycline hydrochloride by terahertz spectroscopy with PLSR model[J]. Food Chemistry, 170: 415–422.

Qin J, Xie L, Ying Y, 2016. A high-sensitivity terahertz spectroscopy technology for tetracycline hydrochloride detection using metamaterials[J]. Food Chemistry, 211（15）: 300–305.

Qin J, Xie L, Ying Y, 2017. Rapid analysis of tetracycline hydrochloride solution by attenuated total reflection terahertz time-domain spectroscopy[J]. Food Chemistry, 224（Jun.1）: 262–269.

Redo-Sanchez A, Salvatella G, Galceran R, et al., 2011. Assessment of terahertz spectroscopy to detect antibiotic residues in food and feed matrices[J]. Analyst, 136（8）: 1 733–1 738.

Rongmei Wang, Zhonghui Wang, Hong Yang, et al., 2012. Highly sensitive and specific detection of neonicotinoid insecticide imidacloprid in environmental and food samples by a polyclonal antibody-based enzyme-inked immunosorbent assay[J]. Journal of the Science of Food & Agriculture, 92（6）: 1 253–1 260.

Schulz-Jander D A, Leimkuehler W M, Casida J E, 2002. Neonicotinoid Insecticides: Reduction and Cleavage of Imidacloprid Nitroimine Substituent by Liver Microsomal and Cytosolic Enzymes[J]. Chemical Research in Toxicology, 15（9）: 1 158–1 165.

Shelby R A, 2001. Experimental Verification of a Negative Index of Refraction[J]. ENCE, 292（5 514）: 77–79.

Ueno Y, Rungsawang R, Tomita I, et al., 2006. Quantitative measurements of amino acids by terahertz time-domain transmission spectroscopy[J]. Analytical Chemistry, 78（15）: 5 424–5 428.

Upadhya P C, Shen Y C, Davies A G, et al., 2003. Terahertz Time-Domain Spectroscopy of Glucose and Uric Acid[J]. Journal of Biological Physics, 29（2–3）: 117.

Upadhya P C, Shen Y C, Davies A G, et al., 2004. Far-infrared vibrational modes of polycrystalline saccharides[J]. Vibrational Spectroscopy, 35（1）: 139–143.

Wietzke S, Jansen C, Reuter M, et al., 2010. Thermomorphological study of the terahertz lattice modes in polyvinylidene fluoride and high-density polyethylene[J]. Applied Physics Letters, 97（2）: 51–839.

Xia X, Xia X, Huo W, et al., 2016. Toxic effects of imidacloprid on adult loach（Misgurnus anguillicaudatus）[J]. Environ Toxicol Pharmacol, 45（Jul.）: 132–139.

Xu X, Peng B, Li D, et al., 2011. Flexible Visible-Infrared Metamaterials and Their Applications in Highly Sensitive Chemical and Biological Sensing[J]. Nano Letters, 11（8）: 3 232–3 238.

Yamamoto K, Yamagiichi M, et al., 2004. Degradation diagnosis of ultra-high-molecular weight polyethylene（UHMWPE）by terahertz-time-domain spectroscopy[J]. Applied Physics Letters, 1: 5 194–5 196.

Ying-Jun Z, Ming-Xia Z, Hider R C, et al., In vitro antimicrobial activity of hydroxypyridinone hexadentate-based dendrimeric chelators alone and in combination with norfloxacin[J]. Fems Microbiology Letters（2）: 124–130.

Yoshida H, Ogawa Y, Kawai Y, et al., 2007. Terahertz sensing method for protein detection using a thin metallic mesh[J]. Applied Physics Letters, 91（25）: 97.

Yu H, Tao Y, Chen D, et al., 2011. Development of an HPLC-UV method for the simultaneous determination of tetracyclines in muscle and liver of porcine, chicken and bovine with accelerated solvent extraction[J]. Food Chemistry, 124（3）: 1 131–1 138.

Yuan L，Bin L，Huan L，2018. Analysis of fluoroquinolones antibiotic residue in feed matrices using terahertz spectroscopy[J]. Applied Optics，57（3）：544.

Zhang J，Grischkowsky D，2004. Waveguide terahertz time-domain spectroscopy of nanometer water layers[J]. Optics Letters，29（14）：1 617-1 619.

Zhang X，Xu J，2009. Introduction to THz wave photonics[M]. New York：SpringerVerlag.

第六章　太赫兹技术用于农业
病虫害检测研究与探索

第一节　研究背景

农作物病虫害对农作物的质量和产量都会造成极大影响，作物病虫害一旦发生，容易对农作物造成花叶脱落、果实腐烂和茎叶死亡，进而带来农业产业巨额损失，成为制约现代农业发展的重要因素。据联合国粮食及农业组织（Food and Agriculture Organization of the United Nations，FAO）估计，全世界每年由病虫害导致的粮食减产约为总产量的1/4，其中病害造成的损失为14%，虫害造成的损失为10%。中国作为农业大国，农作物种类多、分布广，重要的农作物病虫害达1 400多种，具有种类多、影响大和局部暴发成灾等特点。近年来，中国农作物病虫害发生和造成的危害出现加重趋势。要想保证农作物的产量和品质，做好农作物病虫害的早期监测、检测工作至关重要。传统的农作物病虫害监测以及防控主要依靠植保工作人员田间取样和调查，具有耗时、费力、效率低下和主观性强等缺点。

农作物在遭受病害侵袭时，外部形态特征和内部生理特征均发生变化。外部形态特征如变形、变色、卷曲、腐烂、残缺、虫卵附着等，而内部生理特征变化，则包含水分、色素含量、光合作用、防御酶系统等多种生理变化，借助先进的理化技术发展作物病虫害有效检测手段得到了国内外相关学者的持续推动。

常规的病虫害检测方法主要有生物化学检测技术、数字图像处理技术、高光谱图像技术以及红外热成像技术等。病害主要由病原微生物引起，如真菌、病毒、细菌、支原体和原生动物。通常始于在某个位置引入载体或受侵染的植物材料，这些载体或受侵害的植物材料会及时传播到邻近的植物，甚至在人类看不见之前也会造成重大损害。为了检测病原体，相关专家研究使用不同的分子和血清学方法［例如酶联免疫吸附测定（ELISA）和聚合酶链反应（PCR）］分别靶向特定的蛋白质和脱氧核糖核酸（DNA）序列。上述生物化学方法可高度特异性地检测病原体，但具有破坏性，并且仅限于实验室，需要高技能的人力。尽管这种检测对于理解植物—病原体相互作用的科学研究非常感兴趣，但是这些方法不能在症状显现之前就地用于植物中疾病的实时检测。

对农作物开展早期非破坏性病虫害检测是近年来一个重要的新兴方向。为了完成此任务，越来越多的科学家研究实现自主平台搭建。田间条件下的自动农业平台可以理解为一种集成了一系列传感器的机器人车辆（示例参见http：//www.agrointelli.com/）。温室条件下的自主平台可以理解为支持植物生长和使用一系列传感器进行监视的自动化平台（示例参见https：//www.psb.ugent.be/phenotyping/phenovision）。可集成于该平台的病虫害检测手段方面，光谱成像技术在快速检测各种类型病源引起的作物病虫害有较大的应用潜力，已经在农作物检测中取得了一些进展。Cao等（2013）检测并比较了两种感染白粉病的冬小麦在不同感染程度和染病阶段的冠层光谱反射率和多种光谱参数，发现红边峰值面积是白粉病检测最敏感的光谱参数。Mahlein等（2012）利用高光谱数据对3种甜菜叶真菌病害进行了检测和鉴别，表明不同3种病害作用下叶片的光谱特征存在显著差异。Jones等（2010）利用可见近红外的光谱特征预测番茄细菌性斑病严重程度。Camargo等（2013）建立了一种自动辨认作物病斑的图像处理算法。Tian等利用高光谱成像技术检测黄瓜霜霉病，通过主成分分析方法收集最优波段，将图像融合后进行增强、二值化、腐蚀和膨胀处理，此算法的判别准确率接近90%。冯雷等（2012）利用连续投影算法和最小二乘支持向量机构建的鉴别模型，判别准确率达到97.5%，说明高光谱成像技术可以用于茄子叶片灰霉病早期监测。田有文等（2010）利用光谱图像采集的染病叶片图像数据，选出相应特征波长下的图像，采用支持向量机方法，对黄瓜霜霉病和白粉病的正确诊断率达100%。Mahlein等（2012）利用高光谱成像方法分析了3种甜菜病害的光谱特性和不同时期不同位置的变化，实现了每种甜菜病害的准确判别。Wang等（2012）利用热红外照相机监测感染尖孢镰刀菌的黄瓜的叶片反应，认为热红外成像可以实现黄瓜镰刀菌枯萎病的无损可视化监测。

光谱成像技术，即光谱学和成像的结合，其中成像可以捕获物理形状以及植物的结构和光谱学可以捕获植物的互补化学性质，该应用前景正在凸显。借助于田间自动化平台，无损传感技术和多核计算能力的不断发展和提升，自主平台可实现实时提供测试结果，而以前的实验室生物化学检测结果则需要较长的测试时间。

目前太赫兹技术是整个电磁波段最后一段尚未被深入认识和开展深入探索应用研究的波段，生物大分子指纹特性等一系列独特性质均使得太赫兹光谱成像技术在作物病虫害监测、检测方面具有重要的研究潜力。

第二节　太赫兹技术用于美洲山核桃虫害检测研究

　　美洲山核桃（Pecan）有着光滑的外壳，果仁富含蛋白质及多种碳水化合物，其中所含的脂肪多为多元不饱和脂肪酸，不含胆固醇。核桃仁占有全部重量的40%～60%。核桃仁主要由碳水化合物、蛋白质和脂肪组成。高质量的核桃仁含油70%～75%，含糖12%～15%，含蛋白质9%～10%，含水3%～4%，含矿物质约1.5%。其中，核桃含油多为不饱和酸，8%为饱和酸，62.3%为单元不饱和酸，24.8%为多元不饱和酸。因为它营养丰富，山核桃深受消费者喜爱，广泛用于食品烘烤、甜点以及巧克力和冰激凌中。山核桃被美国心脏保护协会和美国饮食指南视为心脏健康不饱和脂肪酸的不可或缺的来源之一。

　　2000—2002年，美国坚果平均年产量是127万t。其中11万t是山核桃。在美国俄克拉何马州，平均年产量达到5 500t，价值约700万美元。

　　在山核桃产业中，其质量评价对于在市场中建立价格机制有着重要的影响。尺寸、重量、密度、内核颜色、外观、物理损伤等是衡量山核桃质量的主要因素。而内部虫害是影响山核桃质量最重要的因素之一。对于销售到市场上的山核桃，在食用时如发现虫害，不仅损伤了消费者的胃口，也严重影响了品牌的形象，给整个山核桃产业造成很大的经济损失。山核桃的品质通常采用一些有损或者无损的方法进行评价，一般是根据种植者或者第一个购买者根据山核桃的情况首先进行外观的无损评价。对于遭受内部虫害的核桃来讲，用重量和外观检测的方法很难进行鉴别，目前当地产业尚未找到解决该难题的实用方法。太赫兹光谱技术可以穿过表皮探测内部信息，并且没有电离伤害，安全可靠。由于水在太赫兹波段有非常明显的分子间振动（氢键的拉伸和弯曲），水对太赫兹辐射有非常强的吸收。于是，本研究初步探索运用太赫兹光谱技术进行山核桃内部虫害的检测，加强对太赫兹性质的深入认识。美洲山核桃及其内部虫害如图6-1所示。

　　　　（a）美洲山核桃　　　　　　　　　　（b）山核桃内部虫害

图6-1　美洲山核桃及其内部虫害

一、样品制备与光谱采集

（一）太赫兹时域光谱设备（图6-2）

太赫兹时域光谱测量实验在美国俄克拉何马州立大学先进技术研究中心（ATRC，OSU）的太赫兹实验室内完成。时间是2010年3—5月。该设备用来自中心波长800nm，频率80fs，100MHz的锁模钛蓝宝石飞秒激光器产生的20mW能量的光脉冲流来驱动光电导开关用于产生和探测太赫兹辐射。产生的太赫兹辐射经过高阻抗率的硅膜透镜和抛物镜得到矫正。该系统可以实现频域分辨率为1GHz、时域信噪比达到10 000的测量。

图6-2　太赫兹设备（ATRC，OSU）

（二）承载平台（图6-3）

承载平台用于固定测试样品，便于进行太赫兹透、反射光谱的测量。材料为铝制，大小为11cm×5cm。该承载平台上有两个直径约8mm的圆形孔，用于透射太赫兹波。左侧孔用于放置参考样品，右侧孔用于放置实验样品。实验时，将切片直接夹持在平台上进行测量。

图6-3　样品承载平台

（三）样品制备及实验测试

样品来自2009年收获的美国俄克拉何马州当地山核桃。如图6-4所示。在2010年3月5日至2010年5月5日，进行了样品的制作与4次太赫兹测试实验（3月5日、3月17日、3月19日、3月26日）。实验时，太赫兹设备的密封罩内温度为70.5F，湿度为7.9%。

（1）分别制作5个核桃仁1mm、2mm、3mm均匀厚度切片；核桃壳切片；核桃仁中间夹层切片，然后分别固定在太赫兹设备的夹持平台上，测量3次，获取它们在太赫兹波段的吸收谱曲线。

（2）将随机选取的4个山核桃进行去壳，用天秤（LC220s，SartoriusCorporation，NewYork）称取重量，然后放入烘烤箱（Isotemp Oven，FisherScientific，Pittsburgh）内，温度设置为140°F（1°F=1℃×1.8+32）。不同的时间点进行重量的测试，测试含水量。

（3）山核桃虫害一般出现在11月。实验阶段，选用来自俄克拉何马州立大学昆虫实验室培养的活体烟草天蛾进行测试实验；同时，采用储备的干燥山核桃虫子进行测试，获取山核桃虫子在太赫兹波段的吸收谱线。

（4）由于太赫兹源能量有限，分别选取不同大小尺寸（20mm×42mm、14mm×25mm）的核桃进行透射实验，测试整个山核桃的透射情况，获取吸收谱，进行无损检测的探索。

（a）山核桃各部分样本　　　　　（b）活体烟草天蛾　　　　　（c）干燥的山核桃害虫

图6-4　实验用样本

二、样品采集与数据处理

通过以上样品制备及实验测试，在电脑终端采集各测试样品数据，然后对测试的数据进行处理，运用Matlab编程，得到如下结果。

（一）山核桃切片在0.1~2THz太赫兹波段的谱线

不同厚度的山核桃仁、山核桃壳和山核桃仁中间夹层的太赫兹吸收光谱如图6-5所示。从吸收光谱可知在0.1~0.6THz波段，山核桃仁切片、山核桃壳切片和山核桃仁中间夹层的太赫兹吸收光谱几乎具有相同的吸收系数，也即是相同的吸收谱值。在0.6～2THz波段，不同厚度或者不同部位的切片具有不同的吸收光谱，其中1.21mm厚的核桃仁中间夹层具有最高的吸收光谱；1.80mm和1.00mm的山核桃仁切片具有中等的吸收光谱，但是1.8mm的山核桃切片由于比较厚，呈现相对较高的吸收特性；1.92mm的山核桃仁中间夹层因致密性较差，具有较低的吸收特性。从图6-5也可以知道，太赫兹时域光谱设备对于不同物料的穿透能力不同，相同物料的厚度差异也影响其吸收特性。山核桃不同部位的太赫兹吸收特性都会随着波长增加而增强，但没有明显的吸收峰；在低频太赫兹波段，山核桃对太赫兹波的吸收作用有限。

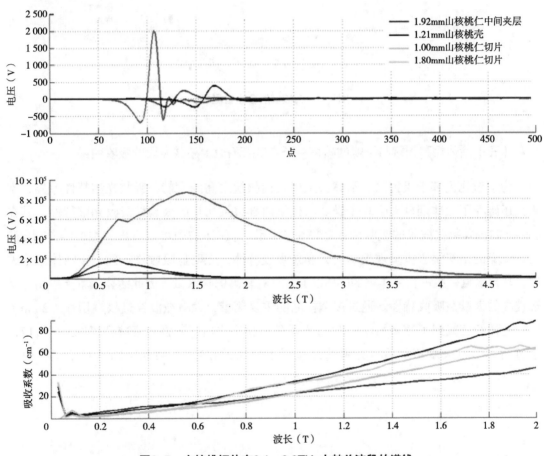

图6-5 山核桃切片在0.1～2.0THz太赫兹波段的谱线

（二）山核桃的含水量测量

本研究在80℃条件下，利用烘培方式开展了不同干燥阶段的山核桃水分含量测试实验，随机选取4个山核桃样本在不同烘培时间的含水量测试曲线如图6-6所示。从测试结果可以看出，烘培前后每个山核桃含水率基本上维持在同一水平线，相差不大，在烘焙前山核桃的含水率占总重的6%～8%，随着烘焙时间的延长含水率有所下降，但总体上变化并不明显。由此可知，对于含水量较低的山核桃来说，由水分对其造成的太赫兹波吸收特性影响不大。

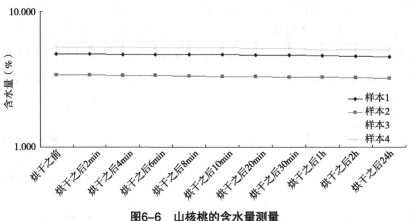

图6-6　山核桃的含水量测量

（三）活体烟草天蛾与干燥的核桃虫子在0～5THz太赫兹波段的吸收曲线

为了对比内部干燥害虫、活体害虫以及山核桃之间的太赫兹吸收光谱特性差异，本研究还研究了活体烟草天蛾和干燥的山核桃内部害虫切片的太赫兹吸收光谱特性，其在0.1～5THz太赫兹波段的吸收曲线如图6-7所示。从图6-7中可以看出，在0.1～2THz波段，干燥的山核桃害虫呈现很弱的太赫兹吸收特性，无明显吸收峰；而对于活体烟草天蛾，其含水量一般占自身体重的60%以上，具有较高的含水量，因此活体烟草天蛾切片呈现较高的太赫兹吸收特性。通过多个样品的重复测量，太赫兹波穿过核桃切片（2mm）后，光强约衰减到了原来的1/7，穿过干燥的核桃害虫后，光强约衰减到了原来的1/17，穿过活体烟草天蛾切片后，光强约衰减到了原来的1/327。由此可知，对于虫害山核

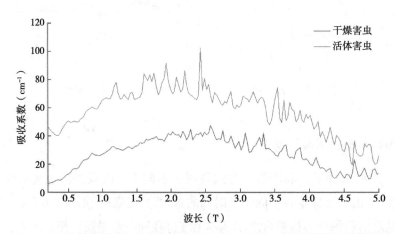

图6-7　活体烟草天蛾与干燥的核桃虫子在0～5THz太赫兹波段的吸收曲线

桃，山核桃核桃仁、外壳、内部夹层、内部虫害的物理组成成分都不会造成其对太赫兹辐射的强烈吸收，而水分含量较高的内部生物活体会对太赫兹辐射造成较大的吸收，含水率可以作为太赫兹光谱技术用于山核桃内部虫害检测的判别依据，太赫兹时域光谱设备在检测山核桃内部虫害方面具有应用研究潜力。

（四）整个山核桃的透射扫描实验

基于以上研究结果，太赫兹时域光谱设备在山核桃内部虫害检测方面具有一定的潜力，为了探索太赫兹时域光谱设备无损检测的性能，本研究选取了不同大小尺寸（20mm×42mm、14mm×25mm）的山核桃样本进行了太赫兹透射实验，实验结果如图3-8所示。通过设备的实际测量，入射光强（电压表示）最大达到1.8×10^{-2}V，透射后达到9.5×10^{-6}V，信号衰减了约2 000倍，致使输出信号与系统噪声接近，太赫兹源的发射功率有待提高。在当前条件下，只能进行有损的切片研究。

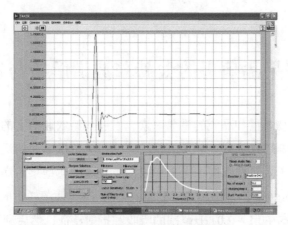

（a）参考曲线（峰值1.8×10^{-2}V）

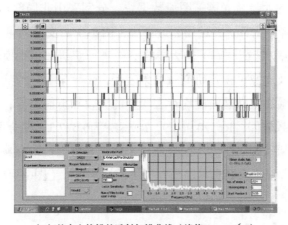

（b）整个山核桃的透射扫描曲线（峰值9.5×10^{-6}V）

图6-8　整个山核桃的透射扫描曲线

三、实验小结

本实验以美洲山核桃为研究对象，测量了山核桃仁、外壳、夹层等切片在太赫兹波段的吸收曲线，它们在0.1~2THz波段均没有明显的吸收峰，呈现较弱的吸收特性；作为极性分子，水分对太赫兹有着强烈的吸收特性，根据太赫兹辐射与水分的相互作用机理，接着进行了活体害虫、干燥害虫的太赫兹光谱吸收特性研究，结果表明，含水率是影响太赫兹波吸收程度的关键因素；基于水分的差异分布以及太赫兹波的惧水特性，太赫兹辐射可用于美洲山核桃的内部活体害虫检测。但是，通过对整个山核桃的测试实验来看，目前的太赫兹源功率有限，暂不能穿透整个个体而开展无损检测应用，有待于更高功率太赫兹发射设备的研发。本研究在太赫兹光谱技术用于农产品和食品品质检测方面展示了较好的应用研究潜力，为今后提高太赫兹发射功率，进行山核桃内部虫害的无损检测提供了方法可行性。随着技术的发展、设备的更新以及成本的降低，太赫兹光谱技术将在农产品和食品品质安全无损检测领域有着更为广泛的应用前景。

第三节　典型果蔬病害的太赫兹波谱解析与定量评价研究

病害是影响农作物产量和品质的重要因素，发展典型农业病害的快速、定量识别方法具有重要研究价值。本研究选取（苹果）轮纹病菌、（黄瓜）白粉病菌和（葡萄）灰霉病菌为对象，探索了基于太赫兹图谱（光谱和成像）技术的典型果蔬病害的太赫兹波谱解析与定量评价方法。首先以聚乙烯为参考，制备并测量了3类病菌样本的太赫兹时域谱和频域谱，计算并分析了样本在0.1~2.0THz范围的吸收和折射特征；然后利用KS算法进行样本划分，对于各病菌样本的太赫兹光谱—图像数据块，分别采用非局部均值滤波和SPA算法进行图像预处理和数据降维运算，并运用邻近算法（KNN）、支持向量机（SVM）和BP神经网络（BPNN）等算法对特征频率下的太赫兹图像进行解析和识别模型构建研究；最后，开展了模型量化评价及成像可视化研究。结果表明，（苹果）轮纹病菌、（黄瓜）白粉病菌和（葡萄）灰霉病菌在太赫兹波段均存在明显的吸收和折射差异；三者在1.376THz频率下的SVM建模识别结果较好，Rp为0.964 9，RMSEP为0.027 3，综合评价指标F1-score值达到93.82%，可视化效果清晰可辨。本研究展示了太赫兹图谱技术在典型果蔬病菌识别方面的可行性，为农业病害快速诊断和早期预警提供了技术参考（图6-9所示）。

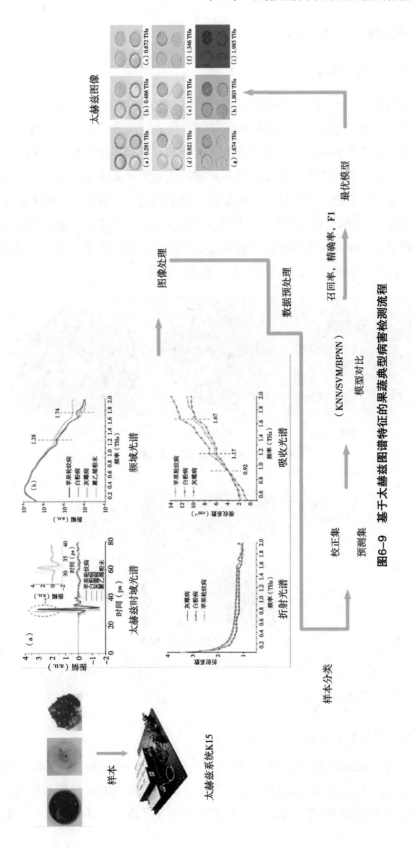

图6-9　基于太赫兹图谱特征的果蔬典型病害检测流程

一、样品制备与光谱采集

（一）样本的预处理

本实验选取苹果轮纹病菌、灰霉病菌和白粉病菌为研究对象（图6-10），其中轮纹病菌、灰霉病菌由北京市农林科学院植物保护研究所农业病菌培养实验室提供，白粉病菌由北京市农林科学院黄瓜种植温室采集获取。实验前将所有样品进行压片处理，且要求压片的两表面平行无裂痕。首先将轮纹病菌和灰霉病菌从培养皿中小心刮出，将白粉病菌从黄瓜叶片上刮下，并分别与少量聚乙烯粉混合（容易成型）。混合后的粉末样品用压片机（Specac GS15011，UK）在5t压力下，压入大约厚1.4mm、直径为13mm的圆形切片，时间为5min。最后，再单独制作一个纯净的聚乙烯压片作为对比参考。切片表面保持平滑和平行，以减少多次反射的影响。其中4个样品如图6-11所示。

（a）苹果轮纹病　　　　（b）灰霉病　　　　（c）黄瓜白粉病

图6-10　病菌样本采集与培养

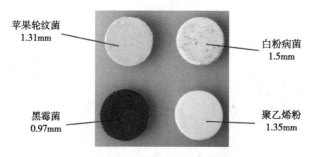

图6-11　几种病菌压片与厚度

（二）太赫兹光谱采集

1.单点时域光谱数据采集

针对样品的太赫兹图谱特征提取，首先进行样品上单一点的特征谱计算，然后再对整个样品图像特征进行重建。在本研究中，分别提取每一个样品的时域光谱最大值和最小值以及频谱特征值，用来构建样品的图像。依次扫描X-Y平面中，各病菌压片，提取样本透射时域光谱的幅值，得到样品的时域光谱成像。

2.整个压片的二维图像采集

将处理后的黑霉菌、苹果轮纹菌和黄瓜叶白粉菌固定在高聚乙烯板上，打开测试软件，初始化设置后，实验过程中被测样品被放置在一个X-Y的移动台上，成像采用脉冲扫描成像的方式，运用透射模式的太赫兹时域光谱系统对样本进行了聚焦逐点式的主动扫描，设置样品的扫描起始点（X_0，Y_0）和扫描终点（X_1，Y_1）。太赫兹射线通过物体的不同点，可记录下样品不同位置的透射信息，通过设置一定的时间延迟范围和对样品上不同点的扫描，能够得到时域谱和频域谱。如图6-12所示。

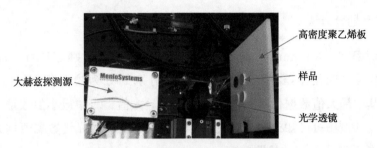

图6-12　病菌样品的太赫兹图谱测量

二、特征提取与模型评价

（一）太赫兹图谱（光谱和图像）特征提取方法

对于样品的太赫兹光谱特征信息计算，我们应用Dorney与Duvillaret提出的数学方法，对实验所得时域光谱信号进行傅里叶变换后可以得到频域光谱函数$E(\omega)$。$E_{ref}(\omega)$和$E_s(\omega)$分别是参考与样品的频域信号，可以得到透射函数$H(\omega)$。其中$n_s(\omega)$为折射率，$\kappa_s(\omega)$为吸收系数，ω为频率，c为光速，l为样品厚度，n_0为氮气的折射率，样品的折射率和吸收系数的计算公式如下所示：

$$H(\omega)=\frac{E_s(\omega)}{E_{ref}(\omega)}=\frac{4n_0 n_s(\omega)}{\left[n_s(\omega)+n_0\right]^2}\cdot\exp\left\{-j\left[n_s(\omega)-n_0\right]\frac{l\omega}{c}\right\}\cdot\exp\left[-\frac{l\omega K_s(\omega)}{c}\right]$$

$$K_s(\omega)=\frac{c}{\omega l}\left\{\ln\left[\frac{4n_s(\omega)n_0}{\left|H(\omega)\right|\left[n_s(\omega)+n_0\right]^2}\right]\right\}$$

$$n(\omega)=n-\frac{}{}\angle H(\omega)$$

$$\alpha_s(\omega) = \frac{2\omega K_s(\omega)}{c} = \frac{2}{l}\left\{ \ln\left[\frac{4n_s(\omega)n_0}{|H(\omega)|[n_s(\omega)+n_0]^2}\right]\right\}$$

对于样品的太赫兹图像特征信息重构，因为样品上每一个点会采集一个时域波形，导致太赫兹图像数据较大，像高光谱图像数据一样，呈现太赫兹图谱数据库，从时域谱或其傅里叶变换谱（频域谱）中选择某个数据点的振幅或相位进行成像重构。常用的成像方式有最大值成像、最小值成像、峰值成像和最大飞行时间成像等。相比其他几种成像方式，最大值成像方式在噪声抑制方面具有明显优势。

（二）样品划分方法

本研究采用KS（Kennard-Stone）算法通过欧式距离的判定进行样品划分。在剔除奇异点数据后，应用KS算法将3类病菌样品分别划分为校正集72个、预测集18个（表6-1），其中最大值数据代表时域光谱数据中最大值，表中最小值数据代表时域光谱数据中最小值。从表6-1可知，每个校正集样品的太赫兹吸收光谱数据值均大于预测集样品，这有利于构建稳定可靠的检测模型。

表6-1　不同样品的太赫兹光谱数据测量值

种类	数据集	样本（个）	最大值	最小值	均值
苹果轮纹病	校正集	72	2.231 4	2.073 2	2.145 3
	预测集	18	2.185 2	2.008 8	2.080 7
白粉病	校正集	72	2.369 7	2.212 6	2.283 1
	预测集	18	2.303 1	2.143 1	2.238 9
灰霉病	校正集	72	2.447 2	2.321 3	2.389 9
	预测集	18	2.446 6	2.282 7	2.369 9

（三）图谱数据的预处理

受太赫兹光路准直、光学元件缺陷以及环境温湿度变化等因素影响，太赫兹图谱数据存在一定程度的随机系统噪声。为了去除噪声，本研究采用中值滤波、均值滤波、非局部均值滤波算法和维纳滤波等算法进行预处理研究。定义太赫兹图像 $f = f(i)|i \in P$，其中，$P \in R^2$ 表示整幅图像。对于其中任何一个像素 i，利用图像中所有像素值的加权平均来得到该点的估计值 $NL[f](i)$，即：

$$MN[f](i) = \sum_{i \in I} w(i,j)f(i)$$

权值$w(i,j)$依赖于像素i与j之间的相似性，并满足$0 \leq w(i,j) \leq 1$且$\sum_j w(i,j)=1$。为加快运算速度，采用搜索窗口Is代替整幅图像：

$$MN[f](j) = \sum_{j \in I} w(i,j) f(j)$$

像素i与j之间的相似性由灰度值矩阵$f(M_i)$与$f(M_j)$之间的相似性决定，其中，M_i表示以像素l为中心的固定大小$(2m+1) \times (2m+1)$的正方形邻域。各邻域灰度值矩阵之间的相似性通过加权的欧氏距离来衡量。设m_i、m_j为M_i、M_j中处于相同位置的像素灰度值，权重定义为：

$$w(i,j) = \frac{1}{c(i)} \exp\left[\frac{\sum_{n_i \in N_i, n_j \in N_j, k_i \in k} k_i (n_i - n_j)^2}{h^2}\right]$$

k为相似性窗口，由$(2m+1) \times (2m+1)$元素组成。元素k_i可表示为：

$$k_i = \frac{1}{m} \sum_{d=d_i}^{m} \frac{1}{(2d+1)^2}$$

d_t为像素t距离中心像素i的欧式距离的整数值，中心像素的欧式距离$d_i=1$。归一化常数$C(i)$为：

$$C(i) = \sum_j \exp\left[\frac{\sum_{n_i \in N_i, n_j \in N_j, k_i \in k} k_i (n_i - n_j)^2}{a^2}\right]$$

参数a控制指数函数的衰减速度，因而决定着滤波的平滑程度，可由图像的标准差估计。设参数$a=rs$，式中，s为整幅图像的标准差，r为控制系数。

（四）模型建立与评价

利用软件完成光谱预处理以及数据降维运算，分别利用邻近算法（K-Nearest Neighbor，KNN）、支持向量机（Support Vector Machine，SVM）和BP神经网络（Back Propagation Neural Network，BPNN）探索建立病菌的最优识别模型，选择校正均方根误差（Root Mean Square of Calibration，RMSEC）、预测均方根误差（Root Mean Square Error of Prediction，RMSEP）和校正相关系数R_C、预测相关系数R_P进行模型的评价。另外，将采用综合评价指标F1-score值、查准率P、查全率R和可视化对建模和成像效果进行整体评价。

三、特性分析与结果处理

（一）样品的时域和频域信息

选取聚乙烯为参考，图6-13（a）展示的是各类样品测量数据平均后在0~80ps的时域脉冲信号，从时域波形上可以看出，太赫兹脉冲信号穿透待测样品后，三类病菌样品的时域峰值相比聚乙烯（太赫兹波段吸收较小）呈现微弱衰减，各样品的衰减程度有所不同；在时间上总体呈现较为明显的时间延迟，三类病菌样本之间的时间延迟有所差异，但差别不大。峰值衰减和时间延迟主要是因为太赫兹脉冲在通过病菌样品时发生了一定吸收，反射和色散等现象，也可能是由于压片厚度不同造成的，具体需要根据吸收系数等参数进行判别。实验还发现，由于压片参数导致的回波现象并不明显，该压片制备参数可用于本实验的测量。

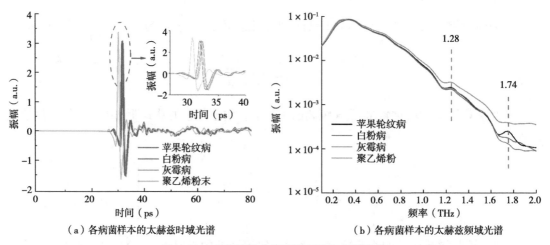

（a）各病菌样本的太赫兹时域光谱　　　（b）各病菌样本的太赫兹频域光谱

图6-13　各病菌样本的时域光谱和频域光谱

运用快速傅里叶变换公式将时域信号转换到频域信号，由于频率在2.0THz以后噪声很明显，所以本研究采用0.1~2.0THz波段的数据进行分析研究。各类样品的频域曲线图6-13（b）所示，可以看出，聚乙烯样品在太赫兹波段仍存在一定程度的吸收，这可能与聚乙烯本身的纯度以及测试环境中水分含量有关；另外，三类病菌样品在0.1~1.6THz波段的幅值差异较小（如在1.28THz时存在差异，但很小），在1.6~2.0THz波段呈现出明显的幅值差异（如在1.74THz时存在较大差异），从而说明三类病菌样品对于太赫兹波的高频吸收差别较大。

（二）样品的太赫兹吸收和折射特性分析

吸收系数和折射率一般用于研究物质在太赫兹频率范围内的光学特性。根据公式可以计算出各类样品的吸收系数和折射率，然后求取平均值。图6-14是灰霉病菌、白粉病菌和轮纹病菌在0.1～1.8THz范围内的折射率和吸收系数，其中图6-14（a）描绘的是灰霉病菌、白粉病菌和轮纹病菌的折射率曲线，三者的折射率分别在1.314，1.212和1.254，可以看出，灰霉病菌在太赫兹波段的折射率要略大于白粉病菌和轮纹病菌的折射率，这应该和几种病菌的自身细胞结构有关；从图6-14（b）可以看出，随着频率的不断增加，灰霉病菌、白粉病菌和轮纹病菌的吸收系数值也不断增加，并且吸收差异明显，可用于后续分类鉴别；3类样本的太赫兹吸收系数基线在0.92THz处存在交叉；相比于轮纹病菌和白粉菌，灰霉病菌在0.1～0.92THz波段吸收较小，但在0.92～2.0THz波段，吸收系数显著增加；轮纹病菌和白粉菌在0.92THz前后吸收程度有所反转，但吸收差异不大。结合各样品的频域光谱曲线和吸收系数曲线可以知道，1.17THz和1.67THz两个频段应该是测试系统本身造成的，不应简单的直接判别为样品的吸收峰，各样品的判别应通过数学建模来实现。

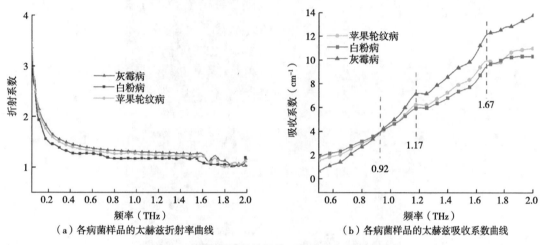

（a）各病菌样品的太赫兹折射率曲线　　　　（b）各病菌样品的太赫兹吸收系数曲线

图6-14　各病菌样品的吸收系数曲线和折射率曲线

（三）样品的太赫兹图像预处理结果及分析

图6-15展示了不同滤波方法对最小值成像噪声处理结果，其中图6-15（a）是最小值成像的原始图像，图像模糊且有噪声点，不能辨识。图6-15（b）使用中值滤波算法的结果，成像质量有所改善，但边缘较模糊，对比度不足；图6-15（c）是3×3均值滤波效果，模糊程度有所下降，图像边缘较为清晰。图6-15（d）是采用维纳滤波算法的结果，相比较图6-15（b）和图6-15（c），图6-15（d）的滤波效果较好，消除了大部分的噪声点，图像对比度进一步提高。根据非局部均值滤波算法，取a=rs，r分别取0.2、0.4、0.6和0.8，得到图6-15（e）至图6-15（h）结果表明：与均值滤波、中值滤波相比，背景噪声得到了有效抑制，系数r取0.4和0.6时，滤波效果较好；r=0.8时，由于过滤波现象的出现，噪声控制效果降低。图6-16所示为采用非局部均值滤波（r取0.6时）后得到的时域最大值和最小值图像。

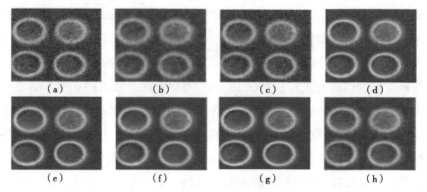

（a）　　　　　　（b）　　　　　　（c）　　　　　　（d）

（e）　　　　　　（f）　　　　　　（g）　　　　　　（h）

图6-15　图像预处理

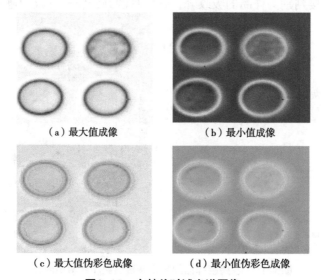

（a）最大值成像　　　　　　　　　（b）最小值成像

（c）最大值伪彩色成像　　　　　　（d）最小值伪彩色成像

图6-16　太赫兹时域光谱图像

（四）基于太赫兹图谱的病菌样本识别模型构建

如何基于各类样品的太赫兹光谱—成像"Data-cube"信息，进行几种病菌的太赫兹波段图谱的有效识别，是接下来要开展的工作。单个样品的太赫兹频域Data-cube中有38个频段，全谱段建模会含有大量的冗余信息，本研究首先采用SPA算法对0.1~2.0THz频率范围内的图像切片进行降维，得到3类病菌的最佳特征频率均为1.173THz、1.346THz和1.674THz；然后，采用KS方法将病菌图像数据划分为校正集和预测集，基于频域图像特征信息分别进行邻近算法（KNN）、支持向量机（SVM）和BP神经网络（BPNN）建模，如表6-2所示。

表6-2　基于不同频率下图像深度特征的病虫害图像建模结果

变量（THz）	模型	校正集		预测集	
		校正集相关系数	校正集均方根误差	预测集相关系数	预测集均方根误差
1.173	KNN	0.892 7	0.045 7	0.871 4	0.033 6
	SVM	0.941 8	0.038 5	0.958 2	0.027 4
	BPNN	0.953 7	0.064 2	0.965 3	0.053 8
1.346	KNN	0.874 7	0.038 2	0.896 7	0.048 7
	SVM	0.956 2	0.025 6	0.964 9	0.027 3
	BPNN	0.920 3	0.034 1	0.932 6	0.051 8
1.674	KNN	0.895 1	0.028 9	0.900 5	0.036 8
	SVM	0.954 9	0.031 1	0.962 3	0.037 6
	BPNN	0.928 3	0.045 7	0.941 2	0.031 5

对不同特征频率下太赫兹病菌成像的预测值和其实际测量值之间的散点图，如图6-17所示。结果表明，病菌图像在1.376THz频域下的SVM识别预测效果较好，R_C为0.956 2，RMSEC为0.025 6，R_P为0.964 9，RMSEP为0.027 3，模型得到了进一步简化。

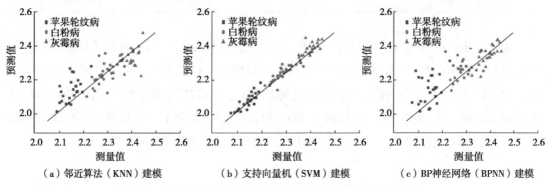

（a）邻近算法（KNN）建模　　（b）支持向量机（SVM）建模　　（c）BP神经网络（BPNN）建模

图6-17　基于图像深度特征频率组合的实际值和预测值

（五）模型量化评价及成像可视化对比

为衡量模型检测的准确度，本研究采用查准率P、查全率R和整体指标F_1对识别结果进行综合评价，并对30幅图像的评价结果进行统计，结果如表6-3所示。查准率（Precision），是衡量检测信噪比的指标，也就是指检测结果中的正确部分占整个检测结果的百分比；查全率（Recall），是衡量检测出成功度的指标，也就是检测结果中的正确部分占实际整个正确部分的百分比；采用整体指标F_1进行查准率和查全率的综合评价。计算公式分别为：

$$P = \frac{T_P}{T_P + F_P}$$

$$R = \frac{T_P}{T_P + F_N}$$

$$F_1 = \frac{2PR}{P + R}$$

式中，T_P 为正确识别的病菌样本；F_P 为错误识别的病菌样本；F_N 为漏识别的病菌样本。T_P、F_P、F_N 均采用人工标注的方式得到。

如表6-3可知，采用SPA-SVM分类模型，可使模型 F_1 值最大，达到93.82%，表明在1.376THz特征频率下，3类病菌能被有效识别。

表6-3　识别结果量化评价

模型种类	准确率（%）	召回率（%）	F_1（%）
SPA-KNN	93.611 4	92.529 4	93.067 3
SPA-BPNN	91.763 2	89.263 5	90.496 1
SPA-SVM	94.470 8	93.180 5	93.821 2

为进一步进行各频率下的成像可视化对比，图6-18（a）至（i）选择了轮纹病菌、灰霉病菌和白粉病菌在9个不同频率下的可视化成像结果。可以发现，在1.173THz成像频率前，3类病菌的成像较为模糊，仅能识别边缘轮廓；在1.674THz成像频率后，3类病菌的成像又变为模糊；在1.173THz、1.346THz和1.674THz这3个频率下，各压片样品成像较为清晰，而在1.346THz频率下，各样品成像相对清晰可辨，识别效果较好。

四、实验小结

本研究以灰霉病菌、轮纹病菌和白粉病菌为研究对象，采用光谱和成像结合的技术开展了样品的太赫兹dada-cube的特征解析与建模识别研究，得到了如下结论。

（1）从太赫兹时域和频域光谱曲线来看，太赫兹脉冲穿过3类样品后，均呈现一定的能量衰减和明显的时间延迟，未出现明显的回波现象；3类病菌样品对于太赫兹光谱低频吸收没有明显差异，而高频吸收差异较大。

（2）从太赫兹吸收和折射特性来看，随着频率的增加，3类样本的吸收系数值均不断增加，并在0.92THz处存在交叉，吸收差异明显，但无特征吸收峰，可通过数学建模进行识别；3类样本的折射率分别在1.314THz、1.212THz和1.254THz，差异明显，或与自身结构有关。

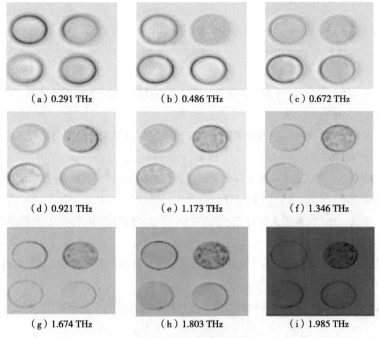

（a）0.291 THz　　　（b）0.486 THz　　　（c）0.672 THz

（d）0.921 THz　　　（e）1.173 THz　　　（f）1.346 THz

（g）1.674 THz　　　（h）1.803 THz　　　（i）1.985 THz

图6-18　太赫兹频域成像

（3）利用KS算法进行样本划分，对于各病菌样本的太赫兹光谱—图像数据块，分别采用非局部均值滤波和SPA算法进行图像预处理和数据降维运算，结合邻近算法（KNN）、支持向量机（SVM）和BP神经网络（BPNN）等算法对特征频率下的太赫兹图像进行解析和识别模型构建，结果表明样品在1.376THz频率下的SVM建模识别结果较好，R_P为0.964 9，RMSEP为0.027 3，能够达到识别的效果。

（4）通过对构建模型的量化评价及成像可视化研究发现，所构建的1.376THz频率下SVM识别模型的综合评价指标F_1-score值达到93.82%，可视化效果清晰可辨。

第四节　小　结

本章以农业病虫害的太赫兹图谱检测方法构建为主要探索目标，分别以美洲山桃核内部虫害、典型农业果蔬病害（灰霉病菌、轮纹病菌和白粉病菌），开展了样品采集与制备、太赫兹数据测量与计算、数据解析和识别建模研究，展示了太赫兹图谱技术在农业病虫害识别方面的可行性，未来将继续收集更多病菌样品进行测试分析，进一步研究和发展太赫兹图谱数据块的解析技术，将采用多种模型相结合的形式进行病虫害识别，为进一步丰富农业病虫害快速诊断和早期预警的太赫兹图谱理论和方法提供参考。

参考文献

董高，郭建，王成，等，2015. 基于近红外高光谱成像及信息融合的小麦品种分类研究[J]. 光谱学与光谱分析，35（12）：3 369-3 374.

冯雷，高吉兴，何勇，等，2013. 波谱成像技术在作物病害信息早期检测中的研究进展[J]. 农业机械学报，44（9）：169-176.

冯雷，张德荣，陈双双，等，2012. 基于高光谱成像技术的茄子叶片灰霉病早期检测[J]. 浙江大学学报（农业与生命科学版），38（3）：311-317.

龙园，赵春江，李斌，2017. 基于太赫兹技术的植物叶片水分检测初步研究[J]. 光谱学与光谱分析，37（10）：3 027-3 031.

鹿文亮，娄淑琴，王鑫，等，2015. 基于太赫兹时域光谱技术的伪色彩太赫兹成像的实验研究[J]. 物理学报（11）：162-168.

田有文，李天来，张琳，等，2010. 高光谱图像技术诊断温室黄瓜病害的方法[J]. 农业工程学报（5）：202-206.

张增艳，吉特，肖体乔，等，2015. 基于平均吸收的太赫兹波振幅成像研究[J]. 光谱学与光谱分析，35（12）：3 315-3 318.

Camargo A，Smith J S，2013. An image-processing based algorithm to automatically identify plant disease visual symptoms[J]. International Journal of Food Engineering，102（1）：9-21.

Cao X，Luo Y，Zhou Y，et al.，2013. Detection of powdery mildew in two winter wheat cultivars using canopy hyperspectral reflectance[J]. Crop Protection，45：124-131.

Dorney T D，Baraniuk R G，Mittleman D M，2001. Material parameter estimation with terahertz time-domain spectroscopy[J]. Journal of the Optical Society of America A Optics Image ence & Vision，18（7）：1 562-1 571.

Duvillaret L，Frédéric Garet，Coutaz J L，1999. Highly precise determination of optical constants and sample thickness in terahertz time-domain spectroscopy[J]. Applied Optics，38（2）：409.

Jones C D，Jones J B，Lee W S，2010. Diagnosis of bacterial spot of tomato using spectral signatures[J]. Computers & Electronics in Agriculture，74（2）：329-335.

Mahlein A K，Steiner U，Christian Hillnhütter，et al.，2012. Hyperspectral imaging for small-scale analysis of symptoms caused by different sugar beet diseases[J]. Plant Methods，8（1）：3.

Mohan J，Krishnaveni V，Guo Y，2014. A survey on the magnetic resonance image denoising methods[J]. Biomedical Signal Processing & Control，9：56-69.

Quan Z，Luo，2012. A non-local mean filtering algorithm based on optimum parameter[J]. Computer Applications and Software，29（3）：77-78.

Rumpf T，Mahlein A K，Steiner U，et al.，2010. Early detection and classification of plant diseases with Support Vector Machines based on hyperspectral reflectance[J]. Computers & Electronics in Agriculture，74（1）：91-99.

Sun X，Liu J，2020. Measurement of Plumpness for Intact Sunflower Seed Using Terahertz Transmittance

Imaging[J]. Journal of Infrared, Millimeter, and Terahertz Waves, 41（3）: 307-321.

Tan W, Zhao C, Wu H, et al., 2015. A Deep Learning Network for Recognizing Fruit Pathologic Images Based on Flexible Momentum[J]. Nongye Jixie Xuebao/Transactions of the Chinese Society of Agricultural Machinery, 46（1）: 20-25.

Wang J, Guo Y, Ying Y, et al., 2007. Fast Non-Local Algorithm for Image Denoising[C]// IEEE International Conference on Image Processing. IEEE.

Zhang L, Li G, Sun M, et al., 2017. Kennard-Stone combined with least square support vector machine method for noncontact discriminating human blood species[J]. Infrared Physics & Technology, 86: 116-119.

第七章　太赫兹光谱技术用于种子品质鉴别研究

第一节　背景及意义

农以种为先。种子是农业科学的"芯片"，是国家粮食安全的命脉。近年来，随着设施农业占比例的不断增加，精确定量的播种方式也越来越普及，种子品质检测也越来越多地受到学者们和种植户的关注。一般种子质量的好坏可从以下指标判别：纯度、净度、水分、饱满度和籽粒均匀性等。无损检测技术能在不造成破坏的情况下对种子进行评价和分选，其中，涉及的领域有生化信息、计算机技术、光谱技术等。高光谱技术将光谱技术与计算机视觉相结合，实现外部品质检测的同时，也能反映内部生化信息的变化，能对种子进行更全面的检测。当光辐射射入到种子时，会发生光辐射的反射。光辐射经过种子表面时直接发生反射，其一定程度上反映了种子的内部构造和生理的信息。

Huang等将高光谱技术结合偏最小二乘法成功鉴别不同年份收获的玉米种子。准确率达到了94%。Collins Wakholi等运用高光谱技术对不同活力值的玉米种子进行分类。采集了玉米籽粒1 000～2 500nm波段的高光谱图像，分别运用偏最小二乘法判别分析（PLS-DA）、线性判别分析（LDA）和支持向量机（SVM）3种分类模型对样本种子进行分类，实验结果表明SVM模型的分类正确率最高。Santosh Shrestha等通过主成分分析法（PCA）和偏最小二乘判别分析法（PLS-DA）对番茄种子的活力进行鉴别，运用高光谱仪提取了975～2 500nm近红外高光谱数据，实验证明运用高光谱技术能有效地检测和区分不同活力的番茄种子。Ashabahebwa Ambrose等运用高光谱技术成功鉴别区分有活力和无活力的玉米种子。运用高光谱技术提取了400～2 000nm波段的图像，建立了偏最小二乘判别分析（PLS-DA）模型，鉴别正确率达到95.6%。证明了高光谱技术能高效无损地区分有活力和无活力的玉米种子。Lalit Mohan Kandpal等运用高光谱技术结合偏最小二乘判别分析识别不同活力甜瓜种子。使用了3种不同的特征变量选择方法来选择最有效的特征波长。分别选出23个、18个和19个特征波长。实验证明SR-PLS-DA模型鉴别正确率最高，达到94.6%。Christian Nansen等运用高光谱技术对3种澳大利亚树种（Acacia Cowleana Tate、

Banksia prionotes和Corymbia calophylla）的萌发率进行检测。运用高光谱技术获取了经0d、1d、2d、5d、10d、20d、30d、50d老化的树种高光谱图像数据，并利用LDA选取10个特征波段。实验结果表明，对树种的发芽率检测准确率达到80%以上。Guiyan Yang等运用高光谱图像技术于玉米种子的成分检测，分析了不同化学成分所对应的特征波段，证明使用高光谱图像技术能有效地检测玉米种子的成分。Ni Zhang等运用高光谱图像技术，成功检测了酿酒葡萄籽中的单宁和酚类物质的含量。对比了PCR、PLSR和SVR 3种预测模型，结果表明所有模型都达到了较好的效果。Jennifer Dumont将高光谱图像技术用于挪威云杉种子的分选。采集了400～2 500nm波段的高光谱图像，运用支持向量机模型成功的鉴别了由*Megastigmus sp.*侵染的种子、空壳种子和正常种子，准确率达93.8%。Francisco等为了确定葡萄籽的成熟期，运用高光谱技术对两种葡萄的葡萄籽进行检测，运用一般判别分析法、主成分分析法和偏最小二乘回归法对种子中的化学成分含量进行预测。实验证明高光谱技术运用于预测葡萄籽成熟阶段上是可行的。朱大洲等（2010）运用光谱技术对垦鉴豆43和中黄13两种黄豆进行鉴别。将软独立建模分类法（SIMCA）运用于建立品种鉴别模型。证明高光谱技术能有效地鉴别黄瓜种子。孙俊等（2014）将高光谱技术运用于掺假大米的检测。将东北长粒香大米和纯江苏溧水大米按不同的比例混合，分别采集样本的高光谱图像。采用主成分分析法对高光谱图像和数据进行降维处理，建立SVM分类模型，实验证明，高光谱图像技术能运用于大米掺假的检测。袁莹等（2016）运用高光谱技术对玉米颗粒进行霉变程度判别。采集了833～2 500nm波段的光谱数据，使用连续投影算法提取出7个特征波长，分别为833nm、927nm、1 028nm、1 377nm、1 454nm、1 861nm、2 280nm，将这7个特征波长作为输入，建立SVM模型，取得了较优的结果。吴迪等（2014）采集了葡萄果皮在900～1 700nm的高光谱图像，采用多元散射校正进行预处理，消除因样本的不均匀性产生的散射造成的光谱误差，将SPA选择的特征波长作为模型输入变量，建立偏最小二乘（PLS）模型、多元线性回归（MLR）和BP神经网络（BPNN）模型。实验结果表明SPA-PLS模型的预测结果最佳。许思等（2016）对不同老化程度的4个品种的水稻进行活力分级检测。采集了在874～1 740nm波段的高光谱图像，运用S-G平滑算法、标准正态变量（SNV）和多元散射校正（MSC）分别对数据进行预处理。采用连续投影算法和主成分分析法进行特征降维，建立不同的分类模型。结果表明SPA-PLS-DA模型识别正确率最高。孙俊等（2016）运用高光谱技术鉴别不同品种的红豆。利用高光谱图像采集系统采集了安徽、山东、江苏3个地区的红豆的高光谱图像数据。采用连续投影算、主成分分析和独立分量分析法进行特征降维。最后将提取的主成分数和特征波长作为输入，建立概率神经网络（PNN）模型和遗传算法优化的概率神经网络（GA-PNN）模型。实验结果证明SPA-GA-PNN模型能有效地对红豆进行分类。彭彦昆等（2018）运用高光谱技术对番茄种子进行活力检测，采集了170下的图像特征对不同活力的种子进行分类。结果表明校正集分类正确率达到93.75%，验证集的分类正确率达到90.48%。芦兵等

（2018）利用高光谱技术对水稻种子的含水量进行检测。利用S-G平滑进行预处理，SPA进行特征降维，结合模拟退火和支持向量回归，取得较好的预测集决定系数和均方根误差。谭克竹（2014）利用高光谱图像技术成功地对不同种类的大豆进行分类。运用主成分分析法从特征图像里提取熵、能量、惯性矩和相关性4个特征变量的数据，结合神经网络建立模型，结果得出分类正确率达到93.88%。

结合上述研究，国内外相关专家学者对基于可见光、近红外、高光谱技术等技术对种子品质检测方面开展了较多的研究，有些研究已经进入了实际应用阶段，但太赫兹光谱用于种子品质鉴别方面的研究偏少，鉴于很多生物大分子的指纹特征处于太赫兹波段，这些特性说明太赫兹技术用于种子品质鉴别可能具有重要的研究潜力和应用前景，值得深入探索。

第二节　转基因/非转基因棉花种子鉴别研究

基因（Gene）是具有遗传信息的DNA片段，控制着生物体的性状表达。转基因（Genetically Modified，GM）作物，即通过现代生物技术，将外源基因插入受体细胞的基因中，通过改变其遗传物质，以获得人们所需新性状的作物。对于转基因棉花来说，主要是基因序列中引入了抗虫基因以减少棉铃虫等泛滥，引入动物角蛋白基因以使得棉花增产。虽然转基因作物能够增加农作物产量；节省经济成本（如减少肥料或农药的使用）；通过增产节省了土地。但是，没有人能够保证转基因作物的绝对安全。所以在我国，国家质检总局规定了对转基因作物及其产品均需标示。但是在实际的市场上，不注明转基因标示或将转基因产品标识为非转基因的情况屡见不鲜，现有的检测方法主要为检测转基因核酸序列的聚合酶链式反应（Polymerase Chain Reaction，PCR）检测技术和检测蛋白质特性的酶联免疫吸附分析（Enzyme-linked Immuno Sorbent Assay，ELISA）检测技术等。以上检测方法均为生物化学法，很难达到快速、无损检测。

目前已有国内外相关学者基于太赫兹技术开展了各种转基因作物的探索研究。涂闪等（2015）利用主成分分析法对转基因棉种进行了分类探索，杜勇等（2015）以支持向量机分类技术对转基因与非转基因棉花种子进行了一定的探索。但在由于棉种自身高油脂原因导致压片制备时出现粘连现象等问题没有具体分析，另外，已有研究尚缺乏针对折射率、吸收系数以及抗虫等基因片段和性状表达的综合分析。本研究以3种转基因棉花种子和1种非转基因棉花种子作为研究对象，针对上述问题，研究了棉种样品制备方法，并尝试采集有效太赫兹光谱数据，通过研究不同棉种的太赫兹光谱响应特性，并开展详细的数据综合分析，探索基于太赫兹技术的转基因/非转基因快速鉴别方法（图7-1）。

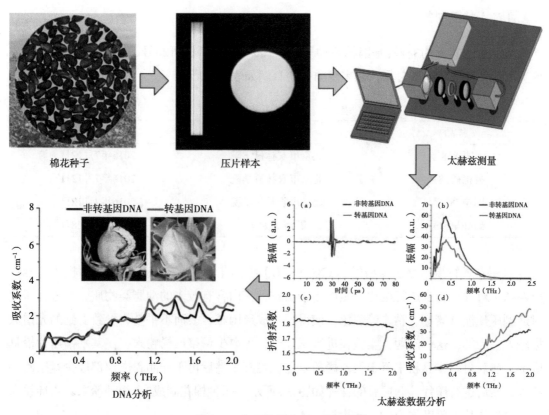

棉花种子　　　压片样本　　　太赫兹测量

DNA分析　　　太赫兹数据分析

图7-1　本研究的主要研究思路

一、实验装备与样品制备

（一）实验装置

本实验所用透射式太赫兹时域光谱系统（Terahertz time-domain spectroscopy system，THz-TDS），主要分4个部分：飞秒激光器、太赫兹辐射产生装置、太赫兹波探测系统和时间延迟光路。飞秒激光器发射出中心波长780nm、重复频率80MHz、脉宽100fs、输出功率475mW的飞秒激光。经过分光镜，将其分为泵浦光与探测光，泵浦光经过3kHz的延迟器调节、透镜聚焦后打在光电导天线装置GaAs晶体上，产生太赫兹脉冲。太赫兹波经过椭面镜聚焦打在样品上，经过高阻硅片对泵浦光的过滤，太赫兹波与探测光共聚于电光检测装置的ZnTe晶体上，通过电光取样探测出太赫兹脉冲的整个时域波形，产生信号经过锁相放大器传至电脑。

实验时，为避免空气中的水蒸气等极性分子对太赫兹波的强烈吸收所产生的干扰，对太赫兹波的产生与探测装置密封，并充满干燥氮气，保证测试环境相对湿度小于4%。实验温度保持在25℃上下。

（二）样品制备

实验研究对象为3种转基因棉花种子：中棉838号、鲁棉研28号、国申7886号和1种非转基因棉花种子新陆早51号，其来源与采购日期如表7-1所示。

表7-1　样品来源及采购日期

样品	来源	采集日期
中棉838号	北京市农林科学院	2016年7月12日
鲁棉研28号	北京市农林科学院	2016年7月12日
国申7886号	北京市农林科学院	2016年7月12日
新陆早51号	石河子大学	2016年6月28日

采用立式行星球磨机（型号：YXQM-1L）将棉花种子磨碎，然后用压片机（型号：FW-4A）对棉种粉末进行压片，然而由于棉花种子内含有较多的油脂类物质，在进行压片时遇到压片模具堵塞、粘连等现象，使得压片成形困难，表面不平整，导致得到的光谱数据较差。为解决这一问题，实验在进行压片时，先取少量聚乙烯粉末，使其平铺压片模具底部，然后再取样品粉末置于聚乙烯粉末上，使其平整后再于样品粉末顶部放少量聚乙烯粉末，然后进行压片，制成后的样片如图7-2所示。每种棉花制成3个棉种粉末聚乙烯粉末为1∶1的样片，厚度均为1.1mm。

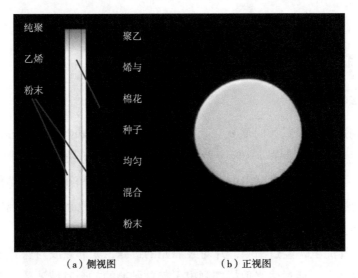

（a）侧视图　　　　　　（b）正视图

图7-2　制备的样品压片

二、数据处理与结果分析

将样品压片置于THz-TDS中进行扫描，每一种压片以不同部位扫描3次，取平均数据，然后将同一棉种等比例的3个压片的时域光谱信息做平均。其太赫兹时域光谱见图7-3。

参考信号为不放样品时对空气的扫描测量值，以Reference表示。4种棉种的谱线相对于参考值在幅值上呈现一定程度的衰减，在时间上呈现一定的延时，这说明样品对太赫兹光谱相对空气而言具有一定的吸收，FFT变换后的频域光谱（图7-4）中样品的频谱强度均低于Reference的现象也很好的说明了这一点。在频域光谱图像中4种样品的频谱强度主要集中在0.3～1.5THz，中棉838号、国申7886号、新陆早51号样品压片的谱线很接近，而鲁棉研28号样品压片的频谱强度明显低于其他棉种，说明鲁棉研28号较其他棉种对太赫兹波的吸收较强。

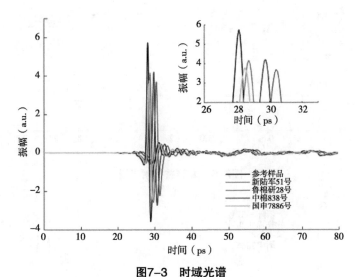

图7-3　时域光谱

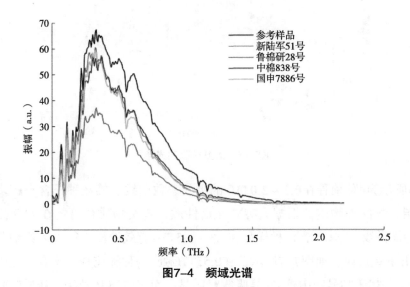

图7-4　频域光谱

采用Dorney等（2001）和Duvillaret等（1999）提出的提取太赫兹光学参数物理模型进行实验数据处理，得到样品的太赫兹折射谱（图7-5）和吸收系数谱（图7-6）。从折射谱中可以看出4种样品的折射率值均在1.4～1.9，平均折射率分别为：1.44（中棉838号），1.61（鲁棉研28号），1.77（国申7886号），1.82（新陆早51号），基本呈现平稳折射特性，但鲁棉研28号在1.67THz附近出现拐点。同时可以发现，转基因棉种的折射率相对于非转基因棉种偏小，折射率可作为判断棉种的一个重要指标。

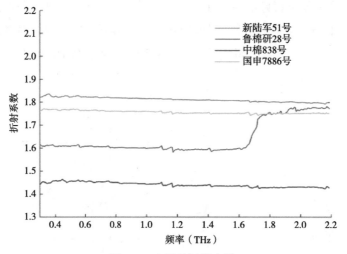

图7-5　太赫兹折射光谱

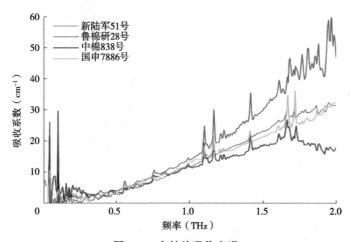

图7-6　太赫兹吸收光谱

图7-6所示为4种棉种在0.1～2.0THz的吸收系数曲线。棉花种子含有较多大分子蛋白质、油脂、核酸等物质，根据太赫兹光谱性质，该类物质很可能在太赫兹波段形成复杂吸收特征谱线，本研究对4种样品在0.3～1.5THz有效波段进行以下详细分析。对于0.3～0.9THz低频波段，如图7-7所示，在0.55THz处，4种棉花种子均有一定吸收峰；在0.76THz处，鲁棉研28号和中棉838号吸收峰明显，而国申7886号和新陆早51号（非转基因）吸收峰不明显；总体上，随着频率的增大，4种棉种吸收系数呈增大趋势，但差异不大。然而，在该波段谱线峰值较多，不够平滑，可能是因为：①由于机器自身的原因，

该波段信息相对较粗糙，信噪比较低，需做噪声去除；②棉种本身作为混合物，含多种大分子物质，可对太赫兹波造成吸收，形成复杂特征谱线，频谱分辨率有待提高。对于0.9～1.5THz高频波段（图7-8）：在0.98THz处，鲁棉研28号和中棉838号呈现一定的吸收，而国申7886号和新陆早51号（非转基因）没有明显吸收；在1.21THz和1.23THz处，鲁棉研28号、国申7886号和中棉838号具有吸明显收峰，而新陆早51号（非转基因）基本无吸收峰；在1.16THz、1.21THz、1.41THz处，3种转基因棉种均具有明显的吸收峰，而新陆早51号（非转基因）仅呈现微弱吸收。从总体上看，鲁棉研28号、中棉838号和国申7886号在高频段吸收较为明显，且3种转基因棉种的吸收系数图谱较为接近，而新陆早51号（非转基因）在整个波段上均较为平缓，吸收峰起伏较弱，转基因和非转基因棉种在高频段呈现明显差异，可以用于有效鉴别。

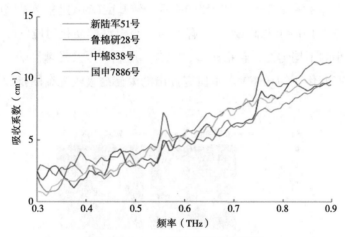

图7-7 0.3～0.9THz波段吸收光谱

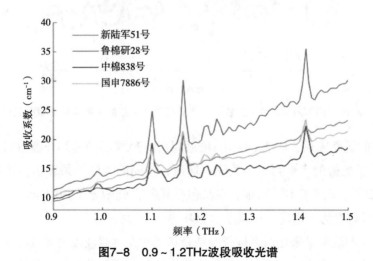

图7-8 0.9～1.2THz波段吸收光谱

从机理层面来讲，转基因棉种一般是增加了抗虫、抗除草剂或增产基因片段，是某种特殊功能的增强，如图7-7所示，3种转基因棉种在1.21THz、1.23THz和1.41THz处，对太赫兹波呈现明显的吸收，而非转基因棉种却呈现微弱的吸收或不吸收，推断其原因，可能是由于抗虫、抗除草剂、增产等基因片段及其性状表达的蛋白质、油脂等吸收所致。其具体分子基团与太赫兹波谱的相互作用机理有待进一步探索。

三、DNA分析

种子的太赫兹光谱吸收表征与其分子组成有一定的相关性，典型生物分子（如DNA蛋白质和RNA蛋白质）整体构象非常重要。尽管之前通过计算的方法来确定范德华力可能造成的影响还不够准确，但通过观察螺旋结构激发特性可发现，太赫兹技术可能是无标记检测DNA结合状态的有效工具。如图7-9所示，转基因DNA比非转基因DNA具有更高的吸收系数，特别是在1.0~1.6THz区域，有3~4个与棉籽样品相对应的峰。由于在宏观样品制作过程中微小的不均匀性（包括研磨、混合和压制）以及环境影响，实际测量中吸收系数的绝对值略有变化（约10%）。本研究提出的太赫兹吸收光谱图指数是样品材料的平均值。

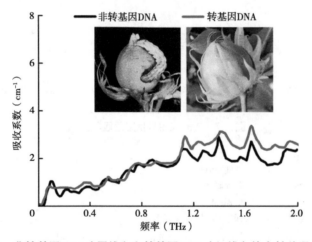

图7-9 非转基因DNA（黑线）和转基因DNA（红线）的太赫兹吸收光谱

基于目前的研究成果，Brucherseifer最近利用DNA样品的远红外参数研究杂交状态，从而使DNA分子的折射率受到更多关注。然而，不同的观测结果表明，使用上述技术分析DNA在可靠性上遇到了实际困难。在与包含相似官能团分子相似光谱后比较发现，可将这些附加谱线解释为与附着于核碱基的糖基团相关的振动信号。

本研究展示的观测结果是对多核苷酸结合状态在太赫兹波段的光谱特性，该结果不仅提出了太赫兹技术可快速进行动态构象分析的生物分子进行基本分析的探索概念，而且还潜在地为未来开发基于太赫兹的基因探测技术奠定了基础。

四、实验小结

本研究开展了室温干燥环境下3种转基因棉花种子和1种常规育种的棉花种子的压片制备和太赫兹光谱测试研究工作，提出了聚乙烯夹层的压片制作方法，使得压片表面平整度更高，测得的光谱数据更加准确，然后采集了样品的太赫兹光谱数据，并对有效率范围内的太赫兹时域、频域、折射率以及吸光系数光谱图像信息进行详细分析，选取频谱强度、折射率和吸收峰所在位置与峰值强度等变量详细分析了低频和高频段的样品吸光系数光谱图，发现在0.3～0.9THz低频段，随着频率的增大，4种棉种吸收系数呈增大趋势，但差异不大，但在0.9～1.5THz高频波段，3种转基因和非转基因棉种呈现明显差异，可以用于有效鉴别。相对于非转基因棉种，3种转基因棉种在高频阶段呈现较为一致的强烈吸收特性，究其原因，可能是由于抗虫、抗除草剂、增产等基因片段及其性状表达的蛋白质、油脂等吸收所致。最后又对非转基因DNA和转基因DNA的太赫兹吸收光谱曲线进行了对比分析。本研究不仅提出了太赫兹技术可快速进行动态构象分析的生物分子进行基本分析的探索概念，而且还潜在地为未来开发基于太赫兹的基因探测技术奠定了基础。

第三节　基于太赫兹光谱技术的大米品质真伪鉴别研究

在农产品和食品监管机构、供应以及消费过程中，大米掺假是一个比较严重的食品安全问题。为了有效区分优质大米和劣质大米是否混合来以劣充好问题，本研究通过太赫兹光谱和模式识别算法对5种不同混合比例的大米进行了检测和分析。首先，准备优劣大米样品并使用太赫兹设备获取光谱数据，然后应用主成分分析（PCA）算法从原始光谱信息中提取特征并压缩数据尺寸；随后，将偏最小二乘判别分析（PLS-DA），支持向量机（SVM）和反向传播神经网络（BPNN）与经过不同预处理[包括标准正态变量（SNV）转换，基线校正]的吸收光谱相结合用于建立分类模型（图7-10）。结果表明，采用吸收光谱和一阶导数预处理的SVM模型表现出最好的判别能力，在预测集中的准确性高达97.33%。该研究说明太赫兹光谱法与化学计量学方法相结合可以成为鉴定大米掺假水平的有效工具。

一、样品制备与实验方法

（一）样品制备

本研究的实验样品是来自中国辽宁省沈阳水稻研究所提供的香型武昌二号米（市场价

为33.8元/kg）和长粒一号米（市场价为15.6元/kg）。首先，使用行星球磨机（XQM20，中国长沙天创）将它们研磨成粉末（直径0.005mm）；随后，使用电子秤（G622SHINKO，日本）将它们按3∶0、2∶1、1∶1、1∶2和0∶3的比例混合成5个级别，重量设为210mg。随后，使用压片机（SpecacGS15011UK）在7.5N压力下将混合粉末样品压入厚度为1.2mm、直径为13mm的圆形薄片中约5min。切片的表面保持平滑和平行，以减少后续测量时光谱多次反射的影响。本研究共制备了450份掺假大米样品（每级90份）用于太赫兹测量。

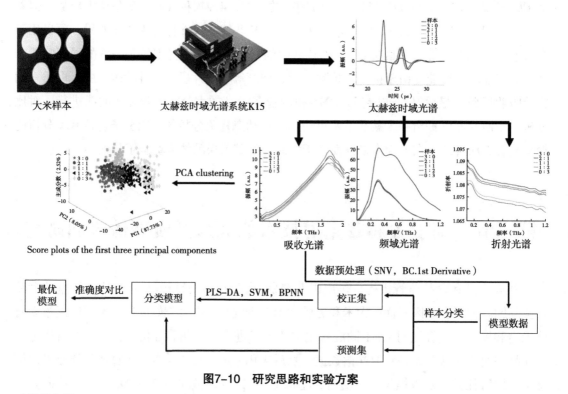

图7-10　研究思路和实验方案

（资料来源：Li Chao，Analysis and identification of rice adulteration using Terahertz spectroscopy and pattern recognition algorithms，2019）

（二）太赫兹光谱系统

本研究采用实验室的TERA K15全光纤耦合太赫兹光谱仪（德国Menlo公司）进行测量。该系统由飞秒激光、太赫兹发射器和太赫兹探测器组成，采用透射模式进行测量。相关参数如前面所述。为了减少空气中水分对太赫兹吸收的影响，整个实验在一个封闭的空间内进行，开启氮气泵连续充入氮气，相对湿度（RH）小于5%，环境温度保持在25℃左右。

二、光谱采集与数据处理

（一）光谱采集和预处理

首先测量空气（无压片，空扫）的太赫兹光谱作为参考光谱，然后将每个大米样品固定在样品架上进行扫描，采集0~80ps的光谱数据。实验时每个样品采集3次，并计算平均光谱来作为该样品的光谱数据，以减少随机噪声的影响。随后，利用系统自带Teralyzer软件计算各样品对应的频域光谱、吸收光谱和折射光谱。

光谱预处理技术有助于减少外部环境的影响，为消除背景噪声，采用Savitzky Golay滤波平滑数据，提高信噪比。随后，应用SNV来减小粒子和附加散射的影响，并用一阶导数和基线校正来增强光谱信号。预处理后的光谱数据更加平滑和规范化。

（二）模式识别算法

良好的模式识别算法可使通过简单分析获得的样本信息得到更为彻底的科学表征。为了建立太赫兹光谱与大米之间的良好分类模型，本研究选择PCA、PLS-DA、GA、SVM和BPNN等模式识别算法（Pattern Recognition Algorithm）对大米样品进行分类筛选。算法基于Matlab 2016b（Mathworks Inc. Natick MA USA）进行。

三、结果分析与讨论

（一）样品的太赫兹光谱测量结果

图7-11（a）和7-11（b）分别表示出了5种不同混合比例的大米样品在时域和频域中的平均光谱，可以看出，由于噪声的影响，在时域光谱中，低于18ps且超过34ps的幅度数据，以及在频域光谱中，超过1.2THz的幅度数据被视为无效数据。与参考光谱相比，样品的振幅在时域和频域中表现出明显的衰减。同时，时域谱延迟，相位也相应改变。可以观察到，所有样品光谱的总体趋势是相似的；除了一些细微的变化，没有观察到波形和振幅的显著差异。

样品的平均吸收光谱如图7-12（a）所示。由于高低频谱的噪声较大，信噪比较低。因此，选择0.1~2.0THz的光谱有效数据。通过观察吸收光谱表明，在有效光谱范围内大米样品中没有明显的吸收峰。这种现象可能是由于样品中多组分混合物的基团集体吸收造成的。此外，在1.5~1.7THz间存在一定的差异。根据此前的研究分析，这可能是由于不同地理来源的大米样品中蛋白质、氨基酸、脂肪酸、维生素和无机元素的含量不同。样品的平均折射率如图7-12（b）所示，选取0.1~1.2THz为有效数据，折射率范围为1.065~1.095THz。

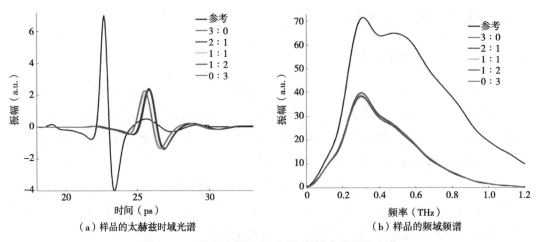

（a）样品的太赫兹时域光谱　　　　　（b）样品的频域频谱

图7-11　5种大米样品在时域和频域中的平均光谱

（资料来源：Li Chao，Analysis and identification of rice adulteration using Terahertz spectroscopy and pattern recognition algorithms，2019）

然而，对于高维特征数据，仅通过样本的特征谱特征很难直接识别样本。因此，接下来采用吸收光谱结合化学计量学方法来鉴别样品。

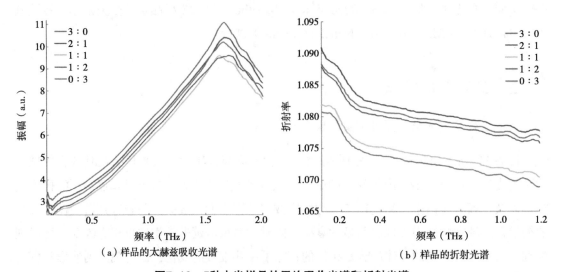

（a）样品的太赫兹吸收光谱　　　　　（b）样品的折射光谱

图7-12　5种大米样品的平均吸收光谱和折射光谱

（资料来源：Li Chao，Analysis and identification of rice adulteration using Terahertz spectroscopy and pattern recognition algorithms，2019）

（二）主成分分析结果

针对450个大米样品，选取0.1～1.7THz的吸收光谱作为识别特征，进行主成分分析以降低太赫兹光谱的维数并提取数据特征。随后，从450个参考样品的光谱数据中提取出前3个主成分。如图7-13所示，前3个主成分的贡献率分别达到87.73%、8.05%和2.52%。显然，前3个主成分可以解释大多数光谱变化，而不会丢失太多信息，因为前3个主成分的贡献率达到98.30%。在相同混合比例的大米样品中观察到明显的聚类趋势。

此外，不同混合比例的大米样品部分重叠，这可能是因为吸收光谱中没有出现吸收峰，且部分吸收光谱彼此相似。此外，在混合比例为3∶0（纯五常香米）和混合比例为0∶3（纯长粒米）的样品之间观察到明显的聚类。结果表明，主成分分析法能够有效地提取样品的太赫兹光谱特征，并且能够聚类相似特征的太赫兹吸收光谱。虽然它为区分不同混合比例的大米样品提供了依据，样品仍然不能被准确地鉴别。因此，继续探索新的化学计量学方法来更好地鉴定样品。

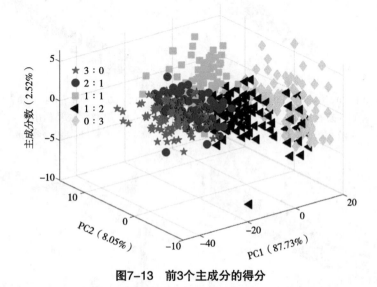

图7-13　前3个主成分的得分

（资料来源：Li Chao，Analysis and identification of rice adulteration using Terahertz spectroscopy and pattern recognition algorithms，2019）

（三）分类结果与分析

在本研究中，原始吸收光谱和不同预处理后的吸收光谱（SNV、BC和一阶导数用于建立模型，如图7-14所示。在建立模型之前，必须将所有训练数据和预测数据归一化到特定范围[0，1]。所有样本被随机分为校准集（60×5个样品和预测集30×5个样品）。在3∶0、2∶1、1∶1、1∶2和0∶3共5种不同比例下的样品标签分别被定义为1级、2级、3级、4级和5级。

偏最小二乘法将数据的相关来源线性压缩成称为潜变量的新变量，前几个潜变量包含最有用的信息。在这个步骤中，选择0.1～1.7THz的吸收光谱数据来导入PLS-DA模型。在SNV模型、BC模型、一阶导数模型和无预处理模型中，建立校正集的最佳阈值数分别为8、10、7和10。偏最小二乘法的判别结果列于表7-2。与来自具有原始数据、BC和SNV预处理的模型的辨别精度相比，使用一阶导数的模型获得了最佳辨别精度（在校准和预测集中分别为84.67%和80%）。在预测集中，30个大米样品被错误分类，如图7-15所示。这意味着PLS-DA模型的准确性不适于分类。

为了降低输入数据的维数以获得更好的识别模型，主成分分析使用0.1～1.7THz的吸收光谱数据；随后，从主成分分析中获得的前10个主成分用于SVM模型。

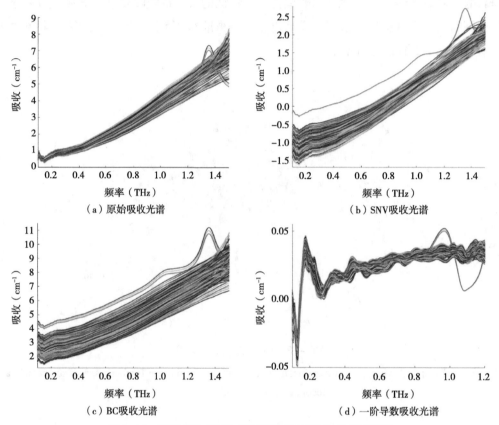

图7-14　原始吸收光谱和不同预处理后吸收光谱模型图

（资料来源：Li Chao，Analysis and identification of rice adulteration using Terahertz spectroscopy and pattern recognition algorithms，2019）

GA生成的训练样本的最佳优化参数（c，g）在原始光谱上为（11.313 7，0.353 5），在SNV光谱上为（5.656 9，0.707 1），在光谱上为（0.353 6，4）与BC，以及（2，1.414 2）在光谱上具有一阶导数。SVM的鉴别结果列于表7-2中。与PLS-DA一样，使用一阶导数预处理的光谱的SVM方法与原始光谱，SNV和BC预处理模型相比，具有最佳的鉴别精度。此外，校准和预测集的判别准确率分别达到99%和97.33%。在预测集中，标记为1的3个样品被错误地识别为标记为2的样本，标记为2的一个样品被错误地识别为标记为1的样本，如图7-16所示。

表7-2　PLS、SVM和BPNN的分类结果

化学计量学方法	数据预处理	校正集中误判样品数量（个）	预测集中误判样品数量（个）	校正集准确率（%）	预测集准确率（%）
PLS-DA	NO	54	34	82.00	77.33
	SNV	66	33	78.00	78.00
	BL	48	31	84.00	79.00
	1st Derivative	46	30	84.67	80.00
SVM	NO	12	18	92.00	88.00
	SNV	6	12	98.00	92.00
	BL	4	14	98.66	90.66
	1st Derivative	3	4	99.00	97.33
BPNN	NO	64	47	78.67	68.67
	SNV	25	20	91.67	86.67
	BL	32	23	89.33	84.67
	1st Derivative	8	16	97.33	89.33

资料来源：Li Chao，Analysis and identification of rice adulteration using Terahertz spectroscopy and pattern recognition algorithms，2019。

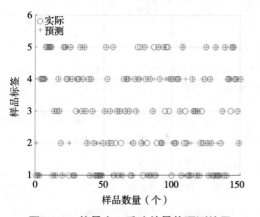

图7-15　偏最小二乘法的最佳预测结果

（资料来源：Li Chao，Analysis and identification of rice adulteration using Terahertz spectroscopy and pattern recognition algorithms，2019）

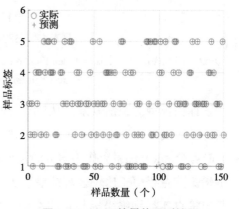

图7-16　SVM的最佳预测结果

（资料来源：Li Chao，Analysis and identification of rice adulteration using Terahertz spectroscopy and pattern recognition algorithms，2019）

BPNN作为一个非线性神经网络，当输入数据为高维时，需要考虑训练时间。因此，与SVM模型一样，从主成分分析中遴选前10个主成分作为BPNN模型输入。经过多次选择，最终确定隐藏层节点的最佳数量为12个，即BPNN网络的最佳结构是10-12-5，适用

于原始光谱、SNV、BC和一阶导数模型。BPNN的判别结果列于表7-2。与PLS-DA和SVM相同，使用带有一阶导数预处理的光谱的BPNN方法构建模型准确度分别为97.33%和89.33%，在预测集中有16个大米样品被错误分类，如图7-17所示。

表7-2总结了结合不同预处理方法、不同化学计量学方法的准确度结果。实验结果表明，结合一阶导数预处理的SVM方法对5个大米样品水平的判别具有最佳的判别结果。一阶导数预处理在3种判别模型中产生了最佳的判别精度。如图7-14所示，与原始吸收、SNV吸收和BC吸收光谱相比，在一阶导数吸收光谱中出现了尖锐的吸收峰和尖锐的吸收谷。光谱信息得到增强，重叠的样品得以分离，这可能导致通过一阶导数预处理的最佳鉴别准确度。

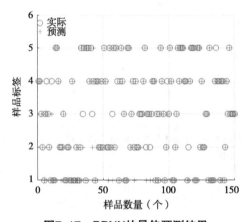

图7-17　BPNN的最佳预测结果

（资料来源：Li Chao，Analysis and identification of rice adulteration using Terahertz spectroscopy and pattern recognition algorithms，2019）

为了评估模型的识别效果，从5个不同占比的每个水平下选择30个样品作为测试集，并将它们导入到PLS-DA、SVM和BPNN模型中，然后选择由混淆矩阵得到的召回率、准确率、F1得分和Kappa系数作为多分类模型的评价指标进行评价。

混淆矩阵主要用于比较客观结果和实际测量值。在图7-18中，计算3个模型的混淆矩阵，其中将真实类别纵坐标与预测类别横坐标进行比较，以描述每个类别的单独分类性能。可以看出，比例为3∶0的样本更容易被错误分类。召回率、准确率、F_1得分和Kappa系数的计算结果分别列于表7-3、表7-4和表7-5。从表7-3来看，SVM的平均召回率为98.76%，偏最小二乘法和BPNN的相应值分别为86.27%和89.33%，表明SVM的识别灵敏度优于偏最小二乘法和BPNN。SVM的平均精度识别率为98.75%，偏最小二乘法和BPNN的对应值分别为85.66%和89.60%，表明SVM的识别率高于偏最小二乘法和BPNN。SVM的平均值F_1和Kappa系数分别为98.66%和0.983 3，表明SVM的模型稳定性优于PLS-DA（83.10%，0.783 3）和BPNN（89.24%，0.866 7）。结果表明，SVM具有最佳的模型构建性能。

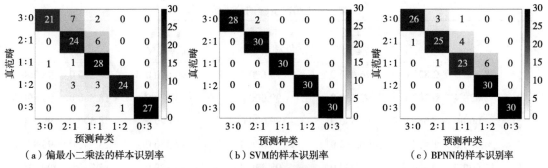

（a）偏最小二乘法的样本识别率　　（b）SVM的样本识别率　　（c）BPNN的样本识别率

图7-18　混淆矩阵的测试结果

（资料来源：Li Chao，Analysis and identification of rice adulteration using Terahertz spectroscopy and pattern recognition algorithms，2019）

表7-3　3种模型的召回率

模型	召回率（%）					
	3：0	2：1	1：1	1：2	0：3	平均值
PLS-DA	70.00	80.00	93.33	80.00	90.00	82.67
SVM	93.33	100.00	100.00	100.00	100.00	98.76
BPNN	86.67	83.33	76.67	100.00	100.00	89.33

资料来源：Li Chao，Analysis and identification of rice adulteration using Terahertz spectroscopy and pattern recognition algorithms，2019。

表7-4　3种模型的准确率

模型	准确率（%）					
	3：0	2：1	1：1	1：2	0：3	平均值
PLS-DA	95.45	68.57	68.29	96.00	100.00	85.66
SVM	100.00	93.75	100.00	100.00	100.00	98.75
BPNN	96.30	86.21	82.14	83.33	100.00	89.60

资料来源：Li Chao，Analysis and identification of rice adulteration using Terahertz spectroscopy and pattern recognition algorithms，2019。

表7-5　3种模型的F_1评分和Kappa准确率

模型	准确率（%）						Kappa系数
	3：0	2：1	1：1	1：2	0：3	平均值	
PLS-DA	80.77	73.85	78.77	87.27	97.74	83.10	0.783 3
SVM	96.55	96.77	100.00	100.00	100.00	98.66	0.983 3
BPNN	91.23	84.75	79.31	90.91	100.00	89.24	0.866 7

资料来源：Li Chao，Analysis and identification of rice adulteration using Terahertz spectroscopy and pattern recognition algorithms，2019。

表7-6 20次实验的分类结果

序号	Best c	Best g	交叉验证准确性	校正集准确率（%）	预测集准确率（%）	PSV（%）	PI_{SVM}
1	8.000 0	2.828 4	96.670 0	98.670 0	96.670 0	28.250 0	98.900 0
2	2.828 4	0.707 1	97.330 0	99.000 0	94.670 0	18.860 0	99.290 0
3	4.000 0	5.565 9	97.330 0	99.000 0	96.670 0	38.590 0	99.270 0
4	4.000 0	1.414 2	96.330 0	98.330 0	97.330 0	25.340 0	98.860 0
5	16.000 0	0.500 0	97.000 0	98.330 0	95.330 0	17.740 0	99.110 0
6	2.000 0	1.414 2	98.330 0	99.000 0	97.330 0	34.260 0	99.320 0
7	1.000 0	5.656 9	96.670 0	98.330 0	97.330 0	36.290 0	98.890 0
8	0.707 1	4.000 0	95.670 0	98.330 0	98.330 0	40.490 0	98.170 0
9	2.000 0	2.000 0	97.330 0	99.000 0	96.000 0	29.600 0	99.280 0
10	1.000 0	2.828 4	97.000 0	98.670 0	95.330 0	36.210 0	99.090 0
11	2.313 7	5.656 9	96.670 0	98.670 0	98.000 0	38.890 0	98.890 0
12	0.707 1	2.828 4	97.000 0	98.670 0	93.330 0	36.210 0	99.090 0
13	4.000 0	2.828 4	96.330 0	98.330 0	94.670 0	37.610 0	98.670 0
14	1.000 0	4.000 0	96.000 0	98.000 0	98.000 0	34.300 0	98.440 0
15	1.000 0	2.000 0	97.330 0	98.670 0	96.670 0	34.620 0	99.270 0
16	4.000 0	1.000 0	96.670 0	98.330 0	96.670 0	22.640 0	98.910 0
17	0.707 1	2.828 4	98.670 0	99.330 0	95.330 0	35.000 0	99.790 0
18	2.828 4	2.828 4	95.670 0	98.000 0	96.000 0	34.910 0	98.180 0
19	0.707 1	2.828 4	96.670 0	98.330 0	95.330 0	31.560 0	98.900 0
20	0.707 1	2.828 4	96.330 0	98.670 0	96.670 0	34.850 0	98.670 0
SD	4.025 2	1.536 9	0.759 9	0.357 4	1.294 5	6.558 3	0.395 8

资料来源：Li Chao，Analysis and identification of rice adulteration using Terahertz spectroscopy and pattern recognition algorithms，2019。

为了保证实验的重现性，优化参数（c，g）设置的合理性和遗传算法SVM的精度稳定性，我们使用PI_{SVM}作为准确度和支持向量比例的函数来更好地验证算法的性能，公式如下：

$$PI_{SVM} = \exp\left\{\frac{-\kappa\left[PSV + (100 - Acc)^2\right]}{200 - PSV - Acc + \varepsilon}\right\}$$

式中，$\kappa > 0$是形成函数的常数因子（本研究中$\kappa = 0.1$）；Acc是交叉验证精度；ε是一个接近于0的数字，以防止被零除。最佳结果是$PI_{SVM} = 1$。

表7-6显示了20个实验的分类结果，可以看出，c拥有相对较大的标准偏差（SD）（4.025 2）表明存在一个范围可以找到最佳SVM性能；换句话说，参数c对SVM分类器性能的影响很弱，相比之下，参数g拥有较小SD值（1.536 9）对SVM分类器的性能有很大的影响。在准确性方面，在20次实验交叉验证准确性、校准集准确性和预测集准确性始终在93%以上，并且它们的标准差较小，这表明遗传SVM算法的精度稳定性良好。此外，所有PI_{SVM}值总是接近1，这表明超参数调谐的实验设置是合理的。在该研究中，PLS方法更适用于线性模型，并且当响应变量y和光谱数据之间存在复杂的非线性关系时，预测值导致较大的偏差，如图7-19所示。

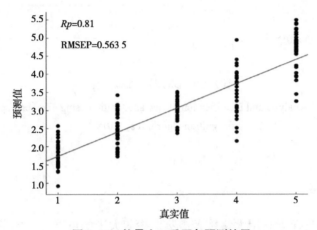

图7-19　偏最小二乘回归预测结果

（资料来源：Li Chao，Analysis and identification of rice adulteration using Terahertz spectroscopy and pattern recognition algorithms，2019）

　　BPNN表现出比较强的自我学习、自我适应和容错能力。然而，在BPNN训练过程中可看到局部极值的出现，如图7-20所示。同时，BPNN的识别结果受到训练样本数量的影响。当训练样本较少时，模型的识别精度和泛化能力下降，相比之下，SVM遗传算法拥有一种高效的并行算法，它可以自动控制搜索过程，通过自适应来确定最优解。即使在训练样本数量有限的情况下，该算法也能产生准确的识别结果，并且收敛良好。

　　前人的相关研究主要集中在基于不同频段的光谱技术进行大米品种的鉴别。孙俊等（2014）利用高光谱图像技术提取掺假大米的光谱数据；随后分别使用6个特征波长和最佳主成分开发了两种类型的简化SVM模型。实验结果表明基于特征波长的模型交叉验证和预测精度分别为95%和96%，基于最优主成分的模型交叉验证和预测准确率分别为94%和98%。本研究将不同品种的大米混合在一起，利用太赫兹光谱技术对大米的掺假程度进行识别，结果比较稳定，识别率略高，为97.33%。实验表明，太赫兹光谱不仅可以获得单一大米品种的有效信息，而且可以灵敏地捕捉不同大米品种混合时的有效信息，并与不同掺杂程度的其他大米品种区分开来。同时，它反映了太赫兹光谱穿透性强、灵敏度高的特点。

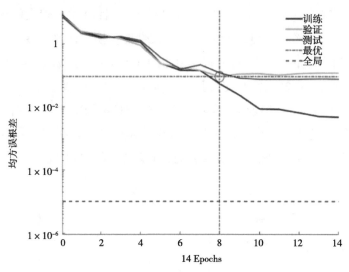

图7-20 BPNN的训练过程

（资料来源：Li Chao，Analysis and identification of rice adulteration using Terahertz spectroscopy and pattern recognition algorithms，2019）

四、实验小结

本研究的目的是探索利用太赫兹光谱鉴别掺假大米的可能性。制备了5种不同配比的大米样品，提取样品的吸收光谱，应用主成分分析法提取有效数据的特征并对样品进行分类。研究发现，不同混合比例的大米样品表现出不同的太赫兹吸收，可以进行分类。此外，使用一阶导数预处理的吸收光谱的SVM模型显示出最好的辨别能力，在预测集中准确率高达97.33%。本研究表明，利用太赫兹光谱技术结合模式识别算法是鉴别掺假大米的一种有效方法。该技术能够快速有效地检测大米掺假。尽管这项研究显示了极好的结果，但在中国东北地区，当中国存在多种不同的大米时，这项研究仅基于高质量和低成本的稻米进行。因此，该模式显示出某些区域局限性。因此，在今后的研究中，将考虑更多的大米品种，亟待建立一个更加稳定和适用的大米种质资源判别模型数据库。

第四节　基于太赫兹技术的小麦种子含杂检测研究

小麦一直是人类最主要的粮食作物之一。小麦中含有的杂质会降低小麦的品质，同时，小麦杂质也是影响小麦产量的关键因素。如何准确、高效地对小麦杂质进行检测，一直都是科研工作者关注的焦点。针对此问题，本研究提出了基于太赫兹光谱成像和卷积神经网络相结合的小麦杂质检测方法。鉴于太赫兹独特的图谱特性和卷积神经网络（CNN）强大的数据处理能力，针对小麦中所含有的不同杂质，利用THz-TDS技术对不同杂质进行检测，提出一种基于太赫兹光谱成像和卷积神经网络协同作用的小麦杂质检测方法。本研究的主要步骤如图7-21所示。首先研究麦壳、麦秆、麦叶、麦粒、杂草和瓢虫在0.2～1.6THz波段的光谱特性，计算它们的折射率和吸收系数等参数，然后使用太赫兹时域光谱成像系统对小麦杂质进行不同太赫兹频率下的成像，分别提取其图像和光谱特征，构建太赫兹光谱数据库；建立卷积神经网络分类模型，并完成训练，最终实现小麦杂质的无损检测。同时，通过傅里叶变换将时域波形转变成频域波形，从而实现对样品的扫描成像。最后对成像数据进行数据处理和分类，完成小麦及其杂质种类的检测。

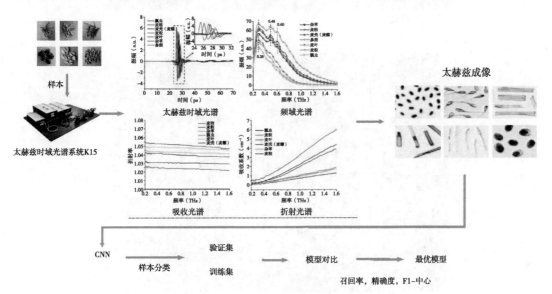

图7-21　本节的研究思路和实验过程

（资料来源：Shen Yin，Detection of impurities in wheat using Terahertz spectral imaging and convolutional neural networks，computers and electronics in Agriculture，2021）

一、样品制备与光谱采集

（一）样品制备与光谱信息采集

本实验选取了联合收割机粮仓中的小麦、麦壳、麦秆、麦叶、麦粒、杂草和瓢虫作为样品，如图7-22（a）所示。实验之前需要将所有样品制作成粉末状，再与聚乙烯粉混合后，进行压片；然后在模具压力为3.5t的条件下，将样品压制成直径为13mm左右的圆薄片；压片效果如图7-22（b）所示。

杂草   麦秸   麦芽

瓢虫   小麦皮   小麦籽粒

（a）小麦及杂质样本

（b）小麦及杂质的压片样本

图7-22　小麦与杂质及其压片的样本

（资料来源：Shen Yin，Detection of impurities in wheat using terahertz spectral imaging and convolutional neural networks，2021）

　　利用太赫兹时域光谱仪（Menlo systems，TERA K15，Germany）去采集小麦、麦壳、麦秆、麦叶、麦粒、杂草和瓢虫的光谱数据。首先需要将每一种样品粘贴在聚乙烯板上；然后打开设备，样品被置于一个二维平移台上，通过计算机控制平移台，使聚乙烯板左侧处于最佳焦距155mm位置，如图7-23所示；最后在软件平台上面设置扫描起始点和扫描终止点，通过逐点扫描得到太赫兹脉冲的整个时域波形，并对其频谱数据进行分析和处理，即可获得被测样品频域信息、吸收系数和折射率等重要物理信息。

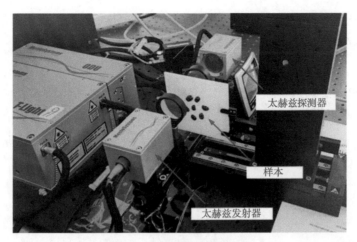

图7-23　太赫兹时域光谱仪

（资料来源：Shen Yin，Detection of impurities in wheat using terahertz spectral imaging and convolutional neural networks，2021）

（二）样品的图像采集

将处理后的小麦、麦壳、麦秆、麦叶、麦粒、杂草和瓢虫固定在聚乙烯板上，打开测试软件，初始化设置后，将实验样品放置在一个X-Y的移动台上，成像采用脉冲扫描成像的方式，设置样品的扫描起始点（X_0，Y_0）和扫描终点（X_1，Y_1）。太赫兹光谱仪开始连续扫描样品，太赫兹射线通过扫描物体的不同点，可记录下样品不同位置的透射信息。太赫兹光谱仪每扫描完成一行，将数据保存在一个TXT文档中，总共扫描了90行，共90个TXT文档。

二、参数提取与模型构建

（一）光学参数提取

实验所采集的每个样品的光谱数据包含了90个TXT文档，总共是630个TXT文档。其中每个文档表示太赫兹扫描一行的光谱数据。在X-Y平面上，扫描每一个样品就可得到样品的透射时域光谱，应用Dorney与Duvillaret所采用的数学模型，提取样品的太赫兹光学参数（折射率、吸收系数）。将样品的时域光谱数据通过傅里叶变换，得到样品每个空间点的频域光谱。频域光谱能反应样品的每一点在特定频率下的太赫兹光谱强度。提取样品在不同频率下的太赫兹光谱数据，得到样品对应的频域图像。

对实验所得时域光谱信号进行傅里叶变换后可以得到频域光谱函数$E(\omega)$。$E_{ref}(\omega)$和$E_s(\omega)$分别是参考信号与样品信号的频域信号，则可以得到透射函数$H(\omega)$。$n_s(\omega)$为折射率，$\kappa_s(\omega)$为消光系数，ω为频率，c为光速，l为样品厚度，n_0为氮气的折射率，样品的折射率和吸收系数的计算公式如下：

$$H(\omega) = \frac{E_s(\omega)}{E_{ref}(\omega)} = \frac{4n_0 n_s(\omega)}{[n_s(\omega) + n_0]} \cdot \exp\left\{-j\left[n_s(\omega) - n_0\right]\frac{l\omega}{c}\right\} \cdot \exp\left[-\frac{l\omega\kappa_s(\omega)}{c}\right]$$

$$\kappa_s(\omega) = \frac{c}{\omega l}\left\{\ln\left[\frac{4n_s(\omega)n_0}{|H(\omega)|\left[n_s(\omega) + n_0\right]^2}\right]\right\}$$

$$n_s(\omega) = n_0 - \frac{\omega l}{c}\angle H(\omega)$$

$$\alpha_s(\omega) = \frac{2\omega\kappa_s(\omega)}{c} = \frac{2}{l}\left\{\ln\left[\frac{4n_s(\omega)n_0}{|H(\omega)|\left[n_s(\omega) + n_0\right]^2}\right]\right\}$$

（二）成像的方法

太赫兹成像拥有成千上万的数据量，每一个像素点对应一个时域波形，我们可以从时域谱或其傅里叶变换谱（频域谱）中选择任意某个数据点的振幅或位相进行成像，从而重构样品的空间密度分布、折射率和厚度分布。常用的成像方式有时域最大值成像、最小值成像和峰值成像。时域最大值成像方式是取出太赫兹时域光谱数据的最大值作为成像参数。与最小值相比，最大值的绝对值要比最小值大，反映在图像上是各点的强度信号更强。相比其他几种成像方式，太赫兹时域成像中的最大值成像方式能够确保样品的强度更加明显。在本研究中，分别提取每一个样品的时域光谱最大值，用来构建样品的图像。

（三）卷积神经网络模型的构建

卷积神经网络属于人工神经网络，近年来在图像识别和分类领域成为研究的热点。卷积神经网络通过模拟人的神经网络结构实现特征学习，在处理信号时经过多层变换描述数据特征。该网络减少了对图像的前期预处理，可以用太赫兹图像直接作为网络的输入，跳过传统算法中复杂的特征提取和数据重建过程。卷积神经网络包括：输入层、卷积层、池化层、全连接层和输出层。本实验采用的是卷积神经网络模型Wheat-V2。Wheat-V2是改进的卷积神经网络。Wheat-V2卷积神经网络的基本结构：1个输入层，4个卷积层和池化层组合，2个全连接层和1个输出层（图7-24）。在Wheat-V2卷积神经网络结构中加入Inception是为了有效地降低纬度，增加网络的深度与宽度，减少过拟合问题。

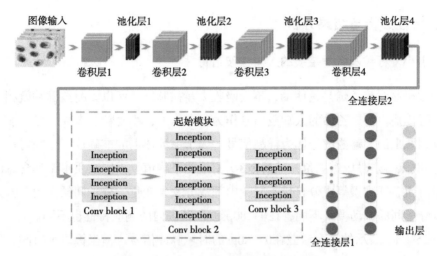

图7-24 Wheat-V2卷积神经网络结构

（资料来源：Shen Yin，Detection of impurities in wheat using terahertz spectral imaging and convolutional neural networks，2021）

表7-7 卷积神经网络参数的设计

层	卷积核的大小	类型
卷积层1	5×5	1
池化层1	3×3	2
卷积层2	5×5	1
池化层2	3×3	2
卷积层3	5×5	1
池化层3	3×3	2
卷积层4	5×5	1
池化层4	3×3	2
Conv block 1	$4 \times$ 起始模块1	
Conv block 2	$6 \times$ 起始模块1	
Conv block 3	$4 \times$ 起始模块1	
全连接层1	Logits	
全连接层2	Logits	
输出层	神经元个数：6	

资料来源：Shen Yin，Detection of impurities in wheat using terahertz spectral imaging and convolutional neural networks，2021。

三、特性分析与结果分析

（一）小麦籽粒及各类杂质的太赫兹波谱特性

由于太赫兹对聚乙烯是透明的，不会吸收太赫兹脉冲，所以太赫兹脉冲就相当于是在氮气中进行传播。将聚乙烯的太赫兹信号作为参考信号，小麦粒、麦壳、麦秆、麦叶、麦粒、杂草和瓢虫的太赫兹信号作为样品信号。为了保证数据的准确性，分别对每一种杂质样品进行3次太赫兹时域谱测量，然后取3次测量的平均值。不同杂质由于其含有的碳水化合物、蛋白质、纤维素等成分含量不同，内部成分发生变化，分子间的作用及构象发生变化，所以分子间的振动模式不同，在0～80ps波段范围内的响应特性也不同。

图7-25（a）展示的是太赫兹在0～80ps的时域脉冲信号，横坐标表示时间，单位是皮秒，纵坐标表示信号强度，从时域波形上可以看出，与参考信号相比，6种杂质的最大峰值都出现了不同程度的衰减。随着扫描时间越长，不同杂质的延迟时间也是存在差异，杂质信号的时间延迟越长，峰值衰减的信号也更加严重。出现这样的现象是因为太赫兹脉冲在样品表面产生了吸收，反射和色散。同时由于6种杂质太赫兹脉冲信号和参考信号彼此之间的传输速度不同，会导致各个杂质的折射率也会出现差异，说明了各个样品对太赫兹波存在不同程度的吸收和散射现象。样品波形振幅出现了一定程度的衰减，这是由于样品表面反射、色散和吸收造成的。

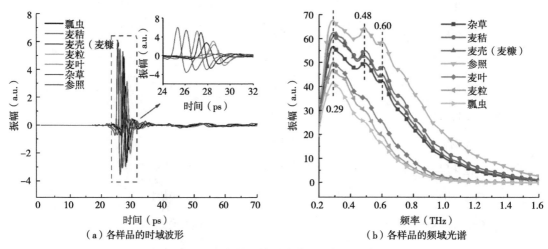

图7-25 各样品的时域波形和频域光谱

（资料来源：Shen Yin，Detection of impurities in wheat using terahertz spectral imaging and convolutional neural networks，2021）

从以上各个样品的时域光谱可以看到，透过样品的信号相对于参考信号都有一定的延迟，这是由于太赫兹波在样品中的折射率大于在氮气的折射率。每一个样品的时间延迟存在差异，这是由于不同样品的厚度不同所致。在波形上与参考信号相比，仅仅在幅度上有很大的衰减，在波形上没有太大的变化，这是由样品对太赫兹波的反射、散射及样品对太赫兹波信号的整体吸收所致。

将不同杂质的太赫兹时域光谱信号进行傅里叶变换，可得出频域光谱，如图7-25（b）所示。图中可以看出，麦壳、麦秆和杂草在0.29THz和0.48THz两处有特征峰，在0.60THz处有弱吸收峰，而麦叶、瓢虫、正常小麦粒、麦壳、麦秆和杂草都在0.29THz处有比较明显的特征峰。因此这些THz特征峰可以作为小麦杂质检测的特征指纹图谱。

（二）吸收和折射特性分析

不同物质在太赫兹频率范围内具有不同的特征吸收频率，计算得到麦叶、瓢虫、正常麦粒、麦壳、麦秆、杂草的吸收系数和折射率，如图7-26所示。

图7-26描绘的是小麦和杂质的折射率，可以看出，麦粒和不同杂质的折射率区别明显。小麦粒的平均折射率最大，说明太赫兹波在小麦中透射速度慢。麦壳的平均折射率最小，说明太赫兹波在麦壳中透射速度快。不同杂质和小麦的折射率值如表7-8所示。麦粒的平均折射率是最大的，麦壳的折射率是最低的。可以通过不同的折射率值区分不同小麦中所含杂质的种类。

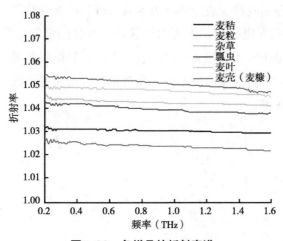

图7-26 各样品的折射率谱

（资料来源：Shen Yin，Detection of impurities in wheat using terahertz spectral imaging and convolutional neural networks，2021）

表7-8 各样品在0.8THz时的折射率和平均折射率

类型	不同样本在0.8THz的折射率	平均折射率
麦粒	1.052	1.049
麦叶	1.048	1.047
杂草	1.043	1.046

（续表）

类型	不同样本在0.8THz的折射率	平均折射率
瓢虫	1.039	1.043
麦秸	1.030	1.038
麦壳（麦糠）	1.024	1.030

资料来源：Shen Yin，Detection of impurities in wheat using terahertz spectral imaging and convolutional neural networks，2021。

从图7-27可以看出，每一个样品的吸收曲线不同，每种杂质的光谱曲线存在明显差异，高频部分出现的曲线震荡是由于过饱和吸收而造成的现象。吸收谱上没有特征吸收峰，每个样品在0.2~1.6THz波段只有整体吸收，并且随着频率的增加，吸收也增强。麦秸的吸收系数是最小的，正常麦粒对太赫兹吸收最为强烈，吸收系数最大，表明正常麦粒成分趋于稳定。麦壳、杂草和麦秆的太赫兹波段吸收光谱相似，说明它们的主要组成分是一致的，但是所测量的光谱又存在明显差异，表明每个杂质所含的纤维素、木质素和半纤维素等主要成分在不同状态下，其含量发生了变化。表7-9是在0.8THz处所测量的吸收系数和平均吸收系数。通过对频域谱，吸收系数、折射率参数的定性的分析，可知麦壳、杂草和麦秸的特征不明显；麦粒、麦叶和瓢虫等具有较为明显的特征，此外各个杂质在光谱曲线上存在不同程度的轻微振荡，主要由于噪声、水分的吸收以及样品密度不一致引起的。密度大的样品，分子对太赫兹辐射的吸收较多。不同杂质的频域频谱曲线存在不同的差异，表明其吸收系数和折射率有所不同，体现出不同杂质的物理和化学特性不同。这为后续的研究提供理论支撑。

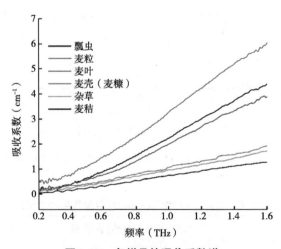

图7-27　各样品的吸收系数谱

（资料来源：Shen Yin，Detection of impurities in wheat using terahertz spectral imaging and convolutional neural networks，2021）

表7-9 各样品在0.8THz处的吸收系数和平均吸收系数

类别	0.8THz处吸收系数值	平均吸收系数值
麦粒	2.350	2.655
麦叶	1.136	1.631
杂草	0.695	0.760
虫	1.552	1.821
麦秸	0.529	0.569
麦壳	0.839	0.834

资料来源：Shen Yin，Detection of impurities in wheat using terahertz spectral imaging and convolutional neural networks，2021。

（三）不同太赫兹频率光谱成像分析

样品的吸收系数和折射率伴随频率的变化而出现不同，不同物质在THz频段具有不同的吸收频率，不同厚度的样品对光谱成分也有影响，吸收强度也会有所不同，这些特性会直接影响光谱成像的效果。传统最大值成像的方法是对每一个频率分别进行成像，通过生成的THz灰度图像来判别物质的分布和浓度，这种方法生成的灰度图像不容易辨识，如图7-28所示，各个杂质的清晰度较差，其中杂草的太赫兹成像最为模糊，辨识度困难。

由于灰度图像辨识度低，所以需要在频率上建立色彩区间，利用区间内频域信息生成彩色的太赫兹图像。通过彩色图的颜色将不同物质的分布和浓度信息清晰地表示出来，形成伪彩色图像。伪色彩THz成像的计算方法如下：

$$S_i = \sum_{\omega=F_i}^{E_i} |E(\omega)|, \ i = R, \ G, \ B$$

式中，S_i是R、G、B的颜色相对强度信息；$E(\omega)$表示每个像素点频谱函数的幅度信息，即每个像素点的透射谱；在0.2~1.6THz区间内，定义$[E_i, F_i]$（$i=R$，G，B）为红、绿、蓝3种色彩的频率积分区间。三基色S_i的值只是各个频率谱透射值的累计之和，它仅仅表示同一颜色不同像素的相对强度信息，不具有实际物理意义，3种颜色的强度信息需要进一步归一化，才能够正常显示，归一化处理的公式为：

$$L_{p,q}^{i} = \frac{S_i - \min(S_i)}{\max\left[S_i - \min(S_i)\right]} \qquad i = R, G, B$$

$$L_{p,q} = \operatorname{int}\left(\left[L_{p,q}^{R}, L_{p,q}^{G}, L_{p,q}^{B}\right] \times 255\right)$$

式中，$L_{p,q}^{i}$ 是图像中某一点（p，q）的像素 R，G，B 的颜色信息；int 为取整函数；$L_{p,q}$ 为（p，q）点的颜色组合后的像素信息，可保存为不同格式的伪彩色图像。

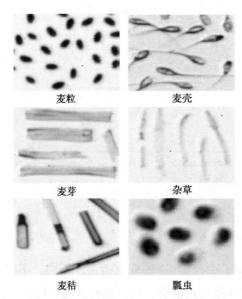

麦粒　　　　　　　　　　麦壳

麦芽　　　　　　　　　　杂草

麦秸　　　　　　　　　　瓢虫

图7-28　小麦及杂质太赫兹时域光谱的灰度图像

（资料来源：Shen Yin，Detection of impurities in wheat using terahertz spectral imaging and convolutional neural networks，2021）

伪彩色图像中不同的颜色代表着不同的反射强度，黄色到蓝色代表着太赫兹频率的不断增加。图7-29是选取了不同太赫兹频率下小麦及杂质的伪彩色成像效果。

可以很清晰地看出麦粒、麦叶、杂草、麦秆、瓢虫和麦壳在0.29THz、0.48THz和0.60THZ成像效果较好，图像的纹理看得比较清晰，能看到图像的边缘轮廓，具有良好的辨识度。这是由于频率的增加，高频分量波长更短，太赫兹图像的分辨率就会越高。然而当频率增加到一定数值时，太赫兹图像反而更加模糊，噪声增大，图像近乎失真。1.60THz频域成像效果不理想，成像误差较大，辨识度较低，可能是由于空间衍射极限造成的。

对于小麦及杂质样品，通过伪彩色图像的颜色和强度信息就可将不同物质的分布和浓度区分出来，由于太赫兹不同频率之间成像的效果不同，且成像图像数据量大，后期研究工作会不可避免地涉及图像特征筛选问题。为了避免图像成像中需要进行多图成像和后期图像筛选的问题，研究中采用了卷积神经网络作为后期数据处理。

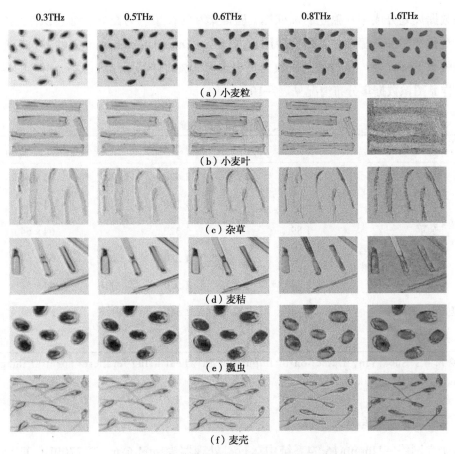

图7-29 小麦及杂质的不同频率伪彩色成像

（资料来源：Shen Yin，Detection of impurities in wheat using terahertz spectral imaging and convolutional neural networks，2021）

（四）基于卷积神经网络的小麦及杂质频域图像分类识别

1. 图像数据集的构建

利用不同杂质对太赫兹光谱的吸收特性，通过频域成像来对不同杂质样品进行检测。前面已有的研究是基于小麦杂质的光谱吸收特性而进行的。研究结果是麦叶、瓢虫、正常小麦粒、麦壳、麦秆和杂草在0.29THz和0.48THz处有特征峰；麦壳、麦秆和杂草在0.60THz处有弱的特征峰。这些太赫兹特征峰可以作为杂质检测的一个判断依据。传统太赫兹分析过程中的预处理主要依赖人为经验去提取光谱特征，这种办法虽然能够降低信号维度，但是也很容易造成部分光谱信息损失，导致最终分类效果并不理想。因此继续寻找基于太赫兹小麦及其杂质图像的分类识别方法。从太赫兹图像中抽取了0.2～1.6THz对应的频域图像，去噪后作为卷积神经网络的输入（图7-24），将每种杂质图像归一化为224×224大小的图像（图7-25），构建麦壳、麦秆、杂草、麦叶、瓢虫和正常小麦粒的太赫兹图像数据集，将数据集划分成相互独立的训练集、验证集和测试集。为充分训练卷积神经网络，提升网络泛化性能和鲁棒性，本研究使用数据增强（Data Augmentation）的方式扩充样品数据，增强数据多样性。从每种杂质数据集中选取60%的样品用作训练集，40%的样品作验证集。样品图像数据集分布情况见表7-10。

表7-10 杂质在小麦和小麦图像中的数量分布

种类	训练集图像	验证集图像	样本尺寸（宽×高）
麦粒	2 130	1 420	64×64
麦叶	2 250	1 500	64×64
杂草	1 890	1 320	64×64
麦秸	1 920	1 280	64×64
瓢虫	2 280	1 520	64×64
麦壳（麦糠）	2 340	1 560	64×64
总量	12 810	8 600	64×64

资料来源：Shen Yin, Detection of impurities in wheat using terahertz spectral imaging and convolutional neural networks, 2021。

2. 网络测试实验与结果分析

本研究网络在Ubuntu16.04系统中运行，处理器为Intel Core i7-7700HQ CPU，主频为3.40GHz，内存64GB，硬盘4.1TB，2块显卡为NVIDA GeForce GTX1080 8GB，编程语言为Python，采用Tensor Flow深度学习开源框架，通过Python计算机语言编写程序。如表7-11所示。

表7-11 硬件和软件环境

配置项	数值
GPU	NVIDA GeForce GTX1080 8GB
CPU	Intel Core i7-7700HQ
硬盘	4.1TB
存储器	64GB
时钟频率	3.40GHz
操作系统	Ubuntu 16.04（64-bit）

资料来源：Shen Yin, Detection of impurities in wheat using terahertz spectral imaging and convolutional neural networks, 2021。

将本研究所建的小麦杂质图像数据集在ResNet-V2_50，ResNet-V2_101和Wheat-V2模型分别进行训练，学习效率设为0.001，权重衰减（Weight Decay）设为0.005。3个网络模型的参数配置及训练结果见表7-11。从表7-12的对比结果分析：相比之下，本研究的杂质识别Wheat-V2网络输入图像小，训练时间短，仅需要11h，损失函数数值较低，在验证集上Top_1和Top_5的识别率分别为97.56%、98.58%。

表7-12 3种卷积神经网络的性能比较

网络名称	输入图像大小	训练时间（h）	Top_1识别率	Top_5识别率
ResNet-V2_50	299×299	19	95.28%	96.95%
ResNet-V2_101	299×299	17	96.63%	97.82%
Wheat-V2	224×224	16	97.56%	98.58%

资料来源：Shen Yin，Detection of impurities in wheat using terahertz spectral imaging and convolutional neural networks，2021。

随着迭代次数的不断增加，训练集的分类误差逐渐降低，如图7-30所示。当Wheat-V2模型训练迭代到第60 000次时，训练损失基本收敛并趋于稳定值，平均损失率稳定的数值为0.107 8，损失率比ResNet-V2_50模型和ResNet-V2_101模型更低。综上所述，从训练时间、识别准确率及效率上来说，本研究设计的Wheat-V2模型结构状况良好，达到了较好的训练效果。

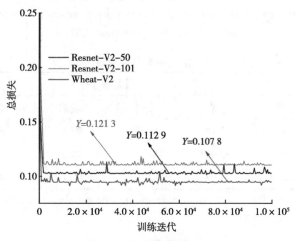

图7-30 损失率曲线

（资料来源：Shen Yin，Detection of impurities in wheat using terahertz spectral imaging and convolutional neural networks，2021）

3. 混淆矩阵和召回率

在图像识别评价精度中，混淆矩阵主要用于比较目标结果和实际测得值（图7-31）。召回率和精确率是常用来评价分类器性能的指标。我们挑选出不同杂质类型的图像各270张作为测试集，对模型分别进行测试。测试的结果如表7-13、表7-14和表7-15所示。在

图7-31中，计算了ResNet-V2_50模型，ResNet-V2_101和Wheat-V2 3个模型的混淆矩阵。将真实类别（纵坐标）与预测类别（横坐标）进行比较，用来描述每个网络的个体分类性能。其中A代表Wheat Straw，B代表Weed，C代表Wheat Leaf，D代表Wheat Grain，E代表Ladybug，F代表Wheat Husk。我们可以从混淆矩阵的颜色分布去判断识别的分类结果，颜色越深，代表数值越大。可以明显看出ResNet_101模型分类效果最差，Wheat-V2模型分类率最好，如图7-31（a）和图7-31（c）所示。为了更直观地展示3个网络的分类效果，绘制了如图7-32所示的F_1-score柱状图。从图7-32可以看出，麦叶、麦粒和瓢虫的F_1-score数值要高于麦壳、麦秸和杂草的F_1-score值。这结论与吸收系数的结论具有一致性。

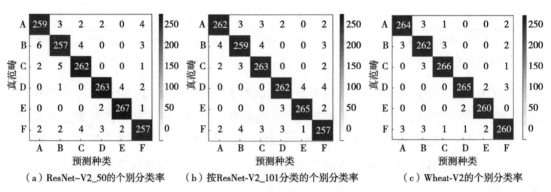

（a）ResNet-V2_50的个别分类率　（b）按ResNet-V2_101分类的个别分类率　（c）Wheat-V2的个别分类率

图7-31　混淆矩阵的测试结果

（资料来源：Shen Yin，Detection of impurities in wheat using terahertz spectral imaging and convolutional neural networks，2021）

表7-13　3种型号召回率比较

网络名称	召回率（%）					
	麦秸	杂草	麦叶	麦粒	瓢虫	麦壳（麦糠）
ResNet-V2_50	95.92	95.18	97.03	97.40	98.88	95.18
ResNetV2_101	97.03	95.92	97.40	97.03	98.14	95.18
Wheat-V2	97.77	97.03	98.51	98.14	99.25	96.29

资料来源：Shen Yin，Detection of impurities in wheat using terahertz spectral imaging and convolutional neural networks，2021。

表7-14　3种模型的精度比较

网络名称	精确率（%）					
	麦秸	杂草	麦叶	麦粒	瓢虫	麦壳（麦糠）
ResNet-V2_50	96.28	95.89	96.32	97.40	97.80	95.89
ResNet-V2_101	97.03	96.28	96.33	97.76	98.14	95.18
Wheat-V2	97.77	96.67	98.15	98.88	98.52	97.01

资料来源：Shen Yin，Detection of impurities in wheat using terahertz spectral imaging and convolutional neural networks，2021。

图7-15 3个模型F₁评分率比较

网络名称	F₁评分率（%）						
	麦秸	杂草	麦叶	麦粒	瓢虫	麦壳（麦糠）	平均值
ResNet-V2_50	96.09	95.53	96.67	97.40	98.33	95.53	96.59
ResNet-V2_101	97.03	96.09	96.86	97.39	98.14	95.18	96.78
Wheat-V2	97.77	96.84	98.32	98.50	98.88	96.64	97.83

资料来源：Shen Yin，Detection of impurities in wheat using terahertz spectral imaging and convolutional neural networks，2021。

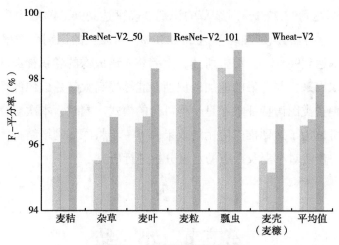

图7-32 3种测试型号的性能

（资料来源：Shen Yin，Detection of impurities in wheat using terahertz spectral imaging and convolutional neural networks，2021）

在对模型进行评估的过程中，仅用精确度或者召回率去评估模型是无法全面评估模型优劣的，所以将精确度和召回率两者结合起来，用F₁-score数值作为精确度和召回率的调和平均。从表7-14中可以看出，Wheat-V2网络的F₁-score平均值为97.83.0%，ResNet-V2_50网络的F₁-score平均值为96.59%，ResNet-V2_101网络的F₁-score平均值为96.78%。说明在F₁-score评价方面，Wheat-V2网络优于ResNet-V2_50和ResNet-V2_101识别网络。

四、实验小结

在这项工作中，我们提出了一种太赫兹光谱成像和卷积神经网络之间的协同作用的小麦及杂质分类方法。太赫兹成像不仅能提供空间信息，还能提供被测小麦及杂质的光谱信息。利用深度CNN对小麦及其杂质进行空间光谱特征提取，不需要任何预先设定的数据处理步骤。利用太赫兹波谱和成像技术对小麦、麦壳、麦秸、麦叶、麦粒、杂草和瓢虫样品进行鉴别研究，通过分析样品在太赫兹波段的时域波形、频域曲线、吸收系数、折射率和不同频率下的成像特征，分析了样品之间的太赫兹波谱共性特点和差异性。发现麦壳、麦秸、杂草、麦叶、瓢虫和正常小麦粒在0.29THz处有比较明显的特征峰，麦壳、麦秸和杂草在0.29TH、0.48THz和0.60THz附近有特征峰。

从太赫兹图集中抽取了0.2~1.6THz波长对应的杂质图像构成了图像数据集，建立基于卷积神经网络的小麦杂质分类模型，采用ResNet-V2$_{50}$、ResNet-V2$_{101}$和Wheat-V2模型对其进行训练，发现Wheat-V2在特征波段下的检测结果明显优于ResNet-V2_50和ResNet-V2$_{101}$的分类结果；Wheat-V2模型的平均F$_1$-score正确率为97.83%；Wheat-V2模型对秸秆的识别准确率达到97.77%，对杂草的识别准确率达到96.84%，对麦叶的识别准确率达到98.32%，对小麦粒的识别准确率达到98.50%，对瓢虫的识别准确率达到98.88%，对麦壳的识别准确率达到96.64%。综上所述，太赫兹光谱成像的卷积神经网络处理方法可以将样本的特性提取出来，并有目的地加以识别，能够提高太赫兹成像的准确性，表明卷积神经网络应用于粮食类图谱特征学习是一种可行的模式。同时，本次研究只是对小麦及杂质进行了定性分析，为了达到推广应用的效果，下一步将深化网络结构，增加学习样品的种类与数量，进一步将对小麦及杂质的定量分析进行研究。

第五节 小 结

本章节针对种子转/非转基因辨别、真伪鉴别和含杂识别等问题，探索了太赫兹光谱技术用于解决该类农业问题上的可能性。通过样品制备、数据采集、分析建模和综合评价发现，太赫兹光谱技术在用于种子品质鉴别上展现出良好的分辨能力，借助于人工智能、模式识别、化学计量学算法和方法，对获取的传感数据进行深度分析和挖掘，找出潜在的差异性，是用于辨别、鉴别和识别的基础。本章节仅是开展了初步的研究探索，样本量少、种类不全，后续有待继续增加种类、梳理，加强数据分析和挖掘，找出规律性，为寻找基于太赫兹技术的种子辨别、鉴别和识别能力提供可能的解决方案。

参考文献

陈超，展进涛，2007. 国外转基因标识政策的比较及其对中国转基因标识政策制定的思考[J].世界农业，

11：21-24.

崔鸿文，王飞，1992. 黄瓜种子人工老化过程中某些生理生化规律研究[J]. 西北农林科技大学学报（自然科学版），20（1）：51-54.

杜勇，刘建军，2015. 基于太赫兹光谱和支持向量机快速检测棉花种子[J]. 集美大学学报（自然科学版），6：421-427.

葛进，王仞，张雷，等，2010. 不同频率的太赫兹时域光谱透射成像对比度研究[J]. 激光与红外，40（4）：383-386.

芦兵，孙俊，杨宁，等，2018. 基于SAGA-SVR预测模型的水稻种子水分含量高光谱检测[J]. 南方农业学报，49（11）：2 342-2 348.

鹿文亮，娄淑琴，王鑫，等，2015. 基于太赫兹时域光谱技术的伪色彩太赫兹成像的实验研究[J]. 物理学报（11）：162-168.

彭彦昆，赵芳，李龙，等，2018. 利用近红外光谱与PCA-SVM识别热损伤番茄种子[J]. 农业工程学报，34（5）：159-165.

孙俊，金夏明，毛罕平，等，2014. 高光谱图像技术在掺假大米检测中的应用[J]. 农业工程学报，30（21）：301-307.

孙俊，路心资，张晓东，等，2016. 基于高光谱图像的红豆品种GA-PNN神经网络鉴别[J]. 农业机械学报（6）：215-221.

谭克竹，柴玉华，宋伟先，等，2014. 基于高光谱图像处理的大豆品种识别（英文）[J]. 农业工程学报，30（9）：235-242.

涂闪，张文涛，熊显名，等，2015. 基于太赫兹时域光谱系统的转基因棉花种子主成分特性分析[J]. 光子学报，4：182-187.

王光辉，殷勇，2018. 基于高光谱融合神经网络的玉米黄曲霉毒素B_1和赤霉烯酮含量预测[J]. 食品与机械，34（11）：64-69.

吴迪，宁纪锋，刘旭，等，2014. 基于高光谱成像技术和连续投影算法检测葡萄果皮花色苷含量[J]. 食品科学，35（8）：57-61.

许思，赵光武，邓飞，等，2016. 基于高光谱的水稻种子活力无损分级检测[J]. 种子，35（4）：34-40.

袁莹，王伟，褚璇，等，2016. 光谱特征波长的SPA选取和基于SVM的玉米颗粒霉变程度定性判别[J]. 光谱学与光谱分析，36（1）：226-230.

张增艳，吉特，肖体乔，等，2015. 基于平均吸收的太赫兹波振幅成像研究[J]. 光谱学与光谱分析，35（12）：3 315-3 318.

朱大洲，王坤，周光华，等，2010. 单粒大豆的近红外光谱特征及品种鉴别研究[J]. 光谱学与光谱分析（12）：51-55.

Buades A，Coll B，Morel J M，2005. A non-local algorithm for image denoising[C]// IEEE Computer Society Conference on Computer Vision & Pattern Recognition. IEEE.

Chua C G，Goh A T C，2003. A hybrid Bayesian back-propagation neural network approach to multivariate modelling[J]. International Journal for Numerical & Analytical Methods in Geomechanics，27（8）：651-667.

Dorney T D，Baraniuk R G，Mittleman D M，2001. Material parameter estimation with terahertz time-domain spectroscopy[J]. J. Opt. Soc. Am. A，18（7）：1 562-1 568.

Dorney T D, Baraniuk R G, Mittleman D M, 2001. Material parameter estimation with terahertz time-domain spectroscopy[J]. Journal of the Optical Society of America A Optics Image ence & Vision, 18（7）：1 562-1 571.

Duvillaret I, Garet F, Coutaz J L, 1999. Highly precise determination of optical constants and sample thickness in terahertz time-domain spectroscopy[J].Applied Optics, 38（2）：409-415.

Hearst M A, Dumais S T, Osman E, et al., 1998. Support vector machines[J]. IEEE Intelligent Systems, 13（4）：18-28.

Hervé Abdi, Williams L J, 2010. Principal component analysis[J]. Wiley Interdiplinary Reviews Computational Stats, 2（4）：433-459.

Huang M, Tang J, Yang B, et al., 2016. Classification of maize seeds of different years based on hyperspectral imaging and model updating[J]. Computers & Electronics in Agriculture, 122：139-145.

Ivan Vlašić, Marko Đurasević, Domagoj Jakobović, 2019. Improving genetic algorithm performance by population initialisation with dispatching rules[J]. Computers & Industrial Engineering, 137：106 030.

Jianjun Liu, Zhi Li, Fangrong Hu, et al., 2015. Method for identifying transgenic cottons based on terahertz spectra and WLDA[J].Optik-International Journal for Light and Electron Optics, 126（19）：1 872-1 877.

Jiao Z, Si X X, Li G K, et al., 2010. Unintended compositional changes in transgenic rice seeds（*Oryza sativa* L.）studied by spectral and chromatographic analysis coupled with chemometrics methods[J]. Journal of Agricultural & Food Chemistry, 58（3）：1 746-1 754.

Johnson E T, Christopher S, Dowd P F, 2014. Identification of a bioactive bowman-birk inhibitor from an insect-resistant early maize inbred[J]. Journal of Agricultural and Food Chemistry, 62（24）：5 485-5 465.

Jolliffe I T, 2002. Principal Component Analysis[J]. Journal of Marketing Research, 87（4）：513.

Kandpal L M, Lohumi S, Kim M S, et al., 2016. Near-infrared hyperspectral imaging system coupled with multivariate methods to predict viability and vigor in muskmelon seeds[J]. Sensors and Actuators B：Chemical, 229（6）：534-544.

Kinue K, Minori N, Kaori N, et al., 2014. Identification of a feather beta-keratin gene exclusively in pennaceous barbule cells of contour feathers in chicken[J]. Gene, 542（1）：23-28.

Liu W, Liu C, Hu X, et al., 2016. Application of terahertz spectroscopy imaging for discrimination of transgenic rice seeds with chemometrics[J]. Food Chemistry, 210（1）：415-421.

Oh S J, Kim S H, Jeong K, et al., 2013. Measurement depth enhancement in terahertz imaging of biological tissues[J]. Optics Express, 21（18）：21 299-21 305.

Oquab M, Léon Bottou, Laptev I, et al., 2014. Learning and transferring mid-Level image representations using convolutional neural networks[C]// Computer Vision & Pattern Recognition. IEEE.

Shrestha S, Knapic M, Zibrat U, et al., 2016. Single seed near-infrared hyperspectral imaging in determining tomato（*Solanum lycopersicum* L.）seed quality in association with multivariate data analysis[J]. Sensors & Actuators B Chemical, 237（12）：1 027-1 034.

Yang G, Wang Q, Liu C, et al., 2018. Rapid and visual detection of the main chemical compositions in maize seeds based on Raman hyperspectral imaging[J]. Spectrochim Acta A Mol Biomol Spectrosc, 200：186-194.

Zhang N, Liu X, Jin X, et al., 2017. Determination of total iron-reactive phenolics, anthocyanins and tannins in wine grapes of skins and seeds based on near-infrared hyperspectral imaging[J]. Food Chemistry, 237（Dec.15）：811.

Zhang Wentao，Nie Junyang，Tu Shan，2015. Study on identification methods in the detection of transgenic material based on terahertz time domain spectroscopy[J]. Optical and Quantum Electronics，47（11）：3 533-3 543.

第八章　挑战与展望

第一节　主要挑战

　　太赫兹是近些年发展起来的一项新兴技术。学术界、产业界和投资界在谈到技术高潮与低谷时，经常会引用高德纳咨询公司（Gartner）推荐的技术成熟度曲线（图8-1）。该曲线所诠释的是，几乎每一项新兴且成功的技术，在真正成熟之前，都要经历先扬后抑的过程，并在波折起伏中通过积累和迭代，最终走向真正的繁荣、稳定和有序发展，太赫兹技术也不应例外。

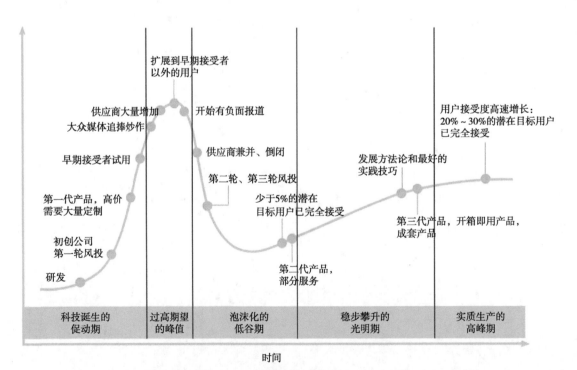

图8-1　高德纳咨询公司（Gartner）技术成熟度曲线（CC BY-SA 3.0，Wikipedia）

[资料来源：高德纳咨询公司（Gartner），1995]

如图8-1曲线所示，一种新科技的研发过程通常是这样的：初创公司接受第一轮风投，开发出第一代产品，虽然不成熟，但足以吸引一批早期接受者粉丝。在早期阶段，产品的优点被粉丝放大，大众媒体跟风炒作，将该技术推向一个充满泡沫的膨胀期。随着盲目的追捧者激增，跟风研发、生产的初创公司越来越多，产品的不足被无限放大，负面报道开始出现，供过于求的市场竞争中，大批跟风入局的初创公司不是被兼并，就是走向倒闭，只有少数拥有核心竞争力的坚持了过来。跌入低谷后，第二轮、第三轮风投资金注入大浪淘沙后仅存的中坚企业，新一代技术和产品也随之问世，整个技术曲线步入稳步攀升的平台期和成熟期，潜在用户的接受程度也从5%以下逐渐提升到20%～30%，初创企业和风投资本开始迎来高额回报。

这条曲线概括了绝大多数高新技术的发展历程。更重要的是，每年高德纳公司都会根据当年度所有流行技术的发展、成熟状况，制作出一张当年各个流行技术在高德纳曲线上的发展位置图示，标示出每种前沿技术是处在萌芽期、泡沫期、低谷期还是成熟期，以及每种未达成熟期的技术还需要几年才会真正成熟起来。技术人员、投资者经常根据高德纳曲线来判断时代潮流，选择投资方向。

目前，太赫兹在各领域的应用研究探索方兴未艾，但面临着巨大的挑战，尤其是在农业领域的应用，当前存在关键问题归纳如下。

（1）THz与农业物料的相互作用规律研究。农业物料农产品与THz光谱的相互作用规律比较复杂，可能是因为农业物料中所含基团的转动、振动或一种处于中间的能级的跃迁，目前尚未从理论方面对其进行严格的推导、计算，农业物料太赫兹光谱无损检测的基础理论十分薄弱。太赫兹光子与农业物料分子内部和相互间作用的理论解析尚不够明确，继续加强从微观角度对分子的太赫兹波吸收量化计算理论的研究，有助于揭示分子结构差异对太赫兹光谱的影响，指认特征峰。因此，将THz光谱技术与光学、化学等多个学科技术结合起来，深入研究太赫兹光谱与农业物料中的相互作用规律是关键问题之一。

（2）水分对太赫兹光谱的强烈吸收研究。农业物料，尤其是农产品中以碳水化合物为主，而水对太赫兹光谱的吸收强烈，农产品中一些重要的，但较弱的吸收谱带，在太赫兹波段难以得到体现。采用通氮气或干燥空气可减少水分对检测过程的影响，但重现性难以保证。同时温度不同，太赫兹光谱中蕴含的信息不同。因此，如果克服或利用水分等因素的影响，提取有效的农产品太赫兹光谱信息是关键问题之二。

（3）太赫兹光谱数据解析与建模研究。加强太赫兹光谱谱图解析技术和数据分析方法研究，提高检测灵敏度和准确度。目前太赫兹光谱处理方法主要借鉴近红外光谱处理方法，未开展针对太赫兹光谱数据的特异性研究，数据分析方法相对集中。另外，在建模过程中，往往面对高维小样本数据，此时如何确保模型的准确性和泛化能力等问题需要深入研究。近年来随着机器学习、深度学习等人工智能领域研究增温，已有研究文献将回归分类、特征降维领域最新成果应用到光谱分析领域，这对太赫兹光谱分析也带来了启示。寻找更有效的数学模型去除原始信号的噪声，提高信噪比，以便从太赫兹信号中提取更多的有用信息，这是关键问题之三。

（4）"高—小—宽—低"太赫兹光谱测量系统研发。目前报道中所用的太赫兹时域系统以自行组建为主，整个系统体积大、成本昂贵、配套要求高，且难于移动。目前的技术要走出实验室，进入实用阶段在测量技术上还需要提高，同时还需要考虑一些现实的因素，比如，仪器要小型化、低成本、高功率等。大多数的太赫兹光谱、成像系统的带宽在3THz以下，如何利用其他光学参数或者拓宽带宽实现无损检测是研究中要面对的问题。因此，逐步开发高能量、小型化、宽频段、低成本（高—小—宽—低）的太赫兹光谱测量系统是THz在农产品无损检测中应用的关键问题。

第二节　未来展望

太赫兹处于电磁波谱中的特殊波段位置，具有独特的光谱性质，对于不同的检测对象具有特定的太赫兹波段光谱响应。太赫兹在光谱检测领域是一个新兴发展的技术，未来还有许多问题有待解决，例如，在制备样品过程中，如何确定最优制备参数，确保样品制备的一致性；在检测样品过程中，水分对太赫兹光谱具有强烈的吸收作用，影响太赫兹光谱检测精度，如何降低环境对太赫兹光谱的影响，减少光谱散射损失，提高光谱性噪比；针对农业领域的重大应用需求和难点问题，结合太赫兹光谱独特性质，探索该技术面向农业重大应用需求和难点问题的太赫兹独特应用解决方案，找到太赫兹技术的农业领域突破性应用等。以上这些都是太赫兹技术在实际应用中需要解决的问题。另外，当前太赫兹设备体积较大、成本高昂、且难于走出实验室，实现移动测量，这些需要农艺学家、农业工程专家和物理学家的共同努力。

目前，太赫兹技术在从造纸业的过程监督，到对不透明塑料管材的远程测量，再到对半导体材质内瑕疵的甄别，以及对化学气体成分的分析等方面展现出良好的工业应用前景。太赫兹设备成本正在逐步降低，设备正在向着低成本和小型化方向发展（图8-2），目前市场上已出现了小型的太赫兹设备，这都为太赫兹技术的农业领域应用提供实用可行的候选方案奠定了基础。2016年7月，国务院印发《"十三五"国家科技创新规划》首次将"太赫兹"写入"发展新一代信息技术"规划。现有的太赫兹研究应用进展和产品的商业化进程预示着太赫兹系统在不久的将来可能会被大规模地广泛应用。相关文献综述表明太赫兹技术正朝着工业应用方向快速发展，农业和食品行业应该尽快加入太赫兹技术应用研究的队伍中。

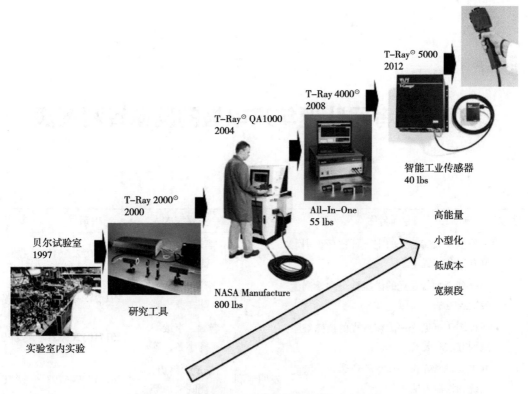

图8-2 TeraMetrix公司的太赫兹设备发展历程

附录 作者团队近年来申报的国家专利列表

序号	专利名称	专利类型	主要完成人	申请号	状态
1	一种基于太赫兹光的主茎秆顶芽识别定位方法和装置	发明专利	李斌，瞿阳，沈晓晨，等	2017105253611	授权
2	一种基于太赫兹光的诺氟沙星含量测量装置及方法	发明专利	李斌，龙园，陈文恭，等	2017105244326	授权
3	一种基于可见光—太赫兹光的植株健康辨别方法和装置	发明专利	李斌，李银坤，杨小冬，等	2017105269821	授权
4	基于太赫兹光谱的血糖检测装置、检测系统和检测方法	发明专利	李斌，赵勇，沈晓晨，等	2016109746793	授权
5	基于太赫兹波和可见光的牛鼻镜干燥程度检测装置和方法	发明专利	李斌，吉增涛，沈晓晨，等	2016107559951	授权
6	一种太赫兹实验系统及方法	发明专利	李斌，吴华瑞，黄文倩，等	2015109895810	授权
7	基于太赫兹光谱的土壤含铅量预测模型确定方法及装置	发明专利	李斌，李超，罗斌，等	2019110899153	审查中
8	基于太赫兹光谱的土壤铅污染程度预测方法及装置	发明专利	李斌，李超，李银坤，等	2019110899401	审查中
9	具备太赫兹传感和通信功能的广域养殖机器人装置及方法	发明专利	李斌，许伟浩，陈文恭，等	201910918574X	审查中
10	具有太赫兹传感功能的设施养殖机器人装置及方法	发明专利	李斌，许伟浩，罗斌，等	2019109176793	审查中
11	用于诺氟沙星太赫兹微弱信号增强的超材料结构及方法	发明专利	李斌，霍帅楠，罗斌，等	2019109185453	审查中
12	禽畜体内生物芯片的太赫兹检测方法	发明专利	李斌，霍帅楠，陈怡每，等	2019100443252	审查中
13	一种用于太赫兹光谱测量的样品研磨装置	发明专利	李斌，张永珍，罗长海，等	2018106297823	审查中

（续表）

序号	专利名称	专利类型	主要完成人	申请号	状态
14	基于太赫兹层析技术的种子内部形态获取方法及装置	发明专利	李斌，张博，赵学观，等	2018102940448	审查中
15	基于太赫兹光谱的畜舍中有害气体可视化监测系统和方法	发明专利	李斌，吴鹏飞，王姝言，等	2017112607517	审查中
16	基于太赫兹技术的畜禽体内芯片获取装置及方法	发明专利	李斌，沈晓晨，吉增涛，等	2016107566353	审查中
17	基于太赫兹成像技术的动物口蹄疫预警装置、系统及方法	发明专利	李斌，沈晓晨，吉增涛，等	201610800231X	审查中
18	一种基于太赫兹成像的植株叶脉识别方法及装置	发明专利	李斌，李文勇，郭新宇，等	2016107573802	审查中
19	基于太赫兹波的植物叶片含水量检测方法和系统	发明专利	李斌，龙园	2016104616238	审查中
20	一种基于太赫兹光的植株水分检测装置	实用新型	李斌，沈晓晨，李银坤，等	2017207905051	授权
21	用于土壤含铅测量的太赫兹光谱检测装置	实用新型	李斌，李超，闫华，等	2019219216434	审查中
22	含铅土壤太赫兹光谱的便携测量设备	实用新型	李斌，李超，李银坤，等	2019219228465	审查中